W0253972

ALLE · ZEIT · WACH
1842

Nikolay Ivanov Kolev

Transiente Zweiphasen-Strömung

Mit 114 Abbildungen und 30 Tabellen

Springer-Verlag
Berlin Heidelberg New York Tokyo 1986

Dr.-Ing. Nikolay Ivanov Kolev
Institut für Kernforschung und Kernenergetik
der Bulgarischen Akademie der Wissenschaften
Boulevard Lenin 72
1184 Sofia
Bulgarien

Die Veröffentlichung dieses Werkes wurde durch einen Druckkostenzuschuß der Alexander von Humboldt Stiftung ermöglicht.

ISBN 978-3-642-50108-1 ISBN 978-3-642-50107-4 (eBook)
DOI 10.1007/978-3-642-50107-4

CIP-Kurztitelaufnahme der Deutschen Bibliothek
Kolev, Nikolay I.: Transiente Zweiphasen-Strömung/Nikolay Ivanov Kolev. –
Berlin; Heidelberg; New York; Tokyo: Springer, 1986.
ISBN 978-3-642-50108-1

Softcover reprint of the hardcover 1st edition 1986

Texterfassung: Mit einem System der Springer Produktions-Gesellschaft, Berlin.
Datenkonvertierung: Brühlsche Universitätsdruckerei, Gießen.

2160/3020-543210

Meiner lieben Frau Sonja

Vorwort

In der vorliegenden Monographie sind die Methoden zur mathematischen Modellierung der transienten Ein-, Zwei- und Dreikomponenten-Systeme unter dem Gesichtspunkt ihrer praktischen Anwendung systematisch dargestellt. Es wurden die Herleitungen der prozeßbeschreibenden Differentialgleichungssysteme, deren Arbeitsformen und die numerischen Integrationsverfahren vorgestellt. Die Anwendung der einzelnen Modelle wurde durch mehrere reale Beispiele aus der Sicherheitsanalyse in der Kernenergetik illustriert. Die ein-, zwei- und dreikomponenten Strömungsmodelle wurden in zwei Gruppen aufgeteilt: Gleichgewichts- und Nichtgleichgewichts-Zweiphasenströmungsmodelle. In jeder der beiden Gruppen wurden die homogenen und die nichthomogenen Strömungen behandelt. Für jedes Modell wurde das transiente, das stationäre Differentialgleichungssystem und die dazugehörige Theorie der kritischen Zweiphasenströmung entwickelt. Dort wo es möglich war, wurden auch die kanonischen Formen der partiellen Differentialgleichungssysteme abgeleitet.

Die Monographie ist für Wissenschaftler und Ingenieure, die auf dem Gebiet der konventionellen und Kern-Energetik, Fernwärmeversorgung, Verfahrenstechnik, chemische Technologie u.a. arbeiten, bestimmt. Sie kann auch als Lehrbuch für Studenten und Aspiranten dienen.

Viele haben auf verschiedene Weise zur Entstehung dieses Buches beigetragen. Ich möchte mich besonders bei denen sehr herzlich bedanken, die direkt in großzügiger Art und Weise meine Arbeit beim Schreiben dieses Buches stimuliert haben. Mein herzlichster Dank gilt Herrn Professor E. Adam von der Technischen Universität Dresden für die großartige Förderung meiner Arbeit in den Jahren 1975–1978. Weiterhin bedanke ich mich sehr bei Professor K. Rehme für die Einladung und Unterstützung meiner Untersuchungen im Institut für Neutronenphysik und Reaktortechnik im Kernforschungszentrum Karlsruhe, wo ich das Buch beendet habe. Mein bester Dank gilt auch der Alexander von Humboldt Stiftung für die Finanzierung meines Aufenthaltes in der Bundesrepublik Deutschland im Jahre 1985 und die großzügige Unterstützung bei der Herausgabe dieses Buches.

Karlsruhe, im April 1986 N. I. Kolev

Inhaltsverzeichnis

Bezeichnungen

Zeichen	Maßeinheit	Bedeutung
A, F, f	m^2	Fläche
$\boldsymbol{A}, a$	–	Matrix, Konstante
a	m^2/s	Temperaturleitfähigkeit
a	m/s	Schallgeschwindigkeit
$\boldsymbol{B}, b$	–	Matrix, Konstante
$\boldsymbol{C}, c$	–	Vektor, Konstante
c_p	J/(kgK)	spezifische Wärmekapazität bei konstantem Druck
D	m	Rohrdurchmesser
D	m^2/s	Diffusionskonstante
d	m	Durchmesser
d	–	totales Differential
$\boldsymbol{E}, \boldsymbol{I}$	–	Einheitsmatrix
F	N	Kraft
f	N/m^3	Reibungskraft bezogen auf die Volumeneinheit der Strömung
f	–	Reibungsbeiwert
F, f	–	Funktionszeichen
G	$kg/(m^2s)$	Massenstromdichte
g	m/s^2	Erdbeschleunigung
H	J	Enthalpie
h	J/kg	spezifische Enthalpie
h	$W/(m^2K)$	Wärmeübergangszahl
I	kgm/s	Impuls
I, i, J, j	–	Index
j	m/s	Driftvolumenstromdichte (Driftgeschwindigkeit)
k	m	Wandrauhigkeit
L, l	m	Länge
M, m	kg	Masse
$\dot{M}$	kg/s	zeitliche Massenänderung
$\dot{m}$	kg/s	Massenstrom
N, n	–	Index
p	N/m^2	Druck
$\dot{Q}$	W	Wärmestrom
$\dot{q}'''$	W/m^3	Wärmeleistung pro Volumeneinheit
$\dot{q}''$	W/m^2	Wärmestrom pro Flächeneinheit
R	N/m^3	Reibungsdruckverlust pro Längeneinheit
R	J/(kgK)	Gaskonstante (mit Index)
r	m	Radius
r	J/kg	Verdampfungswärme
S	J/K	Entropie
s	J/(kgK)	spezifische Entropie
S	–	Schlupf
T	K	absolute Temperatur
t	°C	Temperatur
U	J	innere Energie
$\boldsymbol{U}$	–	Vektor der abhängigen Variablen
u	J/kg	spezifische innere Energie
V	m^3	Volumen
v	m^3/kg	spez. Volumen
w	m/s	Geschwindigkeit
x	–	Gasmassenstromanteil
x_B^*	–	Quotient der Masse der festen Phase zur Masse des Gemisches Flüssigkeit und feste Phase
x_D^*	–	Dampfmassenstromanteil in der Gasphase, Quotient der Masse des Dampfes zur gesamten Masse des Gases

x_L^*	–	Luftmassenstromanteil in der Gasphase, Quotient der Masse des nichtkondensierbaren Gases zur gesamten Masse des Gases
x_B	–	Massenstromanteil der festen Phase
x_D	–	Dampfmassenstromanteil in der Zweiphasenströmung
x_L	–	Massenstromanteil des nichtkondensierenden Gases in der Zweiphasenströmung, Luftmassenstromanteil in der Zweiphasenströmung
Y	–	Vektor
Z	N/m^3	linke Seite der Impulsgleichung der Zweiphasenströmung
z	m	Ortskoordinate

Griechische Buchstaben

Δ	–	endliche Differenz
Π	m	Perimeter
Σ	–	Summe
$\boldsymbol{\Phi},\boldsymbol{\Psi},\boldsymbol{\Omega}$	–	Vektor
Φ	–	Zweiphasenmultiplikator
α	m^3/m^3	Gasvolumenanteil
α	$W/(m^2K)$	Wärmeübergangszahl
δ	–	partielles Differential
ε	Pa/Pa	Druckquotient
ε	–	für den betrachteten Fall genügend kleine Größe $\neq 0$
ξ,λ	–	Reibungsbeiwert
η	kg/(ms)	dynamische Zähigkeit
$\varkappa$	–	Isentropenexponent
λ	W/(mK)	Wärmeleitfähigkeit
μ	$kg/(m^3s)$	zeitliche Massenänderung (der Gasphase) pro Volumeneinheit der Zweiphasenströmung
ν	m^2/s	kinematische Zähigkeit
π	–	3,1415
ϱ	kg/m^3	Dichte
σ	N/m	Oberflächenspannung
τ	s	Zeit
φ	rad	Winkel
$\boldsymbol{\varphi},\boldsymbol{\psi},\boldsymbol{\omega}$	–	Vektor

Dimensionslose Zahlen

Fr – Froude-Zahl
Gr – Grashof-Zahl
Le – Lewis-Zahl
Nu – Nußelt-Zahl
Pe – Peclet-Zahl
Pr – Prandtl-Zahl
Re – Reynolds-Zahl
We – Weber-Zahl

Indizes

hochgestellt

$''$	gesättigter Dampf
$'$	gesättigte Flüssigkeit
$*$	kritisch

tiefgestellt

A	Austritt
B	Borsäure, feste Phase, Blase
D	Dampf
E	Eintritt
ex	die masseabgebende Phase
F	unter dem Wasserspiegel
f	flüssig
fg	in Richtung f zu g
G	über dem Wasserspiegel
g	gasförmig
H	beheizt
h	hydraulisch
L	Luft, nichtkondensierendes Gas
Tr	Tröpfchen
W,w	Wand

Abkürzungen

BE	Brennelement
BS	Brennstoff
DWR	Druckwasserreaktor
HGZS	Homogene Gleichgewichts-Zweiphasenströmung
HNZS	Homogene Nichtgleichgewichts-Zweiphasenströmung
KKW	Kernkraftwerk
NGZS	Nichthomogene Gleichgewichts-Zweiphasenströmung
NNDDS	Nichthomogene Nichtgleichgewichts-Dreiphasen-Dreikomponenten-Strömung
NNZS	Nichthomogene Nichtgleichgewichts-Zweiphasenströmung
PDGL	Partielles Differentialgleichungssystem
ZS	Zweiphasenströmung

1 Elemente des mathematischen Modells der transienten Zweiphasenströmung

Das Objekt unserer Betrachtung ist die *transiente Zweiphasenströmung* in beliebigen technischen Einrichtungen. In dem allgemeinsten Fall wird die Zweiphasenströmung (ZS) durch eine Gruppe abhängiger Variablen, die die Bewegung des Fluids beschreibt und durch eine Gruppe, die den thermodynamischen Zustand der Phasen beschreibt, charakterisiert. Sowohl für die Strömung als Ganzes als auch für die einzelnen Phasen müssen die *Massen-*, die *Impuls-* und die *Energieerhaltungssätze* erfüllt werden. Im allgemeinen führt die dreidimensionale Formulierung der Erhaltungssätze zu lösbaren, aber sehr komplizierten Formen der Systeme aus partiellen Differentialgleichungen. Der Übergang zur eindimensionalen Formulierung ist mit einer *Mittelung* der abhängigen Variablen über den Strömungsquerschnitt verbunden. Dies führt zum Verlust von Information und macht die Einführung zusätzlicher Zusammenhänge zur Beschreibung von Querverbindungen notwendig. Das allgemeine mathematische Modell der transienten ZS besteht aus folgenden Komponenten:

1. Differentialgleichungen, die die Gesetze zur Erhaltung der Masse, des Impulses und der Energie widerspiegeln;
2. zusätzliche oder die sogenannte *konstitutive Gleichungen*. Das sind z.B. die Schlupfkorrelationen; die Korrelationen, die die Wärmeübergangsbedingungen und die Grenzen zwischen den einzelnen Wärmeübergangsmechanismen definieren; die Reibungsdruckverlustkorrelationen; die Zusammenhänge, die die Grenzen zwischen den einzelnen Strömungsformen festlegen; die Gleichungen durch die der interphasen Massen-, Impuls- und Energictransport bestimmt wird; die Korrelationen, die die charakteristischen Abmessungen der Strömungsstruktur definieren usw.;
3. Zustandsgleichungen der Zweiphasenströmung als Ganzes oder die Zustandsgleichungen der einzelnen Phasen;
4. Integrationsverfahren für das System von partiellen Differentialgleichungen;
5. Anfangsbedingungen;
6. Randbedingungen.

Die mathematischen Modelle der Zweiphasenströmung finden eine sehr breite Anwendung in der Kerntechnik zur Simulation verschiedener angenommener kleiner und großer Havarien. Großversuche, die die Havarien in Kernkraftwerken simulieren, sind aus ökonomischen Gründen nicht tragbar. Das bedeutet, daß empirische Erfahrung im gewöhnlichen Sinne des Wortes in diesem Gebiet fehlt. Gefragt ist die Ausweitung des Gültigkeitsbereiches der aus den Kleinmaßstabexperimenten erhaltenen Ergebnisse auf die industriellen Objekte. Zur Zeit wird dieses Problem durch eine Überprüfung der mathematischen Modelle mit Hilfe der Experimentaldaten, die aus Kleinmaßstabexperimenten erhalten wurden, gelöst. Bei genügender Übereinstimmung werden diese Modelle für die Projektierung industrieller Objekte angewendet.

Bei der Formulierung des Modells müssen einige objektive Bedingungen a priori erfüllt werden. Es ist z.B. eine experimentelle Tatsache, daß der Zustand der Zweiphasenströmung in einem festgelegten Punkt der Ort-Zeitebene von den Anfangs- und Randbedingungen abhängig ist. Dies spricht für ein *hyperbolisches Problem*, d.h., das Differentialgleichungssystem, das die ZS beschreibt, soll von hyperbolischem Typ sein. Falls das mathematische Modell diese Bedingung nicht erfüllt, ist entweder das Differentialgleichungssystem mit sich widersprechenden vereinfachenden Annahmen formuliert oder der Satz der konstitutiven Gleichungen ist ungeeignet. Folgende vereinfachende Annahmen, die nicht zu einem hyperbolischem System führen, sind z.B.:

- Gleichheit der Phasendrucke,
- die beiden Phasen sind längs der Ortskoordinate kontinuierlich,
- gleichmäßige Verteilung beider Phasen durch den ganzen Querschnitt.

Die Entfernung einer dieser Annahmen führt zu einem hyperbolischen System.

Um eine bessere Übereinstimmung mit den experimentellen Daten, die aus Modellversuchen gewonnen wurden, zu erhalten, wird oft der Satz der konstitutiven Gleichungen geändert. Man kommt aber letzten Endes zu einem Satz, mit dem man im Rahmen der vereinfachenden Annahmen, durch die das Differentialgleichungssystem gewonnen wurde, bestimmte physikalische Tatsachen nicht klären kann. In solchen Fällen müssen einige vereinfachende Annahmen (wenn nicht alle) entfernt werden. Das ist z.B. der Fall, bei dem die Druckwellen, die im Millisekundenbereich eines Kühlmittelverlustunfalls in einem KKW mit DWR entstehen, theoretisch beschrieben werden sollen. Die homogenen Gleichgewichtsmodelle der ZS sind nicht in der Lage, der experimentellen Änderung des Druckes nachzufolgen. Dabei ist es notwendig, die Annahme „thermodynamisches Nichtgleichgewicht" in das homogene Modell einzuführen. Ein anderes Beispiel ist die mathematische Modellierung der Nachhavariekühlung der Spaltzone eines Druckwasserreaktors (DWR) nach einem Kühlmittelverlustunfall. Es ist z.B. unmöglich, durch die Anwendung des homogenen Nichtgleichgewichtsmodells, die Außenwandtemperatur des Brennelementes in der oberen Hälfte der Spaltzone bei der Wiederauffüllung des Reaktors mit Kühlmittel von unten nach oben mit genügender Genauigkeit vorherzusagen. Man muß die Inhomogenität der ZS in das Nichtgleichgewichtsmodell einführen.

Eine andere Ungenauigkeitsquelle können die Methoden zur numerischen Integration selbst sein. Falls Abweichungen vom Experiment vorhanden sind, müßte man die aktuelle Lösung mit der Lösung, die durch ein besonders genaues Etalonverfahren erhalten wurde, vergleichen bevor man zur nächsten Veränderung der vereinfachenden Annahmen oder des konstitutiven Satzes übergeht. Ein solches Beispiel ist die Anwendung des expliziten Charakteristikenverfahrens als Etalon. Der Vergleich mit dem Etalonverfahren kann uns zeigen, wie nah wir zu den experimentellen Daten durch eine Änderung des Integrationsverfahren kommen können.

Wie schon erwähnt, ist eine der Komponenten des mathematischen Modells der Zweiphasenströmung die Approximation der Stoffwerte. Die besten Approximationen sind mit einer großen Anzahl von Konstanten bzw. Rechenoperationen verbunden, was einen großen Rechenzeitbedarf zur Folge hat. Denkbare Lösungen des Problems sind:

- die Anwendungen der Zahlentafeln,
- die Anwendung schneller Approximationen in den Untergebieten der interessierenden Gebiete.

Bei der Anwendung von Zahlentafeln wird mit dem Anwachsen der Anzahl der Punkte auch die Genauigkeit der Interpolation erhöht. Der Speicherplatzbedarf aber nimmt auch zu. Die schnellen Approximationen gelten andererseits bei entsprechender Genauigkeit in engen Gebieten, so daß in jedem einzelnen Fall das notwendige Optimum gesucht werden muß. Zusätzlich muß immer die von den vereinfachenden Annahmen und konstitutiven Gleichungen eingeführte Ungenauigkeit berücksichtigt werden, um überflüssigen Aufwand bei den Stoffwertapproximationen zu vermeiden. Ein solcher Aufwand wäre z.B. die Anwendung sehr genauer Stoffwertapproximationen bei der schon erwähnten Berechnung der Nachhavariekühlung der Spaltzone, wenn die Inhomogenität der ZS nicht berücksichtigt wurde.

Es existieren mehrere Literaturquellen, die die Probleme der konstitutiven Gleichungen und der Stoffwertapproximationen sehr breit behandeln. Bei der weiteren Darstellung der Grundzüge der Theorie der transienten ZS wird diese Problematik in solchem Umfang berührt, wie sie für das Verständnis der wichtigsten Ideen der einzelnen Modelle notwendig ist.

2 Gesetze zur Beschreibung transienter eindimensionaler Zweiphasenströmungen

Die Herleitung der Gesetze zur Erhaltung der Masse, des Impulses und der Energie der ZS ist in vielen Literaturquellen [1,14,25,40,42,68,87,99,100,111,112,121,134,135, 137, 190, 191,193,195,211,230,239,265,269,291 u.a.] vorhanden. Mit wenigen Ausnahmen dienen sie der konkreten Anwendung bei der Lösung technischer Aufgaben.

Es existieren unterschiedliche Vorgehensweisen, die zu verschiedenen Formen der Differentialgleichungssysteme führen. In einigen Fällen werden z.B. in den Impulsgleichungen von einigen Autoren solche Kraftkomponenten mitgeführt, deren Leistung in den Energiegleichungen nicht berücksichtigt werden. Beim Übergang von solchen Systemen zu Entropiegleichungen, erhält man dann Glieder, die eine physikalisch nicht existierende Entropieproduktion widerspiegeln.

Um dem Leser das Verständnis der wichtigsten, weiter in diesem Buch entwickelten Ideen zu erleichtern, werden wir die eindimensionale Herleitung der Erhaltungssätze angeben.

2.1 Gesetz zur Erhaltung der Masse

Wir abstrahieren von dem in Abb.2.1 dargestellten Geschwindigkeitsfeld ein infinitesimales Kontrollvolumen so, daß seine Abmessungen viel größer als die molekulare Freiweglänge des Fluids sind. Die zeitabhängige Massenänderung bezeichnen wir als *partielle Massenänderung* in der Zeit. Sie wird ausschließlich von der Differenz, der in das Kontrollvolumen ein- bzw. aus dem Kontrollvolumen ausfließenden Massenströmen verursacht. Weiterhin bezeichnen wir diese Differenz als *konvektive Massenänderung*. Die Summe der zeitabhängigen partiellen Massenänderung und der konvektiven Massenänderung bezeichnen wir als *totale Änderung* der Masse in der Zeit $\mathrm{d}m/\mathrm{d}\tau$. Mathematisch wird das obengesagte folgendermaßen ausgedrückt:

$$\frac{\mathrm{d}m}{\mathrm{d}\tau}=\frac{\delta}{\delta\tau}\int_V \varrho \mathrm{d}V+\int_F \varrho w_n \mathrm{d}f=0,$$

wobei w_n die der infinitesimalen Fläche $\mathrm{d}f$ senkrechte Komponente der Geschwindigkeit w ist. $w_n \mathrm{d}f$ ist ein Vektorprodukt. Unter Berücksichtigung, daß für einen achssymmetrischen Strömungskanal mit nichtdurchlässigen Wänden (Abb.2.2), bei dem die beiden Flächenteile des Kontrollvolumens senkrecht der Strömungsrichtung ausgewählt sind, gilt

$$\int_V \varrho \mathrm{d}V=\varrho A\Delta z$$

und

$$\int_F \varrho w_n \mathrm{d}f=(\varrho w A_E-(\varrho w A)_A=\left[\lim_{z\to 0}\frac{\Delta(\varrho w A)}{\Delta z}\right]\Delta z=\frac{\delta}{\delta z}(\varrho w A)\Delta z,$$

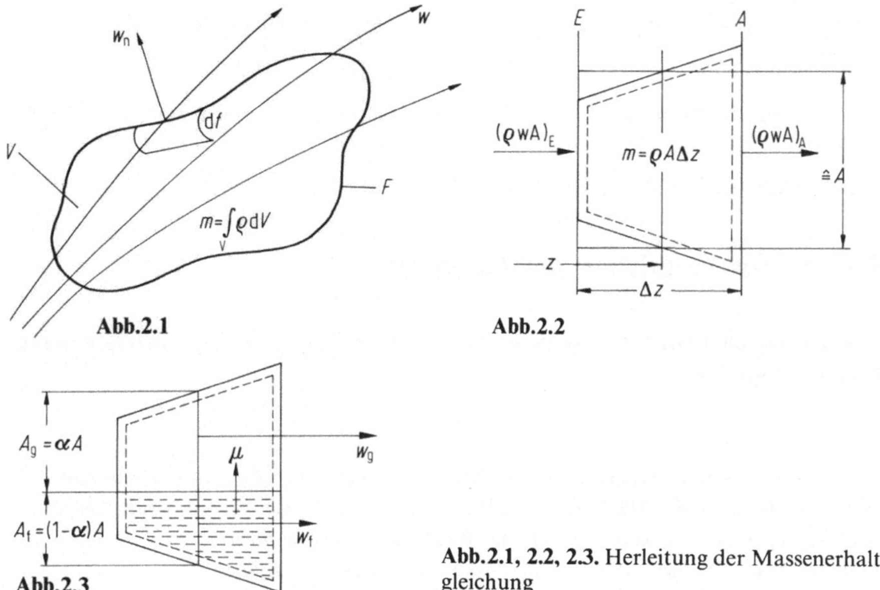

Abb.2.1, 2.2, 2.3. Herleitung der Massenerhaltungsgleichung

erhalten wir

$$\frac{\mathrm{d}m}{\mathrm{d}\tau}=\frac{\delta}{\delta\tau}(\varrho A\Delta z)+\frac{\delta}{\delta z}(\varrho wA)\Delta z=0$$

oder bezogen auf die Längeneinheit des Strömungskanals

$$\left(\frac{\mathrm{d}m}{\mathrm{d}\tau}\right)\Big/\Delta z=\frac{\delta}{\delta\tau}(\varrho A)+\frac{\delta}{\delta z}(\varrho wA)=0. \tag{2.1.1}$$

Stellen wir uns vor, daß das Kontrollvolumen dargestellt in Abb.2.2 von zwei *kontinuierlichen* Phasen durchflossen wird (Abb.2.3):

– die Gasphase (bezeichnet mit g), die eine Querschnittsfläche A_g durchströmt, wobei A_g ein α-Teil des ganzen Querschnitts A ist und
– die Flüssigkeit (bezeichnet mit f), die eine Querschnittsfläche A_f durchströmt, wobei A_f ein $(1-\alpha)$-Teil des ganzen Querschnitts A ist.

Für jede der beiden Phasen gilt (2.1.1):

$$\left(\frac{\mathrm{d}m_g}{\mathrm{d}\tau}\right)\Big/\Delta z=\frac{\delta}{\delta\tau}(\alpha\varrho_g A)+\frac{\delta}{\delta z}(\alpha\varrho_g w_g A)=\mu A, \tag{2.1.2}$$

$$\left(\frac{\mathrm{d}m_f}{\mathrm{d}\tau}\right)\Big/\Delta z=\frac{\delta}{\delta\tau}[(1-\alpha)\varrho_f A]+\frac{\delta}{\delta z}[(1-\alpha)\varrho_f w_f A]=-\mu A, \tag{2.1.3}$$

wobei μ in [kg/(m^{3}s)] derjenige Teil der konvektiven Massenänderung der Gasphase ist, der von der Flüssigkeit abgegeben wird und nicht in den konvektiven Gliedern $\delta(\alpha\varrho_g w_g A)/\Delta z$ und $[(1-\alpha)\varrho_f w_f A]/\Delta z$ berücksichtigt wird. An dieser Stelle werden wir uns nicht mehr mit dieser Größe befassen. Die Gln. (2.1.2) und (2.1.3) sind mathematische Ausdrücke des Gesetzes zur Erhaltung der Masse beider Phasen und ihrer Summe.

$$\frac{\delta}{\delta\tau}\{[\alpha\varrho_g+(1-\alpha)\varrho_f]A\}+\frac{\delta}{\delta z}\{[\alpha\varrho_g w_g+(1-\alpha)\varrho_f w_f]A\}=0 \tag{2.1.4}$$

stellt das Gesetz zur Erhaltung der Masse der ZS als Ganzes dar.

2.2 Gesetz zur Erhaltung des Impulses

Die Masse m, die sich mit der Geschwindigkeit w geradlinig und gleichförmig bewegt, besitzt einen Impuls I.

$$I=mw$$

Nach dem Newtonschen Gesetz ist um die Masse m aus diesem Zustand herauszuholen eine Wirkung äußerer Kräfte F_i notwendig. *Quantitativ ist die gesamte zeitabhängige Impulsänderung eine Reaktion – nach der Größe gleich und nach der Richtung entgegengesetzt der Summe der auf die Masse m wirkenden Kräfte.*

$$\frac{dI}{d\tau}=\sum F_i$$

Wenn $\sum F_i=0$ ist, so ist $dI=0$ oder $I=\text{const}$. Die Wirkung der Kräfte F_i auf einem sich bewegenden Körper mit konstanter Masse verursacht eine Geschwindigkeitsänderung (Beschleunigung des Systems). Für das Kontrollvolumen (Abb.2.1) kann aber die Impulsänderung auch von der Massenänderung im Volumen verursacht werden. Betrachten wir dieses Problem etwas näher. Als Ganzes ist der Impuls mw eine Funktion sowohl der Zeit τ als auch der Ortskoordinate z:

$$mw=f(\tau,z),$$

so gilt:

$$\frac{d}{d\tau}(mw)=\frac{\delta}{\delta\tau}(mw)+\frac{\delta}{\delta z}(mw)\frac{dz}{d\tau}.$$

Wenn man berücksichtigt, daß die Masse m des Kontrollvolumens V (dargestellt in Abb.2.2; diese Geometrie wählen wir für die Vereinfachung der Erklärung)

$$m=\varrho dzA=\varrho w d\tau A=\varrho wA d\tau=\dot{m}d\tau$$

ist, so ist

$$\frac{d}{d\tau}(mw)=\frac{\delta}{\delta\tau}(mw)+\frac{\delta}{\delta z}(\dot{m}wd\tau)\frac{dz}{d\tau}$$

oder $(dz\mathrel{\hat{=}}\Delta z)$

$$\frac{d}{d\tau}(mw)=\frac{\delta}{\delta\tau}(mw)+\Delta z\frac{\delta}{\delta z}(\dot{m}w).$$

Falls auf die Masse m keine äußeren Kräfte wirken so gilt:

$$\frac{\mathrm{d}}{\mathrm{d}\tau}(mw)=0$$

oder

$$\frac{\delta}{\delta\tau}(mw)=-\delta z\frac{\delta}{\delta z}(\dot{m}w)=-\Delta(\dot{m}w).$$

Das bedeutet, daß die Änderung des Produktes der Massengeschwindigkeit $\dot{m}$ und der Geschwindigkeit w eine Kraftwirkung auf das System ausübt und sich als eine äußere Kraft interpretieren läßt. Diese Impulsänderung werden wir weiter als *konvektive Impulsänderung* bezeichnen. Wenn auf das Kontrollvolumen äußere Kräfte wirken, so unterscheidet sich die konvektive Impulsänderung nicht von ihnen. Also lautet die Kräftegleichgewichtsbedingung, angewendet auf das Kontrollvolumen V (Abb.2.4): Die partielle zeitliche Impulsänderung eines Kontrollvolumens, bestehend aus fließendem Medium (Kontinuium), ist eine Reaktion – gleich nach der Größe und entgegengesetzt nach der Richtung der Summe der auf das Volumen wirkenden äußeren Kräfte. Mathematisch ausgedrückt sieht dies folgendermaßen aus:

$$\frac{\delta}{\delta\tau}\int_V \varrho w \mathrm{d}V=-\int_F \varrho w.w_\mathrm{n}\mathrm{d}f-\int_V \varrho g^* \mathrm{d}V-\int_F p\mathrm{d}f-\int_V f_\mathrm{R}\mathrm{d}V.$$

Dabei ist f_R die *Reibungskraft bezogen auf die Volumeneinheit der Strömung*. Für den achssymmetrischen Strömungskanal mit nichtdurchlässigen Wänden (Abb.2.6), bei dem die beiden Grenzflächen senkrecht der Strömungsrichtung ausgewählt sind (so daß $w_\mathrm{n}=w$ ist), vereinfachen sich die Integralausdrücke wie folgt:

$$\frac{\delta}{\delta\tau}\int_V \varrho w\mathrm{d}V-\frac{\delta}{\delta\tau}(\varrho wA\Delta z),$$

$$\int_F \varrho w.w_\mathrm{n}\mathrm{d}f=(\varrho w^2A)_\mathrm{E}-(\varrho w^2A)_\mathrm{A}=\left[\lim_{z\to 0}\frac{\Delta(\varrho w^2A)}{\Delta z}\right]\Delta z=\frac{\delta}{\delta z}(\varrho w^2A)\Delta z,$$

$$\int_V \varrho g^*\mathrm{d}V=\varrho g\cos\varphi A\Delta z,$$

$$\int_V f_\mathrm{R}\mathrm{d}V=F_\mathrm{R}.$$

Wir betrachten das Oberflächenintegral $\int_F p\mathrm{d}f$ etwas näher.

Die Oberfläche des Kontrollvolumens, worüber wir integrieren (Abb.2.5) werden, besteht aus drei Teilen: die zwei Querschnitte senkrecht der Strömungsrichtung und die Umfangsoberfläche. Wegen der Ähnlichkeit der Dreiecke abc und $a_1b_1c_1$ gilt für die z-Komponente F_{pz} der Kraft F_p

$$F_{pz}=F_p\frac{\Delta r}{\Delta l}=\bar{p}\bar{\Pi}\Delta L\frac{\Delta r}{\Delta l}=\bar{p}\bar{\Pi}\Delta r=\bar{p}\Delta A=\bar{p}(A_2-A_1),$$

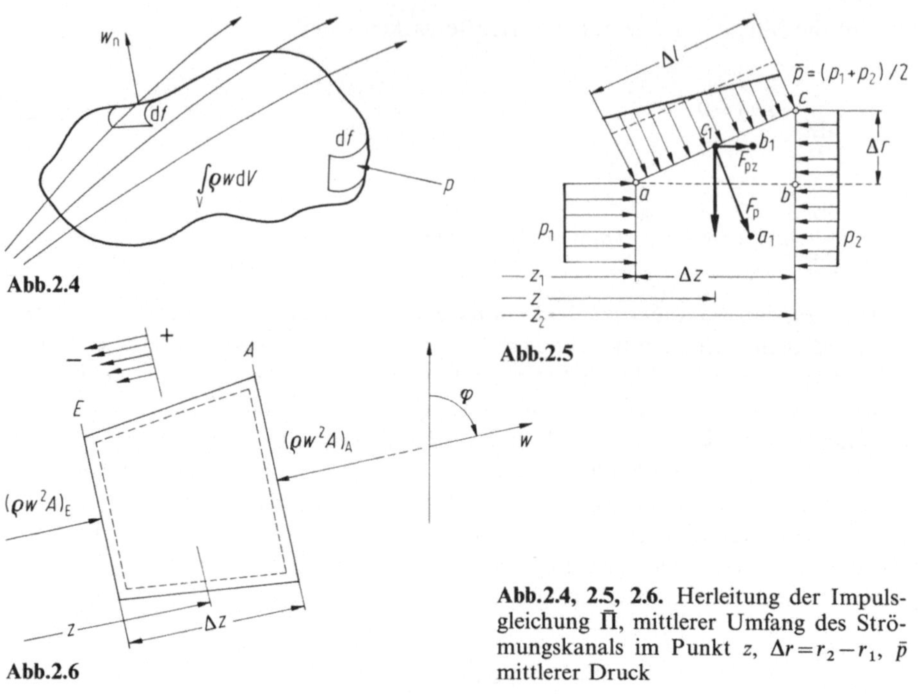

Abb.2.4, 2.5, 2.6. Herleitung der Impulsgleichung $\bar{\Pi}$, mittlerer Umfang des Strömungskanals im Punkt z, $\Delta r = r_2 - r_1$, $\bar{p}$ mittlerer Druck

so daß wir für das Integral erhalten:

$$\int_F p\mathrm{d}f = \left\{ \lim_{\Delta z \to 0} \left(\frac{p_2 A_2 - p_1 A_1}{\Delta z} - \frac{A_2 - A_1}{\Delta z} \bar{p} \right) \right\} \Delta z = \frac{\delta}{\delta z}(pA) - p\frac{\delta A}{\delta z} = A\frac{\delta p}{\delta z}.$$

Tabelle 2.1 verallgemeinert die auf das Kontrollvolumen wirkenden Kräfte. Die Summe aller Kräfte gleich Null gesetzt gibt uns die *Eulersche* Gleichung.

Tabelle 2.1. Die Kräfte, die auf das Kontrollvolumen V wirken, bezogen auf die Längeneinheit des Kanals

$\frac{\delta}{\delta \tau}(\varrho w A)$	Partielle Impulsänderung in der Zeit	
$\frac{\delta}{\delta z}(\varrho w^2 A)$	Konvektive Impulsänderung	
$\varrho g A \cos\varphi$	Schwerkraft	
$A\frac{\delta p}{\delta z}$	Aus der Druckwirkung auf die Oberfläche des Kontrollvolumens resultierende Kraft	
$F_R/\Delta z$	Reibungskraft	
$\sum F_i =$	$\frac{\delta}{\delta \tau}(\varrho w A) + \frac{\delta}{\delta z}(\varrho w^2 A) + A\frac{\delta p}{\delta z} + \varrho g A \cos\varphi + \frac{F_R}{\Delta z} = 0$	(2.2.1)

Jetzt stellen wir uns vor, daß das Kontrollvolumen dargestellt in Abb.2.3 von zwei kontinuierlichen Phasen durchströmt wird. Die Kräftegleichgewichtsbedingung gilt für beide Phasen:

$$\frac{\delta}{\delta\tau}(\alpha\varrho_g w_g A)+\frac{\delta}{\delta z}(\alpha\varrho_g w_g^2 A)+\alpha A\frac{\delta p}{\delta z}$$
$$+\alpha\varrho_g g A\cos\varphi+F_{Rg}/\Delta z=\mu w_{ex}A, \tag{2.2.2}$$

$$\frac{\delta}{\delta\tau}[(1-\alpha)\varrho_f w_f A]+\frac{\delta}{\delta z}[(1-\alpha)\varrho_f w_f^2 A]+(1-\alpha)A\frac{\delta p}{\delta z}$$
$$+(1-\alpha)\varrho_f g A\cos\varphi+F_{Rf}/\Delta z=-\mu w_{ex}A, \tag{2.2.3}$$

wobei

für $\mu>0 \quad w_{ex}=w_f$,

für $\mu<0 \quad w_{ex}=w_g$.

In diesem Fall spiegeln F_{Rg} bzw. F_{Rf} die summare Wirkung der Kanalwand und der benachbarten Phase auf die Gas- bzw. Flüssigkeitsphase wider.

Das Glied μw_{ex} drückt den Teil der konvektiven Impulsänderung der Gasphase aus, der auf Kosten der Flüssigkeit zustande kommt und nicht in den Gliedern $\delta(\alpha\varrho_g w_g^2 A)/\delta z$ und $\delta[(1-\alpha)\varrho_f w_f^2 A]/\delta z$ berücksichtigt wird. Er ist ein Resultat des Stofftransportes zwischen den beiden Phasen. Stellen Sie sich vor, daß Sie in die Gasströmung einen Massenstrom μ mit der Geschwindigkeit w_f, die die gleiche Richtung wie die Gasgeschwindigkeit besitzt, einblasen. Dabei ist der Massenstrom μ auf die Volumeneinheit der Strömung bezogen. Auf diese Weise wirkt auf die Strömung eine volumetrische Beschleunigungskraft der Größe μw_f. Umgekehrt, wenn Sie μ mit der Geschwindigkeit w_g aus der Gasströmung entnehmen, so wirkt auf die Strömung eine Verzögerungskraft der Größe μw_g. Weil nicht sie, sondern die Flüssigkeitsphase in der Zweiphasenströmung Masse abgibt oder bekommt, wirkt auf die Flüssigkeit die entsprechende Reaktion gleich der Größe und entgegengesetzt der Richtung. In diesem Fall haben wir für die Verdampfungsrate stillschweigend angenommen, daß nach dem Wechsel von einer Phase in die andere, die Teilchen die Größe und die Richtung der Geschwindigkeit der masseabgebenden Phase behalten. In Wirklichkeit aber ist das ein komplizierter und in jedem Fall ein dreidimensionaler Prozeß. Wir betrachten nur die eindimensionale Strömung und bleiben bei dieser Annahme. Die Kräftegleichgewichtsbedingung für die ZS als Ganzes erhalten wir von der Summierung der Gln. (2.2.2) und (2.2.3):

$$\frac{\delta}{\delta\tau}\{[\alpha\varrho_g w_g+(1-\alpha)\varrho_f w_f]A\}+\frac{\delta}{\delta z}\{[\alpha\varrho_g w_g^2+(1-\alpha)\varrho_f w_f^2]A\}+A\frac{\delta p}{\delta z}$$
$$+[\alpha\varrho_g+(1-\alpha)\varrho_f]gA\cos\varphi+F_R=0. \tag{2.2.4}$$

2.3 Gesetz zur Erhaltung der Energie

Nehmen wir an, daß unser Kontrollvolumen, dargestellt in Abb.2.1, sich außerhalb jeder Kraftwirkung befindet. In diesem Fall ist die *innere Energie U*

$$U=mu$$

des Kontrollvolumens ein Maß für den Energiezustand des Fluids (Frequenz und Amplitude der Moleküle). Dabei ist u die spezifische innere Energie. Eine indirekte

Information für u liefert der Druck p und die Temperatur T, die gemessen werden können, so daß aus makroskopischem Gesichtspunkt bei bekanntem Volumen V, p und T der thermodynamische Zustand des Fluids voll bestimmt ist. Die Größen (p,T,v) werden als *Zustandsparameter* bezeichnet.

Um den energetischen Zustand eines sich durch das Kontrollvolumen geradlinig und gleichförmig bewegenden Mediums zu beschreiben, müssen wir zu der inneren Energie des Mediums seine *kinetische Energie* $mw^2/2$ addieren. Bei der Abwesenheit anderer Energiequellen kann diese Summe eine Veränderung einzig von der integralen Differenz der Energien der ein- und ausfließenden Massenströme erfahren. Diese Differenz bezeichnen wir als eine *konvektive Änderung der Energie* $U+mw^2/2$. Mathematisch bedeutet das:

$$\frac{\delta}{\delta\tau}\int_V \varrho\left(u+\frac{w^2}{2}\right)\mathrm{d}V = -\int_F \varrho\left(u+\frac{w^2}{2}\right)w_\mathrm{n}\mathrm{d}f,$$

d.h. der konvektive Energiezufluß hat auf das Medium des Kontrollvolumens solche Wirkung wie der Wärmestrom in der Strömung. Stellen wir uns vor, daß dieser Prozeß sich in einem *Gravitationsfeld* vollzieht. Um eine elementare Masse $\varrho \mathrm{d}V$ gegen die Schwerkraft $g^*\varrho\mathrm{d}V$ mit der Geschwindigkeit w zu bewegen, benötigen wir eine Leistung $wg^*\varrho\mathrm{d}V$ oder für das ganze Kontrollvolumen:

$$\int_V wg^*\varrho\mathrm{d}V.$$

Diese Ortsänderung der Masse im Gravitationsfeld oder die quantitative Änderung der Masse, die sich in der Umgebung eines bestimmten Punktes des Feldes befindet, verursacht auch eine zeitabhängige Energieänderung des Kontrollvolumens.

Jetzt stellen wir uns vor, daß zusätzlich zum Gravitationsfeld die Strömung auch in einem Feld des sich kontinuierlich verändernden *Druckes* fließt. Vom Charakter unterscheidet sich dieses Feld nicht von jedem anderen Kraftfeld. Um das Medium durch den Querschnitt $\mathrm{d}f$ gegen den Druck p, d.h. gegen eine Kraft $p\mathrm{d}f$, mit der Geschwindigkeit w_n zu bewegen, benötigen wir eine Leistung $w_\mathrm{n}p\mathrm{d}f$ oder insgesamt für den ganzen konvektiven Massentransport durch die Grenzen des Kontrollvolumens:

$$\int_F w_\mathrm{n}p\mathrm{d}f.$$

Die reale Strömung erfährt bei der Bewegung eine *Widerstandskraft*, die aus den Kraftwirkungen der einzelnen Moleküle einerseits und aus dem Zusammenwirken der Moleküle mit der „Kanalwand" andererseits zustande kommt. Dies führt uns zu dem Gedanken, daß bei einer komplizierten Strömungsstruktur die beiden Phasen eine komplexe Kraftwirkung sowohl von der Wand als auch von der benachbarten Phase erfahren. Das ist eine Problematik, die wir hier nicht betrachten werden. Für uns ist es im Augenblick wichtig, daß für die Bewegung des Mediums mit der Geschwindigkeit w entgegen einer Gesamtwiderstandskraft F_R die Leistung wF_R benötigt wird.

Unter Berücksichtigung der oben erwähnten wesentlichen Komponenten der Energieänderung einer realen Strömung können wir das Gesetz zur Erhaltung der Energie folgenderweise anwenden: *die partielle, zeitliche Änderung der Summe der inneren und der kinetischen Energie des Mediums im Kontrollvolumen V ist gleich*

– *der Summe des mit dem Massentransport durch die Grenzen des Kontrollvolumens verbundenen konvektiven Zuflusses der inneren und der kinetischen Energie;*

– *der angewandten Leistung zum Transport des Fluids im Gravitationsfeld und im Feld des sich ändernden Druckes;*
– *der verbrauchten Leistung zur Überwindung der Reibungskräfte und*
– *der in das Kontrollvolumen V eingeführten Wärmeleistung $\dot{Q}$.*

Mathematisch wird dies in folgender Weise ausgedrückt:

$$\frac{\delta}{\delta\tau}\int_V \varrho\left(u+\frac{w^2}{2}\right)\mathrm{d}V = -\int_F \varrho\left(u+\frac{w^2}{2}\right)w_\mathrm{n}\mathrm{d}f - \int_F p w_\mathrm{n}\mathrm{d}f - \int_V \varrho g^* w\mathrm{d}V - wF_\mathrm{R} + \dot{Q}. \tag{2.3.1}$$

Für die in Abb.2.3 dargestellte Geometrie können wir die Integralausdrücke folgenderweise vereinfachen:

$$\frac{\delta}{\delta\tau}\int_V \varrho\left(u+\frac{w^2}{2}\right)\mathrm{d}V = \frac{\delta}{\delta z}\left[\varrho\left(u+\frac{w^2}{2}\right)A\Delta z\right],$$

$$\int_F \varrho\left(u+\frac{w^2}{2}\right)w_\mathrm{n}\mathrm{d}f$$

$$=\left\{\lim_{\Delta z\to 0}\frac{\left[\varrho w\left(u+\frac{w^2}{2}\right)A\right]_\mathrm{E}-\left[\varrho w\left(u+\frac{w^2}{2}\right)A\right]_\mathrm{A}}{\Delta z}\right\}\Delta z$$

$$=\left\{\lim_{\Delta z\to 0}\frac{\Delta\left[\varrho w\left(u+\frac{w^2}{2}\right)\right]}{\Delta z}\right\}\Delta z = \frac{\delta}{\delta z}\left[\varrho w\left(u+\frac{w^2}{2}\right)A\right]\Delta z.$$

Bei der Auswertung des Integrals $\int_F p w_\mathrm{n}\mathrm{d}f$ berücksichtigen wir, daß in der Normalen zur Kanalwanderung (Abb.2.7 und 2.8) die Geschwindigkeit Null ist:

$$\int_F w_\mathrm{n} p\mathrm{d}f = (w_2p_2A_2 - w_1p_1A_1) = \left\{\lim_{\Delta z\to 0}\left(\frac{w_2p_2A_2-w_1p_1A_1}{\Delta z}\right)\right\}\Delta z$$

$$=\Delta z\frac{\delta}{\delta z}(wpA).$$

Unter Berücksichtigung, daß

$$\int_V \varrho g w\cos\varphi\mathrm{d}V = \varrho w A g\Delta z\cos\varphi$$

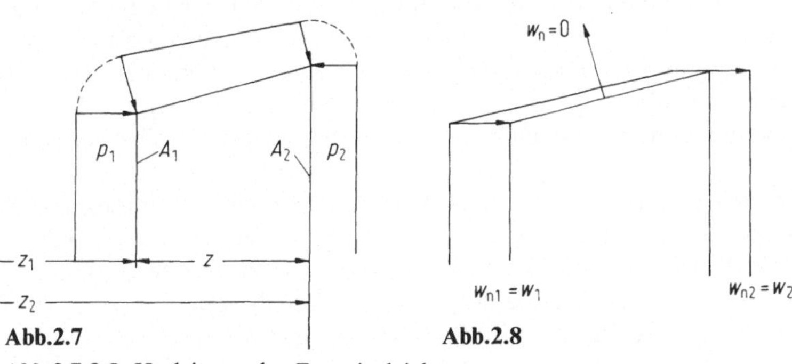

Abb.2.7 **Abb.2.8**

Abb.2.7,2.8. Herleitung der Energiegleichung

ist, erhalten wir für (2.3.1) dividiert durch Δz folgendes:

$$\frac{\delta}{\delta\tau}\left[\varrho\left(u+\frac{w^2}{2}\right)A\right]+\frac{\delta}{\delta z}\left[\varrho w\left(u+\frac{p}{\varrho}+\frac{w^2}{2}\right)A\right]+\varrho wAg\cos\varphi+F_R w=\dot{Q}/\Delta z. \tag{2.3.2}$$

Falls die Enthalpie $h=u+p/\varrho$ (Gibbs 1876) verwendet wird, erhält (2.3.2) die Form:

$$\frac{\delta}{\delta\tau}\left[\varrho\left(u+\frac{w^2}{2}\right)A\right]+\frac{\delta}{\delta z}\left[\varrho w\left(h+\frac{w^2}{2}\right)A\right]+\varrho wA\cos\varphi+wF_R=\dot{Q}/\Delta z. \tag{2.3.3}$$

Dieses Gesetz können wir auf jede der beiden Phasen dargestellt in Abb.2.3 anwenden:

$$\frac{\delta}{\delta\tau}\left[\alpha\varrho_g\left(u_g+\frac{w_g^2}{2}\right)A\right]+\frac{\delta}{\delta z}\left[\alpha\varrho_g w_g\left(h_g+\frac{w_g^2}{2}\right)A\right]+p\frac{\delta}{\delta\tau}(\alpha A)$$

$$+\alpha\varrho_g w_g Ag\cos\varphi+w_g F_{Rg}/\Delta z=\dot{Q}_g/\Delta z+\mu\left(\mathrm{h}_{ex}+\frac{w_{ex}^2}{2}\right)A, \tag{2.3.4}$$

$$\frac{\delta}{\delta\tau}\left[(1-\alpha)\varrho_f\left(u_f+\frac{w_f^2}{2}\right)A\right]+\frac{\delta}{\delta z}\left[(1-\alpha)\varrho_f w_f\left(h_f+\frac{w_f^2}{2}\right)A\right]+p\frac{\delta}{\delta\tau}[\alpha A]$$

$$+(1-\alpha)\varrho_f w_f Ag\cos\varphi+w_f F_{Rf}/\Delta z=\dot{Q}_f/\Delta z-\mu\left(h_{ex}+\frac{w_{ex}^2}{2}\right)A, \tag{2.3.5}$$

wobei

$$\int_{F_g} w_g p\,df=\Delta z\frac{\delta}{\delta z}(pw_g\alpha A),$$

$$\int_{F_f} w_f p\,df=\Delta z\frac{\delta}{\delta z}[pw_f(1-\alpha)A].$$

$\dot{Q}_g$ ist der summare Wärmestrom von der Kanalwand bzw. von der benachbarten Phase zur Gasphase. $\dot{Q}_f$ ist der summare Wärmestrom von der Kanalwand bzw. von der benachbarten Phase zur Flüssigkeit. Die letzten Glieder der Gln. (2.3.4) und (2.3.5) spiegeln die Energieübertragung von der benachbarten Phase wider, die mit dem Stofftransport verbunden sind und nicht in den konvektiven Gliedern berücksichtigt worden sind.

Im Gegensatz zu der einphasigen Strömung wird in den Energiegleichungen *die Leistung der mechanischen Kompression bzw. Expansion* je nach den Vorzeichen $p\partial(\alpha A)/\partial\tau$, $p\partial[(1-\alpha)A]/\partial\tau$ mitberücksichtigt. Bei der einphasigen Strömung ist dieser Term gleich Null, da die Geometrie des Strömungskanals keine Funktion der Zeit war. Hier kann eine Phase z.B. durch Expansion die andere verdrängen.

Die Summe der Gln. (2.3.4) und (2.3.5) liefert das Gesetz zur Erhaltung der Energie für die Zweiphasenströmung als Ganzes.

$$\frac{\delta}{\delta\tau}\left\{\left[\alpha\varrho_g\left(u_g+\frac{w_g^2}{2}\right)+(1-\alpha)\varrho_f\left(u_f+\frac{w_f^2}{2}\right)\right]A\right\}$$
$$+\frac{\delta}{\delta z}\left\{\left[\alpha\varrho_g w_g\left(h_g+\frac{w_g^2}{2}\right)+(1-\alpha)\varrho_f w_f\left(h_f+\frac{w_f^2}{2}\right)\right]A\right\}$$
$$+[\alpha\varrho_g w_g+(1-\alpha)\varrho_f w_f]Ag\cos\varphi+\frac{F_{Rg}w_g+F_{Rf}w_f}{\Delta z}=\dot{Q}/\Delta z. \qquad (2.3.6)$$

Dabei ist $\dot{Q}$ die in die Strömung eingeführte Wärmeleistung. Oftmals werden die Energiegleichungen in folgender Form verwendet:

$$\frac{\delta}{\delta\tau}\left[\alpha\varrho_g\left(h_g+\frac{w_g^2}{2}\right)A\right]-\alpha A\frac{\delta p}{\delta\tau}+\frac{\delta}{\delta z}\left[\alpha\varrho_g w_g\left(h_g+\frac{w_g^2}{2}\right)A\right]$$
$$+\left(\alpha\varrho_g Ag\cos\varphi+\frac{F_{Rg}}{\Delta z}\right)w_g=\frac{\dot{Q}_g}{\Delta z}+\mu\left(h_{ex}+\frac{w_{ex}^2}{2}\right)A, \qquad (2.3.7)$$

$$\frac{\delta}{\delta\tau}\left[(1-\alpha)\varrho_f\left(h_f+\frac{w_f^2}{2}\right)A\right]-(1-\alpha)A\frac{\delta p}{\delta\tau}+\frac{\delta}{\delta z}\left[(1-\alpha)\varrho_f w_f\left(h_f+\frac{w_f^2}{2}\right)A\right],$$
$$\left[(1-\alpha)\varrho_f Ag\cos\varphi+\frac{F_{Rf}}{\Delta z}\right]w_f=\frac{\dot{Q}_f}{\Delta z}-\mu\left(h_{ex}+\frac{w_{ex}^2}{2}\right)A. \qquad (2.3.8)$$

Oder für die ZS als Ganzes:

$$\frac{\delta}{\delta\tau}\left\{\alpha\varrho_g\left(u_g+\frac{w_g^2}{2}\right)+(1-\alpha)\varrho_f\left(u_f+\frac{w_f^2}{2}\right)A\right\}-A\frac{\delta p}{\delta\tau}$$
$$+\frac{\delta}{\delta z}\left\{[\alpha\varrho_g w_g\left(h_g+\frac{w_g^2}{2}\right)+(1-\alpha)\varrho_f w_f\left(h_f+\frac{w_f^2}{2}\right)A\right\}$$
$$+[\alpha\varrho_g w_g+(1-\alpha)\varrho_f w_f]Ag\cos\varphi+\frac{F_{Rg}w_g+F_{Rf}w_f}{\Delta z}=\frac{\dot{Q}}{\Delta z}. \qquad (2.3.9)$$

Oder mit der Vernachlässigung der Glieder, die die Änderung der kinetischen und der potenziellen Energie und der durch die Reibung dissipierten Energie berücksichtigen:

$$\frac{\delta}{\delta\tau}(\alpha\varrho_g u_g A)+\frac{\delta}{\delta z}(\alpha\varrho_g w_g h_g A)=\frac{\dot{Q}_g}{\Delta z}+\mu h_{ex}A, \qquad (2.3.10)$$

$$\frac{\delta}{\delta\tau}[(1-\alpha)\varrho_f u_f A]+\frac{\delta}{\delta z}[(1-\alpha)\varrho_f w_f h_f A]=\frac{\dot{Q}_f}{\Delta z}-\mu h_{ex}A. \qquad (2.3.11)$$

Für die Zweiphasenströmung als Ganzes:

$$\frac{\delta}{\delta\tau}\{[\alpha\varrho_g u_g+(1-\alpha)\varrho_f u_f]A\}+\frac{\delta}{\delta z}\{[\alpha\varrho_g w_g h_g+(1-\alpha)\varrho_f w_f h_f]A\}=\frac{\dot{Q}}{\Delta z}. \qquad (2.3.12)$$

2.4 Verallgemeinerung: Gesetz zur Erhaltung der Entropie

Mit Hilfe der Gesetze zur Erhaltung der Masse, des Impulses und der Energie angewendet auf die ZS als Ganzes und auf jede einzelne Phase getrennt, erhalten wir zwei Systeme von drei bzw. sechs partiellen, quasilinearen, nichthomogenen Differentialgleichungen.

$$\frac{\delta}{\delta\tau}\{[\alpha\varrho_g+(1-\alpha)\varrho_f]A\}+\frac{\delta}{\delta z}\{[\alpha\varrho_g w_g+(1-\alpha)\varrho_f w_f]A\}=0, \qquad (2.4.1)$$

$$\frac{\delta}{\delta\tau}\{[\alpha\varrho_g w_g+(1-\alpha)\varrho_f w_f]A\}+\frac{\delta}{\delta z}\{[\alpha\varrho_g w_g^2+(1-\alpha)\varrho_f w_f^2]A\}+A\frac{\delta p}{\delta z}$$
$$+[\alpha\varrho_g+(1-\alpha)\varrho_f]gA\cos\varphi+F_R/\Delta z=0, \qquad (2.4.2)$$

$$\frac{\delta}{\delta\tau}\left\{\left[\alpha\varrho_g\left(u_g+\frac{w_g^2}{2}\right)+(1-\alpha)\varrho_f\left(u_f+\frac{w_f^2}{2}\right)\right]A\right\}$$
$$+\frac{\delta}{\delta z}\left\{[\alpha\varrho_g w_g\left(h_g+\frac{w_g^2}{2}\right)+(1-\alpha)\varrho_f w_f\left(h_f+\frac{w_f^2}{2}\right)A\right\}$$
$$+[\alpha\varrho_g w_g+(1-\alpha)\varrho_f w_f]Ag\cos\varphi+\frac{F_{Rg}w_g+F_{Rf}w_f}{\Delta z}=\frac{\dot{Q}}{\Delta z}, \qquad (2.4.3)$$

$$\frac{\delta}{\delta\tau}(\alpha\varrho_g A)+\frac{\delta}{\delta z}(\alpha\varrho_g w_g A)=\mu A, \qquad (2.4.4)$$

$$\frac{\delta}{\delta\tau}[(1-\alpha)\varrho_f A]+\frac{\delta}{\delta z}[(1-\alpha)\varrho_f w_f A]=-\mu A, \qquad (2.4.5)$$

$$\frac{\delta}{\delta\tau}(\alpha\varrho_g w_g A)+\frac{\delta}{\delta z}(\alpha\varrho_g w_g^2 A)+\alpha A\frac{\delta p}{\delta z}+\alpha\varrho_g g\cos\varphi+\frac{F_{Rg}}{\Delta z}=\mu w_{ex}A, \qquad (2.4.6)$$

$$\frac{\delta}{\delta\tau}[(1-\alpha)\varrho_f w_f A]+\frac{\delta}{\delta z}[(1-\alpha)\varrho_f w_f^2 A]$$
$$+(1-\alpha)A\frac{\delta p}{\delta z}+(1-\alpha)\varrho_f gA\cos\varphi+\frac{F_{Rf}}{\Delta z}=-\mu w_{ex}A, \qquad (2.4.7)$$

$$\frac{\delta}{\delta\tau}\left[\alpha\varrho_g\left(u_g+\frac{w_g^2}{2}\right)A\right]+\frac{\delta}{\delta z}\left[\alpha\varrho_g w_g\left(h_g+\frac{w_g^2}{2}\right)A\right]$$
$$+pA\frac{\delta\alpha}{\delta\tau}+\alpha\varrho_g w_g Ag\cos\varphi+\frac{F_{Rg}}{\Delta z}w_g=\frac{\dot{Q}_g}{\Delta z}+\mu\left(h_{ex}+\frac{w_{ex}^2}{2}\right)A, \qquad (2.4.8)$$

$$\frac{\delta}{\delta\tau}\left[(1-\alpha)\varrho_f\left(u_f+\frac{w_f^2}{2}\right)A\right]+\frac{\delta}{\delta z}\left[(1-\alpha)\varrho_f w_f\left(h_f+\frac{w_f^2}{2}\right)A\right]$$
$$+pA\frac{\delta}{\delta\tau}(1-\alpha)+(1-\alpha)\varrho_f w_f Ag\cos\varphi+\frac{F_{Rf}}{\Delta z}w_f=\frac{\dot{Q}_f}{\Delta z}-\mu\left(h_{ex}+\frac{w_{ex}^2}{2}\right)A. \qquad (2.4.9)$$

Die Form beider Systeme bezeichnen wir als konservative Form. Sie dient zur Herleitung verschiedener Arbeitsformen (bei entsprechenden vereinfachenden Annahmen).

Um das System (2.4.4) bis (2.4.9) zu vereinfachen führen wir folgende Umformungen durch:

- Wir ersetzen die spezifische innere Energie u durch $u=h-p/\varrho$.
- Wir differenzieren die ersten zwei Glieder der Impuls- und der Energiegleichungen so, daß wir die linken Seiten der Kontinuitätsgleichungen erhalten und sie durch μA bzw. $-\mu A$ ersetzen.
- Wir dividieren das System mit A und ersetzen $(\delta A/\delta z)/A$ mit $\delta \ln A/\delta z$.

$$\frac{\delta}{\delta\tau}(\alpha\varrho_g)+\frac{\delta}{\delta z}(\alpha\varrho_g w_g)=\mu-\alpha\varrho_g w_g\frac{d}{dz}\ln A, \tag{2.4.10}$$

$$\frac{\delta}{\delta\tau}[(1-\alpha)\varrho_f]+\frac{\delta}{\delta z}[(1-\alpha)\varrho_f w_f]=-\mu-(1-\alpha)\varrho_f w_f\frac{d}{dz}\ln A, \tag{2.4.11}$$

$$\alpha\varrho_g\left(\frac{\delta w_g}{\delta\tau}+w_g\frac{\delta w_g}{\delta z}\right)+\alpha\frac{\delta p}{\delta z}+\alpha\varrho_g g\cos\varphi+f_{Rg}=\mu(w_{ex}-w_g), \tag{2.4.12}$$

$$(1-\alpha)\varrho_f\left(\frac{\delta w_f}{\delta\tau}+w\frac{\delta w_f}{\delta z}\right)+(1-\alpha)\frac{\delta p}{\delta z}+(1-\alpha)\varrho_f g\cos\varphi+f_{Rf}$$
$$=-\mu(w_{ex}-w_f), \tag{2.4.13}$$

$$\alpha\varrho_g\left(\frac{\delta h_g}{\delta\tau}+w_g\frac{\delta h_g}{\delta z}\right)+\alpha\varrho_g w_g\left(\frac{\delta w_g}{\delta\tau}+w_g\frac{\delta w_g}{\delta z}\right)-\alpha\frac{\delta p}{\delta\tau}+w_g(\alpha\varrho_g g\cos\varphi+f_{Rg})$$
$$=\dot q'''+\mu\left(h_{ex}+\frac{w_{ex}^2}{2}-h_g-\frac{w_g^2}{2}\right), \tag{2.4.14}$$

$$(1-\alpha)\varrho_f\left(\frac{\delta h_f}{\delta\tau}+w_f\frac{\delta h_f}{\delta z}\right)+(1-\alpha)\varrho_f w_f\left(\frac{\delta w_f}{\delta\tau}+w_f\frac{\delta w_f}{\delta z}\right)-(1-\alpha)\frac{\delta p}{\delta\tau}$$
$$+w_f[(1-\alpha)\varrho_f g\cos\varphi+f_{Rf}]=\dot q'''_f-\mu\left(h_{ex}+\frac{w_{ex}^2}{2}-h_f-\frac{w_f^2}{2}\right). \tag{2.4.15}$$

Die Glieder, die die kinetische und die potenzielle Energie in den Energiegleichungen enthalten, können eliminiert werden, wenn wir die Impulsgleichung mit der Geschwindigkeit w_g bzw. w_f multiplizieren und sie entsprechend von den Energiegleichungen subtrahieren:

$$\alpha\varrho_g\left(\frac{\delta h_g}{\delta\tau}+w_g\frac{\delta h_g}{\delta z}\right)-\alpha\left(\frac{\delta p}{\delta\tau}+w_g\frac{\delta p}{\delta z}\right)$$
$$=\dot q_g'''+\mu\left[\left(h_{ex}+\frac{w_{ex}^2}{2}-h_g-\frac{w_g^2}{2}\right)-w_g(w_{ex}-w_g)\right], \tag{2.4.16}$$

$$(1-\alpha)\varrho_f\left(\frac{\delta h_f}{\delta\tau}+w_f\frac{\delta h_f}{\delta z}\right)-(1-\alpha)\left(\frac{\delta p}{\delta\tau}+w_f\frac{\delta p}{\delta z}\right)$$
$$=\dot q_f'''-\mu\left[\left(h_{ex}+\frac{w_{ex}^2}{2}-h_f-\frac{w_f^2}{2}\right)-w_f(w_{ex}-w_f)\right]. \tag{2.4.17}$$

Unter der Anwendung der *Entropie* [59]

$$T_g ds_g = dh_g - dp/\varrho_g \tag{2.4.18}$$

in den beiden letzten Gleichungen und nach einer Differenzierung der Gln. (2.4.10) und (2.4.11) erhalten wir:

$$\varrho_g\left(\frac{\delta\alpha}{\delta\tau}+w_g\frac{\delta\alpha}{\delta z}\right)+\alpha\left(\frac{\delta\varrho_g}{\delta\tau}+w_g\frac{\delta\varrho_g}{\delta z}\right)+\alpha\varrho_g\frac{\delta w_g}{\delta z}=\mu_g^*, \tag{2.4.19}$$

$$-\varrho_f\left(\frac{\delta\alpha}{\delta\tau}+w_f\frac{\delta\alpha}{\delta z}\right)+(1-\alpha)\left(\frac{\delta\varrho_f}{\delta\tau}+w_f\frac{\delta\varrho_f}{\delta z}\right)+(1-\alpha)\varrho_f\frac{\delta w_f}{\delta z}=\mu_f^*, \tag{2.4.20}$$

$$\alpha\varrho_g\left(\frac{\delta w_g}{\delta\tau}+w_g\frac{\delta w_g}{\delta z}\right)+\alpha\frac{\delta p}{\delta z}=Z_g, \tag{2.4.21}$$

$$(1-\alpha)\varrho_f\left(\frac{\delta w_f}{\delta\tau}+w_f\frac{\delta w_f}{\delta z}\right)+(1-\alpha)\frac{\delta p}{\delta z}=Z_f, \tag{2.4.22}$$

$$\alpha\varrho_g\left(\frac{\delta s_g}{\delta\tau}+w_g\frac{\delta s_g}{\delta z}\right)=s_g^*, \tag{2.4.23}$$

$$(1-\alpha)\varrho_f\left(\frac{\delta s_f}{\delta\tau}+w_f\frac{\delta s_f}{\delta z}\right)=s_f^*, \tag{2.4.24}$$

wobei

$$\mu_g^*=\mu-\alpha\varrho_g w_g\frac{d}{dz}\ln A,\quad \mu_f^*=-\mu-(1-\alpha)\varrho_f w_f\frac{d}{dz}\ln A,$$

$$Z_g=-(\alpha\varrho_g g\cos\varphi+f_{Rg})+\mu(w_{ex}-w_g),$$

$$Z_f=-[(1-\alpha)\varrho_f g\cos\varphi+f_{Rf}]-\mu(w_{ex}-w_f),$$

$$s_g^*=\frac{1}{T_g}\left\{\dot{q}_g'''+\mu\left[\left(h_{ex}+\frac{w_{ex}^2}{2}-h_g-\frac{w_g^2}{2}\right)-w_g(w_{ex}-w_g)\right]\right\},$$

$$s_f^*=\frac{1}{T_f}\left\{\dot{q}_f'''-\mu\left[\left(h_{ex}+\frac{w_{ex}^2}{2}-h_f-\frac{w_f^2}{2}\right)-w_f(w_{ex}-w_f)\right]\right\}.$$

Die letzten beiden Gleichungen spiegeln das *Gesetz zur Erhaltung der Entropie* jeder Phase wider. Sie bringen keine zusätzliche quantitative Information gegenüber den Energiegleichungen. Der Vorteil bei der Rechnung mit den Entropiegleichungen liegt in der Einfachheit (es fehlen die Ableitungen der Geschwindigkeiten im Gegensatz zu den Energiegleichungen).

2.5 Gasmassenstromanteil, Geschwindigkeitsquotient (Schlupf) und Massenstromdichte sowie deren Anwendung zur Beschreibung der transienten Zweiphasenströmung

In der Theorie der stationären ZS werden oftmals folgende Definitionen verwendet:

$$x = \dot{m}_g / (\dot{m}_g + \dot{m}_f) \qquad \textit{Gasmassenstromanteil,} \qquad (2.5.1)$$

$$S = w_g / w_f \qquad \textit{Geschwindigkeitsquotient,} \qquad (2.5.2)$$

$$G = (\dot{m}_g + \dot{m}_f)/A \qquad \textit{Massenstromdichte.} \qquad (2.5.3)$$

Im Prinzip sind diese Größen nicht besonders zur Beschreibung der instationären Strömung geeignet, wie wir in der weiteren Darstellung zeigen werden. Weil aber eine der wichtigsten Aufgaben für die Theorie, die Bestimmung des Zusammenhangs

$$S = S(\alpha, \varrho, ...) \text{ und } F_R = F_R(\alpha, x, p, ...)$$

zur Zeit experimentell gelöst wird und mehr als zwanzig Jahre die Ergebnisse in der Form

$$\alpha = \alpha(x, p, ...)$$

(oder in ähnlicher Form) dargestellt wurden, werden wir auch in einigen Fällen von diesen Definitionen Gebrauch machen. Durch sie können die Geschwindigkeiten beider Phasen folgendermaßen ausgedrückt werden:

$$w_g = G \frac{x}{\alpha} \frac{1}{\varrho_g}, \qquad (2.5.4)$$

$$w_f = G \frac{1-x}{1-\alpha} \frac{1}{\varrho_f}. \qquad (2.5.5)$$

Wenn wir die Geschwindigkeiten im System (2.4.1) bis (2.4.3) durch die Gln. (2.5.4) bis (2.5.5) ersetzen, erhalten wir das in Tabelle 2.2 angegebene System.

Tabelle 2.2 enthält auch die verbalen Bezeichnungen einiger sich dabei ergebender Größen. Die konkreten Bezeichnungen I und E des spezifischen Volumens v_I bzw. v_E zeigen nur in welcher Gleichung diese Größe entsteht. Die beiden Größen v_I und v_E dürfen auf keinen Fall verwechselt werden, da sie sich numerisch sowohl untereinander als auch von dem spezifischen Volumen des homogenen Zweiphasengemisches v unterscheiden. Als Illustration bilden wir den Quotient (Abb. 2.9)

$$f_1 = \frac{v_E^2}{v_I^2} = \frac{1 + x(S^2 - 1)}{[1 + x(S-1)]^2}. \qquad (2.5.29)$$

Wir sehen, daß $f_1 = 1$ ist, wenn $S = 1$ ist, d.h. wenn die Strömung homogen ist, was auch in dem Grenzfall der Einphasenströmung $x = 0$ oder $x = 1$ erfüllt ist. Der Quotient f_1 besitzt ein Maximum bei $x = 1/(S+1)$, das folgenden Wert hat:

$$\max(f_1) = (S+1)^2/(4S).$$

Tabelle 2.2

$$\frac{\delta}{\delta\tau}(\varrho A)+\frac{\delta}{\delta z}(GA)=0 \quad (2.5.6)$$

$$\frac{\delta}{\delta\tau}(GA)+\frac{\delta}{\delta z}(v_I G^2 A)+A\frac{\delta p}{\delta z}+\varrho g A\cos\varphi+RA=0 \quad (2.5.7)$$

$$\frac{\delta}{\delta\tau}\left[\left(h^*+\frac{G^2 v_I}{2}-p\right)A\right]+\frac{\delta}{\delta z}\left[G\left(h+\frac{G^2 v_E^2}{2}\right)A\right]+G(g\cos\varphi+vR)A=\frac{\dot{Q}}{\Delta z} \quad (2.5.8)$$

oder

$$\frac{\delta}{\delta\tau}\left[\left(u^*+\frac{G^2 v_I}{2}\right)A\right]+\frac{\delta}{\delta z}\left[G\left(h+\frac{G^2 v_E^2}{2}\right)A\right]+G(g\cos\varphi+vR)A=\frac{\dot{Q}}{\Delta z} \quad (2.5.8a)$$

$v_S=xv_g+S(1-x)v_f$		(2.5.9)
$v=xv_g+(1-x)v_f$	homogenes spezifisches Volumen	(2.5.10)
$h_S=xh_g+S(1-x)h_f$		(2.5.11)
oder		
$u_S=xu_g+S(-x)u_f$		(2.5.12)
$h=xh_g+(1-x)h_f$	homogene spezifische Enthalpie	(2.5.13)
$h^*=\alpha\varrho_g h_g+(1-\alpha)\varrho_f h_f=h_S/v_S$		(2.5.14)
oder		
$u^*=u_S/v_S$		(2.5.15)
$S=\frac{x}{1-x}\frac{1-\alpha}{\alpha}\frac{\varrho_f}{\varrho_g}\ (=w_g/w_f)$	Geschwindigkeitsquotient (Schlupf)	(2.5.16)
$\alpha=1\Big/\left(1+S\frac{1-x}{x}\frac{\varrho_g}{\varrho_f}\right)=xv_g/v_S$	Gasvolumenanteil	(2.5.17)
$1-\alpha=S(1-x)v_f/v_S$	Flüssigkeitsvolumenanteil	(2.5.18)
$x=1\Big/\left(1+\frac{1}{S}\frac{1-\alpha}{\alpha}\frac{\varrho_f}{\varrho_g}\right)$	Gasmassenstromanteil	(2.5.19)
$G=\alpha\varrho_g w_g+(1-\alpha)\varrho_f w_f=w_g/v_S$	Massenstromdichte	(2.5.20)
$w_g=Gv_S$	Gasgeschwindigkeit	(2.5.21)
$w_f=Gv_S/S$	Flüssigkeitsgeschwindigkeit	(2.5.22)
$\varrho=\alpha\varrho_g+(1-\alpha)\varrho_f=v_S^{-1}[S-x(S-1)]$	homogene Dichte	(2.5.23)
$v_I=\frac{x^2}{\alpha}v_g+\frac{(1-x)^2}{1-\alpha}v_f=v_S[1+x(S-1)]/S$		(2.5.24)
$v_E^2=\frac{x^3}{\alpha^2}v_g^2+\frac{(1-x)^3}{(1-\alpha)^2}v_f^2=v_S^2[1+x(S^2-1)]/S^2$		(2.5.25)
$R=F_R/(\Delta z A)$	Reibungsdruckverlust pro Längeneinheit	(2.5.26)
$\alpha R=F_{Rg}/(\Delta z A)$		(2.5.27)
$(1-\alpha)R=F_{Rf}/(\Delta z A)$		(2.5.28)

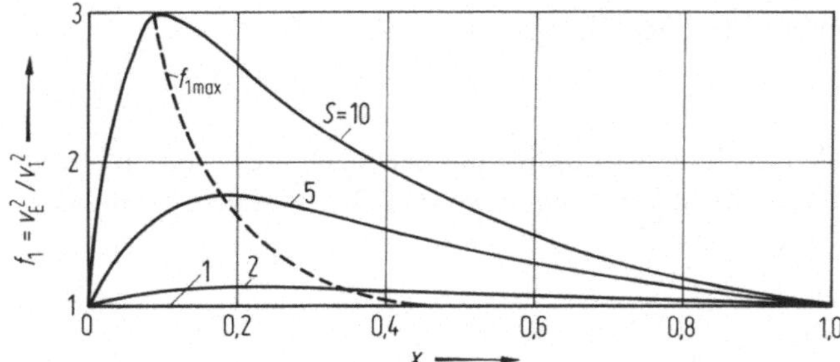

Abb.2.9. Der Quotient $f_1 = v_E^2/v_I^2$ als Funktion des Gasmassenstromanteiles

Wir sehen, daß für $x < 1/(S+1)$ f_1 empfindlicher gegenüber x ist als bei $x > 1/(S+1)$. In den realen Fällen der Technik überschreitet S den Wert $(\varrho_f/\varrho_g)^{1/2}$ nicht, d.h. f_1 nimmt maximal den Wert 8 bis 9 an.

2.6 Driftgeschwindigkeit und deren Anwendung zur Beschreibung der transienten Zweiphasenströmung

Als *Massenstromdichte der ZS* bezeichnen wir den querschnittsgemittelten Massenstrom pro Flächeneinheit des Querschnittes

$$G = \dot{m}/A. \tag{2.5.3}$$

Die *Volumenstromdichte* (öfters unbegründet Volumengeschwindigkeit genannt) ist der querschnittsgemittelte Volumenstrom pro Flächeneinheit des Querschnittes

$$j = \dot{V}/A. \tag{2.6.1}$$

Die *Gasvolumenstromdichte* (öfters unbegründet volumetrische Geschwindigeit genannt) ist der querschnittsgemittelte Gasvolumenstrom pro Flächeneinheit des Querschnittes

$$j_g = \dot{V}_g/A = \alpha w_g. \tag{2.6.2}$$

Analog wird auch die *Flüssigkeitsvolumenstromdichte*

$$j_f = \dot{V}_f/A = (1-\alpha) w_f \tag{2.6.3}$$

definiert. Aus diesen Definitionen folgt, daß

$$j = j_g + j_f \tag{2.6.4}$$

die Volumenstromdichte der ZS eine Summe der Volumenstromdichten der einzelnen Phasen ist.

Der Begriff *Driftgeschwindigkeit* wurde von Zuber und Findlay [303] eingeführt. Die Driftgeschwindigkeit des Gases ist die Geschwindigkeit bezüglich eines sich mit der Geschwindigkeit j bewegenden Koordinatensystems

$$w_{fj} = w_g - j. \tag{2.6.5}$$

Analog wird die Driftgeschwindigkeit der Flüssigkeit definiert

$$w_{fj} = w_f - j. \tag{2.6.6}$$

Die Gas- bzw. die Flüssigkeitsvolumenstromdichten bezüglich des sich mit der Geschwindigkeit j bewegenden Koordinatensystems werden Driftvolumenstromdichte des Gases bzw. der Flüssigkeit genannt

$$j_{gf} = \alpha w_{gj}, \tag{2.6.7}$$

$$j_{fg} = (1-\alpha) w_{fj}. \tag{2.6.8}$$

Wallis [291] schrieb (2.6.7) in folgender Form

$$j_{gf} = \alpha(w_g - j) = \alpha[j_g/\alpha - (j_g + j_f)] = j_g - \alpha(j_g + j_f). \tag{2.6.9}$$

Daraus sieht man deutlich, daß

1. j_{gj} eine lineare Funktion von α ist,
2. für $\alpha = 0$ $j_{gf} = j_g$ ist,
3. für $\alpha = 1$ $j_{gf} = -j_f$ ist.

Diese Feststellung wird nur aufgrund der Kontinuitätsbetrachtungen gemacht.

Nach einer Querschnittsmittelung der Gleichung

$$\alpha w_{gj} = j_g - \alpha j \tag{2.6.10}$$

erhalten Zuber und Findlay [303]

$$w_g = C_0 j + V_{gj}, \tag{2.6.11}$$

wobei

$$C_0 = \frac{\int_A \alpha j \, da}{\int_A \alpha \, da \int_A j \, da},$$

$$V_{gj} = \frac{\int_A w_{gj} \alpha \, da}{\int_A \alpha \, da}. \tag{2.6.12}$$

Diese Gleichung bringt eine sehr wichtige Gesetzmäßigkeit deutlich zum Ausdruck: Die Strömung kann nur als homogen betrachtet werden, wenn die lokale Verteilung des Gasvolumenanteiles durch den ganzen Querschnitt gleichmäßig ist und gleichzeitig die lokale Phasengeschwindigkeitsdifferenz w_{gj} gleich Null ist. Die Verletzung einer der beiden Bedingungen führt entweder zu $C_0 \neq 1$ oder zu $V_{gj} \neq 0$, was eine nicht homogene Strömung bedeutet. C_0 wird Verteilungsparameter genannt. Ahmad [5] stellte zuerst fest, daß auch bei lokaler Gleichheit der Phasengeschwindigkeiten aufgrund der ungleichmäßigen Verteilung von α durch den ganzen Querschnitt C_0 verschieden von 1 sein kann. V_{gj} ist die *querschnittsgemittelte Gasdriftgeschwindigkeit*.

Berücksichtigt man die Mannigfaltigkeit der Strömungsstrukturen, wird deutlich, daß C_0 und V_{gj} für die verschiedenen Strömungsbilder unterschiedlich sein können. Tabelle 2.3 faßt einige bekannte Korrelationen zusammen.

Tabelle 2.3

$\alpha = \frac{x}{\varrho_g} \Big/ \left[C_0 \left(\frac{x}{\varrho_g} + \frac{1-x}{\varrho_f} \right) + \frac{V_{gj}}{G} \right]$,	$V_{gj} = V_{gj}^* \left[\frac{\sigma_f g(\varrho_f - \varrho_g)}{\varrho_f^2} \right]^{1/4}$
C_0	V_{gj}^*
Zuber [303], Blasenausschwimmen	
1,2	1,53
Zuber und Findlay [303], Blasenströmung	
Querschnitt – kreisförmig	1,41
$p_R = p/p_{kr}$; $D > 5\,\text{cm}$ $\quad C_0 = 1 - 0{,}5\,p_R$	
$p_R < 0{,}5$, $C_0 = 1{,}2$	
$D < 5\,\text{cm}$ $p_R < 0{,}5$, $C_0 = 1{,}4 - 0{,}4\,p_R$	
Querschnitt – rechteckig	
$C_0 = 1{,}4 - 0{,}4\,p_R$	
Zuber-Findlay [207], gesättigtes Blasensieden	
$\alpha_h \left[1 + \frac{1}{n} Fr_f^{-0,1} \left(\frac{\varrho_g}{\varrho_f} \right)^n \left(\frac{1-x}{x} \right)^{11/(9n)} \right]$	1,18
$n = (0{,}6\,\Delta\varrho/\varrho_f)^{1/2}$, $Fr = G^2(gD_h\varrho_f^2)$,	
$\alpha_h = 1 \Big/ \left(1 + \frac{1-x}{x} \frac{\varrho_g}{\varrho_f} \right)$	
Dix [54], unterkühltes Blasensieden	
$\alpha_h \left[1 + \left(\frac{1}{\alpha_h} - 1 \right)^b \right]$	$1{,}18(1-x)$
$b = (\varrho_f/\varrho_g)^{0,1}$	
Pfropfenströmung [51] $\boldsymbol{D}_h < 5\,\text{cm}$	
1,2	$V_{gj} = 0{,}35 \left(\frac{g\Delta\varrho D_h}{\varrho_f} \right)^{1/2}$
Pfropfenströmung [51] $\boldsymbol{D}_h \geqq 5\,\text{cm}$	
1,2	$V_{gj} = 0{,}56 \left(\frac{g\Delta\varrho D_h}{\varrho_f} \right)^{1/2}$
Chexal-Lellouche [308], Vertical	
$L(\alpha, p)/[A_0 + (1 - A_0)\alpha^{B_0}]$	$1{,}41(1-\alpha)^{\overline{k_1}} C_2 C_3 C_4$
$L(\alpha, p) = \frac{1 - \exp(-C_1\alpha)}{1 - \exp(-C_1)}$	$\overline{k_1} = k_1 \quad Re_g \geqq 0.$ $= 0.5 \quad Re_g < 0.$
$C_1 = 4p_{kr}^2/[p(p_{kr} - p)]$	$C_2 = 1 \qquad C_5 \geqq 1$
$A_0 = k_1 + (1 - k_1)(\varrho_g/\varrho_f)^{1/4}$	$= 1/[1 - \exp(-C_6)] \quad C_5 < 1$
$k_1 = \min(0{,}8; A_1)$	$C_5 = [150(\varrho_g/\varrho_f)]^{1/2}$
$A_1 = 1/[1 + \exp(-Re/60000)]$	$C_6 = C_5/(1 - C_5)$

Tabelle 2.3 (Fortsetzung)

$\alpha=\frac{x}{\varrho_g}\Big/\left[C_0\left(\frac{x}{\varrho_g}+\frac{1-x}{\varrho_f}\right)+\frac{V_{gj}}{G}\right]$	$V_{gj}=V_{gj}^*\left[\frac{\sigma_f g(\varrho_f-\varrho_g)}{\varrho_f^2}\right]^{1/4}$
C_0	V_{gj}^*
$Re=Re_g$ $\quad Re_g>Re_f$ oder $Re_g<0$ $Re=Re_f$ $\quad Re_g\leqq Re_f$ $Re_f=\frac{\alpha_f\varrho w_f D_h}{\eta_f}$ $\quad Re_g=\frac{\alpha_g\varrho_g w_g D_h}{\eta_g}$ $B_0=(1+1{,}57\,\varrho_g/\varrho_f)/(1-k_1)$	$C_3=\max\left[0{,}5, 2\exp\left(-\frac{Re_f}{60000}\right)\right]$ für $Re_f\geqq 0$. $C_3=\min\left\{10{,}2\exp\left[-\frac{Re_f}{140000}\cdot\left(\frac{D_1}{D_h}\right)^{2,25}\right]^{0,3}\right\}$ für $Re_f<0$. $D_1=0{,}0381$ $C_4=1$ $\quad C_7\geqq 1$ $=1/[1-\exp(-C_8)]$ $\quad C_7<1$ $C_7=(D_2/D_h)^{0,6}$ $C_8=\frac{C_7}{1-C_7}$ $D_2=0{,}09144$
Lellouche [172], gesättigtes Blasensieden $1/(0{,}82+0{,}18\,p/p_{kr})$	1,41
Lellouche [171], Blasensieden $1/[A_0+(1-A_0)\alpha^{B_0}]$ $B_0=\frac{1}{1-A_0}\left(1+1{,}57\frac{\varrho''}{\varrho_f}\right)$ $A_0=k_1+(1-k_1)\,p/p_{kr}$ k_1-geometrieabhängig (z. B. 0,833)	$1{,}41\cos\varphi$
Holmes [108], Verallgemeinerung $1/[A_0+(1-A_0)\alpha^{B_0}]$ $A_0=1-0{,}328(1-\bar{p}/3206{,}2)\,F^2$ $B_0=B_1B_2/[1+F(B_2-1)]$ $B_1=2{,}94+0{,}159(\bar{p}/1000)+0{,}407(\bar{p}/1000)^2$ $B_2=(\varrho_f/\varrho_g)^{1/2}$ $F=\exp(-3\lvert\bar{G}\rvert/G_{HS})$ $G_{HS}=[xG_2^{-2}+(1-x)\,G_1^{-2}]^{-1/2}$ $G_1=251{,}7+105{,}3\,\bar{p}^{1/2}+3{,}766\,\bar{p}$ $G_2=-4{,}8+6650\,\varrho_g/\varrho_f+3{,}45\,\bar{p}^{1/2}+2{,}909\,\bar{p}$ $\bar{p}=p/0{,}204812$	$V_{gj}=\frac{(1-\alpha C_0)\,C_0K(\alpha)\,w_K}{\left(\frac{\varrho_g}{\varrho_f}\right)^{1/2}\alpha C_0+1-\alpha C_0}$ $0\leqq\alpha\leqq\alpha_1$ $K(\alpha)=1{,}53\,C_0$ $\alpha_1<\alpha<\varrho_2$ $K(\alpha)=\frac{(1{,}53/C_0)\,(\alpha_2-\alpha)^2+Ku(\alpha-\alpha_1)^2}{(\alpha_2-\alpha)^2+(\alpha-\alpha_1)^2}$ $\alpha_2\leqq\alpha\leqq 1$ $K(\alpha)=Ku$

Tabelle 2.3 (Fortsetzung)

$\alpha = \frac{x}{\varrho_g} \Big/ \left[C_0 \left(\frac{x}{\varrho_g} + \frac{1-x}{\varrho_f} \right) + \frac{V_{gj}}{G} \right]$	$V_{gj} = V_{gj}^* \left[\frac{\sigma_f g(\varrho_f - \varrho_g)}{\varrho_f^2} \right]^{1/4}$
C_0	V_{gj}^*
$\bar{G} = G/1{,}4504 \cdot 10^{-4}$	$Ku = w_g/w_K$ $w_K = \left[\frac{\sigma g(\varrho_f - \varrho_g)}{\varrho_f^2} \right]^{1/4}$ $D^* = \frac{D_h}{\left[\frac{\sigma}{g(\varrho_f - \varrho_g)} \right]^{1/2}}$ $Ku = Ku(D^*)$ $\leqq 2$ 0 4 1 10 2,1 14 2,5 20 2,8 28 3,0 $\geqq 50$ 3,2 α_1 Übergang Blasen-Ringströmung α_2 Übergang Pfropfen-Schichtströmung z. B. $\alpha_1 = 0{,}18$, $\alpha_2 = 0{,}45$
Ringströmung [51]	
1,0	$V_{gj} = 23 \left(\frac{\eta_f j_f}{\varrho_g D_h} \right)^{1/2} \cdot \frac{\varrho_f - \varrho_g}{\varrho_f}$
Mamaev [190], isotherme Pfropfen- und Schwallströmung $4 < Fr_c < 1000$	
$1{,}23/[1 - \exp(-2{,}2\, Fr_c^{1/2})]$ $Fr_c = \left(\frac{x}{\varrho_g} + \frac{1-x}{\varrho_f} \right)^2 G^2/(gD_h)$	0
Mamaev [190], Aufwärtsströmung	
$1 \Big/ \left\{ 1 - B \left[\left(1{,}04 + 0{,}04 \frac{x}{1-x} \frac{\varrho_f}{\varrho_g} \right) \right] \right\}$ $B = 0{,}342 \left(1 - \frac{\varrho_g}{\varrho_f} \right) \left[1 + 0{,}0183 \left(\frac{g}{D_h} \right)^{1/2} G \right.$ $\left. \cdot \left(\frac{x}{\varrho_g} + \frac{1-x}{\varrho_f} \right) \Big/ \left(1 - \frac{v_f}{v_g} \right)^4 \right]^{-2}$	0

Ein Beispiel der Anwendung der Korrelationen aus Tabelle 2.3 wird in Abschn. 8.2.3 diskutiert. An dieser Stelle sei vermerkt, daß die Anwendung an eine bestimmte Strömungsstruktur gebunden ist. Das bedeutet, daß zunächst die Strömungsstruktur zu bestimmen ist und dann die richtige Auswahl der Korrelationen stattfinden soll. Über die Entscheidungskriterien, welche Strömungsstruktur vorliegt, siehe z.B. [35,291]. Um den ersten Schritt – die Bestimmung der Strömungsstruktur – zu umgehen, haben einige Autoren wie Holmes [108] und Chexal-Lellouche [308] verallgemeinerungsfähige Korrelationen vorgeschlagen. Die Korrelation von Chexal-Lellouche [308] ist zu empfehlen, da sie über eine sehr breite Datenbasis verifiziert wurde. Um den Zusammenhang mit den in Abschn. 2.5 eingeführten Definitionen zu verdeutlichen schreiben wir (2.6.11) in folgender Form

$$\alpha=\frac{x}{\varrho_g}\bigg/\left[C_0\left(\frac{x}{\varrho_g}+\frac{1-x}{\varrho_f}\right)+\frac{V_{gj}}{G}\right] \tag{2.6.11a}$$

und (2.5.17)

$$\alpha=\frac{x}{\varrho_g}\bigg/\left(\frac{x}{\varrho_g}+S\frac{1-x}{\varrho_f}\right). \tag{2.5.13}$$

Das sind zwei verschiedene mathematische Modelle für die Beschreibung der Inhomogenität der ZS genannt *Driftflux-* bzw. *Schlupfmodell.* Daraus läßt sich bei bekannten C_0 und V_{gj} S berechnen

$$S=\frac{\varrho_f}{1-x}\left[(C_0-1)\frac{x}{\varrho_g}+C_0\frac{1-x}{\varrho_f}+\frac{V_{gj}}{G}\right]. \tag{2.6.14}$$

Wir sehen für $C_0=1$ und $V_{gj}=0$ ist S gleich 1.

Die Anwendung des Driftfluxmodells sowie des Schlupfmodells ist praktisch eine *integrale* Berücksichtigung des Impulstransportes zwischen den beiden Phasen. Sie liefert die Möglichkeit *mit nur einer* Impulsgleichung des Gemisches zu rechnen, wobei eine weitere partielle Differentialgleichung (Impulsgleichung einer der beiden Phasen) durch eine algebraische Gleichung des Typs (2.6.11a), (2.5.17) ersetzt wird. Dabei wurde stillschweigend die Annahme getroffen, daß die Gesetzmäßigkeiten des stationären Impulstransportes zwischen den Phasen auch in der transienten ZS gelten. Aus Mangel an weiteren Informationen wird diese Annahme zur Zeit häufiger verwendet.

Es fehlt aber auch nicht an Versuchen, *separierte Impulsgleichungen* anzuwenden [229,312,340]. Dabei entstehen einige praktische Probleme:

- Die Annahme gleicher Phasendrücke und Inhomogenität – modelliert durch separierte Impulsgleichungen – liefert nichthyperbolische Systeme (mit einigen Ausnahmen – s. Abschn.14.1.5). Das bringt bei der numerischen Integration Stabilitätsprobleme mit sich (s. Abschn.4.1).
- Im Gegensatz zur experimentellen Datenbasis für die Schlupfkorrelationen ist die experimentelle Datenbasis zur Bestimmung der Kräfte zwischen den Phasen sehr begrenzt, so daß eine ausreichende Genauigkeit der Vorhersage in einigen Strömungsregimen zur Zeit nicht gewährleistet ist.

– Es ist anzunehmen, daß die Kräfte zwischen den Phasen auch von den totalen Geschwindigkeitsänderungen abhängig sind. Versuche, um dieses Phänomen zu quantifizieren, sind z.B. in [313,314] veröffentlicht. Damit kann man unter Umständen auch hyperbolische Systeme erhalten [310]. Nachdem man für die Kräfte zwischen den Phasen einen Ansatz gefunden hat, die numerische Stabilität zu gewährleisten, bleibt aber zur Zeit folgende Frage offen: Wie verträgt sich dieser Ansatz mit den Experimentaldaten?

Wir werden die an dieser Stelle angefangene Diskussion nicht weiterführen. Eines steht aber fest: Die Antwort der oben gestellten Frage wird die zuverlässige Anwendung von separierten Impulsgleichungen ermöglichen, was heute noch *nicht* der Fall ist.

Der Grundgedanke bei der Anwendung des Driftfluxmodells bei der Beschreibung der transienten ZS ist die Anwendung der Volumenstromdichte j und des Gasvolumenanteiles α als abhängige Variablen. Das ist besonders günstig bei der Analyse transienter Prozesse, die sich bei nahezu konstantem Druck vollziehen. Das sei hier mit einem Beispiel begründet. Aus den Definitionsgleichungen des Driftfluxmodells haben wir

$$j_g = \alpha C_0 j + \alpha V_{gj}, \tag{2.6.15}$$

$$j_f = (1 - \alpha C_0) j - \alpha V_{gj} \tag{2.6.16}$$

oder in der Differentialform

$$dj_g = \alpha C_0 dj + w_\alpha d\alpha, \tag{2.6.17}$$

$$dj_f = (1 - \alpha C_0) dj - w_\alpha d\alpha, \tag{2.6.18}$$

wobei

$$w_\alpha = C_0 j + V_{gj} + j\frac{dC_0}{d\alpha} + \frac{dV_{gj}}{d\alpha} = w_g + j\frac{dC_0}{d\alpha} + \frac{dV_{gj}}{d\alpha}. \tag{2.6.19}$$

In den Strömungsregimen, bei denen C_0 und V_{gj} keine Funktionen von α sind, ist $w_\alpha = w_g$. Mit Hilfe der Gln. (1.6.8) und (2.6.15) erhalten die Massenerhaltungsgleichungen beider Phasen folgende Form:

$$\alpha\left(\frac{\delta \varrho_g}{\delta \tau} + w_g \frac{\delta \varrho_g}{\delta z}\right) + \varrho_g\left(\frac{\delta \alpha}{\delta \tau} + w_\alpha \frac{\delta \alpha}{\delta z}\right) + \varrho_g \alpha C_0 \frac{\delta j}{\delta z} = \mu, \tag{2.6.20}$$

$$(1-\alpha)\left(\frac{\delta \varrho_f}{\delta \tau} + w_f \frac{\delta \varrho_f}{\delta z}\right) - \varrho_f\left(\frac{\delta \alpha}{\delta \tau} + w_\alpha \frac{\delta \alpha}{\delta z}\right) + \varrho_f (1 - \alpha C_0) \frac{\delta j}{\delta z} = -\mu. \tag{2.6.21}$$

Nach einer Division beider Gleichungen mit ϱ_g bzw. ϱ_f und nachfolgender Addition der so erhaltenen Gleichungen kommen wir zu

$$\frac{\alpha}{\varrho_g}\left(\frac{\delta \varrho_g}{\delta \tau} + w_g \frac{\delta \varrho_g}{\delta z}\right) + \frac{1-\alpha}{\varrho_f}\left(\frac{\delta \varrho_f}{\delta \tau} + w_f \frac{\delta \varrho_f}{\delta z}\right) + \frac{\delta j}{\delta z} = \mu (v_g - v_f). \tag{2.6.22}$$

Für $p \sim \text{const}$ sind ϱ_f, $\varrho_g \sim \text{const}$. Damit erhalten wir

$$\frac{\delta\alpha}{\delta\tau} + w_\alpha \frac{\delta\alpha}{\delta z} + \alpha C_0 \frac{\delta j}{\delta z} = \mu v_g, \tag{2.6.23}$$

$$\frac{\delta j}{\delta z} = \mu (v_g - v_f) \tag{2.6.24}$$

oder

$$\frac{\delta\alpha}{\delta\tau} + w_\alpha \frac{\delta\alpha}{\delta z} = \mu [v_g - \alpha C_0 (v_g - v_f)], \tag{2.6.23a}$$

$$\frac{\delta j}{\delta z} = \mu (v_g - v_f). \tag{2.6.24}$$

Wir sehen die äußerst einfache Form des so erhaltenen Systems.

Eine analytische Lösung dieses Systems ist von Lahay [166] gefunden worden. Wichtige Zusammenhänge können durch die Gln. (2.6.23a) und (2.6.24) erkannt werden:

- für $\mu = 0$ ist $j = \text{const}$,
- für $\mu > 0$ ändert sich j längs der Ortskoordinate nur aufgrund der Änderung des spezifischen Volumens der verdampfenden Masse,
- eine Störung des Gasvolumenanteiles breitet sich mit der Geschwindigkeit w_α aus (kinematische Konzentrationswelle).

Weiterhin wird noch die Impulsgleichung des Gemisches unter der Verwendung von α und j als abhängige Variablen hergeleitet.

In den Impulsgleichungen beider Phasen werden die Geschwindigkeiten $w_g = j_g/\alpha$ und $w_f = j_f/(1-\alpha)$ ersetzt. Durch eine Differentiation und nachfolgende Addition der so erhaltenen Gleichungen kommen wir zu

$$a_1 \frac{\delta j}{\delta\tau} + a_2 \frac{\delta j}{\delta z} + b_1 \frac{\delta\alpha}{\delta\tau} + b_2 \frac{\delta\alpha}{\delta z} + \frac{\delta p}{\delta z} + \varrho g \cos\varphi + R = \mu (w_f - w_g), \tag{2.6.25}$$

wobei

$$a_1 = \alpha \varrho_g C_0 + (1-\alpha) \varrho_f (1 - \alpha C_0),$$

$$a_2 = j_g \varrho_g C_0 + j_f \varrho_f (1 - \alpha C_0),$$

$$b_1 = \varrho_g (\alpha w_\alpha - j_g)/\alpha^2 - \varrho_f [(1-\alpha) w_\alpha - j_f]/(1-\alpha)^2,$$

$$b_2 = j_g \varrho_g (\alpha w_\alpha - j_g)/\alpha^3 - j_f \varrho_f [(1-\alpha) w_\alpha - j_f]/(1-\alpha)^3.$$

2.7 Relative Phasengeschwindigkeit und ihre Anwendung zur Beschreibung der transienten Zweiphasenströmung

Die Anwendung der *relativen Phasengeschwindigkeit*

$$\Delta w = w_g - w_f = \frac{j(C_0 - 1) + V_{gj}}{1-\alpha} = G v_S \frac{S-1}{S} \tag{2.7.1}$$

bei der Beschreibung der transienten ZS hat ihre historischen Gründe. In den sechziger Jahren wurden mathematische Modelle der homogenen Gleichgewichts-ZS entwickelt und breit verwendet. Damit wurden Strömungsvorgänge in komplizierten Netzwerken simuliert. Ein solches Beispiel ist die mathematische Simulierung der Kühlmittelverlustunfälle in den Kernkraftwerken. Die dabei entstandenen Rechenprogramme sind relativ kompliziert. Um die physikalisch real existierende Nichthomogenität der ZS ohne starken Eingriff in die Rechenprogramme zu berücksichtigen, werden verschiedene Möglichkeiten gesucht, darunter die Addition zusätzlicher Glieder in die Differentialausdrücke des Gleichungssystems, die nur bei der inhomogenen ZS verschieden von Null sind:

$$\frac{\delta}{\delta\tau}(\Phi+\varphi)+\frac{\delta}{\delta z}(\Psi+\psi)=\Omega+\omega. \tag{2.7.2}$$

An einem Beispiel wird gezeigt, wie das System (2.4.1) bis (2.4.3) in die Form (2.7.2) umgewandelt wird. In den späteren Kapiteln wird auf das so erhaltene System nochmals eingegangen.

Unter Einführung der Definitionen von Ishii [119] für die sogenannten pseudohomogenen Eigenschaften der ZS

$$\varrho=\alpha\varrho_g+(1-\alpha)\varrho_f, \tag{2.7.3}$$

$$\varrho w=\alpha\varrho_g w_g+(1-\alpha)\varrho_f w_f, \tag{2.7.4}$$

$$\varrho h=\alpha\varrho_g h_g+(1-\alpha)\varrho_f h_f \tag{2.7.5}$$

oder

$$\varrho u=\varrho(h-p/\varrho) \tag{2.7.6}$$

erhält das System (2.4.1–2.4.3) folgende Form:

$$\frac{\delta}{\delta\tau}(\varrho A)+\frac{\delta}{\delta z}(\varrho w A)=0, \tag{2.7.7}$$

$$\frac{\delta}{\delta\tau}(\varrho w A)+\frac{\delta}{\delta z}[(\varrho w^2+p)A+\psi_2^* A]+\varrho g A\cos\varphi+RA-\omega_2^* A=0, \tag{2.7.8}$$

$$\frac{\delta}{\delta\tau}\left[\varrho\left(h-\frac{p}{\varrho}+\frac{1}{2}w^2\right)A+\varphi_3^* A\right]+\frac{\delta}{\delta z}\left[\varrho w\left(h+\frac{1}{2}w^2\right)A+\psi_3^* A\right]$$
$$+\varrho w A g\cos\varphi+wRA-\psi_3^* A=\frac{\dot{Q}}{\Delta z}, \tag{2.7.9}$$

wobei

$$\psi^*=\psi/A=\left|\begin{matrix}0\\ \alpha(1-\alpha)\varrho_g\varrho_f\Delta w^2\\ \alpha(1-\alpha)\varrho_g\varrho_f\dfrac{\Delta w}{\varrho}\left[h_g-h_f+\dfrac{\Delta w}{\varrho}\left\{\dfrac{3}{2}+\dfrac{\Delta w}{\varrho}[(1-\alpha)\varrho_f+\alpha\varrho_g]\right\}\right]\end{matrix}\right|,$$

$$\varphi^*=\varphi/A=\left|\begin{matrix}0\\ 0\\ \dfrac{1}{2}\psi_2^*\end{matrix}\right|,\qquad \omega^*=\omega/A=\left|\begin{matrix}0\\ \dfrac{p\mathrm{d}A}{A\mathrm{d}z}\\ -\alpha(1-\alpha)\Delta w(\varrho_f-\varrho_g)R/\varrho\end{matrix}\right|.$$

Man sieht, daß für $\Delta w=0$ ψ^* und $\varphi^*=0$ werden und das System beschreibt in üblicher Form die homogene Strömung.

Die Berechnung von Δw während eines Transientes kann entweder *quasistationär* oder *dynamisch* durchgeführt werden. Unter „Konzeption des quasikonstanten Schlupfes bzw. Driftfluxes" verstehen wir ein Verfahren, bei dem die Modellierung der inhomogenen ZS unter der Voraussetzung

$$S \text{ bzw. } C_0, V_{gj} = f(U, Geometrie)$$

durchgeführt wird. Dabei ist U der Vektor der abhängigen Variablen. Zusätzlich wird angenommen, daß innerhalb des Integrationsintervalls $(\Delta\tau, \Delta z)$, S bzw. C_0, V_{gj} konstant bleiben. Damit wird eine weitere Differentialgleichung durch eine algebraische Gleichung ersetzt, worin auch der Vorteil dieser Konzeption besteht. Der Nachteil ist die Vernachlässigung der Trägheit bei der Beschleunigung der mitgetragenen Phase. Dies hat folgende Konsequenzen:

– nicht korrekte Modellierung des Schlupfes bei schnell ablaufenden Prozessen;
– Einführung numerischer Instabilitäten bei der Integration.

Um diese Nachteile zu entfernen machen wir von der sogenannten *dynamischen Schlupfkonzeption* Gebrauch. Sie besteht in der Verwendung der Impulsgleichungen beider Phasen. Weiter wird die allgemeine Form der Differentialgleichung, die die dynamische Änderung der relativen Geschwindigkeit Δw beschreibt hergeleitet. Es wird auch in einem Beispiel gezeigt, wie für zwei bestimmte Strömungsstrukturen die Gleichung verwendet bzw. integriert werden kann.

Wir dividieren (2.4.12) bzw. (2.4.13) mit $\alpha\varrho_g$ bzw. $(1-\alpha)\varrho_f$. Nach Subtraktion der so erhaltenen Gleichungen erhalten wir:

$$\frac{\delta}{\delta\tau}\Delta w + w_g\frac{\delta w_g}{\delta z} - w_f\frac{\delta w_f}{\delta z} + (v_g - v_f)\frac{\delta p}{\delta z} + \frac{f_{Rg}}{\alpha\varrho_g} - \frac{f_{Rf}}{(1-\alpha)\varrho_f} - \mu\left[\frac{w_{ex}-w_g}{\alpha\varrho_g} + \frac{w_{ex}-w_f}{(1-\alpha)\varrho_f}\right] = 0 \tag{2.7.10}$$

oder

$$\frac{\delta}{\delta\tau}\Delta w + \frac{\delta}{\delta z}(\bar{w}\Delta w) + (v_g - v_f)\frac{\delta p}{\delta z} = \mu\left[\frac{w_{ex}-w_g}{\alpha\varrho_g} + \frac{w_{ex}-w_f}{(1-\alpha)\varrho_f}\right] - \left[\frac{f_{Rg}}{\alpha\varrho_g} - \frac{f_{Rf}}{(1-\alpha)\varrho_f}\right], \tag{2.7.11}$$

wobei

$$\bar{w} = (w_g + w_f)/2 = w + \Delta w\left(\frac{1}{2} - \alpha\varrho_g/\varrho\right) \tag{2.7.12}$$

der Mittelwert beider Geschwindigkeiten ist. Somit ist die gesuchte Gleichung, die die dynamische Änderung der Geschwindigkeitsdifferenz Δw während eines Transientes beschreibt, hergeleitet.

Lyczkovski u.a. [185] machen folgende vereinfachende Annahmen:

– der Impulstransport verursacht durch die Verdampfung bzw. Kondensation ist vernachlässigbar gegenüber den anderen Gliedern;
– das Zusammenwirken beider Phasen mit der Kanalwand ist vernachlässigbar, so daß gilt $f_{Rg} = -f_{Rf}$.

Damit erhalten Sie:

$$\frac{\delta}{\delta\tau}\Delta w+\frac{\delta}{\delta z}(\bar{w}\Delta w)+(v_g-v_f)\frac{\delta p}{\delta z}+f_{Rg}\frac{\varrho}{\alpha(1-\alpha)\varrho_g\varrho_f}=0. \qquad (2.7.13)$$

Unter der Annahme $\bar{w}\sim$ const während des Zeitintervalls $\Delta\tau$ läßt sich (2.7.13) entlang der Charakteristik $\bar{w}$ analytisch auflösen. Die Lösung ist strömungsstrukturabhängig. So ist z.B. für Blasen- bzw. Tröpfchenströmung, wo die charakteristische Teilchengröße $\boldsymbol{r}$ kleiner als die maximal mögliche stabile Größe ist, f_{Rf} bzw. f_{Rg} Δw^2 proportional. Falls die Teilchengröße aus dem Stabilitätskriterium $We_{Kr}=$ const berechnet wird, so ist f_{Rf} bzw. f_{Rg}, Δw^4 proportional. Tabelle 2.4 zeigt ein Beispiel dafür.

Tabelle 2.4 Analytische Lösungen charakteristischer Gleichungen [123]

$\frac{dz}{d\tau}=\bar{w}\{$ $\frac{d\Delta w}{d\tau}+a_1\Delta w^2=b \quad r<r_{kr}$; $\frac{d\Delta w}{d\tau}+a_2\Delta w^4=b \quad r=r_{kr}$	$b=-(v_g-v_f)\frac{\Delta p}{\Delta z}$
Blasenströmung $0<\alpha\leqq\alpha_{B-Tr}$	Tröpfchenströmung $\alpha_{B-Tr}<\alpha\leqq 1$
$\alpha_{B-Tr}\sim 0{,}74$ maximal dichte Blasenpackung [42,S.336]	
Anzahl der Blasen/m³ der ZS	Anzahl der Tröpfchen/m³ der ZS
$n_B=\alpha\Big/\left(\frac{4}{3}\pi r_B^3\right)$	$n_{Tr}=(1-\alpha)\Big/\left(\frac{4}{3}\pi r_{Tr}^3\right)$
Stabilitätskriterium	
$We_{B,kr}=2r_{B,kr}\varrho_f\Delta w^2/\sigma_f\sim 6$ [213]	$We_{Tr,kr}=2r_{Tr,kr}\varrho_g\Delta w^2/\sigma_f\sim 12$ [291]
$a_1=\frac{3c_B}{2r_B(1-\alpha)\varrho_g}$	$a_1=-\frac{3c_{Tr}}{2r_{Tr}\alpha\varrho_f}$
$a_2=\frac{3\varrho_f c_B}{We_{B,kr}\sigma_f(1-\alpha)\varrho_g}$	$a_2=-\frac{3\varrho_g c_{Tr}}{We_{Tr,kr}\sigma_f\alpha\varrho_f}$
$Re_B=2r_B\Delta w/v_f$	$Re_{Tr}=2r_{Tr}\Delta w/v_g$
[288,S.26]	[42,S.57]
$Re\leqq 2$ $c_B=24/Re$	$Re\leqq 0{,}1$ $c_{Tr}=24/Re$
$2<Re\leqq 550$ $c_B=18{,}5/Re^{0,67}$	$0{,}1<Re\leqq 2.10^4$ $c_{Tr}=\exp[3{,}271-0{,}8893\overline{Re}+0{,}03417\overline{Re}^2+0{,}00144\overline{Re}^3]$
$550<Re$ $c_B=\frac{8}{3}\cdot\frac{r_B(\varrho_f-\varrho_g)g}{\varrho_f\left(\frac{\sigma}{r_B\varrho_f}+gR\right)}$	$\overline{Re}=\ln Re$
	$2.10^4<Re$ $c_{Tr}=0{,}44$

3 Grenze zwischen stationärer und transienter Zweiphasenströmung [162]

Aus der Dynamik der Einphasenströmung wissen wir, daß die Flüssigkeitsströmung viel träger als die Gasströmung ist. Das ist mit dem Dichteunterschied, der bei niederen Drücken 2 bis 3 Größenordnungen beträgt, zu erklären. Wenn wir eine Druckdifferenz gleichzeitig auf die zwei Enden eines mit ruhendem Fluid gefüllten Rohres geben, so erreicht das Gas viel schneller als die Flüssigkeit den stationären Zustand. Deshalb wird in der Technik häufig die instationäre Analyse der Gasströmung erfolgreich durch die stationäre ersetzt. Wenn die ZS aus mehr Gas besteht, so nähern sich ihre Eigenschaften denen der Gasströmung und umgekehrt.

Das Ziel dieses Abschnittes ist folgende Frage zu beantworten: Wann ist es zweckmäßig mit den *quasistationären* Modellen zu rechnen und wann soll die *Zeitabhängigkeit* berücksichtigt werden? Es wird auch eine sehr einfache Beziehung hergeleitet, mit der sich annähernd die instationäre Lösung aus der stationären abschätzen läßt.

Als Ausgangspunkt unserer Überlegungen verwenden wir die Impulsgleichung (2.5.7) in folgender Form:

$$\frac{\delta G}{\delta \tau}+G^2\frac{\delta v_\mathrm{I}}{\delta z}+v_\mathrm{I}\frac{\delta G^2}{\delta z}+\frac{\delta p}{\delta z}+\varrho g\cos\varphi+R=0. \tag{3.1}$$

Später werden wir viel genauer die integrale Impulsgleichung der ZS und ihre vielfältige Anwendung analysieren. An dieser Stelle vernachlässigen wir das Glied $\delta G^2/\delta z$ und nur um das Prinzip zu zeigen, begrenzen wir uns auf die Form:

$$\frac{\delta G}{\delta \tau}+\left(\frac{\Delta v_\mathrm{I}}{\Delta z}+\frac{1}{2}\Phi_{\mathrm{f}0}^2\frac{\lambda_{\mathrm{f}0}}{\varrho_\mathrm{f} D_\mathrm{h}}\right)G^2=-\left(\frac{\Delta p}{\Delta z}+\varrho g\cos\varphi\right), \tag{3.2}$$

wobei $\lambda_{\mathrm{f}0}$ der Reibungsbeiwert ist. Er wird berechnet, als bestehe die ganze ZS nur aus Flüssigkeit

$$\lambda_{\mathrm{f}0}=\lambda_{\mathrm{f}0}\left(\frac{GD_\mathrm{h}}{\varrho_\mathrm{f} v_\mathrm{f}};\frac{k}{D_\mathrm{h}}\right). \tag{3.3}$$

$\Phi_{\mathrm{f}0}^2$ ist der Zweiphasenmultiplikator [279]. Gleichung (3.2) setzt nahezu linearen Druckverlauf voraus. Sie läßt sich auch so schreiben:

$$\frac{\mathrm{d}G}{\mathrm{d}\tau}+aG^2=b,$$

wobei $ab>0$ ist. Für die Lösung dieser Differentialgleichung mit den Anfangsbedingungen

$$\tau=\tau_0,\ G=G_0$$

erhält Rikati [123] die hyperbolische Funktion:

$$G=\frac{G_0(ab)^{1/2}+b\,\mathrm{th}[(ab)^{1/2}(\tau-\tau_0)]}{(ab)^{1/2}+aG_0\mathrm{th}[(ab)^{1/2}(\tau-\tau_0)]}. \tag{3.4}$$

Für den Fall, daß die Strömung aus der Ruhe beschleunigt wird, d.h. für

$$\tau_0=0,\ G_0=0,$$

erhalten wir

$$G=\frac{(ab)^{1/2}}{a}\mathrm{th}[(ab)^{1/2}\tau)]=G_\infty\mathrm{th}[(ab)^{1/2}\tau)],$$

wobei

$$G=\frac{(ab)^{1/2}}{a}\quad(\text{bei } \tau\to\infty\ \mathrm{th}\infty\to 1)$$

die stationäre Lösung der Aufgabe ist. Der Zusammenhang

$$G/G_\infty=\mathrm{th}[(ab)^{1/2}\tau]$$

ist in Abb.3.1a dargestellt. Die Zeiten, für die die Massenstromdichte 76, 96,4 und 99,5% des Endwertes ($\tau\to\infty$) annimmt, bezeichnen wir mit τ_1,τ_2 und τ_3. Dabei gilt

$$\tau_1=1/C,\ \tau_2=2/C,\ \tau_3=3/C,\ \tau_j=j/C\ [C=(ab)^{1/2}]. \tag{3.5}$$

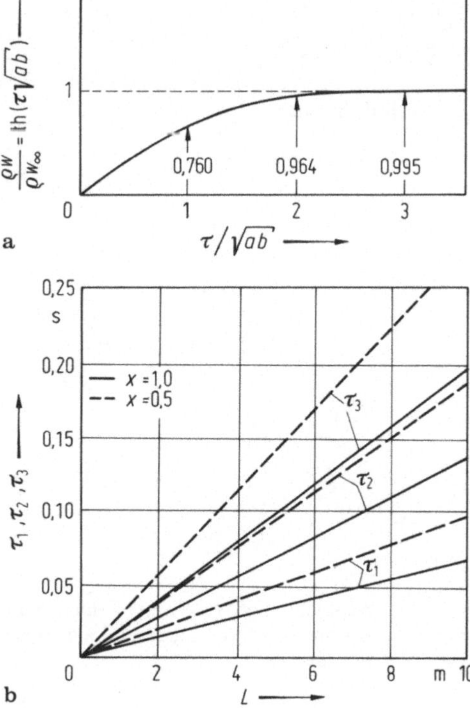

Abb.3.1a, b. **a** Die relative Massenstromdichte als Funktion der dimensionslosen Zeit bei einer plötzlichen Entstehung von $\Delta p=0{,}5$ bar an beiden Enden eines Rohres. **b** Die Zeit, für die die Massenstromdichte 76%, 96,4%, 99,5% des stationären Endwertes erreicht als Funktion der Rohrlänge. Parameter: der Gasmassenstromanteil

Für eine ZS, die durch eine Wirkdruckdifferenz

$$p_1-p_2=\Delta p+\Delta z\varrho g\cos\varphi$$

verursacht wird, erhält (3.5) die Form

$$\tau_j=j\Delta z/\{[(p_1-p_2)(v_{l2}-v_{l1})]^{1/2}\}$$

oder für eine adiabate, homogene ZS mit isentroper Zustandsänderung der Gasphase

$$\tau_j=j\Delta z/\{[xv_{g1}[(p_1/p_2)^{1/\varkappa}-1](p_1-p_2)]^{1/2}\}.$$

Die Ergebnisse einer Zahlenberechnung für unterschiedliche Rohrlängen L ($\Delta z=L$) und Gasmassenstromanteil x für $p_1=1{,}5\cdot10^5$Pa, $p_1-p_2=0{,}5\cdot10^5$Pa werden in Abb.3.1b graphisch dargestellt.

In vielen Fällen der Technik ist nicht die momentane Massenstromdichte G, sondern die zeitlich gemittelte Massenstromdichte $\bar{G}$ im Intervall 0 bis τ_∞ von Interesse:

$$\bar{G}=\frac{1}{\tau}\int_0^{\tau_\infty}G(\tau)\mathrm{d}\tau.$$

Bei der Integration kann angenommen werden, daß für

$$\tau>\tau_3,\qquad \varrho w=(\varrho w)_\infty$$

ist. Dabei erhalten wir z.B. für den einfachsten Fall der Gl. (3.4)

$$\bar{G}=\frac{1}{\tau}\left[\int_0^{\tau_3}G(\tau)\mathrm{d}\tau+\int_{\tau_3}^{\tau_\infty}G_\infty\mathrm{d}\tau\right]=\frac{2{,}30933}{\tau a}+\frac{G_\infty}{1-\tau_3/\tau}.$$

Offensichtlich ist für $\tau\gg\tau_3$ $\bar{G}=G_\infty$. Für $\tau<\tau_3$ erhalten wir:

$$\bar{G}=G_\infty\frac{\ln|\mathrm{ch}[(ab)^{1/2})]|}{\tau}<\bar{G}_\infty.$$

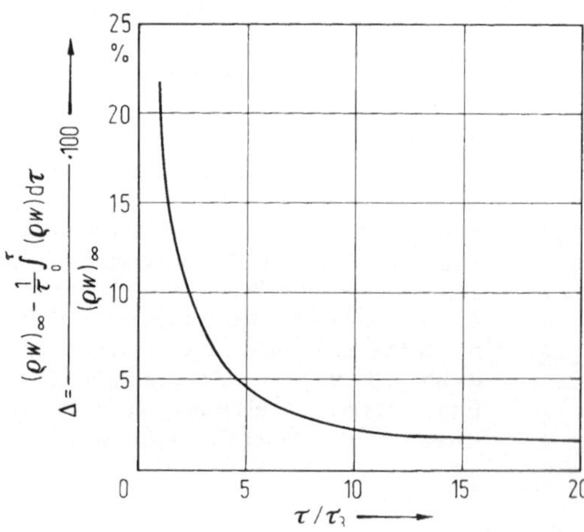

Abb.3.2. Die relativen Fehler beim Rechnen mit G_∞ anstatt $\bar{G}$ als Funktion der Zeit

Abbildung 3.2 zeigt die relativen Fehler beim Rechnen mit der stationären Lösung G anstatt mit G als Funktion der Zeit:

$$\Delta = \frac{G_\infty - \frac{1}{\tau}\int_0^\tau G(\tau)\,d\tau}{G} 100\%.$$

Aus Abb.3.2 können wir folgende Schlußfolgerung ziehen: im betrachteten Zeitintervall 0 bis τ kann die stationäre Lösung anstatt der instationären verwendet werden, wenn $\tau > 5\tau_3$ ist. Der dabei entstandene Fehler ist kleiner als 4,5%. Wenn wir die Lösung in dem Zeitintervall kleiner als τ_3 suchen, so ist die Lösung des instationären Systems von partiellen Differentialgleichungen notwendig.

4 Bestimmung des Typs von Differentialgleichungssystemen zur Beschreibung der transienten Strömung

4.1 Mathematischer Standpunkt

Die allgemeine Form der Erhaltungssätze liefert ein *quasilineares nichthomogenes Differentialgleichungssystem*

$$\frac{\delta \boldsymbol{X}}{\delta \tau}+\frac{\delta \boldsymbol{Y}}{\delta z}=\boldsymbol{D}. \tag{4.1.1}$$

Diese Form bezeichnen wir als *primiere* oder *konservative* Form. Angenommen die Strömung wird durch folgenden *Vektor der abhängigen Variablen*

$$\boldsymbol{U}=\boldsymbol{U}(\tau,z)$$

vollständig beschrieben. Mit Hilfe der Differentialformen der *Zustandsgleichungen*, lassen sich aus (4.1.1) weitere Formen herleiten, z.B. die *halbkonservativen*

$$\boldsymbol{J}_1\frac{\delta \boldsymbol{U}}{\delta \tau}+\frac{\delta \boldsymbol{Y}}{\delta z}=\boldsymbol{D} \quad \text{bzw.} \quad \frac{\delta \boldsymbol{U}}{\delta \tau}+\boldsymbol{F}\frac{\delta \boldsymbol{Y}}{\delta z}=\boldsymbol{C},$$

wobei

$$\boldsymbol{J}_1=\frac{\delta \boldsymbol{X}}{\delta \boldsymbol{U}}, \qquad \boldsymbol{F}=\boldsymbol{J}_1^{-1}, \qquad \boldsymbol{C}=\boldsymbol{D}\boldsymbol{J}_1^{-1}$$

oder die *nichtkonservativen*

$$\boldsymbol{J}_1\frac{\delta \boldsymbol{U}}{\delta \tau}+\boldsymbol{J}_2\frac{\delta \boldsymbol{U}}{\delta z}=\boldsymbol{D} \quad \text{bzw.} \quad \frac{\delta \boldsymbol{U}}{\delta \tau}+\boldsymbol{A}\frac{\delta \boldsymbol{U}}{\delta z}=\boldsymbol{C}, \tag{4.1.2}$$

wobei

$$\boldsymbol{J}_2=\frac{\delta \boldsymbol{Y}}{\delta \boldsymbol{U}}, \qquad \boldsymbol{A}=\boldsymbol{J}_2\boldsymbol{J}_1^{-1}.$$

Schreiben wir (4.1.2) z.B. für zwei Gleichungen in folgender Form:

$$L_1=\frac{\delta U_1}{\delta \tau}+a_{11}\frac{\delta U_1}{\delta z}+a_{12}\frac{\delta U_2}{\delta z}-c_1=0$$

$$L_2=\frac{\delta U_2}{\delta \tau}+a_{21}\frac{\delta U_1}{\delta z}+a_{22}\frac{\delta U_2}{\delta z}-c_2=0. \tag{4.1.3}$$

Mit Hilfe des Vektors $\boldsymbol{h}_i$ kann eine lineare Kombination gebildet werden

$$L=h_{i1}L_1+h_{i2}L_2=0 \tag{4.1.4}$$

oder

$$L = h_{i1}\left(\frac{\delta U_1}{\delta \tau} + \underbrace{\frac{a_{11}h_{i1} + a_{21}h_{i2}}{h_{i1}}}_{\lambda_i}\frac{\delta U_1}{\delta z}\right)$$

$$+ h_{i2}\left(\frac{\delta U_2}{\delta \tau} + \underbrace{\frac{a_{11}h_{i1} + a_{12}h_{i2}}{h_{i2}}}_{\lambda_i}\frac{\delta U_2}{\delta z}\right) - h_{i1}c_1 - h_{i2}c_2 = 0. \qquad (4.1.5)$$

Falls wir die Komponenten des Vektors $\boldsymbol{h}_i$ so berechnen, daß die Bedingungen

$$a_{11}h_{i1} + a_{21}h_{i2} = \lambda_i h_{i1},$$

$$a_{12}h_{i1} + a_{22}h_{i2} = \lambda_i h_{i2}$$

erfüllt sind oder in Matrizenschreibweise

$$(\boldsymbol{A}^{\mathrm{T}} - \lambda_i \boldsymbol{E})\boldsymbol{h}_i = 0, \qquad (4.1.6)$$

kann (4.1.5) in einer sehr interessanten Form geschrieben werden. Da (4.1.6) homogen ist, muß die Koeffizientendeterminante gleich Null sein, um linear unabhängige Lösungen für $\boldsymbol{h}_i$ zu finden

$$|\boldsymbol{A}^{\mathrm{T}} - \lambda_i \boldsymbol{E}| = 0. \qquad (4.1.7)$$

Von der Mathematik ist bekannt, daß (4.1.7) die Definitionsgleichung der *Eigenwerte* der Matrix $\boldsymbol{A}^{\mathrm{T}}$ ist und daß das System (4.1.6) deren Eigenvektoren definiert. Gleichung (4.1.7) wird *charakteristische* Gleichung genannt. Bezüglich λ_i stellt sie ein Polynom *n-ten* Grades dar, wobei n der Rang der Matrix $\boldsymbol{A}^{\mathrm{T}}$ ist. Angenommen wir haben n reelle Lösungen für λ gefunden, wobei mindestens zwei sich voneinander unterscheiden. Damit können wir aus (4.1.6) auch n linear unabhängige Lösungen für $\boldsymbol{h}_i$ finden. Damit läßt sich (4.1.5) wie folgt darstellen

$$h_{11}\left(\frac{\delta U_1}{\delta \tau} + \lambda_1 \frac{\delta U_1}{\delta z}\right) + h_{12}\left(\frac{\delta U_2}{\delta \tau} + \lambda_1 \frac{\delta U_2}{\delta z}\right) = h_{11}c_1 + h_{12}c_2,$$

$$h_{21}\left(\frac{\delta U_1}{\delta \tau} + \lambda_2 \frac{\delta U_1}{\delta z}\right) + h_{22}\left(\frac{\delta U_2}{\delta \tau} + \lambda_2 \frac{\delta U_2}{\delta z}\right) = h_{21}c_1 + h_{22}c_2$$

oder als Skalarprodukt

$$h_i\left(\frac{\delta \boldsymbol{U}}{\delta \tau} + \lambda_i \frac{\delta \boldsymbol{U}}{\delta z}\right) = h_i \boldsymbol{C}, \qquad i = 1, n \qquad (4.1.8)$$

oder in Matrizenschreibweise

$$\boldsymbol{H}\frac{\delta \boldsymbol{U}}{\delta \tau} + \lambda \boldsymbol{E}\boldsymbol{H}\frac{\delta \boldsymbol{U}}{\delta z} = \boldsymbol{H}\boldsymbol{C}. \qquad (4.1.9)$$

Dabei ist $\boldsymbol{H}$ eine Matrix, deren Zeilen die Eigenvektoren $\boldsymbol{h}_i$ sind. $\boldsymbol{E}$ ist die *Einheitsmatrix*. Die Gln. (4.1.8) bzw. (4.1.9) werden *pseudokanonische* Form des

Systems (4.1.2) genannt. Da

$$U_1 = U_1(\tau, z),\ U_2 = U_2(\tau, z) \text{ usw.}$$

haben wir

$$\mathrm{d}U_1 = \frac{\delta U_1}{\delta \tau}\mathrm{d}\tau + \frac{\delta U_1}{\delta z}\mathrm{d}z,\ \mathrm{d}U_2 = \frac{\delta U_2}{\delta \tau}\mathrm{d}\tau + \frac{\delta U_2}{\delta z}\mathrm{d}z \text{ usw.}$$

Für die totale zeitliche Ableitung in der Richtung $\mathrm{d}z/\mathrm{d}\tau = \lambda$ erhalten wir

$$\frac{\mathrm{d}U_1}{\mathrm{d}\tau} = \frac{\delta U_1}{\delta \tau} + \lambda\frac{\delta U_1}{\delta z},\ \frac{\mathrm{d}U_2}{\mathrm{d}\tau} = \frac{\delta U_2}{\delta \tau} + \lambda\frac{\delta U_2}{\delta z} \text{ usw.}$$

Damit können die n Gleichungen (4.1.8) entlang der Kurven, in der Orts-Zeitebene definiert durch die Differentialgleichung

$$\frac{\mathrm{d}z}{\mathrm{d}\tau} = \lambda, \tag{4.1.10}$$

auch in folgender Form geschrieben werden

$$\boldsymbol{h}_i \frac{\mathrm{d}\boldsymbol{U}}{\mathrm{d}\tau} = \boldsymbol{h}_i \boldsymbol{C}, \qquad i = 1, n. \tag{4.1.11}$$

Die Kurven deren Tangenten die Neigung $\mathrm{d}z/\mathrm{d}\tau = \lambda$ besitzen, werden *charakteristische Kurven* genannt. Die Form (4.1.10) wird kanonische Form des Systems (4.1.3) genannt. Beachten Sie, daß jede Gleichung i des Systems (4.1.11) nur in der Richtung λ_i gültig ist.

Aus den Eigenwerten und Eigenvektoren bestimmen wir den Typ des Systems (4.1.2) und zwar nach [46] (1962):

a) Sind einige oder alle Lösungen der charakteristischen Gleichung (4.1.7) *imaginär* (bzw. komplex), ist das System elliptisch (Potentialgleichung).
b) Sind die Lösungen *reell und alle gleich*, so ist das System *parabolisch*, d.h. vom Typ der Wärmeleitungsgleichung.
c) Besitzt die charakteristische Gleichung n verschiedene *reelle* Lösungen oder hat das System n reelle und mindestens zwei verschiedene Eigenwerte und hat die Matrix $\boldsymbol{A}^{\mathrm{T}}$ n linear unabhängige Eigenvektoren, so ist das System *hyperbolisch*, d.h. vom Typ der Wellengleichung.

4.2 Physikalischer Standpunkt

In diesem Abschnitt sollen folgende Fragen eine Antwort finden:

1. Welcher Zusammenhang besteht zwischen den Eigenwerten und der Ausbreitungsgeschwindigkeit der Störungen der abhängigen Variablen?
2. Welcher Zusammenhang besteht zwischen den Eigenwerten und der Ausbreitungsgeschwindigkeit harmonischer Schwingungen der abhängigen Variablen?
3. Welcher Zusammenhang besteht zwischen den Eigenwerten und der kritischen Strömung?

4.2.1 Zusammenhang zwischen den Eigenwerten und der Ausbreitungsgeschwindigkeit der Störungen der abhängigen Variablen

Zunächst stellen wir fest, daß λ die Dimension einer Geschwindigkeit besitzt. Aus der Definition der totalen zeitlichen Ableitungen der abhängigen Variablen

$$\frac{\mathrm{d}\boldsymbol{U}}{\mathrm{d}\tau}=\frac{\delta \boldsymbol{U}}{\delta\tau}+\lambda\frac{\delta\boldsymbol{U}}{\delta z} \tag{4.2.1}$$

in der Richtung λ stellen wir fest, daß λ die Geschwindigkeit ist mit der sich unser Koordinatensystem bewegt. Nur in diesen Koordinatensystemen erhalten wir n Systeme aus gewöhnlichen Differentialgleichungen (die kanonische Form). Daraus folgt, daß die Störung einer der Variablen $U_{1,2,\ldots}$ in der Gleichung L_1 eine Änderung auch der anderen zur Folge hat und sich mit der Geschwindigkeit λ entlang der charakteristischen Kurve ausbreitet. Die Abwesenheit der physikalisch real existierenden endlichen Geschwindigkeit der Ausbreitung der abhängigen Variablen, die die konkrete physikalische Erscheinung beschreiben, wird in der Abwesenheit der reellen Eigenwerte ausgedrückt. Für solche physikalischen Erscheinungen, bei denen aus dem Experiment klar ist, daß eine endliche Ausbreitungsgeschwindigkeit der Störung existiert, ist die Überprüfung des Types des Systems, das die Erscheinung beschreibt besonders wichtig. Mathematische Modelle solcher physikalischen Objekte, die nicht hyperbolisch sind, sind nicht akzeptabel.

4.2.2 Zusammenhang zwischen den Eigenwerten und der Ausbreitungsgeschwindigkeit harmonischer Schwingungen der abhängigen Variablen [51]

In einer eindimensionalen Strömung, beschrieben durch

$$\frac{\delta\boldsymbol{U}}{\delta\tau}+\boldsymbol{A}\frac{\delta\boldsymbol{U}}{\delta z}=\boldsymbol{C},$$

breiten sich harmonische Schwingungen ΔU

$$\boldsymbol{U}=\boldsymbol{U}+\Delta\boldsymbol{U} \text{ oder } \frac{\delta\Delta\boldsymbol{U}}{\delta\tau}+\boldsymbol{A}\frac{\delta\Delta\boldsymbol{U}}{\delta z}=0$$

aus. Die Amplitude der Schwingung ist ΔU die Kreisfrequenz der ungedämpften Schwingung ω und die Wellenzahl k, so daß gilt

$$\Delta\boldsymbol{U}=\Delta\bar{\boldsymbol{U}}e^{\mathrm{j}(\omega\tau-\mathrm{k}z)}.$$

Nach dem Einsetzen in der obigen Gleichung erhalten wir

$$-jk\left(\boldsymbol{A}-\boldsymbol{E}\frac{\omega}{k}\right)=0.$$

Wir sehen, daß

$$\left|\boldsymbol{A}-\boldsymbol{E}\frac{\omega}{k}\right|=0$$

die charakteristische Gleichung ist und $\lambda = \omega/k$ die Ausbreitungsgeschwindigkeit der harmonischen Schwingung der abhängigen Variablen ist.

4.2.3 Zusammenhang zwischen den Eigenwerten und der kritischen Strömung

Zunächst beantworten wir die Frage: Wann wird die Ausbreitungsgeschwindigkeit der abhängigen Variablen gleich Null?

$$\lambda_i = 0 \text{ oder } |\boldsymbol{A}| = 0.$$

Das bedeutet, daß sich keine Störung entlang der Richtung λ_i ausbreiten kann. Falls in der Form L_i Druck und Geschwindigkeit beteiligt sind, bedeutet das, daß die Druck- und die daran gekoppelte Geschwindigkeitsänderung entlang der charakteristischen Kurve λ_i von den Stoffpartikeln nicht gespürt werden können. Gleichzeitig sehen wir aus dem stationären Teil des Systems (4.1.2)

$$\boldsymbol{A}\frac{\mathrm{d}\boldsymbol{U}}{\mathrm{d}z} = \boldsymbol{C} \text{ oder } \frac{\mathrm{d}p}{\mathrm{d}z} = -\frac{\dots}{|\boldsymbol{A}|} \text{ usw.,}$$

daß der Druckgradient gegen $-\infty$ konvergiert

$$\frac{\mathrm{d}p}{\mathrm{d}z} \to -\infty.$$

D.h. es entsteht eine kritische Strömung. Somit sieht man den Zusammenhang zwischen der kritischen Strömung und den Eigenwerten: Ist ein Eigenwert gleich Null, ist die Strömung kritisch (für $w \neq 0$).

5 Die homogene Gleichgewichts-Zweiphasenströmung (HGZS)

In diesem Kapitel wird der derzeitige Zustand der Theorie der HGZS vorgestellt. Wie die Bezeichnung der Strömung besagt, handelt es sich um zwei wichtige vereinfachende Annahmen bezüglich des thermodynamischen bzw. des mechanischen Zustands der Strömung.

1. Das in dem Kanal fließende *Einkomponenten-Zweiphasengemisch* befindet sich stets im *Sättigungszustand.*
2. Die Strömung ist *homogen*, d.h. $w_g = w_f = w$.

Der thermodynamische Zustand eines Einkomponenten-Zweiphasengemisches wird vollständig durch zwei der Größen (p,s,h,ϱ,u) bestimmt. Der mechanische Zustand wird durch eine der beiden Größen (w,G) bestimmt. Insgesamt sind drei abhängige Variablen notwendig, um die HGZS eindeutig beschreiben zu können. Das liefert zwanzig mögliche Kombinationen. Darunter aber ist die Kombination, bei der die mathematische Darstellung die *einfachste* ist, eine einzige, und zwar

$$\boldsymbol{U}^{\mathrm{T}} = (p,w,s).$$

Unter Verwendung dieses Vektors der abhängigen Variablen wird im nächsten Kapitel das mathematische Modell der HGZS entwickelt.

5.1 Die einfachste mathematische Darstellung der HGZS

Wie gesagt, läßt sich die HGZS am einfachsten durch folgenden Vektor der abhängigen Variablen

$$\boldsymbol{U}^{\mathrm{T}} = (p,w,s) \tag{5.1.1}$$

mathematisch darstellen. Dabei ist s die spezifische Entropie des homogenen Gemisches. Weiter folgt die Herleitung des Differentialgleichungssystems, das die HGZS beschreibt. Wir gehen von (2.4.1) bis (2.4.3) in folgender Form

$$\frac{\delta}{\delta\tau}(\varrho A) + \frac{\delta}{\delta z}(\varrho w A) = 0,$$

$$\frac{\delta}{\delta\tau}(\varrho w A) + \frac{\delta}{\delta z}(\varrho w^2 A) + A\frac{\delta p}{\delta z} + \varrho g A \cos\varphi + F_{\mathrm{R}}/\Delta z = 0,$$

$$\frac{\delta}{\delta\tau}\left[\varrho\left(h - \frac{p}{\varrho} + \frac{w^2}{2}\right)A\right] + \frac{\delta}{\delta z}\left[\varrho w\left(h + \frac{w^2}{2}\right)A\right] + \varrho w A \cos\varphi + \frac{F_{\mathrm{R}} w}{\Delta z} = \frac{\dot{Q}}{\Delta z} \tag{5.1.2}$$

aus, wobei

$$\varrho = \alpha\varrho'' + (1-\alpha)\varrho', \tag{5.1.3}$$

$$\varrho h = \alpha\varrho'' h'' + (1-\alpha)\varrho' h'. \tag{5.1.4}$$

Wir differenzieren die Impuls- und die Energiegleichung so, daß wir die linke Seite der Massengleichung erhalten. Danach ersetzen wir die entsprechenden Terme durch Null und dividieren gleichzeitig durch A.

$$\frac{\delta\varrho}{\delta\tau} + \frac{\delta}{\delta z}(\varrho w) = -\varrho w A^*,$$

$$\varrho\left(\frac{\delta w}{\delta\tau} + w\frac{\delta w}{\delta z}\right) + \frac{\delta p}{\delta z} + Z = 0,$$

$$\varrho\left(\frac{\delta h}{\delta\tau} + w\frac{\delta h}{\delta z}\right) - \frac{\delta p}{\delta\tau} + \varrho w\left(\frac{\delta w}{\delta\tau} + w\frac{\delta w}{\delta z}\right) + Zw - \dot{q}''', \tag{5.1.5}$$

wobei

$$A^* = \frac{1}{A}\frac{\delta A}{\delta z},$$

$$Z = \varrho g\cos\varphi + R,$$

$$\dot{q}''' = \dot{Q}/(\Delta z A).$$

R ist die auf die Strömung wirkende Reibungskraft pro Längeneinheit des Strömungskanales. $\dot{q}'''$ ist die in die Strömung eingeführte Wärmeleistung pro Volumeneinheit des Gemisches. Wir multiplizieren die Impulsgleichung mit w und subtrahieren sie von der Energiegleichung.

$$\varrho\left(\frac{\delta h}{\delta\tau} + w\frac{\delta h}{\delta z}\right) - \left(\frac{\delta p}{\delta\tau} + w\frac{\delta p}{\delta z}\right) = \dot{q}'''. \tag{5.1.6}$$

Unter Verwendung der Entropiedefinition

$$T\mathrm{d}s = \mathrm{d}h - \mathrm{d}p/\varrho \tag{5.1.7}$$

erhalten wir das endgültige System.

$$\frac{\delta\varrho}{\delta\tau} + w\frac{\delta\varrho}{\delta z} + \varrho\frac{\delta w}{\delta z} = -\varrho w A^*,$$

$$\frac{\delta w}{\delta\tau} + w\frac{\delta w}{\delta z} + \frac{1\delta p}{\varrho\delta Z} = -\frac{Z}{\varrho},$$

$$\frac{\delta s}{\delta\tau} + w\frac{\delta s}{\delta z} = \frac{\dot{q}'''}{\varrho T}. \tag{5.1.8}$$

Die weitere Vereinfachung des Systems geschieht durch die Anwendung der Zustandsgleichung des Gemisches. Aus den Definitionsgleichungen der Dichte und der spezifischen Entropie

$$\varrho = \alpha\varrho'' + (1-\alpha)\varrho', \tag{5.1.3}$$

$$\varrho s = \alpha\varrho'' s'' + (1-\alpha)\varrho' s' \tag{5.1.9}$$

ist ersichtlich, daß

$$\varrho = \varrho(p,\alpha) \tag{5.1.10}$$

oder

$$\mathrm{d}\varrho = \left(\frac{\delta\varrho}{\delta p}\right)_\alpha \mathrm{d}p + \left(\frac{\delta\varrho}{\delta\alpha}\right)_\mathrm{p} \mathrm{d}\alpha, \tag{5.1.11}$$

$$s = s(p,\alpha) \tag{5.1.12}$$

oder

$$\mathrm{d}s = \left(\frac{\delta s}{\delta p}\right)_\alpha \mathrm{d}p + \left(\frac{\delta s}{\delta\alpha}\right)_\mathrm{p} \mathrm{d}\alpha, \tag{5.1.13}$$

wobei

$$\left(\frac{\delta\varrho}{\delta p}\right)_\alpha = \alpha\frac{\mathrm{d}\varrho''}{\mathrm{d}p} + (1-\alpha)\frac{\mathrm{d}\varrho'}{\mathrm{d}p},$$

$$\left(\frac{\delta\varrho}{\delta\alpha}\right)_\mathrm{p} = \varrho'' - \varrho',$$

$$\left(\frac{\delta s}{\delta p}\right)_\alpha = \frac{1}{\varrho}\left[\alpha\frac{\mathrm{d}}{\mathrm{d}p}(\varrho'' s'') + (1-\alpha)\frac{\mathrm{d}}{\mathrm{d}p}(\varrho' s') - s\left(\frac{\delta\varrho}{\delta p}\right)_\alpha\right]$$

$$= \frac{1}{\varrho}\left[\alpha\varrho''\frac{\mathrm{d}s''}{\mathrm{d}p} + (1-\alpha)\varrho'\frac{\mathrm{d}s'}{\mathrm{d}p} - \frac{1}{\varrho^2}\alpha(1-\alpha)(s''-s')\left(\varrho''\frac{\mathrm{d}\varrho'}{\mathrm{d}p} - \varrho'\frac{\mathrm{d}\varrho''}{\mathrm{d}p}\right)\right],$$

$$\left(\frac{\delta s}{\delta\alpha}\right)_\mathrm{p} = \frac{1}{\varrho}\left[(\varrho'' s'' - \varrho' s') - s\left(\frac{\delta\varrho}{\delta\alpha}\right)_\mathrm{p}\right] = \frac{\varrho''\varrho'}{\varrho^2}(s''-s')$$

ist. Aus den Gln. (5.1.3) und (5.1.9) bzw. (5.1.11) und (5.1.13) läßt sich α bzw. $\mathrm{d}\alpha$ eliminieren

$$\varrho = \varrho'\frac{1 - s'\dfrac{\varrho''-\varrho'}{\varrho'' s'' - \varrho' s'}}{1 - s\dfrac{\varrho''-\varrho'}{\varrho'' s'' - \varrho' s'}} = \varrho(s,p), \tag{5.1.14}$$

$$\mathrm{d}\varrho = \left(\frac{\delta\varrho}{\delta s}\right)_\mathrm{p} \mathrm{d}s + \left(\frac{\delta\varrho}{\delta p}\right)_\mathrm{s} \mathrm{d}p = \left(\frac{\delta\varrho}{\delta s}\right)_\mathrm{p} \mathrm{d}s + \frac{\mathrm{d}p}{a^2}, \tag{5.1.15}$$

$$s = \frac{1}{\varrho}\left[\varrho' s' + (\varrho - \varrho')\frac{\varrho'' s' - \varrho' s'}{\varrho'' - \varrho'}\right] = s(\varrho,p), \tag{5.1.16}$$

$$\mathrm{d}s = \left(\frac{\delta s}{\delta\varrho}\right)_\mathrm{p} \mathrm{d}\varrho + \left(\frac{\delta s}{\delta p}\right)_\varrho \mathrm{d}p, \tag{5.1.17}$$

mit

$$\left(\frac{\delta\varrho}{\delta s}\right)_p = \left(\frac{\delta\varrho}{\delta\alpha}\right)_p \Big/ \left(\frac{\delta s}{\delta\alpha}\right)_p = -\varrho^2 \frac{v''-v'}{s''-s'},$$

$$\left(\frac{\delta\varrho}{\delta p}\right)_s = \left(\frac{\delta\varrho}{\delta p}\right)_\alpha - \left(\frac{\delta s}{\delta p}\right)_\alpha \left(\frac{\delta\varrho}{\delta\alpha}\right)_p \Big/ \left(\frac{\delta s}{\delta\alpha}\right)_p = 1/a^2$$

$$= \varrho\left\{\frac{\alpha}{\varrho'' a''^2} + \frac{1-\alpha}{\varrho' a'^2} + \frac{v''-v'}{s''-s'}\left[\alpha\varrho''\frac{\mathrm{d}s''}{\mathrm{d}p} + (1-\alpha)\varrho'\frac{\mathrm{d}s'}{\mathrm{d}p}\right]\right.,$$

$$\left(\frac{\delta s}{\delta\varrho}\right)_p = \left(\frac{\delta s}{\delta\alpha}\right)_p \Big/ \left(\frac{\delta\varrho}{\delta\alpha}\right)_p = -\frac{1}{\varrho^2}\frac{s''-s'}{v''-v'},$$

$$\left(\frac{\delta s}{\delta p}\right)_\alpha = \left(\frac{\delta s}{\delta p}\right)_\alpha - \left(\frac{\delta\varrho}{\delta p}\right)_\alpha \left(\frac{\delta s}{\delta\alpha}\right)_p \Big/ \left(\frac{\delta\varrho}{\delta\alpha}\right)_p.$$

Mit Hilfe von (5.1.15) läßt sich die Massengleichung weiter umformen, so daß wir zur endgültigen Form des Systems (5.1.8) kommen

$$\frac{\delta p}{\delta\tau} + w\frac{\delta p}{\delta z} + \varrho a^2 \frac{\delta w}{\delta z} = -\varrho a^2 B,$$

$$\frac{\delta w}{\delta\tau} + w\frac{\delta w}{\delta z} + \frac{1}{\varrho}\frac{\delta p}{\delta z} = -\frac{Z}{\varrho},$$

$$\frac{\delta s}{\delta\tau} + w\frac{\delta s}{\delta z} = \frac{\dot{q}'''}{T\varrho}, \qquad (5.1.18)$$

wobei

$$B = wA^* + \frac{\dot{q}'''}{T\varrho^2}\left(\frac{\delta\varrho}{\delta s}\right)_p \qquad (5.1.19)$$

ist. Die Eigenwerte der charakteristischen Matrix

$$\begin{vmatrix} w-\lambda & \varrho a^2 & 0 \\ 1/\varrho & w-\lambda & 0 \\ 0 & 0 & w-\lambda \end{vmatrix} = 0$$

sind

$$\lambda_{1,2} = w \pm a, \; \lambda_3 = w.$$

Die Eigenvektoren der transponierten charakteristischen Matrix sind

$$h_1^T = \left(\frac{1}{\varrho a}, 1, 0\right), \quad h_2^T = \left(-\frac{1}{\varrho a}, 1, 0\right), \quad h_3^T = (0, 0, 1).$$

Daraus sehen wir, in Übereinstimmung mit der Klassifikation in Kap.4, daß das System hyperbolisch ist. Damit erhalten wir die kanonische Form des Systems:

$$dz/d\tau = w + a \quad \frac{dw}{d\tau} + \frac{1}{\varrho a}\frac{dp}{d\tau} = -aB - \frac{Z}{\varrho}$$

$$dz/d\tau = w - a \quad \frac{dw}{d\tau} - \frac{1}{\varrho a}\frac{dp}{d\tau} = +aB - \frac{Z}{\varrho}$$

$$dz/d\tau = w \quad \frac{ds}{d\tau} = \frac{\dot{q}'''}{T\varrho} \qquad \text{bzw.} \quad \begin{cases} \left(\frac{\delta s}{\delta p}\right)_\alpha \frac{dp}{\delta\tau} + \left(\frac{\delta s}{\delta\alpha}\right)_p \frac{d\alpha}{d\tau} = \frac{\dot{q}'''}{T\varrho} \quad \text{oder} \\ \left(\frac{\delta s}{\delta p}\right)_\varrho \frac{dp}{d\tau} + \left(\frac{\delta s}{\delta\varrho}\right)_p \frac{d\varrho}{d\tau} = \frac{\dot{q}'''}{T\varrho} \quad \text{oder} \\ \varrho\frac{dh}{d\tau} - \frac{dp}{d\tau} = \dot{q}'''. \end{cases} \tag{5.1.20}$$

Die zu der Entropiegleichung äquivalenten Gleichungen, in Klammern angegeben, sind sehr leicht aus der kanonischen Form der Entropiegleichung unter Verwendung als Zustandsgleichungen (5.1.13) oder (5.1.17) oder unter Verwendung von (5.1.7) zu erhalten. Sie wurden angegeben, um die Anwendung des Modells zu erleichtern, da manchmal der Ingenieur über Stoffwerte als Funktionen z.B. von (p,h) verfügt. Für den letzten Fall braucht man folgende Zustandsgleichung

$$\varrho = \varrho' \frac{1 - h'\dfrac{\varrho'' - \varrho'}{\varrho'' h'' - \varrho' h'}}{1 - h\dfrac{\varrho'' - \varrho'}{\varrho'' h'' - \varrho' h'}} = \varrho(p,h) \tag{5.1.21}$$

oder in Differentialform

$$d\varrho = \left(\frac{\delta\varrho}{\delta h}\right)_p dh + \left(\frac{\delta\varrho}{\delta p}\right)_h dp, \tag{5.1.22}$$

wobei

$$\left(\frac{\delta\varrho}{\delta h}\right)_p = -\varrho^2 \frac{v'' - v'}{h'' - h'},$$

$$\left(\frac{\delta\varrho}{\delta p}\right)_h = \varrho\left\{\frac{\alpha}{\varrho'' a''^2} + \frac{1-\alpha}{\varrho' a'^2} + \frac{v'' - v'}{h'' - h'}\left[\alpha\varrho''\frac{dh''}{dp} + (1-\alpha)\varrho'\frac{dh'}{dp}\right]\right\},$$

$$\frac{1}{a^2} = \left(\frac{\delta\varrho}{\delta p}\right)_h + \frac{1}{\varrho}\left(\frac{\delta\varrho}{\delta h}\right)_p$$

$$= \varrho\left\{\frac{\alpha}{\varrho'' a''^2} + \frac{1-\alpha}{\varrho' a'^2} + \frac{v'' - v'}{h'' - h'}\left[\alpha\varrho''\frac{dh''}{dp} + (1-\alpha)\varrho'\frac{dh'}{dp} - 1\right]\right\} \tag{5.1.23}$$

und

$$B = wA^* + \frac{\dot{q}'''}{\varrho^2}\left(\frac{\delta\varrho}{\delta h}\right)_p. \tag{5.1.24}$$

Nochmals sei erwähnt, daß jede der drei kanonischen Gleichungen in einem separaten Koordinatensystem gültig ist.

Die kanonische Form des Systems liefert uns folgende Information:

1. Die Entropieänderung breitet sich mit der Geschwindigkeit der ZS aus.
2. Eine Geschwindigkeitsänderung verursacht eine Druckänderung und umgekehrt. Die Änderung beider Größen breitet sich mit der Geschwindigkeit $w \pm a$ aus.
3. Falls der Eigenwert $\lambda_2 = w - a = 0$ wird, kann sich *keine* Druck-Geschwindigkeitsänderung entgegen der Strömungsrichtung fortpflanzen.

Die stationäre HGZS wird durch den stationären Teil des Systems (5.1.18), aufgelöst nach den Ortsableitungen, beschrieben

$$\frac{dp}{dz} = -\frac{Z - \varrho w B}{1 - M^2},$$

$$\frac{dw}{dz} = \frac{Z\dfrac{w}{\varrho a^2} - B}{1 - M^2},$$

$$\frac{ds}{dz} = \frac{\dot{q}'''}{T\varrho w} \quad \text{bzw.} \quad \begin{cases} \dfrac{d\alpha}{dz} = \left[\dfrac{\dot{q}'''}{T\varrho w} - \left(\dfrac{\delta s}{\delta p}\right)_\alpha \dfrac{dp}{dz}\right] \Big/ \left(\dfrac{\delta s}{\delta \alpha}\right)_p \text{ oder} \\[2ex] \dfrac{d\varrho}{dz} = \left[\dfrac{\dot{q}'''}{T\varrho w} - \left(\dfrac{\delta s}{\delta p}\right)_\varrho \dfrac{dp}{dz}\right] \Big/ \left(\dfrac{\delta s}{\delta \varrho}\right)_p \text{ oder} \\[2ex] \dfrac{dh}{dz} = \left(\dot{q}''' - \dfrac{dp}{dz}\right) \Big/ \varrho, \end{cases} \tag{5.1.25}$$

wobei

$$M^2 = w^2/a^2 \tag{5.1.26}$$

die Machzahl für die HGZS ist. Die Strömung ist kritisch falls

$$M^2 = 1, \tag{5.1.27}$$

d.h.

$$\frac{dp}{dz} = -\infty, \quad \frac{dw}{dz} = +\infty \tag{5.1.28,29}$$

ist. $M^2 = 1$ bedeutet $w = a$ bzw. $\lambda_2 = 0$. Daraus ist noch einmal der Zusammenhang zwischen der Schallgeschwindigkeit a und der Kritikalitätsbedingung deutlich gemacht.

Das Ziel dieses Abschnitts war nicht nur, den Leser über einige Modelle der HGZS zu informieren, sondern auch den Weg zu zeigen, auf dem die Modelle aufgebaut werden. Bei der Aufstellung eines mathematischen Strömungsmodells lassen sich folgende Schritte als notwendig zusammenfassen:

1. Auswahl der *abhängigen Variablen*;
2. Auswahl der *Zustandsgleichung*;
3. Einführung der *vereinfachenden Annahmen* (Schritte 1 und 2 können auch eine andere Reihenfolge haben);
4. Ausdruck aller thermodynamischen Parameter, die sich unter dem Differentialzeichen befinden, durch Funktionen der abhängigen Variablen;
5. Auflösung des Systems nach den Zeitableitungen (falls es möglich ist);
6. Bestimmung der Eigenwerte, Eigenvektoren und dadurch Festlegung des Typs des Differentialgleichungssystems;
7. falls das System hyperbolisch ist – Überführung des Systems in die charakteristische Form.

5.2 Die Anwendung des Modells der HGZS

Nach seiner Form stellt das Modell der HGZS eine Erweiterung des Modells der Einphasenströmung dar. Shin und Shen [257] (1977) verwendeten die zwei Gleichungen

$$\mathrm{d}z/\mathrm{d}\tau = w + a, \quad \frac{\mathrm{d}w}{\mathrm{d}\tau} + \frac{1}{\varrho a}\frac{\mathrm{d}p}{\mathrm{d}\tau} = -\frac{Z}{\varrho},$$

$$\mathrm{d}z/\mathrm{d}\tau = w - a, \quad \frac{\mathrm{d}w}{\mathrm{d}\tau} - \frac{1}{\varrho a}\frac{\mathrm{d}p}{\mathrm{d}\tau} = -\frac{Z}{\varrho}$$

zur Analyse der *hydraulischen Stöße* in Rohrleitungsnetzen. Die Vergleiche mit den Experimentaldaten für Flüssigkeitsströmung zeigten sehr gute Übereinstimmung [257]. Fischer [68] (1967) verwendete ein p,w,α-Modell und analysierte Druckstöße in Zweiphasensystemen, wobei die Reibung, die Gravitation und die Kompressibilität des Fluids ($\delta\varrho/\delta p = 0$) vernachlässigt wurden. Diese Annahmen begrenzen die Anwendung des Fischer-Modells außerordentlich. Köberlein [135] (1972) verwendete ein p,h,w-Modell für die Analyse dynamischer Vorgänge in der ZS. Dabei vernachlässigte er den Reibungsanteil in der Energiegleichung. Dies führte in der Entropiegleichung zu einem physikalisch real nicht existierenden Anteil der Entropieproduktion. Weiterhin stellte Köberlein fest, daß bei der Beschreibung der Druckwellenausbreitung das thermodynamische Nichtgleichgewicht zwischen den Phasen berücksichtig werden muß. Namatame und Kobayashi [211] (1974) verwendeten ein p,ϱ,w-Modell. Dabei wurden die Gravitation und die für den Stofftransport im Druckfeld benötigte Energie vernachlässigt. Dies brachte keine wesentliche Vereinfachung des Modells, und die Allgemeingültigkeit des Modells wurde beeinträchtigt. Ein analoges Modell wurde von Chan und Motamed [38] (1979) entwickelt. McDonald u.a. [186] (1978) stellten acht Formen des HGZS-Modells vor: w,h,p; w,ϱ,p; w,ϱ,h; w,u,h; G,h,p; G,ϱ,h; G,u,h. Dabei wurde sowohl von Chan u.a. als auch von McDonald u.a. wie bei Köberlein [135] (1972) der Reibungsanteil in der Energiegleichung vernachlässigt. Dies führte, wie gesagt, zu einem real nicht existierenden Anteil der

Entropieproduktion in der Entropiegleichung. Kolev [152] stellte das Modell in einer p,w,α-Variante dar.

Der Vorteil des HGZS-Modells ist, daß keine zusätzliche Information über die Transportvorgänge zwischen den Phasen notwendig ist. Dieser Transport wird als reversibel angenommen. Es sei betont, daß das HGZS-Modell nicht an irgendeinen Stoff gebunden ist. Mit ihm können verschiedenartige Prozesse in der chemischen Technologie, Verfahrenstechnik, Kältetechnik, Energietechnik, Flugmechanik usw. mathematisch modelliert werden.

Eine Besonderheit des Modells kann anhand der Eigenschaften der Schallgeschwindigkeit gezeigt werden:

$$\frac{1}{a^2}=\left(\frac{\delta\varrho}{\delta p}\right)_s=\varrho\left\{\frac{\alpha}{\varrho''a''^2}+\frac{1-\alpha}{\varrho'a'^2}+\frac{v''-v'}{s''-s'}\left[\alpha\varrho''\frac{ds''}{dp}+(1-\alpha)\varrho'\frac{ds'}{dp}\right]\right\}.$$

Zum Vergleich wird der Ausdruck, der die Schallgeschwindigkeit einer homogenen Nichtgleichgewichts-ZS definiert, angegeben

$$\frac{1}{a^2}=\left(\frac{\delta\varrho}{\delta p}\right)_s=\varrho\left(\frac{\alpha}{\varrho_g a_g^2}+\frac{1-\alpha}{\varrho_f a_f^2}\right).$$

Das ist die Woodsche Gleichung [291] (1936) (für niedrige Drücke und Luft-Wasser-Strömung von Böck und Schawla [20] experimentell bestätigt). Für das Gebiet $0{,}1<\alpha<1$ ist die Übereinstimmung beider Theorien relativ gut. Man sieht einen unstetigen Verlauf an beiden Phasengrenzen $\alpha=0$ bzw. 1 der HGZS-Theorie. Eine besonders große Differenz ist bei $\alpha=0$ vorhanden. Deshalb ist das HGZS-Modell für extrem schnell ablaufende Prozesse, die die Phasengrenze $\alpha=0$ überqueren, nicht geeignet. Die dabei entstehenden Amplituden der Druckwellen können nicht richtig wiedergegeben werden. Für Strömungsregimes, mit ausgeprägter Inhomogenität und dort wo die Vorhersage des Dampfvolumenanteils α besonders wichtig ist (z.B. gekoppelte Aufgabe: Neutronen-Physik/Reaktorthermohydraulik, Niveauvorhersage der spontan verdampfenden Flüssigkeit in Druckgefäßen usw.), ist das HGZS-Modell ungeeignet. Aber auch für die mathematische Modellierung einiger langsamer Prozesse, wo das thermodynamische Nichtgleichgewicht zwischen den beiden Phasen die prozeßbestimmende Erscheinung ist, ist das HGZS-Modell nicht anwendbar (z.B. Nachhavariekühlung der Spaltzone eines Kernreaktors, kritische ZS in kurzen Rohren, Blenden und Düsen usw.).

Abschließend sei bemerkt, daß das HGZS-Modell ein schnelles und sehr nützliches Instrument für eine angenäherte Abschätzung aller Prozesse in der Zweiphasenströmungsmechanik ist.

5.3 Die homogene Gleichgewichts-Zweiphasenströmung bei konstantem Druck

Die Annahme „konstanter Druck“ vereinfacht das mathematische Modell der HGZS wesentlich. Wie wir gesehen haben, läßt sich die HGZS mit drei abhängigen Variablen beschreiben. Die Annahme $p=\text{const}$ reduziert diese Anzahl auf zwei. Es ist sehr bequem, mit den abhängigen Variablen w und x zu arbeiten. Aus den Gleichungen für die Erhaltung der Masse und der Entropie bei konstantem Druck erhalten wir:

$$\frac{\delta\varrho}{\delta\tau}+w\frac{\delta\varrho}{\delta z}+\varrho\frac{\delta w}{\delta z}=0, \qquad (5.3.1)$$

$$\varrho\left(\frac{\delta h}{\delta\tau}+w\frac{\delta h}{\delta z}\right)=\dot{q}'''. \qquad (5.3.2)$$

Wenn wir ϱ und h mit (2.5.23) und (2.5.13) für $S=1$

$$\varrho=1/[v'+x(v''-v')], \qquad (2.5.22)$$

$$h=h'+x(h''-h') \qquad (2.5.12)$$

im System (5.1.1) bis (5.3.2) ersetzen, unter Berücksichtigung, daß für $p=\text{const}$ v'', v', h'' und h' konstant sind, erhalten wir nach einer Differenzierung

$$\frac{\delta w}{\delta z}=C_2, \qquad (5.3.3)$$

$$\frac{\delta x}{\delta\tau}+w\frac{\delta x}{\delta z}=(C_1+x)C_2, \qquad (5.3.4)$$

wobei

$$C_1=v'/(v''-v'),$$

$$C_2=\dot{q}'''(v''-v')/(h''-h').$$

Gleichung (5.3.4) kann leicht in die charakteristische Form überführt werden, wobei die charakteristische Richtung durch die Strömungsgeschwindigkeit w bestimmt wird:

$$\frac{dz}{d\tau}=w\left(\hat{=}\,w(\tau,z_0)+\int_{z_0}^{z}C_2 dz\right),\quad \frac{dx}{d\tau}=(C_1+x)C_2. \qquad (5.3.5,6)$$

Für bekannte Funktionen $C_2(\tau,z)$ bzw. $w(\tau,z_0)$ und entsprechende Anfangs- und Randbedingungen läßt sich (5.3.6) längs der Charakteristik $dz/d\tau=w$ analytisch integrieren. Gonzales-Santalo und Lahey [79] (1972) haben analytische Lösungen für einen Siedekanal mit exponentieller Änderung der Geschwindigkeit am Kanaleintritt gefunden.

5.4 Die homogene Gleichgewichts-Zweiphasenströmung in einem Kanal mit plötzlicher Querschnittsänderung

Unter einer plötzlichen Querschnittsänderung werden wir die in Abb.5.1 gezeigte Kanalgeometrie verstehen. Bei der plötzlichen Querschnittsverengung wird die ZS beschleunigt. Das ist mit einer Druckabsenkung und dadurch verursachter intensiver Verdampfung verbunden. In diesem Fall wird die Strömung homogenisiert, und die Annahme „Gleichheit der Phasengeschwindigkeiten" scheint berechtigt zu sein [86]. Bei plötzlicher Querschnittsvergrößerung fällt der Druck ab. Dies führt zur Kondensation in der Strömung. Die Aufnahme „Gleichheit der Phasengeschwindigkeit" ist

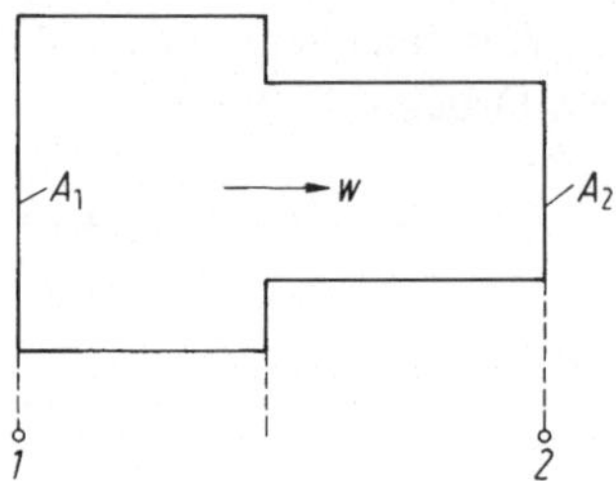

Abb.5.1. Plötzliche Querschnittsveränderung

nicht mehr gültig. Um die Betrachtung an dieser Stelle zu vereinfachen, nehmen wir an, daß die Strömung homogen bleibt (später werden wir die Inhomogenität für solche Fälle analysieren). Wie können wir diese Effekte im Rahmen der Gleichgewichtstheorie berücksichtigen? Man kann natürlich im Ausgangssystem den Ausdruck $\mathrm{d}A/\mathrm{d}z$ mit berücksichtigen. An der Stelle der Unstetigkeit der Funktion $A=A(z)$ aber ist diese Ableitung $\pm\infty$. Deswegen betrachten wir dieses Problem etwas ausführlicher.

Als abhängige Variablen wählen wir den Druck p, die Massenstromdichte G und die Enthalpie h aus. Die geeignete Zustandsgleichung ist

$$v=v(h,p). \tag{5.4.1}$$

Wir machen folgende vereinfachende Annahmen:

a) Die Änderungen, die die abhängigen Variablen längs der Ortskoordinate erfahren, sind dominierend gegenüber der zeitlichen Änderung, so daß wir die ZS als quasistationär betrachten.
b) Die Gravitations- und Reibungskräfte sind vernachlässigbar gegenüber den Druck- und Beschleunigungskräften.

Unter Berücksichtigung dieser Annahmen erhalten wir aus dem System (2.5.6) bis (2.5.8):

$$\frac{\mathrm{d}}{\mathrm{d}z}(GA)=0 \text{ oder } GA=\text{const},$$

$$G\frac{\mathrm{d}}{\mathrm{d}z}(Gv_\mathrm{I})+\frac{\mathrm{d}p}{\mathrm{d}z}=0,$$

$$\frac{\mathrm{d}}{\mathrm{d}z}\left[h+\frac{G^2v_\mathrm{E}^2}{2}\right]=\dot{Q}/(GA\Delta z) \tag{5.4.2}$$

oder für homogene Strömung $v=v_\mathrm{I}=v_\mathrm{E}=1/\varrho$

$$\mathrm{d}(GA)=0,$$

$$G\mathrm{d}(Gv)+\mathrm{d}p=0,$$

$$\mathrm{d}\left(h+\frac{G^2v^2}{2}\right)=\dot{Q}/(GA). \tag{5.4.3}$$

Nach der Diskretisierung erhalten wir:

$$\Delta(GA),$$
$$G\Delta(Gv)+\Delta p=0,$$
$$\Delta(h+G^2v^2/2)=\dot{Q}/(GA). \tag{5.4.4}$$

Weil v eine nichtlineare Funktion von p und h ist, ist (5.4.4) ein System von nichtlinearen algebraischen Gleichungen gegenüber p_2, h_2 und G_2. Es läßt sich iterativ auflösen:

$$G_2=(GA-G_1A_1)/A_2$$
$$\bar{G}=(G_1+G_2)/2$$
$$h_2=h_1+\dot{Q}/(GA)$$
$$v_2=v_1$$
$$\bar{h}_2=h_2$$
$$p_2=p_1-\bar{G}(G_2v_2-G_1v_1)$$
$$v_2=v_2(p_2,h_2)$$
$$h_2=h_1+\dot{Q}/(GA)-[(G_2v_2)^2/2-(G_1v_1)^2/2]$$
$$(\bar{h}_2-h_2)/h_2<\varepsilon$$

n (zurück zu $\bar{h}_2=h_2$)

ja

6 Die nichthomogene Gleichgewichts-Zweiphasenströmung (NGZS)

Bei niedrigen Drücken, wo die Unterschiede in den Eigenschaften des Gases und der Flüssigkeit wesentlich sind, ist die Berücksichtigung der Inhomogenität der Zweiphasenströmung notwendig. Dies führt zur realistischen Vorhersage des Dampfvolumenanteils. Im Rahmen der Gleichgewichtseigenschaften der Phasen ist die Berücksichtigung der Inhomogenität ein Schritt vorwärts. Die Verwendung verschiedener Sätze von abhängigen Variablen bietet verschiedene Möglichkeiten zur numerischen Lösung des Differentialgleichungssystems. Das hat für das Gesamtmodell wichtige Folgen wie z.B. unterschiedliche Geschwindigkeit der Integration, unterschiedliche Einfachheit des Rechenprogramms usw. Je nach der konkreten technischen Aufgabe, die gelöst werden muß, ist die Anwendung des einen oder anderen Satzes von abhängigen Variablen empfehlenswert. Es ist aber immer vorteilhaft, wenn der Vektor der abhängigen Variablen nicht nur im Zweiphasen-, sondern auch in Einphasen-Gebiet der Strömung definiert ist. Im Vergleich mit dem HGZS-Modell benötigen wir beim NGZS-Modell zusätzlich eine abhängige Variable, die die Inhomogenität der Strömung berücksichtigt, z.B. Δw oder S. Eine zusätzliche Gleichung ist nötig. Die Gleichung kann entweder differentiell oder algebraisch sein, je nachdem, ob eine dynamische oder quasistationäre Schlupfberechnung akzeptabel ist. In Abschn. 6.1 wird ein NGZS-Modell dargestellt, bei dem beide Möglichkeiten angewendet werden können und in Abschn. 6.2 eines bei dem die Annahme quasikonstanten Schlupfes zugrunde gelegt wurde.

6.1 Hyperbolisches Differentialgleichungssystem zur Beschreibung der transienten NGZS

Beim NGZS-Modell ergibt sich die Schwierigkeit, *analytische* Ausdrücke für die Eigenwerte bzw. Eigenvektoren des Systems zu finden.

Um diese Schwierigkeit zu umgehen, führten einige Autoren eine Reihe von vereinfachenden Annahmen ein, darunter auch die Vernachlässigung der Kompressibilität Meyer [195] (1961), Minato u.a. [196] (1979), Mironov [197] (1982). Mit solchen Modellen kann in der NGZ keine Druckwellenausbreitung simuliert werden.

Das Ziel dieses Abschnittes ist, das von Kolev [159] (1983) entwickelte NGZS-Modell darzustellen. Dabei wird eine Möglichkeit gezeigt, wie die pseudohomogenen Eigenschaften der NGZS verwendet werden, um ein hyperbolisches Differentialgleichungssystem zu erhalten.

Wir gehen vom System (2.7.8) bis (2.7.10) aus. Es wird analog Kap.5 umgeformt

$$\frac{\delta \varrho}{\delta \tau}+w\frac{\delta \varrho}{\delta z}+\varrho\frac{\delta w}{\delta z}=-\varrho w A^*,$$

$$\frac{\delta w}{\delta \tau}+w\frac{\delta w}{\delta z}+\frac{1}{\varrho}\frac{\delta p}{\delta z}=-\frac{Z^*}{\varrho},$$

$$\varrho\left(\frac{\delta h}{\delta \tau}+w\frac{\delta h}{\delta z}\right)-\left(\frac{\delta p}{\delta \tau}+w\frac{\delta p}{\delta z}\right)=\dot{q}^*, \qquad (6.1.1)$$

wobei

$$A^*=\frac{1}{A}\frac{\delta A}{\delta z},$$

$$Z^*=\varrho g\cos\varphi+R+\frac{1}{A}\frac{\Delta(\psi_2^* A)}{\Delta z},$$

$$\dot{q}^*=\dot{q}'''-\frac{1}{2}\frac{\Delta\psi_2^*}{\Delta\tau}+\frac{1}{A}\left[w\frac{\Delta(\psi_2^* A)}{\Delta z}-\frac{\Delta(\psi_3^* A)}{\Delta z}\right]+\omega_3,$$

$$\psi_2^*=\alpha(1-\alpha)\varrho''\varrho'\Delta w^2,$$

$$\psi_3^*=\alpha(1-\alpha)\varrho''\varrho'\frac{\Delta w}{\varrho}\left[h''-h'+\frac{\Delta w}{\varrho}\left\{\frac{3}{2}+\frac{\Delta w}{\varrho}[(1-\alpha)\varrho'-\alpha\varrho'']\right\}\right],$$

$$\omega_3=-\alpha(1-\alpha)\Delta w(\varrho'-\varrho'')R/\varrho,$$

$$\varrho=\alpha\varrho''-(1-\alpha)\varrho', \qquad (6.1.2)$$

$$\varrho w=\alpha\varrho'' w''+(1-\alpha)\varrho' w', \qquad (6.1.3)$$

$$\varrho h=\alpha\varrho'' h''+(1-\alpha)\varrho' h'. \qquad (6.1.4)$$

Für eine homogene Strömung $\Delta w=0$ wird $Z^*=Z$, $\dot{q}^*=\dot{q}'''$. Wir sehen wiederum, daß die pseudohomogene spezifische Entropie s

$$\varrho s=\alpha\varrho'' s''+(1-\alpha)\varrho' s' \qquad (6.1.5)$$

sehr nützlich sein kann. Unter Berücksichtigung der Definition der Entropie

$$T\mathrm{d}s=\mathrm{d}h-\mathrm{d}p/\varrho \qquad (6.1.6)$$

läßt sich (6.1.1) folgendermaßen schreiben:

$$\frac{\delta \varrho}{\delta \tau}+w\frac{\delta \varrho}{\delta z}+\varrho\frac{\delta w}{\delta z}=-\varrho w A^*,$$

$$\frac{\delta w}{\delta \tau}+w\frac{\delta w}{\delta z}+\frac{1}{\varrho}\frac{\delta p}{\delta z}=-\frac{Z^*}{\varrho},$$

$$\frac{\delta s}{\delta \tau}+w\frac{\delta s}{\delta z}=\frac{\dot{q}^*}{T\varrho}. \qquad (6.1.7)$$

Die Zustandsgleichung (5.1.14) bzw. (5.1.15) wurde in Kap.5 ohne Begrenzung, bei homogener und nichthomogener Strömung erhalten.

Deshalb ist es möglich, (6.1.7) genau so wie (5.1.8) in kanonische Form umzuwandeln

$$dz/d\tau = w + a \qquad \frac{dw}{d\tau} + \frac{1}{\varrho a}\frac{dp}{d\tau} = -aB^* - \frac{Z^*}{\varrho},$$

$$dz/d\tau = w - a \qquad \frac{dw}{d\tau} - \frac{1}{\varrho a}\frac{dP}{d\tau} = +aB^* - \frac{Z}{\varrho},$$

$$dz/d\tau = w \qquad \frac{ds}{d\tau} = \frac{\dot{q}^*}{T\varrho} \quad \text{bzw.} \begin{cases} \left(\frac{\delta s}{\delta p}\right)_\alpha \frac{dp}{d\tau} + \left(\frac{\delta s}{\delta \alpha}\right)_p \frac{d\alpha}{d\tau} = \frac{\dot{q}^*}{T\varrho} \quad \text{oder} \\ \left(\frac{\delta s}{\delta p}\right)_\varrho \frac{dp}{d\tau} + \left(\frac{\delta s}{\delta \varrho}\right)_p \frac{d\varrho}{d\tau} = \frac{\dot{q}^*}{T\varrho} \quad \text{oder} \\ \varrho\frac{dh}{d\tau} - \frac{dp}{d\tau} = \dot{q}^*, \end{cases} \tag{6.1.8}$$

wobei

$$B^* = wA^* + \frac{q^*}{T\varrho^2}\left(\frac{\delta\varrho}{\delta s}\right)_p. \tag{6.1.9}$$

Unter Berücksichtigung der Zusammenhänge

$$w'' = C_0 j + V_{gj}$$

$$j = \alpha w'' + (1-\alpha)w'$$

$$w'' = w + (1-\alpha)\varrho'\Delta w/\varrho$$

$$w' = w - \alpha\varrho''\Delta w/\varrho$$

erhalten wir

$$\Delta w = \frac{\varrho}{1-\alpha}\,\frac{V_{gj} + w(C_0 - 1)}{\alpha C_0(\varrho'' - \varrho') + \varrho'}.$$

Zur Kontrolle: wenn $C_0 = 1$ und $V_{gj} = 0$ ist, ist $\Delta w = 0$, d.h. die ZS ist homogen.

Damit haben wir die notwendigen theoretischen Grundlagen zur Aufstellung eines numerischen Verfahrens, wobei gesichert ist, daß ein stabiles finites Differenzenschema aufgebaut werden kann. Gleichzeitig sehen wir, daß (6.1.8) bis auf die Glieder $Z^*, \dot{q}^*$ dem, die HGZS beschreibendem Differentialgleichunggsystem ähnlich ist. Dies gestattet, die schon existierenden Rechenprogramme für die Beschreibung von Einphasenströmungen bzw. HGZS in Netzwerken, ohne Änderung der Programmstruktur, auch auf die Beschreibung der NGZS zu erweitern.

6.2 Transiente nichthomogene Gleichgewichts-Zweiphasenströmung mit quasikonstantem Schlupf

6.2.1 Derzeitiger Zustand des Problems

Meyer [195] (1961) ging vom Differentialgleichungssystem

$$\frac{\delta\varrho}{\delta\tau}+\frac{\delta G}{\delta z}=0,$$

$$\frac{\delta G}{\delta\tau}+\frac{\delta}{\delta z}(G^2 v_1+p)+\varrho g\cos\varphi+R=0,$$

$$\frac{\delta h^*}{\Delta\tau}+\frac{\delta}{\delta z}(Gh)=\dot{q}'''$$

aus. Unter der Annahme $\varrho=\varrho(h)$, $h^*=h^*(h)=\varrho h^+$ fand er

$$\frac{\mathrm{d}\varrho}{\mathrm{d}h}\frac{\delta h}{\delta\tau}+\frac{\delta G}{\delta z}=0,\qquad \varrho^*\frac{\delta h}{\delta\tau}+G\frac{\delta h}{\delta z}=\dot{q}''',$$

wobei

$$\varrho^*=\varrho\frac{\mathrm{d}h^+}{\mathrm{d}h}+(h^+-h)\frac{\mathrm{d}\varrho}{\mathrm{d}h}.$$

Die Vernachlässigung der kinetischen Energie, der Differenz zwischen der inneren Energie und der Enthalpie in der Energiegleichung und die Druckabhängigkeit von ϱ und h^* begrenzt den Anwendungsbereich dieser Theorie wesentlich.

Hocevar u.a. [101] (1971) behalten die Inhomogenität und führen eine weitere Vereinfachung ein

$$\frac{\delta h^*}{\delta\tau}+G\frac{\delta h}{\delta z}=q'''+\frac{\delta p}{\delta\tau},\qquad G(z)=\text{const},\qquad p(z)=\text{const}.$$

Trimble und Turner [283] (1976) gingen von einem System aus, bei dem in der Energiegleichung die wichtigsten Anteile enthalten sind:

$$\frac{\delta\varrho}{\delta\tau}+\frac{1}{A}\frac{\delta}{\delta z}(GA)=0,$$

$$\frac{\delta G}{\delta\tau}+\frac{1}{A}\frac{\delta}{\delta z}\{[\alpha\varrho''w''^2+(1-\alpha)\varrho'w'^2]A\}+\frac{\delta p}{\delta z}+R+\varrho g\cos\varphi=0,$$

$$\frac{\delta}{\delta\tau}\left[\alpha\varrho''\left(u''+\frac{w''^2}{2}\right)+(1-\alpha)\varrho'\left(u'+\frac{w'^2}{2}\right)\right]$$

$$+\frac{1}{A}\frac{\delta}{\delta z}\left\{\left[\alpha\varrho''w''\left(h''+\frac{w''^2}{2}\right)+(1-\alpha)\varrho'w'\left(h'+\frac{w'^2}{2}\right)\right]A\right\}+G g\cos\varphi=\dot{q}'''.$$

Die beiden Autoren verwenden in [283] als Vektor der abhängigen Variablen $\boldsymbol{U}^{\mathrm{T}}=(G,p,h)$ und in [284] $\boldsymbol{U}^{\mathrm{T}}=(GA,p,h)$. Das System

$$\delta\boldsymbol{\Phi}/\delta\tau+\delta\boldsymbol{\psi}/\delta z=\boldsymbol{C}$$

wurde in die Form

$$\boldsymbol{A}\delta\boldsymbol{U}/\delta\tau+\boldsymbol{B}\delta\boldsymbol{U}/\delta z=\boldsymbol{C}$$

gebracht, wobei

$$\boldsymbol{A}=\delta\boldsymbol{\Phi}/\delta\boldsymbol{U} \text{ und } \boldsymbol{B}=\delta\boldsymbol{\psi}/\delta\boldsymbol{U}$$

numerisch gebildet wurden (variierend $\boldsymbol{U}$ mit $\pm 0{,}01\%$). Der Nachteil dieses Verfahrens ist die doppelte Zuwendung zu den Stoffwertapproximationen bei der Berechnung von $\boldsymbol{A}$ und $\boldsymbol{B}$.

Mathers [193] (1978) ging von derselben Form des Differentialgleichungssystems aus, wobei als Vektor der abhängigen Variablen $\boldsymbol{U}^{\mathrm{T}}=(\varrho,p,w)$ gewählt wurde.

$$\frac{\delta\varrho}{\delta\tau}+\frac{\delta}{\delta z}(\varrho w)=0,$$

$$\frac{\delta}{\delta\tau}(\varrho w)+\frac{\delta}{\delta z}(\varrho w^2)+\frac{\delta p}{\delta z}+\frac{\delta\psi_2^*}{\delta z}+\varrho g\cos\varphi+R=0,$$

$$\frac{\delta}{\delta\tau}\left(h^*+\frac{\varrho w^2}{2}\right)+\frac{\delta p}{\delta\tau}+\frac{1}{2}\frac{\delta\psi^*{}_2}{\delta z}+\frac{\delta}{\delta z}\left\{\varrho w\left[h+\frac{(\varrho w)^2 v_{\mathrm{E}}^2}{2}\right]\right\}+\varrho w g\cos\varphi=\dot{q}''',$$

wobei $\psi_2^*=\alpha(1-\alpha)\varrho''\varrho'(w''-w')^2/\varrho$ ist. Wiederum wurden die Ableitungen $\boldsymbol{A}$ und $\boldsymbol{B}$ numerisch gesucht, wobei eine analytische Schlupfkorrelation für separierte ZS verwendet wurde.

Lyczkowski u.a. [185] (1979) verwendeten ein ähnliches System in einem Programm in konzentrierten Parametern, mit einer dynamischen Schlupfgleichung des Types (2.7.13).

Lubesmeyer [182] (1974) modellierte die ZS in der Sekundärseite eines Dampferzeugers mit Zwangsumlauf, wobei $\boldsymbol{U}^{\mathrm{T}}=(h,w,T)$ verwendet wurde. Das Modell war praktisch homogen. Eine Schlupfkorrelation wurde verwendet, um $x=x(\alpha,U)$ zu berechnen, allerdings ohne Rückkopplung an das Modell. Die Ableitungen $\boldsymbol{A}$ und $\boldsymbol{B}$ wurden aber analytisch berechnet. Bei der numerischen Integration des Differentialgleichungssystems werden die Elemente der Matrizen $\boldsymbol{A},\boldsymbol{B}$ bzw. des Vektors $\boldsymbol{C}$ innerhalb des Intervalls $(\Delta\tau,\Delta z)$ konstant gehalten. So entsteht die Idee, innerhalb des Intervalls $(\Delta\tau,\Delta z)$ den Schlupf S konstant zu halten. Unter dieser Annahme können für $\boldsymbol{A}$ und $\boldsymbol{B}$ analytische Ausdrücke berechnet werden. Das ist natürlich vorteilhaft, da bei der Integration nur einmal die Stoffwertberechnung pro Schritt $(\Delta\tau,\Delta z)$ durchgeführt wird. Ein weiterer Vorteil ist die Möglichkeit, ein System von gewöhnlichen Differentialgleichungen, das die stationäre NGZS bechreibt, zu erhalten und damit analytische Ausdrücke, die die lokale kritische Massenstromdichte definieren. Tentner und Weisman [275] (1978) verwendeten diese Idee konsequent, wobei die Kompressibilität der Flüssigkeit vernachlässigt wurde.

$$A = \begin{vmatrix} \varrho'' - \varrho' & \varrho \dfrac{d\varrho''}{dp} & 0 \\ w'(S\varrho'' - \varrho') & \alpha S w' \dfrac{d\varrho''}{dp} & \alpha\varrho'' S + (1-\alpha)\varrho' \\ \varrho'' E'' - \varrho' E' & \alpha\left(\dfrac{d\varrho''}{dp} + \varrho'' \dfrac{dh''}{dp}\right) + (1-\alpha)\varrho' \dfrac{dh'}{dp} - 1 & w'[\alpha\varrho'' S^2 + (1-\alpha)\varrho'] \end{vmatrix}$$

$$B = \begin{vmatrix} w'(S\varrho'' - \varrho') & \alpha S w' \dfrac{d\varrho''}{dp} & \alpha S\varrho'' + (1-\alpha)\varrho' \\ w'^2(S^2\varrho'' - \varrho') & \alpha S^2 w'^2 \dfrac{d\varrho''}{dp} + 1 & 2w'[\alpha\varrho'' S^2 + (1-\alpha)\varrho'] \\ w'(\varrho'' S E'' - \varrho' E') & w'\left[\alpha S\left(E'' \dfrac{d\varrho''}{dp} + \varrho'' \dfrac{dh''}{dp}\right) + (1-\alpha)\varrho' \dfrac{dh'}{dp}\right] & \alpha\varrho'' S E'' + (1-\alpha)\varrho' E' \end{vmatrix}$$

Dabei bedeuten

$$E'' = h'' + S^2 w'^2/2, \qquad E' = h' + w'^2/2.$$

Als Vektor der abhängigen Variablen verwendeten die beiden Autoren $U^T = (\alpha, p, w')$. Die Verwendung von α als eine der abhängigen Variablen hat den Nachteil, daß diese Größe im Einphasengebiet nicht definiert ist. Außerdem führt die Vernachlässigung der Kompressibilität der Flüssigkeit unabhängig vom Vektor der abhängigen Variablen dazu, daß die Simulation der Druckwellenausbreitung, bei der die Phasengrenze $\alpha = 0$ überquert wird, nicht realistisch ist.

Minato u.a. [196] (1979) vereinfachten dieses Modell weiter, indem die Kompressibilität der gesamten Strömung in der Koeffizientendeterminante der Zeitableitung vernachlässigt wurde.

$$A = \begin{vmatrix} \varrho'' - \varrho' & 0 & 0 \\ w'(S\varrho'' - \varrho') & 0 & 0 \\ \varrho'' E'' - \varrho' E' & 0 & 0 \end{vmatrix}$$

$$B = \begin{vmatrix} w'(S\varrho'' - \varrho') & w'\left[\alpha S \dfrac{d\varrho''}{dp} + (1-\alpha)\dfrac{d\varrho'}{dp}\right] & \alpha S\varrho'' + (1-\alpha)\varrho' \\ w'^2(S\varrho'' - \varrho') & w'^2\left[\alpha S^2 \dfrac{d\varrho''}{dp} + (1-\alpha)\dfrac{d\varrho'}{dp}\right] + 1 & 2w'[\alpha S^2\varrho'' + (1-\alpha)\varrho'] \\ w'(\varrho'' S E'' - \varrho' E') & w'[\alpha S\left(E'' \dfrac{d\varrho''}{dp} + \varrho'' \dfrac{dh''}{dp}\right) & \alpha S\varrho'' E'' + (1-\alpha)\varrho' E' \\ & + (1-\alpha)\left(E' \dfrac{d\varrho'}{dp} + \varrho' \dfrac{dh'}{dp}\right)] & + w'^2[\alpha\varrho'' S^3 + (1-\alpha)\varrho'] \end{vmatrix}.$$

Dies begrenzt die Anwendbarkeit dieses Modells wesentlich.

Das Ziel des nächsten Abschnittes ist, das von Kolev [146,147,148] entwickelte NGZS-Modell darzustellen. Dabei wird die Konzeption des quasikonstanten Schlupfes konsequent für die Aufstellung des Modells der transienten, der stationären und der kritischen NGZS verwendet. Die Ergebnisse aus der erhaltenen Gleichung, die die lokale kritische Massenstromdichte definiert, werden mit Experimentaldaten verglichen. Um die Anwendbarkeit der Methode darzustellen, wurden einige Beispiele aus der Reaktortheorie gerechnet

6.2.2 Das Modell

Wir verwenden die Massen-, Impuls- und Energieerhaltungsgleichungen in folgender Form

$$\frac{\delta \boldsymbol{\Phi}}{\delta \tau}+\frac{\delta \boldsymbol{\Psi}}{\delta z}=\boldsymbol{\Omega}, \tag{6.2.1}$$

$$\boldsymbol{\Phi}=\begin{vmatrix} \varrho A \\ GA \\ (h^*+G^2 v_{\mathrm{I}}/2-p)A \end{vmatrix} \quad \boldsymbol{\Psi}=\begin{vmatrix} GA \\ (G^2 v_{\mathrm{I}}+p)A \\ G(h+G^2 v_{\mathrm{E}}^2/2)A \end{vmatrix} \quad \boldsymbol{\Omega}=\begin{vmatrix} 0 \\ -(\varrho g\cos\varphi+R)A+p\mathrm{d}A/\mathrm{d}z \\ \dot{Q}/\Delta z-G(g\cos\varphi+vR)A \end{vmatrix},$$

$$v=xv''+(1-x)v', \qquad h^*=h_{\mathrm{S}}/v_{\mathrm{S}},$$

$$v_{\mathrm{S}}=xv''+S(1-x)v', \qquad \varrho=[S-x(S-1)]/v_{\mathrm{S}},$$

$$h=xh''+(1-x)h', \qquad v_{\mathrm{I}}=v_{\mathrm{S}}[1+x(S-1)]/S,$$

$$h_{\mathrm{S}}=xh''+S(1-x)h; \qquad v_{\mathrm{E}}^2=v_{\mathrm{S}}^2[1+x(S^2-1)]/S^2.$$

Im Vergleich mit Tramble und Turner [283] ist in der Energiegleichung die durch die Reibung dissipierte Energie GvR berücksichtigt. Außerdem wurde α durch folgenden Zusammenhang ersetzt:

$$\alpha=1\Big/\left(1+S\frac{1-x}{x}\cdot\frac{\varrho''}{\varrho'}\right). \tag{6.2.2}$$

Wir sehen, daß für $S=\mathrm{const}$

$$\boldsymbol{Y}^{\mathrm{T}}=(\varrho, v_{\mathrm{I}}, v_{\mathrm{E}}^2, h, \ldots)$$

Funktionen von x und p sind. Da x gemäß

$$x=(h-h')/(h''-h') \tag{6.2.3}$$

eine Funktion von h und p ist, ist $\boldsymbol{Y}$ auch eine Funktion von h und p

$$\boldsymbol{Y}=\boldsymbol{Y}(x,p)=\boldsymbol{Y}[x(h,p),p]=\boldsymbol{Y}(h,p) \tag{6.2.4}$$

oder in Differentialform

$$\mathrm{d}\boldsymbol{Y}=\left(\frac{\delta \boldsymbol{Y}}{\delta x}\right)_{\mathrm{p}}\left(\frac{\delta x}{\delta h}\right)_{\mathrm{p}}\mathrm{d}h+\left[\left(\frac{\delta \boldsymbol{Y}}{\delta x}\right)_{\mathrm{p}}\left(\frac{\delta x}{\delta p}\right)_{\mathrm{h}}+\left(\frac{\delta \boldsymbol{Y}}{\delta p}\right)_{\mathrm{x}}\right]\mathrm{d}p. \tag{6.2.5}$$

Gleichung (6.2.4) bzw. (6.2.5) ist unter der Auswahl von

$$\boldsymbol{U}^{\mathrm{T}}=(G,p,h) \tag{6.2.6}$$

als Vektor der abhängigen Variablen eine sehr geeignete Zustandsgleichung. Die notwendigen substantiellen Ableitungen nach dem Druck bei konstanter Enthalpie und nach der Enthalpie bei konstantem Druck sind aus Tabelle 6.1 zu entnehmen. Für das Einphasengebiet sind die Ableitungen in Tabelle 6.2 angegeben. Nach einer Differenzierung der linken Seite des Systems (6.2.1) und unter Verwendung der Zustandsgleichung (6.2.5) erhalten wir für den konstanten Querschnitt

$$\boldsymbol{A}\frac{\delta \boldsymbol{U}}{\delta \tau}+\boldsymbol{B}\frac{\delta \boldsymbol{U}}{\delta z}=\boldsymbol{C}, \tag{6.2.7}$$

Tabelle 6.1

Y	$(\delta Y/\delta x)_p$	$(\delta Y/\delta p)_x$
v	$v''-v'$	$x\frac{dv''}{dp}+(1-x)\frac{dv'}{dp}$
v_S	$v''-Sv'$	$x\frac{dv''}{dp}+S(1-x)\frac{dv'}{dp}$
h	$h''-h'$	$x\frac{dh''}{dp}+(1-x)\frac{dh'}{dp}$
h_S	$h''-Sh'$	$x\frac{dh''}{dp}+S(1-x)\frac{dh'}{dp}$
ϱ	$-\left(\varrho\frac{\delta v_I}{\delta x}+S-1\right)\Big/v_S$	$-\frac{\varrho}{v_S}\left(\frac{\delta v_S}{\delta p}\right)_x$
v_I	$f_0\frac{\delta v_S}{\delta x}+v_S\frac{S-1}{S}$	$f_0\frac{\partial v_S}{\delta p}$
$f_1=v^2{}_E/v^2{}_I$	$(S-1)^2[1-x(S+1)]/[1+x(S-1)]^3$	0
h^*	$\left[\left(\frac{\delta h_S}{\delta x}\right)_p v_S-\left(\frac{\delta v_S}{\delta x}\right)_p h_S\right]\Big/v_S^2$	$\left[\left(\frac{\delta h_S}{\delta p}\right)_x v_S-\left(\frac{\delta v_S}{\delta p}\right)_x h_S\right]\Big/v_S^2$
$v_E^2=f_1v_I^2$	$2f_1v_I\left(\frac{\delta v_I}{\delta x}\right)_p+v_I^2\left(\frac{\delta f_1}{\delta x}\right)_p$	$2f_1v_I\left(\frac{\delta v_I}{\delta p}\right)_x$
	$\left(\frac{\delta Y}{\delta h}\right)_p=\left(\frac{\delta Y}{\delta x}\right)_p\left(\frac{\delta x}{\delta h}\right)_p$	$\left(\frac{\delta x}{\delta h}\right)_p=1\Big/\left(\frac{\delta h}{\delta x}\right)_p$
	$\left(\frac{\delta Y}{\delta p}\right)_h=\left(\frac{\delta Y}{\delta x}\right)_p\left(\frac{\delta x}{\delta p}\right)_h+\left(\frac{\delta Y}{\delta p}\right)_x$	$\left(\frac{\delta x}{\delta p}\right)_h=-\frac{(\delta h/\delta p)_x}{(\delta h/\delta x)_p}$

Tabelle 6.2

Y	$(\delta Y/\delta p)_h$	$(\delta Y/\delta h)_p$
ϱ	$-\varrho^2\left(\frac{\delta v}{\delta p}\right)_h$	$-\varrho^2\left(\frac{\delta v}{\delta h}\right)_p$
v_I	$\left(\frac{\delta v}{\delta p}\right)_h$	$\left(\frac{\delta v}{\delta h}\right)_p$
f_1	0	0
v_E^2	$2v\left(\frac{\delta v}{\delta p}\right)_h$	$2v\left(\frac{\delta v}{\delta h}\right)_p$
h^*	$h\left(\frac{\delta \varrho}{\delta p}\right)_h$	$\varrho+h\left(\frac{\delta \varrho}{\delta h}\right)_p$

wobei gilt

$$A=\begin{vmatrix} 0 & \left(\frac{\delta\varrho}{\delta p}\right)_h & \left(\frac{\delta\varrho}{\delta h}\right)_p \\ 1 & 0 & 0 \\ v_I G & \left(\frac{\delta h^*}{\delta p}\right)_h+\frac{G^2}{2}\left(\frac{\delta v_I}{\delta p}\right)_h-1 & \left(\frac{\delta h^*}{\delta h}\right)_p+\frac{G^2}{2}\left(\frac{\delta v_I}{\delta h}\right)_p \end{vmatrix}$$

$$B=\begin{vmatrix} 1 & 0 & 0 \\ 2Gv_I & G^2\left(\frac{\delta v_I}{\delta p}\right)_h+1 & G^2\left(\frac{\delta v_I}{\delta h}\right)_p \\ h+\frac{3}{2}G^2v_E^2 & \frac{G^3}{2}\left(\frac{\delta v_E^2}{\delta p}\right)_h & \frac{G^3}{2}\left(\frac{\delta v_E^2}{\delta h}\right)_p+G \end{vmatrix}.$$

Aus der charakteristischen Gleichung

$$|\boldsymbol{B}-\lambda \boldsymbol{A}|=0$$

lassen sich die Eigenwerte λ nicht als einfache Ausdrücke erhalten. Um den Typ des Systems (6.2.7) zu überprüfen, betrachten wir zwei numerische Beispiele, die das gesamte Zweiphasengebiet einschließlich der Übergänge der Phasengrenzen enthalten:

In einem vertikalen Kanal der Länge 2,5m mit dem hydraulischen Durchmesser 0,0086m haben wir eine stationäre Strömung von Wasser, die durch folgende

Anfangsbedingungen festgelegt ist:

$$G(z=0,\tau=0)=G_0=3183\ \mathrm{kg/(m^2s)},$$

$$p(z=0,\tau=0)=p_0=125\ \mathrm{bar},$$

$$h(z=0,\tau=0)=h_0=1169\ \mathrm{kJ/kg},$$

$$\dot{q}'''(z,\tau=0)=q'''_{max}\sin[\pi(z+0{,}07)/2{,}64],$$

$$\dot{q}'''_{max}=657\ \mathrm{MW/m^3},$$

$$S(z=0,\tau=0)=S_0=1.$$

Die Randbedingungen während des ersten Übergangsprozesses sind:

$$G(z=0,\tau)=G_0\exp(-0{,}06931\tau),$$

$$p(z=0,\tau)=p_0,$$

$$h(z=0,\tau)=h_0,$$

$$\dot{q}'''(z,\tau)=\dot{q}'''_{max}\sin[\pi(z+0{,}07)/2{,}64],$$

$$S(z=0,\tau)=S_0.$$

Bei der Analyse verwenden wir auch folgende zusätzliche Informationen: Schlupfkorrelation [207]; Approximationen der Zustandsgleichungen des Wassers in den stabilen Agregatzuständen [105]; Reibungsdruckverlustkorrelationen für ZS [291]; Approximationen des Nikuradsediagramms für technische Rauhigkeit [117]; Integrationsprozeduren und Prozeduren zur Lösung der Systeme von algebraischen Gleichungen.

Durch eine Integration des stationären Teils der Gl. (6.2.7) mittels Runge-Kutta-Merson-Verfahrens vierter Ordnung mit automatischer Schrittweitenauswahl erhalten wir den Anfangszustand der Strömung. Weiter wird die Integration der Gl. (6.2.7) mit einem impliziten Verfahren erster Ordnung durchgeführt. Abbildungen 6.1 bis 6.4 zeigen die Temperatur, den Dampfvolumenanteil, den Massenstromanteil und die Dichte der Strömung als Funktion der Ortskoordinate für die Zeit $\tau=0$, 7,7, 22,1, 27,2s. Wir sehen, daß 7,7s nach dem Anfang des Übergangsprozesses die Hälfte des Austrittsquerschnitts und 22,1s nach dem Anfang der ganze Austrittsquerschnitt vom Dampf besetzt ist. Nach 27,2s haben wir eine vollständige Verdampfung des Wassers im Strömungskanal und eine Dampfüberhitzung. Abbildung 6.5 zeigt den Schlupf in den obenerwähnten Zweitpunkten. Aus Abb.6.2 ist der Unterschied zwischen der homogenen und nichthomogenen Gleichgewichts-ZS deutlich zu sehen. Der Dampfvolumenanteil, berechnet mit und ohne Berücksichtigung der Inhomogenität der Strömung, unterscheidet sich bis zu $\sim 16\%$. Die Identität der Ergebnisse die von den beiden Theorien im Einphasengebiet geliefert werden, ist physikalisch eindeutig. In dem betrachteten Intervall der abhängigen Variablen waren die drei Eigenwerte λ_1, λ_2 und λ_3 reelle, sich voneinander unterscheidende Größen. Abbildung 6.6 zeigt die Abhängigkeit $\lambda_2=\lambda_2(z)$. λ_3 ist eine negative Größe. Sie ist symmetrisch zu λ_2. Also im betrachteten Intervall $x=-0{,}3...1{,}53$; $G=514...3200\ \mathrm{kg/(m^2s)}$; $p\sim 125$ bar und $S=1...2{,}05$ ist das System (6.2.7) von hyperbolischem Typ.

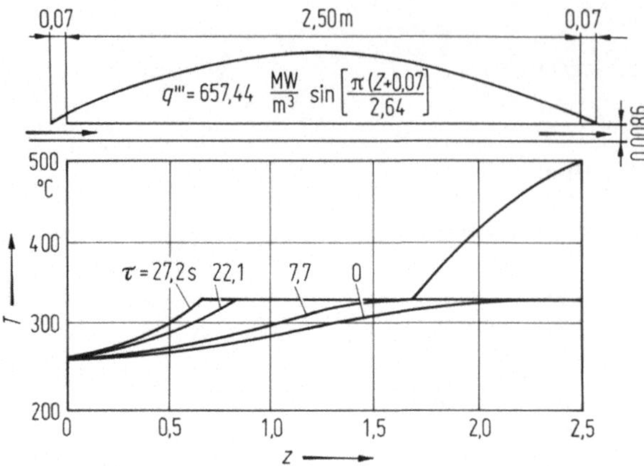

Abb. 6.1. Die Temperatur als Funktion der Ortskoordinate in der Zeit $\tau = 0$; 7,7 s; 22,1 s; 27,2 s

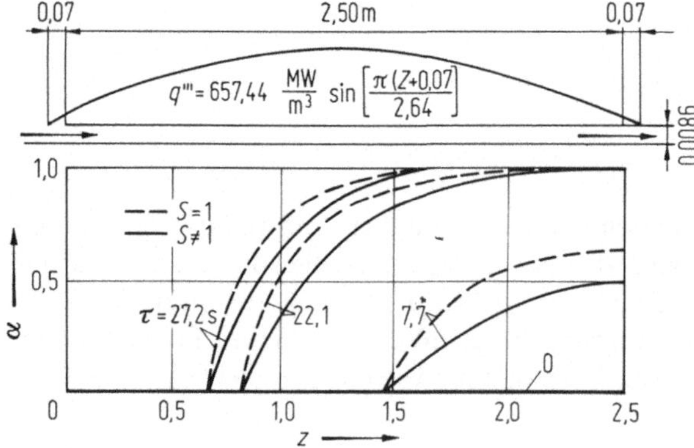

Abb. 6.2. Der Dampfvolumenanteil als Funktion der Ortskoordinate in der Zeit $\tau = 0$; 7,7 s; 22,1 s; 27,2 s

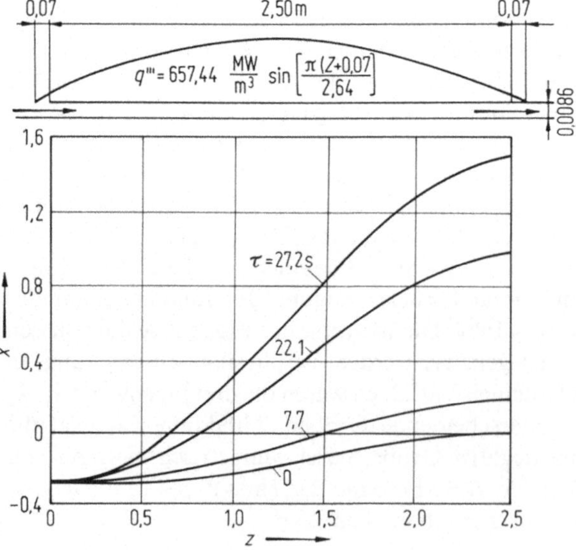

Abb. 6.3. Der Gasmassenstromanteil als Funktion der Ortskoordinate in der Zeit $\tau = 0$; 7,7 s; 22,1 s; 27,2 s

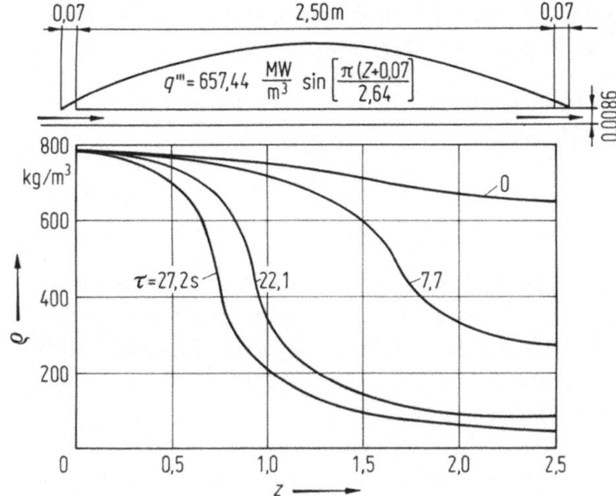

Abb.6.4. Die Dichte als Funktion der Ortskoordinate in der Zeit $\tau=0$; 7,7 s; 22,1 s; 27,2 s

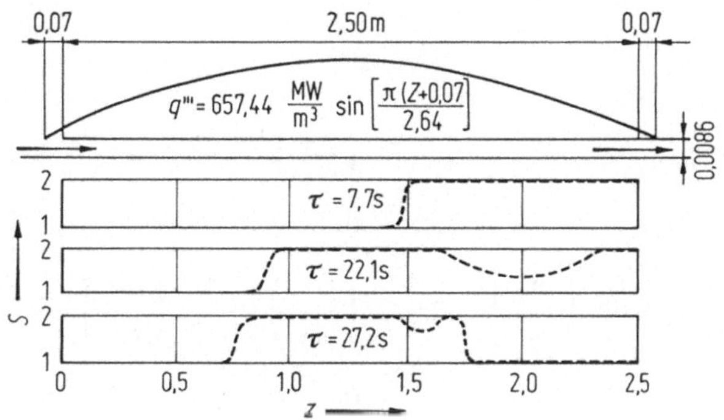

Abb.6.5. Der Schlupf als Funktion der Ortskoordinate in der Zeit $\tau=0$; 7,7 s; 22,1 s; 27,2 s

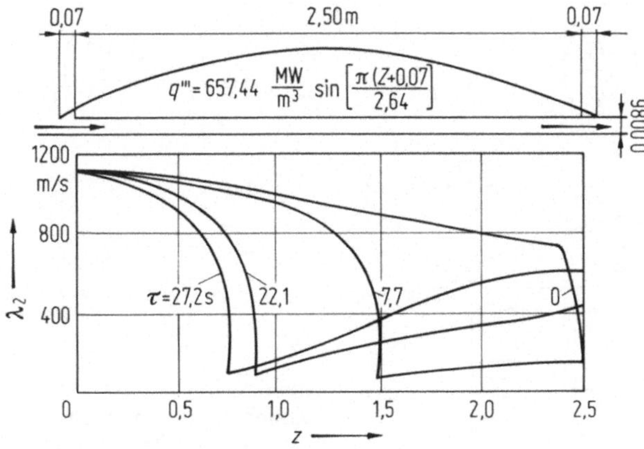

Abb.6.6. Der Eigenwert λ_2 der charakteristischen Matrix als Funktion der Ortskoordinate in der Zeit $\tau=0$; 7,7 s; 22,1 s; 27,2 s

Als zweites Beispiel, ausgehend vom selben stationären Zustand, wurde eine Testrechnung mit Variation des Druckes bei folgenden Randbedingungen

$$G(z=0,\tau)=G_0,$$
$$p(z=0,\tau)=p_0\exp(-0{,}6931\tau/40),$$
$$h(z=0,\tau)=h_0,$$
$$S(z=0,\tau)=S_0$$

durchgeführt. Abbildung 6.7 zeigt als eine der Lösungen den Dampfvolumenanteil als Funktion der Ortskoordinate und als Parameter die Zeit. Abbildung 6.8 zeigt den Schlupf während der Transienten. Abbildungen 6.9 und 6.10 zeigen die Eigenwerte. Im Intervall $p=5...125$ bar waren die Eigenwerte reell und unterschiedlich voneinander, d.h. das System (6.2.7) ist vom hyperbolischem Typ.

Zum Schluß bemerken wir, daß der Übergang vom Vektor der abhängigen Variablen $\boldsymbol{U}^{\mathrm{T}}=(G,p,h)$ zu $\boldsymbol{U}^{\mathrm{T}}=(G,p,x)$ im Zweiphasengebiet sehr einfach ist. Es wird anstatt (6.2.7)

$$\boldsymbol{A}\frac{\delta \boldsymbol{U}}{\delta\tau}+\boldsymbol{B}\frac{\delta \boldsymbol{U}}{\delta z}=\boldsymbol{C} \tag{6.2.8}$$

benutzt, wobei

$$\boldsymbol{A}=\begin{vmatrix} 0 & \left(\dfrac{\delta\varrho}{\delta p}\right)_{\mathrm{h}} & \left(\dfrac{\delta\varrho}{\delta x}\right)_{\mathrm{p}} \\ 1 & 0 & 0 \\ v_{\mathrm{I}}G & \left(\dfrac{\delta h^*}{\delta p}\right)_{\mathrm{x}}+\dfrac{G^2}{2}\left(\dfrac{\delta v_{\mathrm{I}}}{\delta p}\right)_{\mathrm{x}}-1 & \left(\dfrac{\delta h^*}{\delta x}\right)_{\mathrm{p}}+\dfrac{G^2}{2}\left(\dfrac{\delta v_{\mathrm{I}}}{\delta x}\right)_{\mathrm{p}} \end{vmatrix}$$

$$\boldsymbol{B}=\begin{vmatrix} 1 & 0 & 0 \\ 2Gv_{\mathrm{I}} & G^2\left(\dfrac{\delta v_{\mathrm{I}}}{\delta p}\right)_{\mathrm{x}}+1 & G^2\left(\dfrac{\delta v_{\mathrm{I}}}{\delta x}\right)_{\mathrm{p}} \\ h+\dfrac{3}{2}G^2v_{\mathrm{E}}^2 & \dfrac{G^3}{2}\left(\dfrac{\delta v_{\mathrm{E}}^2}{\delta p}\right)_{\mathrm{x}}+G\left(\dfrac{\delta h}{\delta p}\right)_{\mathrm{x}} & \dfrac{G^3}{2}\left(\dfrac{\delta v_{\mathrm{E}}^2}{\delta x}\right)_{\mathrm{p}}+G\left(\dfrac{\delta h}{\delta x}\right)_{\mathrm{p}} \end{vmatrix}.$$

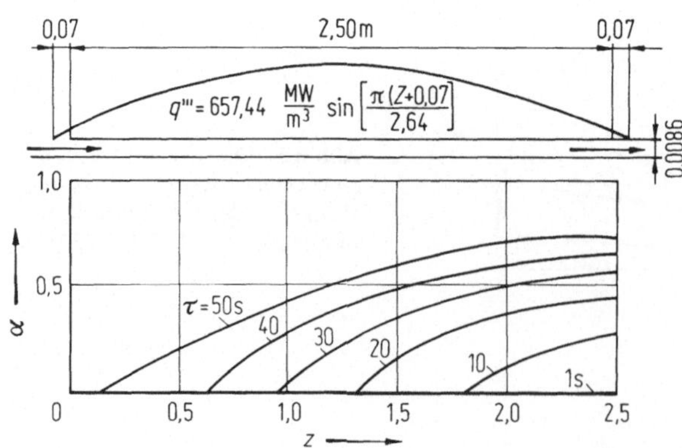

Abb.6.7. Der Dampfvolumenanteil als Funktion der Ortskoordinate in der Zeit $\tau=0$; 7,7 s; 22,1 s; 27,2 s

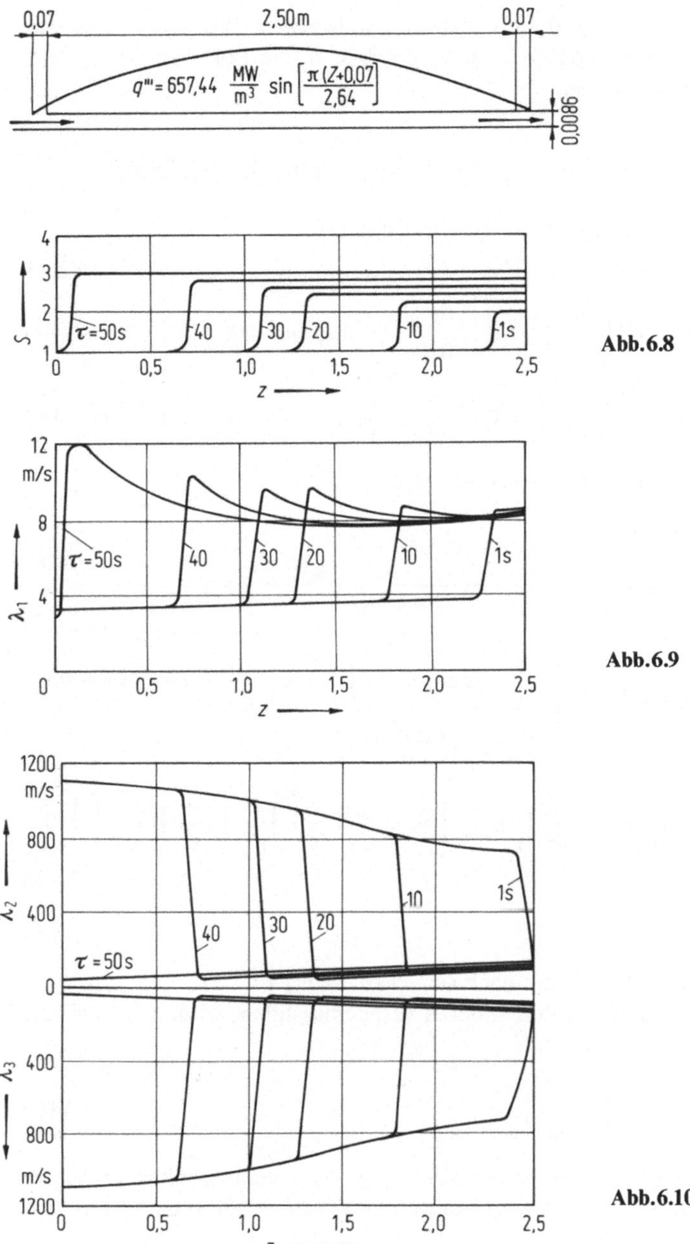

Abb.6.8. Der Schlupf als Funktion der Ortskoordinate in der Zeit $\tau = 0$; 7,7 s; 22,1 s; 27,2 s

Abb.6.9, 6.10. Die Eigenwerte der charakteristischen Matrix als Funktion der Ortskoordinate in der Zeit $\tau = 1$; 10 s; 20 s; 30 s; 40 s; 50 s

Die notwendigen Ableitungen sind in Tabelle 6.1 angegeben. Wir sehen, daß die Umrechnung der Ableitungen $(\delta Y/\delta x)_p$ und $(\delta Y/\delta p)_x$ in die Form $(\delta Y/\delta h)_p$ und $(\delta Y/\delta p)_h$ hier nicht notwendig ist.

6.2.3 Berechnung des stationären Zustandes. Kritische Strömung

Aus dem stationären Teil des Systems (6.2.7) erhalten wir:

$$G=\text{const} \tag{6.2.9}$$

$$\begin{vmatrix} G^2\left(\dfrac{\delta v_I}{\delta p}\right)_h+1 & G^2\left(\dfrac{\delta v_I}{\delta h}\right)_p \\ \dfrac{G^2}{2}\left(\dfrac{\delta v_E^2}{\delta p}\right)_h & \dfrac{G^2}{2}\left(\dfrac{\delta v_E^2}{\delta h}\right)_p+1 \end{vmatrix} \begin{vmatrix} \dfrac{dp}{dz} \\ \dfrac{dh}{dz} \end{vmatrix} = \begin{vmatrix} -\varrho g\cos\varphi-R \\ \dot{q}'''/G-g\cos\varphi-vR \end{vmatrix} \tag{6.2.10, 6.2.11}$$

Die Auflösung nach den Ortsableitungen liefert uns:

$$\frac{dp}{dz}=-\frac{\left[\dfrac{G^2}{2}\left(\dfrac{\delta v_E^2}{\delta h}\right)_p+1\right](\varrho g\cos\varphi+R)+G^2\left(\dfrac{\delta v_I}{\delta h}\right)_p\left(\dfrac{\dot{q}'''}{G}-g\cos\varphi-vR\right)}{1-G^2/G^{*2}}, \tag{6.2.12}$$

$$\frac{dh}{dz}=\frac{\left[G^2\left(\dfrac{\delta v_I}{\delta p}\right)_h+1\right]\left(\dfrac{\dot{q}'''}{G}-g\cos\varphi-R\right)+\dfrac{G^2}{2}\left(\dfrac{\delta v_E^2}{\delta p}\right)_h(\varrho g\cos\varphi+R)}{1-G^2/G^{*2}}, \tag{6.2.13}$$

wobei

$$-\frac{1}{G^{*2}}=\left(\frac{\delta v_I}{\delta p}\right)_h+\frac{1}{2}\left(\frac{\delta v_E^2}{\delta h}\right)_p+\frac{G^2}{2}\left[\left(\frac{\delta v_I}{\delta p}\right)_h\left(\frac{\delta v_E^2}{\delta h}\right)_p-\left(\frac{\delta v_I}{\delta h}\right)_p\left(\frac{\delta v_E^2}{\delta p}\right)_h\right]. \tag{6.2.14}$$

Falls

$$G=G^* \tag{6.2.15}$$

ist, ist die ZS *kritisch*. Der Koeffizient nach $G^2/2$ (10^{-19} bis 10^{-21}) macht das letzte Glied der Gl. (6.2.14) gegenüber den anderen vernachlässigbar, so daß wir als eine gute Näherung schreiben können:

$$-\frac{1}{G^{*2}}=\left(\frac{\delta v_I}{\delta p}\right)_h+\frac{1}{2}\left(\frac{\delta v_E^2}{\delta h}\right)_p. \tag{6.2.16}$$

Bei der Beschreibung der ZS durch den Vektor $U^T=(G,p,x)$ erhalten wir einen analogen Ausdruck. Dabei gehen wir vom stationären Teil der Gl. (6.2.8) aus:

$$G=\text{const}$$

$$\begin{vmatrix} G^2\left(\dfrac{\delta v_I}{\delta p}\right)_x+1 & G^2\left(\dfrac{\delta v_I}{\delta x}\right)_p \\ \dfrac{G^2}{2}\left(\dfrac{\delta v_E^2}{\delta p}\right)_x+\left(\dfrac{\delta h}{\delta p}\right)_x & \dfrac{G^2}{2}\left(\dfrac{\delta v_E^2}{\delta x}\right)_p+\left(\dfrac{\delta h}{\delta x}\right)_p \end{vmatrix} \begin{vmatrix} \dfrac{dp}{dz} \\ \dfrac{dx}{dz} \end{vmatrix} = \begin{vmatrix} -\varrho g\cos\varphi-R \\ \dfrac{\dot{q}'''}{G}-g\cos\varphi-vR \end{vmatrix} \tag{6.2.17,18}$$

Die Auflösung nach den Ortsableitungen liefert uns:

$$\frac{\mathrm{d}p}{\mathrm{d}z}=-\frac{\left[\frac{G^2}{2}\left(\frac{\delta v_E^2}{\delta h}\right)_p+1\right](\varrho g\cos\varphi+R)+G^2\left(\frac{\delta v_I}{\delta h}\right)_p\left(\frac{\dot{q}'''}{G}-g\cos\varphi-vR\right)}{1-G^2/G^{*2}}, \tag{6.2.19}$$

$$\frac{\mathrm{d}x}{\mathrm{d}z}=$$

$$\frac{\left[G^2\left(\frac{\delta v_I}{\delta p}\right)_x+1\right]\left(\frac{\dot{q}'''}{G}-g\cos\varphi-vR\right)+\left[\frac{G^2}{2}\left(\frac{\delta v_E^2}{\delta p}\right)_x+\left(\frac{\delta h}{\delta p}\right)_x\right](\varrho g\cos\varphi+R)}{\left(\frac{\delta h}{\delta x}\right)_p(1-G^2/G^{*2})}, \tag{6.2.20}$$

wobei

$$-\frac{1}{G^{*2}}=\left(\frac{\delta v_I}{\delta p}\right)_x+\frac{1}{2}\left(\frac{\delta v_E^2}{\delta h}\right)_p-\left(\frac{\delta v_I}{\delta h}\right)_p\left(\frac{\delta h}{\delta p}\right)_x$$
$$+\frac{G^2}{2}\left[\left(\frac{\delta v_I}{\delta p}\right)_x\left(\frac{\delta v_E^2}{\delta h}\right)_p-\left(\frac{\delta v_I}{\delta h}\right)_p\left(\frac{\delta v_E^2}{\delta p}\right)_x\right]. \tag{6.2.21}$$

Wie bei (6.2.14) ist der Ausdruck in den eckigen Klammern vernachlässigbar. Damit erhalten wir

$$-\frac{1}{G^{*2}}=\left(\frac{\delta v_I}{\delta p}\right)_x+\frac{1}{2}\left(\frac{\delta v_E^2}{\delta h}\right)_p-\left(\frac{\delta v_I}{\delta h}\right)_p\left(\frac{\delta h}{\delta p}\right)_x. \tag{6.2.22}$$

Es sei unterstrichen, daß (6.2.12) und (6.2.22) völlig identisch sind.

Einem Vorschlag von Henry [93] folgend, können wir mit dieser Theorie auch das thermodynamische Nichtgleichgewicht bei der kritischen Expansion einer inhomogenen adiabaten ZS näherungsweise bechreiben. Gleichung (6.2.18) läßt sich für die adiabate Strömung folgendermaßen schreiben:

$$\frac{\mathrm{d}x}{\mathrm{d}p}=-\frac{\frac{G^2}{2}\left(\frac{\delta v_E^2}{\delta p}\right)_x+\left(\frac{\delta h}{\delta p}\right)_x}{\frac{G^2}{2}\left(\frac{\delta v_E^2}{\delta x}\right)_p+\left(\frac{\delta h}{\delta x}\right)_p}. \tag{6.2.23}$$

Sie drückt aus, um wieviel sich der Gasmassenstromanteil mit der Änderung des Druckes ändert, unter der Annahme, daß sich die Strömung stets im Sättigungszustand befindet. Falls in Wirklichkeit die Änderung des Gasmassenstromanteils durch die Druckänderung *kleiner* ist als die Gleichgewichtsänderung, gilt

$$\frac{\mathrm{d}x}{\mathrm{d}p}=N_{\mathrm{He}}\frac{\mathrm{d}x}{\mathrm{d}p}_{\mathrm{Gleichgewicht}}=-N_{\mathrm{He}}\frac{\frac{G^2}{2}\left(\frac{\delta v_E^2}{\delta p}\right)_x+\left(\frac{\delta h}{\delta p}\right)_x}{\frac{G^2}{2}\left(\frac{\delta v_E^2}{\delta x}\right)_p+\left(\frac{\delta h}{\delta x}\right)_p}. \tag{6.2.24}$$

Dabei soll N_{He} experimentell bestimmt werden. Aus (6.2.17) und

$$\begin{vmatrix} G^2\left(\frac{\delta v_I}{\delta p}\right)_x+1 & G^2\left(\frac{\delta v_I}{\delta x}\right)_p \\ N_{He}\left[\frac{G^2}{2}\left(\frac{\delta v_E^2}{\delta p}\right)_x+\left(\frac{\delta h}{\delta p}\right)_x\right] & \frac{G^2}{2}\left(\frac{\delta v_E^2}{\delta x}\right)_p+\left(\frac{\delta h}{\delta x}\right)_p \end{vmatrix} \begin{vmatrix} \frac{dp}{dx} \\ \frac{dx}{dz} \end{vmatrix} = \begin{vmatrix} -\varrho g\cos\varphi - R \\ 0 \end{vmatrix} \tag{6.2.25}$$

erhalten wir

$$\frac{dp}{dz} = -\frac{\left[\frac{G^2}{2}\left(\frac{\delta v_E^2}{\delta x}\right)_p+\left(\frac{\delta h}{\delta x}\right)_p\right](\varrho g\cos\varphi+R)}{1-G^2/G^{*2}}, \tag{6.2.26}$$

$$\frac{dx}{dz} = N_{He}\frac{\left[\frac{G^2}{2}\left(\frac{\delta v_E^2}{\delta p}\right)_x+\left(\frac{\delta h}{\delta p}\right)_x\right](\varrho g\cos\varphi+R)}{\left(\frac{\delta h}{\delta x}\right)_p(1-G^2/G^{*2})}, \tag{6.2.27}$$

wobei

$$-\frac{1}{G^{*2}} = \left(\frac{\delta v_I}{\delta p}\right)_x + \frac{1}{2}\left(\frac{\delta v_E^2}{\delta h}\right)_p - N_{He}\left(\frac{\delta v_I}{\delta h}\right)_p\left(\frac{\delta h}{\delta p}\right)_x$$
$$+\frac{G^2}{2}\left[\left(\frac{\delta v_I}{\delta p}\right)_x\left(\frac{\delta v_E^2}{\delta h}\right)_p - N_{He}\left(\frac{\delta v_I}{\delta h}\right)_p\left(\frac{\delta v_E^2}{\delta p}\right)_x\right]. \tag{6.2.28}$$

Wiederum ist der Ausdruck in den eckigen Klammern vernachlässigbar:

$$-\frac{1}{G^{*2}} = \left(\frac{\delta v_I}{\delta p}\right)_x + \frac{1}{2}\left(\frac{\delta v_E^2}{\delta h}\right)_p - N_{He}\left(\frac{\delta v_I}{\delta h}\right)_p\left(\frac{\delta h}{\delta p}\right)_x. \tag{6.2.29}$$

Der Korrektor N_{He} ist zuerst von Henri [93] für die kritische homogene ZS eingeführt worden. Hier wird er auch für nichthomogene ZS eingeführt.

Man kann eine sehr einfache Form der Gl. (6.2.16) herleiten, wenn man die Entropiegleichung anstatt der Energiegleichung verwendet. Als Beispiel betrachten wir den Fall eines sich kontinuierlich ändernden Querschnitts. Wir summieren (2.4.23) und (2.4.24). Unter der Voraussetzung einer nichthomogenen Gleichgewichts-Zweiphasenströmung und unter Berücksichtigung der Gln. (2.5.16) und (6.2.17) erhalten wir

$$\frac{dx}{dz} = \mu/G, \tag{6.2.30}$$

$$\left[G^2\left(\frac{\delta v_I}{\delta p}\right)_x+1\right]\frac{dp}{dz}+G^2\left(\frac{\delta v_I}{\delta x}\right)_p\frac{dx}{dz} = -\varrho g\cos\varphi - R + G^2 v_I\frac{d}{dz}\ln A,$$

$$T\left[x\frac{ds''}{dp}+(1-x)\frac{ds'}{dp}\right]\frac{dp}{dz}+[h''-h'-(\bar{w}-w_{ex})\Delta w]\frac{dx}{dz} = \frac{\dot{q}'''}{G}, \tag{6.2.31}$$

wobei $\Delta w = w'' - w'$, $\bar{w} = (w'' + w')/2$, $ex \triangleq f$ für $\mu > 0$, $ex \triangleq g$ für $\mu < 0$. Unter Berücksichtigung, daß $|h'' - h'| \gg (\bar{w} - w_{ex})\Delta w$ ist, erhalten wir:

$$\frac{dp}{dz} = -\frac{(h'' - h')\left(\varrho g \cos\varphi + R - G^2 v_I \frac{d}{dz} \ln A\right) + G^2 \left(\frac{\delta v_I}{\delta x}\right) \frac{\dot{q}'''}{G}}{1 - G^2/G^{*2}}, \qquad (6.2.32)$$

$$\frac{dx}{dz} = \left(\left[G^2 \left(\frac{\delta v_I}{\delta p}\right)_x + 1 \right] \frac{\dot{q}'''}{G} + T \left[x \frac{ds''}{dp} + (1-x) \frac{ds'}{dp} \right] \right.$$

$$\left. \times \left(\varrho g \cos\varphi + R - G^2 v_I \frac{d}{dz} \ln A \right) \right) \Big/ (1 - G^2/G^{*2}), \qquad (6.2.33)$$

wobei

$$-\frac{1}{G^{*2}} = \left(\frac{\delta v_I}{\delta p}\right)_x - \left(\frac{\delta v_I}{\delta x}\right)_p \frac{T}{h'' - h'} \left[x \frac{ds''}{dp} + (1-x) \frac{ds'}{dp} \right]. \qquad (6.2.34)$$

Für den Fall einer adiabaten kritischen ZS in einem Rohr mit konstantem Querschnitt läßt sich analog (6.2.29) der Korrekturfaktor von Henri einführen:

$$-\frac{1}{G^{*2}} = \left(\frac{\delta v_I}{\delta p}\right)_x - \left(\frac{\delta v_I}{\delta x}\right)_p \frac{N_{He} T}{h'' - h'} \left[x \frac{ds''}{dp} + (1-x) \frac{ds'}{dp} \right]. \qquad (6.2.35)$$

Wie gesagt soll der Korrektor N_{He} experimentell bestimmt werden, so daß im allgemeinen Fall für die Beschreibung des thermodynamischen Nichtgleichgewichts in der kritischen ZS andere Wege gesucht werden müssen.

Die *lokale kritische Massenstromdichte* ist eine Funktion des Drucks, der Enthalpie und des Geschwindigkeitsquotienten:

$$G^* = G^*(p, h, S).$$

Abbildung 6.11 bzw. 6.12 zeigt diese Abhängigkeit in einer dimensionslosen Form

$$G^*/G^*_h = f\,[S/(v''/v')^{1/2}, x\text{-Parameter}, p = \text{const}]$$

für einen Druck von 2 bzw. 30 bar ($G^*_h \triangleq G^*(S=1)$). Aus dem Charakter dieser Abhängigkeit lassen sich folgende Schlußfolgerungen ziehen:

- Für kleine Massenstromanteile kann die kritische Massenstromdichte einer nichthomogenen ZS viermal größer als die kritische Massenstromdichte einer homogenen ZS sein.
- Mit zunehmendem Druck verschwindet der Unterschied zwischen der homogenen und nichthomogenen ZS.
- Für $x < 0{,}1$ besitzt die Funktion G^* ein Maximum bei

$$S_F = (v''/v')^{1/2}. \qquad (6.2.36)$$

- Für $x > 0{,}1$ und $S > S_F$ konvergiert die Funktion G^* zu einem Wert, der sich nicht wesentlich von $G^*(S = S_F)$ unterscheidet, so daß praktisch für $S = S_F$ ungefähr der Maximalwert erreicht wird.

Abbildungen 6.13, 6.14, 6.15 und 6.16 zeigen einen Vergleich der von Moody [203] veröffentlichten Experimentaldaten mit den Berechnungen, die mit (6.2.16) ($S = S_F$) durchgeführt wurden. Für kleine Massenstromanteile stellen wir eine bessere Überein-

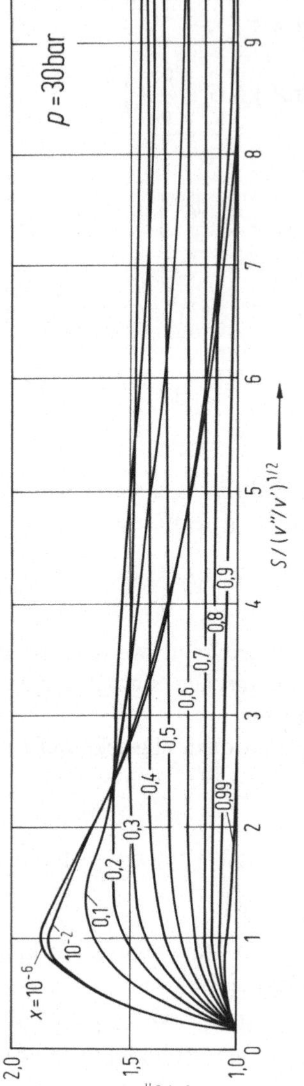

Abb.6.12. Die kritische Massenstromdichte als Funktion des Schlupfes ($p = 30$ bar). Parameter: Gasmassenstromanteil

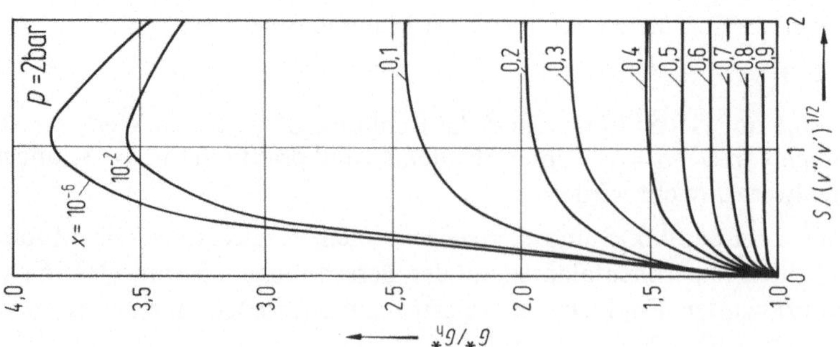

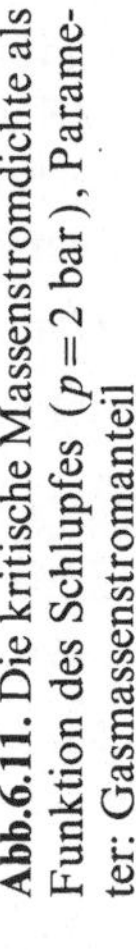
Abb.6.11. Die kritische Massenstromdichte als Funktion des Schlupfes ($p = 2$ bar), Parameter: Gasmassenstromanteil

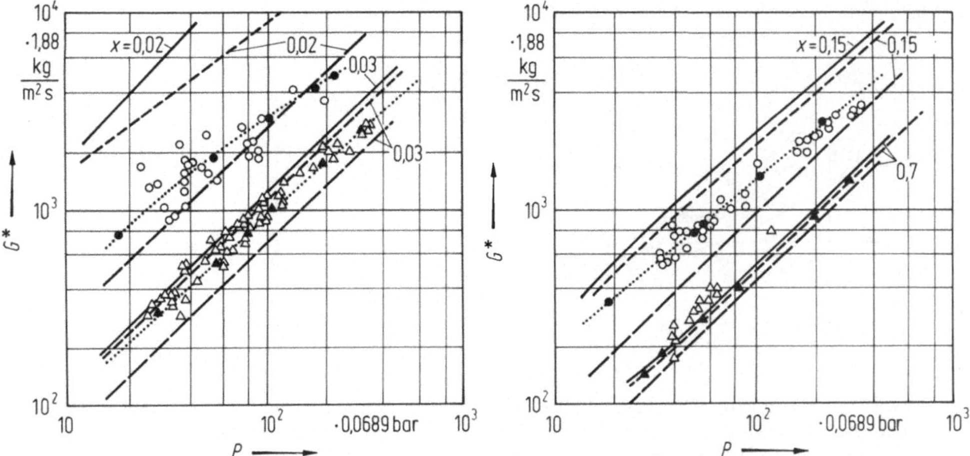

Abb.6.13. Vergleich der theoretischen mit der experimentellen Massenstromdichte, $x=0{,}02$; 0,3 (die Experimentaldaten für Wasser-Dampf-Gemisch sind aus [203] entnommen). ···●···; ···▲··· Gl. (6.2.16), $S=(v''/v')^{1/2}$; – – – Gl. (6.2.16), $S=1$; —— Mody [203], $S=1$; — — Mody [203], $S=(v'/v'')^{1/3}$; ○ $0{,}01 \leqq x \leqq 0{,}03$; Δ $0{,}20 \leqq x \leqq 0{,}40$

Abb.6.14. Vergleich Theorie-Experiment: $x=0{,}04$; 0,5 (Bezeichnungen vgl. Abb.6.13). ○ $0{,}03 \leqq x \leqq 0{,}05$; Δ $0{,}40 \leqq x \leqq 0{,}60$

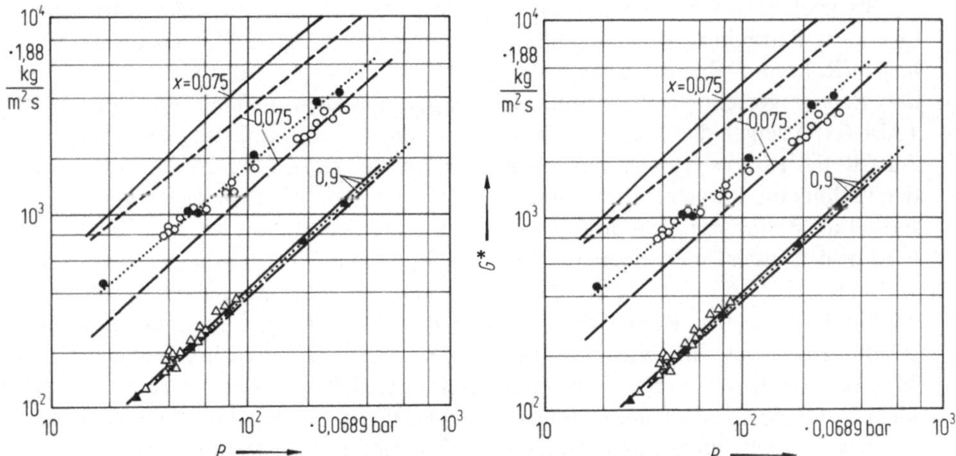

Abb.6.15. Vergleich Theorie-Experiment: $x=0{,}15$; 0,7 (Bezeichnungen vgl. Abb.6.13). ○ $0{,}10 \leqq x \leqq 0{,}20$; Δ $0{,}60 \leqq x \leqq 0{,}80$

Abb.6.16. Vergleich Theorie-Experiment: $x=0{,}075$; 0,90 (Bezeichnungen vgl. Abb. 6.13). ○ $0{,}05 \leqq x \leqq 0{,}10$; Δ $0{,}8 \leqq x \leqq 1{,}0$

stimmung mit dem Experiment gegenüber der Theorie einer homogenen Gleichgewichtsströmung und gegenüber der von Moody geschaffenen Theorie einer nichthomogenen Gleichgewichtsströmung fest. Wie aus Abb.6.11 und 6.12 ersichtlich ist, wird der Unterschied zwischen den Ergebnissen aus der homogenen und nichthomogenen Theorie für zunehmende Massenstromanteile immer kleiner. Aus diesem Grunde

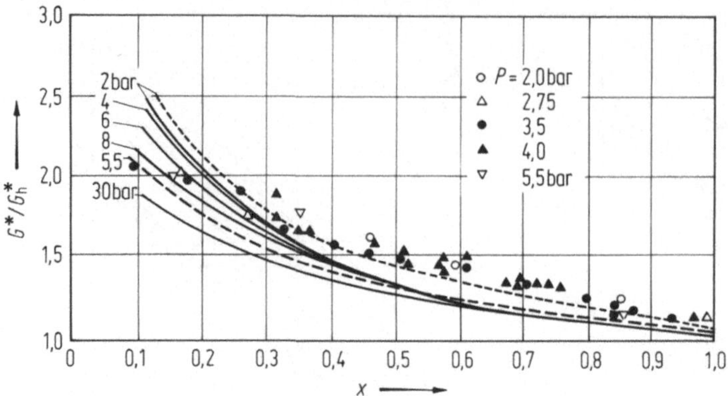

Abb.6.17. Vergleich Theorie-Experiment: kritische Massenstromdichte als Funktion des Gasmassenstromanteiles. Parameter: Druck (die Experimentaldaten für Wasser-Dampf-Gemisch sind aus [258] entnommen). —— Gl. (6.2.16); – – Theorie von Shisholm [258]

stimmen die Ergebnisse der Gl. (6.2.16) für größere Massenstromanteile mit den Ergebnissen aller bis jetzt bekannten theorien überein (s. Abb.6.13, 6.14, 6.15 und 6.16). Abbildung 6.17 zeigt einen Vergleich des Quotienten $G^*(S_F)/G_h^*$ als Funktion von x mit den von Chisholm [258] veröffentlichten Experimentaldaten. Wir sehen, mit zunehmendem Druck gruppiert (6.2.16) die Kurven näher zu den Experimentaldaten als an das von [258] vorgeschlagene Modell.

Bis jetzt hatten wir die Bestimmung der lokalen kritischen Massenstromdichte diskutiert. Betrachten wir weiter die Bestimmung der kritischen Massenstromdichte in *langen* Rohren. Dabei ist es charakteristisch, daß die *Kritikalitätsbedingung am Ende des Rohres* gestellt werden muß. Die experimentellen Daten von Henry [95] (Abb.6.18) zeigen diesen Sachverhalt. Wir sehen, daß die Änderung des Druckes am Austritt des Rohres gegen minus unendlich konvergiert. In den meisten Fällen sind in der Technik die Parameter am Einritt und der Druck am Austritt des Rohres bekannt. Es soll im stationären Fall die Massenstromdichte G bestimmt werden. Die Aufgabe wird gelöst, indem man einen Wert für G vorgibt, das Differentialgleichungssystem (z.B. (6.2.12), (6.2.13) oder (6.2.19), (6.2.20) oder (6.2.32), (6.2.33)), das die ZS beschreibt, längs des Rohres für bekannte Randbedingungen integriert und den so erhaltenen Druck am Austritt des Rohres mit dem wirklichen vergleicht. Die Massenstromdichte wird so lange geändert, bis die Differenz beider Drücke genügend klein ist. Dafür sind mehrere numerische Verfahren, die wir hier nicht diskutieren werden, geeignet. Sobald die Kritikalitätsbedingung am Rohraustritt erfüllt ist und der dabei erhaltene Druck größer oder gleich dem Druck am Austritt des Rohres ist, ist die Strömung *kritisch* und die dabei erhaltene Massenstromdichte ist die *kritische Massenstromdichte*. Man muß beachten, daß man sich nur mit einer stets zunehmenden Folge von Werten für G an den kritischen Zustand annähern kann. Eine sehr kleine Überschreitung des Wertes der kritischen Massenstromdichte führt zu negativen Austrittsdrücken infolge des unendlichen negativen Druckgradienten am Austritt des Rohres, was physikalisch sinnlos ist. Diese Eigenschaft aber läßt sich bei Aufbau des numerischen Verfahrens ausnutzen.

Abbildung 6.19 illustriert den Einfluß der Reibung auf die kritische Massenstromdichte und Abb.6.20 auf den kritischen Druckquotienten $\varepsilon^* = p_{\text{Austritt - kritisch}}/p_{\text{Rohreintritt}}$.

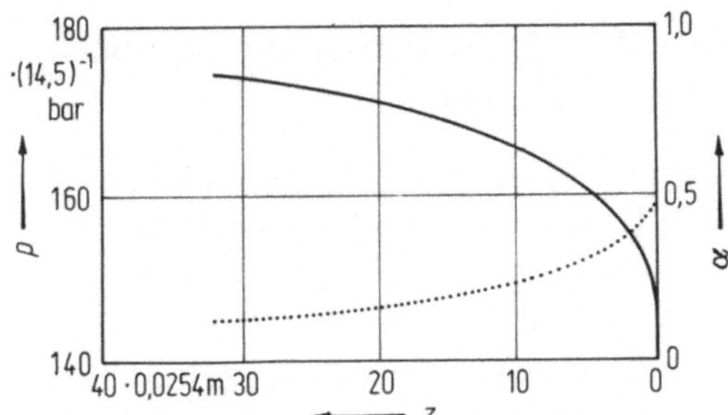

Abb.6.18. Der experimentelle Druckverlauf bzw. Dampfvolumenanteil entlang eines Rohres mit konstantem Querschnitt bei der kritischen Zweiphasenströmung nach [189]

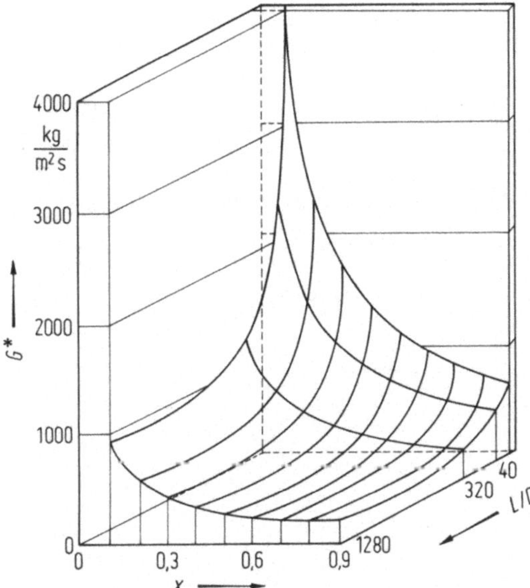

Abb.6.19. Die kritische Massenstromdichte G^* als Funktion des Dampfmassenstromanteiles x und der relativen Rohrlänge L/D

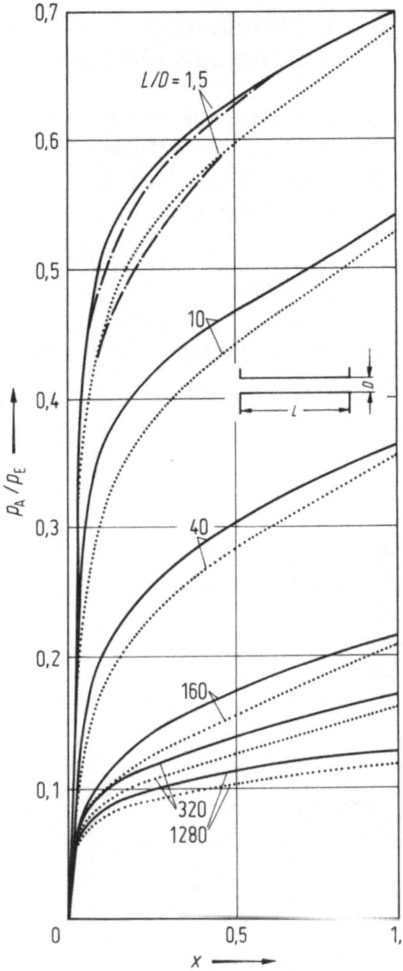

Abb.6.20. Der kritische Druckquotient als Funktion des Dampfmassenstromanteiles. Parameter: relative Rohrlänge. Luftgehalt in der Gasphase $x_L^* = 0{,}2$; —— $p_E = 1{,}5$ bar; – – $p_E = 6{,}5$ bar

Wir sehen in Übereinstimmung mit [269] auch einen schwachen Einfluß des Eintrittsdruckes.

Falls am Eintritt des Rohres *unterkühltes* Wasser vorliegt, so ist es unter bestimmten Bedingungen möglich, daß längs des Rohres aufgrund des Reibungsdruckabfalls eine Dampfphase entsteht. Dabei ist am Austritt des Rohres die lokale kritische Massenstromdichte wesentlich kleiner als die für die Einphasenströmung bei entsprechendem Druck. In diesem Fall unterscheidet sich die Berechnung der kritischen Strömung nicht von der schon diskutierten Berechnungsmethode. Es ist sinnvoll, (6.2.12) und (6.2.13) anzuwenden.

6.2.4 Nichthomogene Gleichgewichts-Zweiphasenströmung in einem Kanal mit plötzlicher Querschnittsänderung

Betrachten wir die ZS in einem Kanal mit plötzlicher Querschnittsänderung und führen die weiteren Überlegungen im Rahmen der Annahmen für thermodynamisches Gleichgewicht und Nichthomogenität der Strömung durch. Für die mathematische Simulation führen wir zusätzlich folgende vereinfachende Annahmen ein:

a) Die konvektive Änderung der abhängigen Variablen in der Umgebung der Querschnittsänderung ist viel größer als die Änderung in der Zeit, so daß die Strömung als quasistationär angenommen werden kann.
b) Die Gravitations- und die Reibungskräfte sind vernachlässigbar.

Unter Berücksichtigung der oben gemachten Annahmen, ausgehend von (6.2.1), erhalten wir die Differenzform:

$$\Delta(GA)=0, \; G\Delta(Gv_{\mathrm{I}})+\Delta p=0, \; \Delta\left(h+\frac{G^2 v_{\mathrm{E}}^2}{2}\right)=\frac{\dot{Q}}{GA}.$$

Bei bekanntem Zustand im Punkt 1 können wir den Zustand im Punkt 2 unter Verwendung folgenden Schemas erhalten:

$$GA=G_1 A_1^{\mathrm{w}} \qquad (w \mathrel{\hat{=}} \text{wirklich durchströmter Querschnitt})$$

$$G_2=GA/A_2^{\mathrm{w}}$$

$$\bar{G}_2=(G_1+G_2)/2$$

$$v_{\mathrm{E}2}^2=v_{\mathrm{E}1}^2$$

$$v_{\mathrm{I}2}=v_{\mathrm{I}1}$$

$$v_{\mathrm{I}2}^*=v_{\mathrm{I}2}$$

$$p_2=p_1-\bar{G}(G_2 v_{\mathrm{I}2}-G_1 v_{\mathrm{I}1})$$

$$h''_2, h'_2, v''_2, v'_2=f(p_2)$$

$$h_2=\frac{\dot{Q}}{GA}+h_1-\frac{1}{2}(G_2^2 v_{\mathrm{E}2}^2-G_1^2 v_{\mathrm{E}1}^2)$$

$$x_2=(h_2-h'_2)/(h''_2-h'_2)$$

$$S_2=f(p_2, x_2, G_2)$$

$$v_{\mathrm{I}2}=\ldots$$

$$v_{\mathrm{E}2}^2=\ldots$$

n

$$|(v_{\mathrm{I}2}^*-v_{\mathrm{I}2})/v_{\mathrm{I}2}^*|<\varepsilon.$$

6.2.5 Gleichgewichts-Zweiphasenströmung in einem Kanal mit eingebautem Drosselorgan

Unter einem Drosselorgan verstehen wir eine beliebige technische Einrichtung, die den Kanalquerschnitt plötzlich vermindert. Als Drosselorgane können z.B. Ventile, die stillstehenden Flügel der Hauptumwälzpumpe auf dem Weg der ZS bei einem Kühlmittelverlustunfall im KKW mit PWR oder BWR, die Blenden am Eintritt der Kassetten der Spaltzone eines Druckwasserreaktors u.a. angesehen werden (Abb.6.21).

Die ZS wird in der plötzlichen Querschnittsverengung beschleunigt und turbolisiert. Der Druck fällt ab, und es beginnt eine intensive Verdampfung. Da die notwendige Zeit für den Durchgang der Teilchen durch die Drossel vergleichbar mit dem Zeitintervall für die Wiederherstellung des gestörten thermodynamischen Gleichgewichts ist, kann angenommen werden, daß bei der Beschleunigung die zwei Phasen nicht den Gleichgewichtszustand einnehmen können. Hinter der Verengung, d.h. bei der plötzlichen Querschnittsvergrößerung, nimmt der Druck zu und es müßte eine Kondensation eintreten. Da aber die für die Herstellung des thermodynamischen Gleichgewichts notwendige Verdampfung nicht abgeschlossen ist, wird gewissermaßen das alte thermodynamische Gleichgewicht wieder hergestellt. Diese Überlegungen führen zu der Schlußfolgerung, daß das Gleichgewichtsmodell, angewendet auf zwei genügend weit vom Drosselorgan entfernte Punkte, eine gute Näherung ist.

Bei der weiteren Betrachtung führen wir folgende vereinfachende Annahmen ein:

- In der Drosselumgebung ist die Strömung adiabat.
- Die Gravitation ist vernachlässigbar.

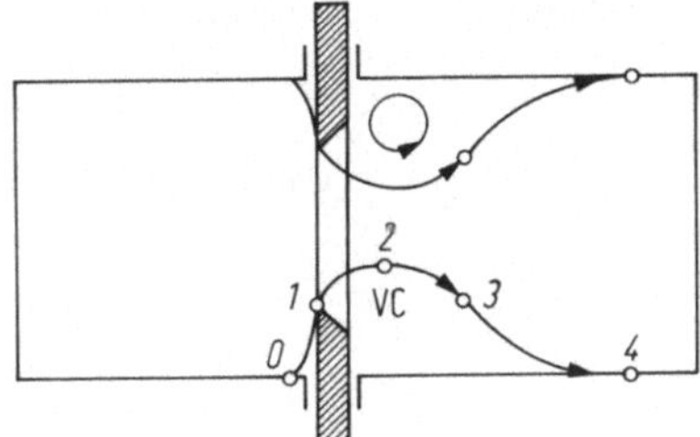

Abb.6.21. Strömungskontur bei der Blendenströmung

6.2.5.1 Stationärer Druckverlust bei der Drosselung der Zweiphasenströmung

Eine ausführliche Information darüber findet der Leser in [106,89]. Wir beschäftigen uns an dieser Stelle nur mit einem physikalisch gut begründeten Modell. Der stationäre Teil der Impulsgleichung (2.5.7) ist

$$\frac{1}{2}\mathrm{d}\,(G^2 v_\mathrm{I}) = -\mathrm{d}p. \qquad (6.2.37)$$

Die stationäre Massenstromdichte beim Ausströmen von einem Reservoir für einen Wirkungsdruck Δp bei

$$v_\mathrm{I} = \mathrm{const} \qquad (6.2.38)$$

ist

$$G = (2\Delta p/v_{\mathrm{I}})^{1/2}. \qquad (6.2.39)$$

Die Strömung nach der Drossel erfährt eine weitere Querkontraktion, so daß der Massenstrom

$$\dot{m} = A_2 (2\Delta p/v_{\mathrm{I}})^{1/2} = k A_1 (2\Delta p/v_{\mathrm{I}})^{1/2} \qquad (6.2.40)$$

und die Massenstromdichte

$$G = k (2\Delta p/v_{\mathrm{I}})^{1/2} \qquad (6.2.41)$$

sind. Für die Berechnung von k schlägt Höft [106] (1970) vor, die Beziehung für die Berechnung der Größe der Durchflußzahlen für normgerechte, scharfkantige Blenden für Einphasenströmung anzuwenden:

$$k = \sum_{i=0}^{2} a_i \left(\frac{A_1}{A_4} \right)^i + \sum_{i=3}^{4} a_i \left(\frac{A_1/A_4}{\ln \frac{Re}{100}} \right)^{i+2} + \frac{a_5}{\ln^3 \frac{Re}{100}} \quad [293]\ (1970) \qquad (6.2.42)$$

$a_0 = 0{,}59422861$, $a_2 = -0{,}10679495$, $a_4 = 0{,}2919740$,

$a_1 = 0{,}37017472$, $a_3 = 0{,}38205975$, $a_5 = 1{,}0054443$.

Dabei ist die Re-Zahl folgendermaßen zu berechnen

$$Re = G D_4 \left(\frac{x}{\eta_g} + \frac{1-x}{\eta_f} \right).$$

Höft führt in v_{I} die von der Gasdynamik bekannte Expansionszahl für normgerechte, scharfkantige Blenden für Einphasenströmung ein:

$$\varepsilon = 1 - \left(0{,}3707 + 0{,}3184 \frac{A_1}{A_4} \right) \left[1 - \left(\frac{p_4}{p_1} \right)^{1/\varkappa} \right]^{0{,}935} \quad [301]\ (1974), \qquad (6.2.43)$$

nämlich:

$$v_{\mathrm{I}\varepsilon} = \frac{x^2}{\alpha \varrho_g \varepsilon^2} + \frac{(1-x)^2}{(1-\alpha) \varrho_f}. \qquad (6.2.44)$$

Auf diese Weise werden die Grenzfälle der Einphasenströmung von Flüssigkeit und Gas sehr gut beschrieben:

$$G_f = k (2\Delta p \varrho_f)^{1/2}, \quad G_g = k\varepsilon (2\Delta p \varrho_g)^{1/2}.$$

Wie man aus (6.2.42) sehen kann, ist k wiederum eine Funktion von G, so daß die Auflösung nach G iterativ erfolgen muß. Die Gleichung

$$G = k (2\Delta p/v_{\mathrm{I}})^{1/2} \qquad (6.2.45)$$

läßt sich auch

$$\Delta p = \xi G^2 \qquad (6.2.45a)$$

schreiben, wobei $\xi = v_{\mathrm{l}\varepsilon}/k^2$ ist. Δp definiert den nichtreversiblen Druckabfall, der nur von der Blende verursacht wird. Die Gültigkeit der Gl. (6.2.45) wurde im Bereich

$$\frac{x^2}{(1-x)^2} \frac{\varrho_{\mathrm{f}}}{\varrho_{\mathrm{g}}} \cdot \frac{1-\alpha}{\alpha} > 6, \ \alpha < 0{,}99, \ A_1/A_4 = 0{,}111, \ 0{,}199, \ 0{,}299$$

experimentell bestätigt [106]. Die Abweichung der berechneten von den gemessenen Durchflußzahlen betrug $\pm 2\%$. In [89] wurde experimentell nachgewiesen, daß, wenn die Bedingung

$$1000 < \frac{x}{1-x} \frac{\varrho_{\mathrm{f}}}{\varrho_{\mathrm{g}}} \quad \text{oder} \quad \frac{x}{1-x} \frac{\varrho_{\mathrm{f}}}{\varrho_{\mathrm{g}}} < 0{,}3$$

erfüllt ist (d.h., eine ZS mit sehr hohen oder sehr niedrigen Dampfgehalten vorliegt), sich die Durchflußzahl aus der Theorie der Einphasenströmung berechnen läßt und als rechnerische Dichte die Dichte der homogenen ZS anzuwenden ist, d.h. in (6.2.45) ist der Dampfvolumenanteil durch (2.5.16) für $S=1$ zu ersetzen:

$$\alpha = 1 \Big/ \left(1 + \frac{1-x}{x} \frac{\varrho''}{\varrho'}\right).$$

Außerhalb dieses Gebietes muß die Inhomogenität der ZS durch geeignete Schlupfkorrelation berücksichtigt werden. Zusätzlich sei auch das Berechnungsverfahren von Fairhurst [60] angegeben. Der Idee von Lokhart und Martinelli folgend, korreliert Fairhurst den Druckverlust, der bei der Durchströmung der Blende von einer Flüssigkeitsströmung mit derselben Massenstromdichte G entsteht

$$\Delta p_{10} = \frac{G^2}{\varrho_{\mathrm{f}}} \frac{A_4}{A_2} \left(1 - \frac{A_2}{A_4}\right),$$

mit dem wirklichen Druckverlust der ZS

$$\Delta p_{\mathrm{ZS}} = p_{10} \Phi_{10}^2.$$

Dabei schlägt er vor, den Zweiphasenmultiplikator folgendermaßen zu berechnen

$$\Phi_{10}^2 = \begin{cases} 1 + x\left(\dfrac{\varrho_{\mathrm{f}}}{\varrho_{\mathrm{g}}} - 1\right) & \text{für kleine Werte von } x \\[2ex] 1 + \dfrac{x}{2-x} \dfrac{\lambda_{\mathrm{g}0}}{\lambda_{\mathrm{f}0}} \dfrac{\varrho_{\mathrm{f}}}{\varrho_{\mathrm{g}}}, & \end{cases}$$

wobei die Gas- bzw. Flüssigkeitsreibungsbeiwerte

$$\lambda_{\mathrm{g}0} = \lambda_{\mathrm{g}0}\left(\frac{G D_{\mathrm{h}}}{\eta_{\mathrm{g}}}; k/D_{\mathrm{h}}\right), \quad \lambda_{\mathrm{f}0} = \lambda_{\mathrm{f}0}\left(\frac{G D_{\mathrm{h}}}{\eta_{\mathrm{f}}}; k/D_{\mathrm{h}}\right)$$

für ein Rohr mit konstantem Querschnitt (k ist die Wandrauhigkeit) so berechnet werden, als bestehe die Strömung nur aus Gas bzw. Flüssigkeit. Durch einen Vergleich mit Experimentaldaten für niedrige Drücke und Wasser/Luft-Strömung, zeigte Fairhurst eine gute Übereinstimmung. Aus der stationären Energiegleichung (2.5.8) erhalten wir

$$d[h + (Gv_E)^2/2] = 0.$$

Unter Berücksichtigung, daß für die zwei Punkte vor und nach der Blende, wo die ZS an der Kanalwand wieder anliegt,

$$\Delta[(Gv_E)^2/2] \sim 0$$

gilt, erhalten wir

$$dh = 0 \text{ oder } h_4 = h_1.$$

6.2.5.2 Präzisierung der Theorie für die instationäre Drosselung

Als eine erste Näherung präzisieren wir nur die Massenstromdichte als Funktion der Zeit. Unter Annahme, daß

$$G(z) = \text{const und } \varrho \sim \text{const}$$

ist, erhalten wir aus der Impulsgleichung

$$\frac{\delta G}{\delta \tau} + \frac{\Delta p}{\Delta z} + \xi \frac{G^2}{\Delta z} = 0$$

oder

$$\frac{dG}{d\tau} + aG^2 = b, \tag{6.2.46}$$

wobei

$$a = \xi/\Delta z, \; b = -\Delta p/\Delta z.$$

Das ist wiederum eine Gleichung vom Typ (3.2), deren Lösung (3.4) ist.

6.3 Die gekoppelte Aufgabe Brennelement eines wassergekühlten Kernreaktors/Kühlmittel als Beispiel für die Anwendung des NGZS-Modells

In diesem Kapitel zeigen wir ein typische Anwendung des NGZS-Modells. Wir werden die Temperaturfelder im Brennelement eines wassergekühlten Kernreaktors während eines Übergangsprozesses simulieren. Die mathematische Formulierung des Modells des Brennelements (BE) sowie die Kopplung BE-ZS durch den Wärmeübergangsme-

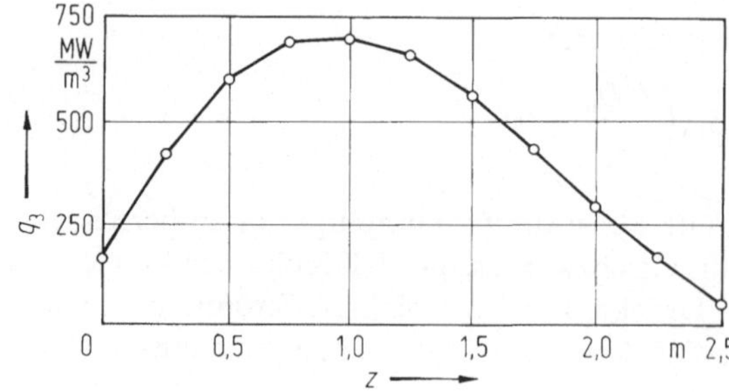

Abb.6.22. Generierte Leistung pro m^3 des Brennstoffes (100%, Heißkanalfaktor = 1,729; $G = 2828$ kg/m²s; $T_{KM,Eintritt} = 270\,°C$)

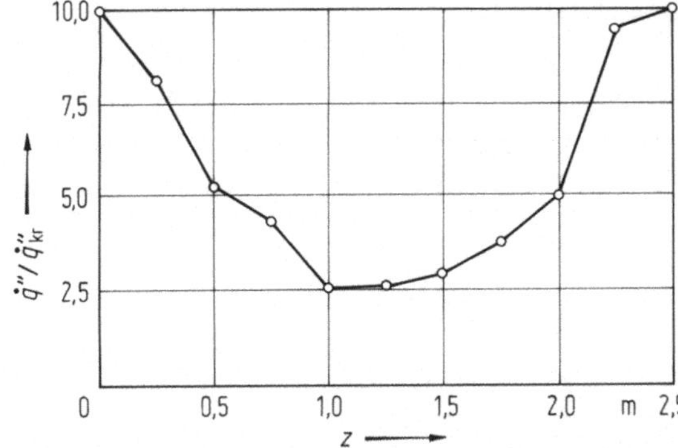

Abb.6.23. Anfangstemperaturen im Brennelement und Kühlmittel – 100% [Brennstoff (BS) aufgeteilt auf 4 volumengleiche Schichten]

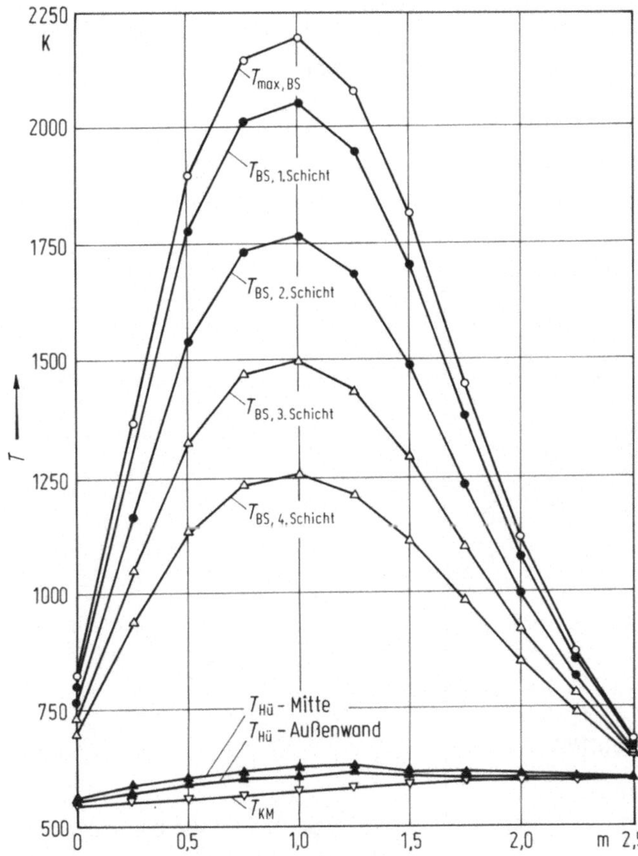

Abb.6.24. Siedekrisequotient als Funktion der Ortskoordinate (vgl. Abb.6.22)

chanismus ist in Abschn. 8.2.3 dargestellt. Für das an dieser Stelle diskutierte Beispiel (Kolev [148,143]) wird die Wärmeleitung nur in radialer Richtung berücksichtigt. In einem Block mit einem wassergekühlten, wassermoderierten Kernreaktor WWER-440 fallen die sechs Hauptumwälzpumpen aus. Während der Havarie vermindert sich die Massenstromdichte durch die Spaltzone. Der Druck und die Temperatur am Eintritt

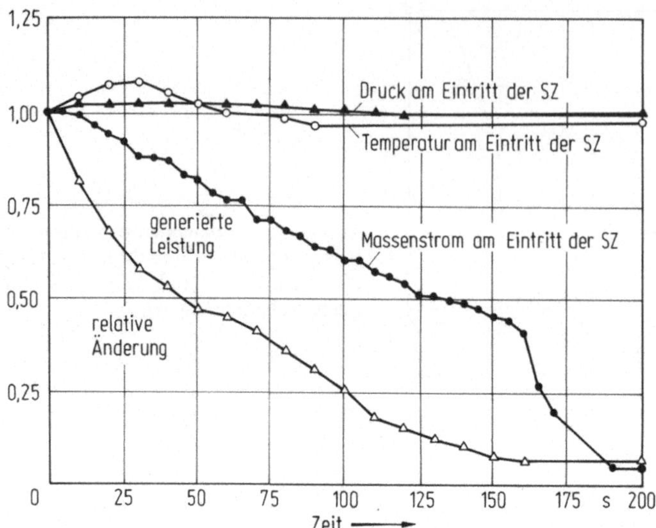

Abb.6.25. Pumpenausfall-Randbedingungen (2-mechanisch, 4-elektrisch mechanisch)

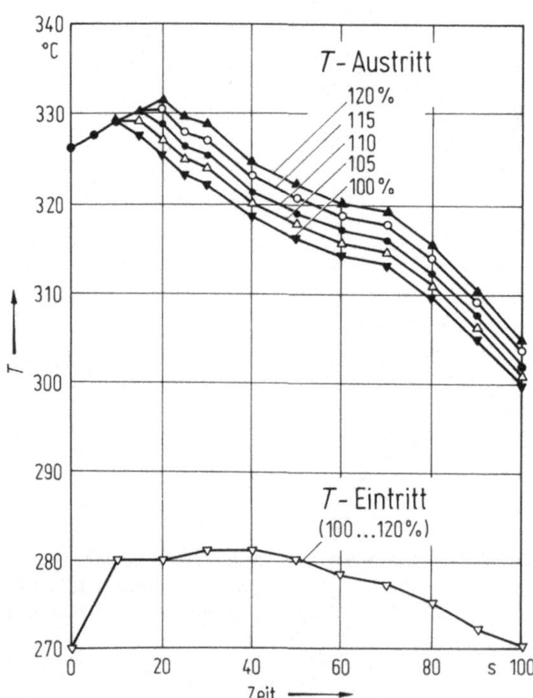

Abb.6.26. Temperatur des Kühlmittels (Eintritt-Austritt der SZ)

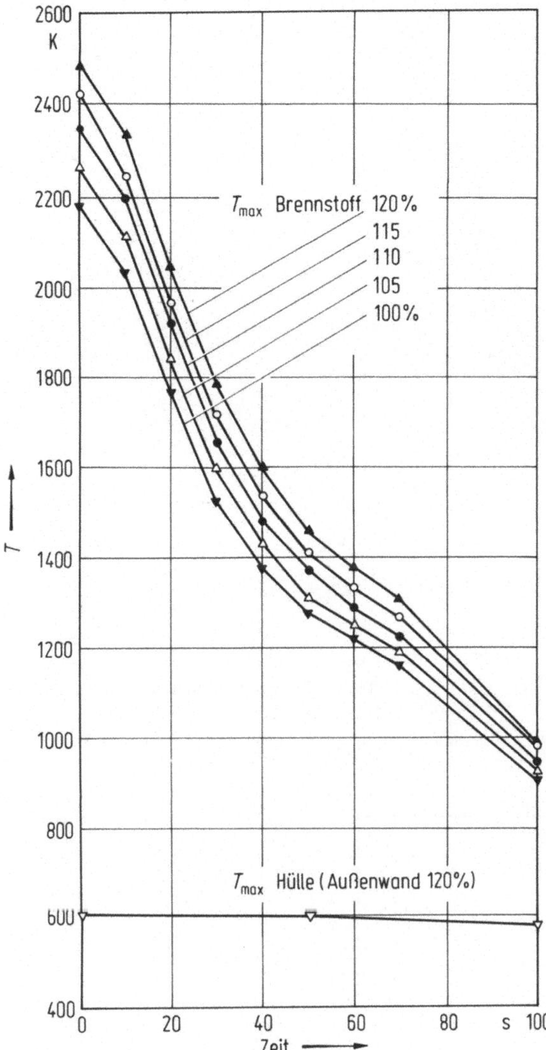

Abb.6.27. Temperatur im Brennelement

der Spaltzone ändern sich. Das Havarieschutzsystem wird automatisch eingeschaltet und die generierte Reaktorleistung sinkt ab. Die räumliche Ungleichmäßigkeit der Energiegeneration in der Spaltzone vor der Havarie ist bekannt. Es sollen die Temperaturfelder im BE und im Heißkanal, der 1,73mal mehr belastet ist als der mittlere für die Spaltzone, für Ausgangsleistung 100,105,110,115 und 120% der nominalen Leistung analysiert werden. Die axiale Leistungsverteilung ist in Abb.6.22 gezeigt. Die Parameter am Eintritt der Spaltzone sind: $T=270°C$, $G=2828\ kg/(m^2s)$, $p=122{,}6$ bar. Bei diesen Anfangsbedingungen ist die stationäre Lösung des Temperaturfeldes in Abb.6.23 dargestellt. Der stationäre Siedekrisequotient ist in Abb.6.24 und die Randbedingungen für den Übergangsprozeß sind in Abb.6.25 [143] gezeigt.

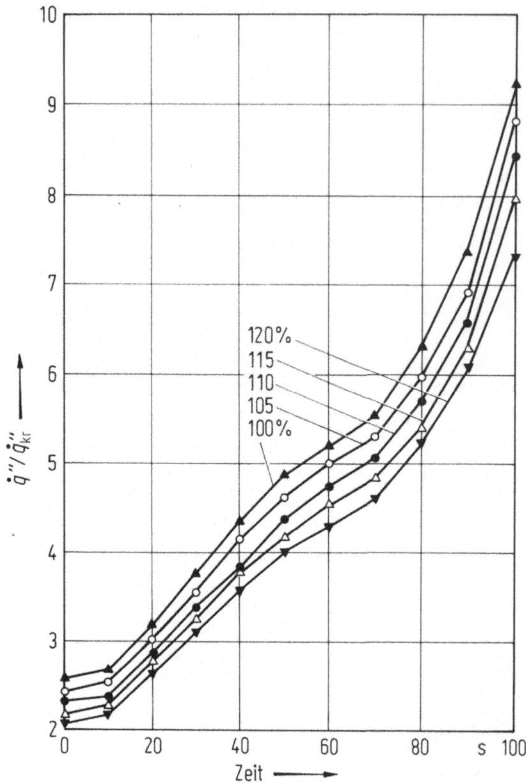

Abb.6.28. Siedekrisequotient als Funktion der Zeit

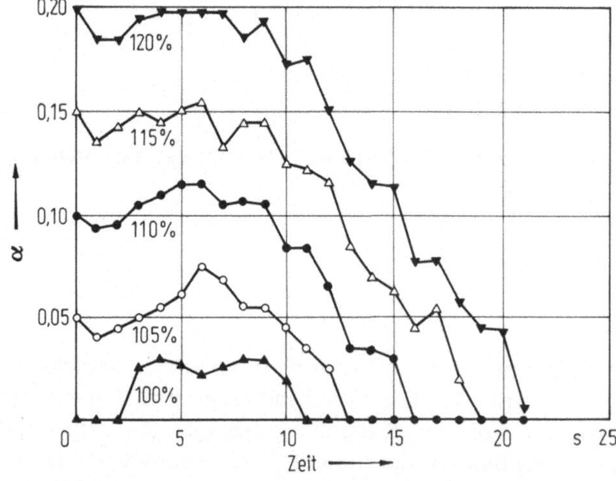

Abb.6.29. Dampfvolumenanteil als Funktion der Zeit am Austritt der Spaltzone

Abbildungen 6.26 bis 6.29 zeigen die Temperatur des Kühlmittels, die Zentraltemperatur des Brennelementes und die Hüllentemperatur (Außenwand), den Siedequotient und den Dampfvolumenanteil am Austritt des Kanals als Funktion der Zeit für die schon genannten Ausgangsleistungen.

7 Homogene Nichtgleichgewichts-Zweiphasenströmung (HNZS)

Zwei Gründe stimulierten die Entwicklung des HNZS-Modells:

1. Bei der numerischen Simulation der schnellen Übergangsprozesse in den Kernenergieanlagen vom Typ PWR-BWR ist das herangezogene Modell der Zweiphasen-Einkomponentenströmung von entscheidender Bedeutung für die richtige Vorhersage der in den Kreisläufen des Reaktorsystems ablaufenden Prozesse. Eine Reihe von Experimentaldaten zeigen Amplituden der Druckverläufe im Millisekundenbereich, z.B. eines schnellen Entspannungsprozesses, die nicht den Amplituden entsprechen, die mit der Gleichgewichtstheorie berechnet wurden. Beim Gleichgewichtsmodell wird ein Teil der Gesamtenergie der Strömung für den nötigen Stofftransport aufgewendet, um das gestörte Gleichgewicht wiederherzustellen. Dies geschieht aber nicht bei schnell ablaufenden Prozessen.
2. Bei relativ hohen Drücken nähern sich die Eigenschaften beider Phasen an. Wie aus Abb.8.3 zu sehen ist, gibt es bei 120 bar keinen Unterschied zwischen den homogenen und den nichthomogenen kritischen Massenstromdichten.

7.1 Derzeitiger Zustand des Problems

Köberlein [135] (1972) simulierte die HNZS „Wasser-gesättigter Dampf" durch ein p,w,α,h_f-Modell in verteilten Parametern und verbesserte die Übereinstimmung mit dem Experiment für Entspannungsvorgänge wesentlich.

Wolfert [296] (1976) verwendete unter den gleichen Voraussetzungen wie Köberlein die Multinodalmethode auch zur Simulation der schnell ablaufenden Entspannungsvorgänge und erhielt wiederum eine bessere Übereinstimmung mit dem Experiment gegenüber der Homogenitätstheorie. Bei schnellen Entspannungsvorgängen sind im Millisekundenbereich örtlich sowie zeitlich erhebliche positive Druckgradienten festzustellen. Sie führen dazu, daß das Wasser in den Sättigungszustand und der Dampf in den unterkühlten Zustand gebracht werden und eine örtlich und zeitlich bedingte Kondensation eintritt. Dies steht im Gegensatz zu den von Köberlein und Wolfert getroffenen Annahmen. In Wirklichkeit bilden bei der Druckwellenausbreitung die positiven und die negativen Druckgradienten eine Einheit, die diesen Vorgang kennzeichnet.

So entsteht die Idee, ein Rechenmodell aufzustellen, das die Kompressibilitätsvorgänge ebenso wie die Expansionsvorgänge unter den Bedingungen des thermodynamischen Nichtgleichgewichts simuliert und die zur Zeit existierenden Modelle als Grenzfälle enthält. Banerjee und Hancox [14] (1978) teilten mit, daß das Differentialgleichungssystem, das eine NGZS unter den Bedingungen des gleichen Phasendruckes von hyperbolischem Typ sei, ohne jedoch das Modell selbst anzugeben.

Hancox u.a. [85] (1978) und Ferch [65] (1979) erhielten ein hyperbolisches p,w,α,h_g,h_f-Modell.

Das Anliegen des nächsten Kapitels ist, das von Kolev [145] (1981) entwickelte p,w,α,s_g,s_f-Modell als eine Verallgemeinerung aller derzeitig existierenden Modelle darzustellen. Dabei werden auch die Grenzfälle, bei denen sich eine der beiden Phasen oder beide zusammen im Sättigungszustand befinden, untersucht.

7.2 Das Modell

Die HNZS läßt sich durch die abhängigen Variablen

$$U^T = (p, s_g, s_f, w, \alpha) \tag{7.2.1}$$

vollständig beschreiben. Wir nehmen an, daß wir über zwei Zustandsgleichungen des Dampfes und des Wassers verfügen,

$$\varrho_g = \varrho_g(p, s_g) \quad d\varrho_g = \frac{dp}{a_g^2} + \left(\frac{\delta \varrho_g}{\delta s_g}\right)_p ds_g, \tag{7.2.2,3}$$

$$\varrho_f = \varrho_f(p, s_f) \quad d\varrho_f = \frac{dp}{a_f^2} + \left(\frac{\delta \varrho_f}{\delta s_f}\right)_p ds_f, \tag{7.2.4,5}$$

die auch die Zustände im Gebiet des unterkühlten Dampfes bzw. der überhitzten Flüssigkeit enthalten. Aus der angenommenen Homogenität der ZS $w_g = w_f = w$ folgt, daß die Informationen beider Impulsgleichungen identisch sind. Um die auf die Phasentrennfläche wirkenden Kräfte auszuschließen, summieren wir (2.4.6) und (2.4.7). Nach dem Ersetzen der Differentiale der Dichten durch die Zustandsgleichungen erhalten wir:

$$\left\{\begin{aligned}
&\varrho_g\left(\frac{\delta \alpha}{\delta \tau} + w\frac{\delta \alpha}{\delta z}\right) + \frac{\alpha}{a_g^2}\left(\frac{\delta p}{\delta \tau} + w\frac{\delta p}{\delta z}\right) + \alpha\left(\frac{\delta \varrho_g}{\delta s_g}\right)_p\left(\frac{\delta s_g}{\delta \tau} + w\frac{\delta s_g}{\delta z}\right)\\
&\qquad + \alpha\varrho_g\frac{\delta w}{\delta z} = \mu - \alpha\varrho_g w A^*\\
&-\varrho_f\left(\frac{\delta \alpha}{\delta \tau} + w\frac{\delta \alpha}{\delta z}\right)\\
&\qquad + \frac{1-\alpha}{a_f^2}\left(\frac{\delta p}{\delta \tau} + w\frac{\delta p}{\delta z}\right) + (1-\alpha)\left(\frac{\delta \varrho_f}{\delta s_f}\right)_p\left(\frac{\delta s_f}{\delta \tau} + w\frac{\delta s_f}{\delta z}\right)\\
&\qquad + (1-\alpha)\varrho_f\frac{\delta w}{\delta z} = -\mu - (1-\alpha)\varrho_f w A^*\\
&\frac{\delta w}{\delta \tau} + w\frac{\delta w}{\delta z} + \frac{1}{\varrho}\frac{\delta p}{\delta z} = -\frac{Z}{\varrho}\\
&\alpha\varrho_g\left(\frac{\delta s_g}{\delta \tau} + w\frac{\delta s_g}{\delta z}\right) = [\dot{q}'''_g + \mu(h_{ex} - h_g)]/T_g\\
&(1-\alpha)\varrho_f\left(\frac{\delta s_f}{\delta \tau} + w\frac{\delta s_f}{\delta z}\right) = [\dot{q}'''_f - \mu(h_{ex} - h_f)]/T_f.
\end{aligned}\right. \tag{7.2.6}$$

Die Auflösung nach den Zeitableitungen liefert uns:

$$\left\{\begin{aligned}
&\frac{\delta p}{\delta\tau}+w\frac{\delta p}{\delta z}+\varrho a^2\frac{\delta w}{\delta z}=\mathrm{d}\\
&\frac{\delta s_{\mathrm{g}}}{\delta\tau}+w\frac{\delta s_{\mathrm{g}}}{\delta z}=\frac{s_{\mathrm{g}}^*}{\alpha\varrho_{\mathrm{g}}}\\
&\frac{\delta s_{\mathrm{f}}}{\delta\tau}+w\frac{\delta s_{\mathrm{f}}}{\delta z}=\frac{s_{\mathrm{f}}^*}{(1-\alpha)\varrho_{\mathrm{f}}}\\
&\frac{\delta w}{\delta\tau}+w\frac{\delta w}{\delta z}+\frac{1}{\varrho}\frac{\delta p}{\delta z}=-Z/\varrho\\
&\frac{\delta\alpha}{\delta\tau}+w\frac{\delta\alpha}{\delta z}+e\frac{\delta w}{\delta z}=f,
\end{aligned}\right. \tag{7.2.7}$$

wobei gilt:

$$\begin{aligned}
&\varrho=\alpha\varrho_{\mathrm{g}}+(1-\alpha)\varrho_{\mathrm{f}},\\
&S_{\mathrm{g}}^*=[\dot q'''+\mu(h_{\mathrm{ex}}-h_{\mathrm{g}})]/T_{\mathrm{g}},\qquad \mu_{\mathrm{g}}^*=\mu-\alpha\varrho_{\mathrm{g}}wA^*-\frac{s_{\mathrm{g}}^*}{\varrho_{\mathrm{g}}}\left(\frac{\delta\varrho_{\mathrm{g}}}{\delta s_{\mathrm{g}}}\right)_{\mathrm{p}},\\
&s_{\mathrm{f}}^*=[\dot q'''_{\mathrm{f}}-\mu(h_{\mathrm{ex}}-h_{\mathrm{f}})]/T_{\mathrm{f}},\qquad \mu_{\mathrm{f}}^*=-\mu-(1-\alpha)\varrho_{\mathrm{f}}wA^*-\frac{s_{\mathrm{f}}^*}{\varrho_{\mathrm{f}}}\left(\frac{\delta\varrho_{\mathrm{f}}}{\delta s_{\mathrm{f}}}\right)_{\mathrm{p}},\\
&\frac{1}{\varrho a^2}=\frac{\alpha}{\varrho_{\mathrm{g}}a_{\mathrm{g}}^2}+\frac{1-\alpha}{\varrho_{\mathrm{f}}a_{\mathrm{f}}^2},\\
&d=\left(\frac{\mu_{\mathrm{g}}^*}{\varrho_{\mathrm{g}}}+\frac{\mu_{\mathrm{f}}^*}{\varrho_{\mathrm{f}}}\right)\Big/(\varrho a^2),\\
&c=\alpha(1\quad\alpha)\varrho a^2\left(\frac{1}{\varrho_{\mathrm{f}}a_{\mathrm{f}}^2}\quad\frac{1}{\varrho_{\mathrm{g}}a_{\mathrm{g}}^2}\right),\\
&f=\varrho a^2\left(\mu_{\mathrm{g}}^*\frac{1-\alpha}{a_{\mathrm{f}}^2}+\mu_{\mathrm{f}}^*\frac{\alpha}{a_{\mathrm{g}}^2}\right)\Big/(\varrho_{\mathrm{g}}\varrho_{\mathrm{f}}).
\end{aligned} \tag{7.2.8}$$

Aus der charakteristischen Gleichung erhalten wir für die Eigenwerte fünf reale Lösungen

$$\lambda_{1,2,3}=w,\ \lambda_{4,5}=w\pm a.$$

Für die Eigenvektoren der transponierten charakteristischen Matrix erhalten wir

$$\begin{aligned}
&\boldsymbol{h}_1^{\mathrm{T}}=(0,1,0,0,0),\\
&\boldsymbol{h}_2^{\mathrm{T}}=(0,0,1,0,0),\\
&\boldsymbol{h}_3^{\mathrm{T}}=\left(-\frac{e}{\varrho a^2},0,0,0,1\right),\\
&\boldsymbol{h}_4^{\mathrm{T}}=(1/(\varrho a),0,0,1,0),\\
&\boldsymbol{h}_5^{\mathrm{T}}=(-1/(\varrho a),0,0,1,0).
\end{aligned}$$

Durch die Eigenvektoren läßt sich das Differentialgleichungssystem (7.2.7) in die charakteristische Form überführen:

$$\begin{cases} \dfrac{dz}{d\tau}=w & \dfrac{d\alpha}{d\tau}-\dfrac{e}{\varrho a^2}\dfrac{dp}{d\tau}=f-\dfrac{e}{\varrho a^2}d \\ \dfrac{dz}{d\tau}=w & \dfrac{ds_g}{d\tau}=\dfrac{\dot{q}'''_g+\mu(h_{ex}-h_g)}{\alpha\varrho_g T_g} \\ \dfrac{dz}{d\tau}=w & \dfrac{ds_f}{d\tau}=\dfrac{\dot{q}'''_f-\mu(h_{ex}-h_f)}{(1-\alpha)\varrho_f T_f} \\ \dfrac{dz}{d\tau}=w+a & \dfrac{dw}{d\tau}+\dfrac{1}{\varrho a}\dfrac{dp}{dz}=-\dfrac{Z}{\varrho}+\dfrac{d}{\varrho a} \\ \dfrac{dz}{d\tau}=w-a & \dfrac{dw}{d\tau}-\dfrac{1}{\varrho a}\dfrac{dp}{d\tau}=-\dfrac{Z}{\varrho}-\dfrac{d}{\varrho a}. \end{cases} \tag{7.2.9}$$

Die letzten zwei Gleichungen besitzen die von der kompressiblen eindimensionalen Strömung bekannte Form, erklärt durch die Wahl von w und p als abhängige Variablen. Man sieht, daß sich die Ausbreitung einer Entropie- oder Gasvolumenanteilstörung mit der Strömungsgeschwindigkeit w vollzieht und die Druck- und Geschwindigkeitsstörung mit der Geschwindigkeit $w \pm a$.

Das Modell der HNZS benötigt zusätzliche Angaben über den interphasen Stoff- und Wärmetransport und über die Aufteilung auf die beiden Phasen der durch die Wand eingeführten Wärmemenge. Eine Information über die Kraftwirkung an der Phasentrennfläche ist nicht notwendig. Im Grenzfall, wo eine der beiden Phasen den Sättigungszustand erreicht, bestimmt der Systemdruck vollkommen den Zustand dieser Phase, so daß die notwendige Anzahl der Gleichungen um eins reduziert wird:

$$\begin{cases} \varrho_g\left(\dfrac{\delta\alpha}{\delta\tau}+w\dfrac{\delta\alpha}{\delta z}\right)+\alpha\left(\dfrac{\delta\varrho_g}{\delta\tau}+w\dfrac{\delta\varrho_g}{\delta z}\right)+\alpha\varrho_g\dfrac{\delta w}{\delta z}=\mu \\ -\varrho_f\left(\dfrac{\delta\alpha}{\delta\tau}+w\dfrac{\delta\alpha}{\delta z}\right)+(1-\alpha)\left(\dfrac{\delta\varrho_f}{\delta\tau}+w\dfrac{\delta\varrho_f}{\delta z}\right)+(1-\alpha)\varrho_f\dfrac{\delta w}{\delta z}=-\mu \\ \dfrac{\delta w}{\delta\tau}+w\dfrac{\delta w}{\delta z}+\dfrac{1}{\varrho}\dfrac{\delta p}{\delta z}=-Z/\varrho \\ \alpha\varrho_g T_g\left(\dfrac{\delta s_g}{\delta t}+w\dfrac{\delta s_g}{\delta z}\right)+(1-\alpha)\varrho_f T_f\left(\dfrac{\delta s_f}{\delta\tau}+w\dfrac{\delta s_f}{\delta z}\right)=\dot{q}'''-\mu(h_g-h_f). \end{cases} \tag{7.2.10}$$

Dabei ist die Bestimmung des interphasen Impuls- und Energietransportes *nicht* notwendig. Durch die Zustandsgleichungen

$$\varrho_g=\varrho''(p), \quad s_g=s''(p), \quad \varrho_f=\varrho_f(p,s_f)$$

für den Fall, daß sich der Dampf im Sättigungszustand befindet und

$$\varrho_f=\varrho'(p), \quad s_f=s'(p), \quad \varrho_g=\varrho_g(p,s_g)$$

für den Fall, daß sich das Wasser im Sättigungszustand befindet, erhalten wir die charakteristische Form beider Differentialgleichungssysteme (Tabellen 7.1 und 7.2). Für $\alpha=1$ erhalten wir die aus der Dynamik der Einphasenströmung bekannten Systeme.

In dem Fall, daß die beiden Phasen den Sättigungszustand erreichen, bestimmt der Systemdruck vollkommen den Zustand beider Phasen, so daß die notwendige Anzahl der Gleichungen noch um eins reduziert wird (s. Kap. 5). Dabei ist die Bestimmung des interphasen Masse-, Impuls- und Energietransportes nicht notwendig.

Tabelle 7.1

Charakteristik	Die Gasphase im Sättigungszustand
$\frac{dz}{d\tau}=w$	$\alpha\varrho'' T''\frac{ds''}{dp}\frac{dp}{d\tau}+(1-\alpha)\varrho_f T_f\frac{ds_f}{d\tau}=\dot{q}'''-\mu(h''-h_f)$
$\frac{dz}{d\tau}=w$	$\frac{d\alpha}{d\tau}-\alpha\left(\frac{1}{\varrho a^2}-\frac{1}{\varrho'' a''^2}\right)\frac{dp}{d\tau}=[\dot{q}'''-\mu(h''-h_f)]\frac{\alpha}{\varrho_f^2}\left(\frac{\partial\varrho_f}{\partial h_f}\right)_p+\mu\frac{\varrho}{\varrho_f\varrho''}$
$\frac{dz}{d\tau}=w+a$	$\frac{dw}{d\tau}+\frac{1}{\varrho a}\frac{dp}{d\tau}+g\cos\varphi+\frac{R}{\varrho}=-[\dot{q}'''-\mu(h''-h_f)]\frac{a}{\varrho_f^2}\left(\frac{\partial\varrho_f}{\partial h_f}\right)_p+a\mu\left(\frac{1}{\varrho''}-\frac{1}{\varrho_f}\right)$
$\frac{dw}{d\tau}=w-a$	$\frac{dw}{d\tau}-\frac{1}{\varrho a}\frac{dp}{d\tau}+g\cos\varphi+\frac{R}{\varrho}=[\dot{q}'''-\mu(h''-h_f)]\frac{a}{\varrho_f^2}\left(\frac{\partial\varrho_f}{\partial h_f}\right)_p-a\mu\left(\frac{1}{\varrho''}-\frac{1}{\varrho_f}\right)$ (7.2.11)
Schall-geschwindigkeit	$\frac{1}{a^2}=\varrho\left[\frac{\alpha}{\varrho'' a''^2}+\frac{1-\alpha}{\varrho_f a_f^2}-\alpha T''\frac{\varrho''}{\varrho_f^2}\left(\frac{\partial\varrho_f}{\partial h_f}\right)_p\frac{ds''}{dp}\right]$ (7.2.12)

Tabelle 7.2

Charakteristik	Die Flüssigkeit im Sättigungszustand
$\frac{dz}{d\tau}=w$	$\alpha\varrho_g T_g\frac{ds_g}{d\tau}+(1-\alpha)\varrho' T'\frac{ds'}{dp}\frac{dp}{d\tau}=\dot{q}'''-\mu(h_g-h')$
$\frac{dz}{d\tau}=w$	$\frac{d\alpha}{d\tau}+(1-\alpha)\left(\frac{1}{\varrho a^2}-\frac{1}{\varrho' a'^2}\right)\frac{dp}{d\tau}=-[\dot{q}'''-\mu(h_g-h')]\frac{1-\alpha}{\varrho_g^2}\left(\frac{\partial\varrho_g}{\partial h_g}\right)_p+\mu\frac{\varrho}{\varrho'\varrho_g}$
$\frac{dz}{d\tau}=w-a$	$\frac{dw}{d\tau}+\frac{1}{\varrho a}\frac{dp}{d\tau}+g\cos\varphi+\frac{R}{\varrho}=-[\dot{q}''-\mu(h_g-h')]\frac{a}{\varrho_g^2}\left(\frac{\partial\varrho_g}{\partial h_g}\right)_p+a\mu\left(\frac{1}{\varrho_g}-\frac{1}{\varrho'}\right)$
$\frac{dz}{d\tau}=w-a$	$\frac{dw}{d\tau}-\frac{1}{\varrho a}\frac{dp}{d\tau}+g\cos\varphi+\frac{R}{\varrho}=[\dot{q}'''-\mu(h_g-h')]\frac{a}{\varrho_g^2}\left(\frac{\partial\varrho_g}{\partial h_g}\right)_p-a\mu\left(\frac{1}{\varrho_g}-\frac{1}{\varrho'}\right)$ (7.2.13)
Schall-geschwindigkeit	$\frac{1}{a^2}=\varrho\left[\frac{\alpha}{\varrho_g a_g^2}+\frac{1-\alpha}{\varrho' a'^2}-(1-\alpha)T'\frac{\varrho'}{\varrho_g^2}\left(\frac{\partial\varrho_g}{\partial g_g}\right)_p\frac{ds'}{dp}\right]$ (7.2.14)

7.3 Stationärer Anfangszustand einer transienten homogenen Nichtgleichgewichts-Zweiphasenströmung

Aus dem stationären Teil des Differentialgleichungssystems (7.2.7) erhalten wir durch Auflösung bezüglich der Ortsableitungen:

$$\mathrm{d}p/\mathrm{d}z = -(Z + \mathrm{d}w/a^2)/(1 - w^2/a^2), \tag{7.3.1}$$

$$\mathrm{d}w/\mathrm{d}z = (\mathrm{d} + wZ)/[\varrho a^2 (1 - w^2/a^2)], \tag{7.3.2}$$

$$\mathrm{d}\alpha/\mathrm{d}z = (f - e\,\mathrm{d}w/\mathrm{d}z)/w, \tag{7.3.3}$$

$$\mathrm{d}s_g/\mathrm{d}z = s_g^*/(\alpha \varrho_g w), \tag{7.3.4}$$

$$\mathrm{d}s_f/\mathrm{d}z = s_f^*/[(1-\alpha)\varrho_f w]. \tag{7.3.5}$$

Da in der Technik die Summe der Gln. (7.3.5) und (7.3.6) oftmals verwendet wird,

$$\alpha \varrho_g w T_g \frac{\mathrm{d}s_g}{\mathrm{d}z} + (1-\alpha)\varrho_f w T_f \frac{\mathrm{d}s_f}{\mathrm{d}z} = \dot{q}''' - \mu (h_g - h_f), \tag{7.3.6}$$

betrachten wir einige Schreibweisen der Gl. (7.3.6). Unter Berücksichtigung der Gln. (2.5.4) und (2.5.5) erhält (7.3.6) folgende Form

$$G\left[x T_g \frac{\mathrm{d}s_g}{\mathrm{d}z} + (1-x) T_f \frac{\mathrm{d}s_f}{\mathrm{d}z}\right] = \dot{q}''' - \mu (h_g - h_f). \tag{7.3.7}$$

Aus dem stationären Teil der Gl. (2.4.4) für $A = \mathrm{const}$ und unter Berücksichtigung, daß $G = \mathrm{const}$ ist, erhalten wir

$$\mu = G \frac{\mathrm{d}x}{\mathrm{d}z} \tag{7.3.8}$$

oder eingesetzt in (7.3.7)

$$x T_g \frac{\mathrm{d}s_g}{\mathrm{d}z} + (1-x) T_f \frac{\mathrm{d}s_f}{\mathrm{d}z} = \frac{\dot{q}'''}{G} - (h_g - h_f) \frac{\mathrm{d}x}{\mathrm{d}z}. \tag{7.3.9}$$

Diese Gleichung liefert uns den Zusammenhang zwischen der Entropieänderung beider Phasen, der in die Strömung eingeführten Wärme einerseits und des Massentransportes zwischen den Phasen andererseits. Eine vereinfachte Form dieser Gleichung läßt sich unter den folgenden Annahmen erhalten:

- adiabate Strömung ($\dot{q}''' = 0$),
- kein Stoffaustausch zwischen den Phasen ($x = \mathrm{const}$) und
- Gleichheit der Temperaturen beider Phasen ($T_g = T_f = T$).

Damit erhalten wir

$$x\,\mathrm{d}s_g + (1-x)\,\mathrm{d}s_f = 0. \tag{7.3.10}$$

Unter Berücksichtigung

$$ds_g = c_{pg}\frac{dT}{T} - R_g\frac{dp}{p}, \tag{7.3.11}$$

$$ds_f = c_{pf}\frac{dT}{T} \tag{7.3.12}$$

geht (7.3.10) in (7.3.13) über [93,42]

$$\frac{dT}{T} = \frac{n-1}{n}\cdot\frac{dp}{p}, \tag{7.3.13}$$

wobei

$$n = \frac{(1-x)c_{pf} + xc_{pg}}{(1-x)c_{pf} + xc_{pg}/\varkappa} \quad \left(\frac{n-1}{n} = \frac{xc_{pf}^{(\varkappa-1)/\varkappa}}{(1-x)c_{pf} + cx_{pg}};\ \varkappa = \frac{c_{pg}}{c_{pg} - R_g}\right). \tag{7.3.14}$$

Unter der Voraussetzung

$$n = \text{const} \tag{7.3.15}$$

läßt sich (7.3.13) analytisch integrieren.

$$\frac{T}{T_0} = \left(\frac{p}{p_0}\right)^{\frac{n-1}{n}}, \tag{7.3.16}$$

wobei n ein politroper Exponent ist, der die Zustandsänderung der Strömung unter obengenannten Annahmen definiert. Gleichung (7.3.13) eingesetzt in (7.3.11) liefert eine wesentliche Entropieänderung der Gasphase [93]

$$\frac{ds_g}{dp} = -\frac{c_{pg}}{p}\left(\frac{1}{n} - \frac{1}{\varkappa}\right), \tag{7.3.17}$$

die notwendig ist, um die Temperaturgleichheit beider Phasen bei der Druckänderung unter den Bedingungen des abwesenden Stofftransportes zwischen den Phasen zu unterhalten. Das bedeutet einen *wesentlichen* Wärmetransport zwischen den Phasen.

Für den Grenzfall, wo eine der beiden Phasen die Sättigungslinie erreicht, erhalten wir für die Systeme, die die Strömung beschreiben, folgendes:

1. Die Gasphase befindet sich im Sättigungszustand:

$$\left\{\begin{aligned}
&\frac{dp}{dz} = -\frac{Z + \dfrac{w}{a^2}d}{1 - \dfrac{w^2}{a^2}}\\
&\frac{dw}{dz} = \frac{1}{\varrho a^2}\,\frac{d + wZ}{1 - \dfrac{w^2}{a^2}}\\
&w\frac{d\alpha}{dz} = -\alpha\left(1 - \frac{\varrho a^2}{\varrho'' a''^2}\right)\frac{dw}{dz} + \frac{\mu}{\varrho''} - \frac{\alpha}{\varrho'' a''^2}d\\
&(1-\alpha)\varrho_f w T_f\frac{ds_f}{dz} = -\alpha\varrho'' T''\frac{ds''}{dp}w\frac{dp}{dz} + \dot{q}''' - \mu(h'' - h_f),
\end{aligned}\right. \tag{7.3.18}$$

wobei

$$d = \varrho a^2 \left[\mu \left(\frac{1}{\varrho''} - \frac{1}{\varrho_f} \right) - \frac{\dot{q}''' - \mu (h'' - h_f)}{\varrho_f^2 T_f} \left(\frac{\delta \varrho_f}{\delta s_f} \right)_p \right]. \tag{7.3.19}$$

2. Die Flüssigkeit befindet sich im Sättigungszustand:

$$\left\{ \begin{aligned} \frac{dp}{dz} &= -\frac{Z + \frac{w}{a^2} d}{1 - \frac{w^2}{a^2}} \\ \frac{dw}{dz} &= \frac{1}{\varrho a^2} \frac{d + wZ}{1 - \frac{w^2}{a^2}} \\ w \frac{d\alpha}{dz} &= (1-\alpha) \left(1 - \frac{\varrho a^2}{\varrho' a'^2} \right) \frac{dw}{dz} + \frac{\mu}{\varrho'} + \frac{1-\alpha}{\varrho' a'^2} d \\ \alpha \varrho_g w T_g \frac{ds_g}{dz} &= -(1-\alpha) \varrho' T' \frac{ds'}{dp} w \frac{dp}{dz} + \dot{q}''' - \mu (h_g - h'), \end{aligned} \right. \tag{7.3.20}$$

wobei

$$d = \varrho a^2 \left[\mu \left(\frac{1}{\varrho_g} - \frac{1}{\varrho'} \right) - \frac{\dot{q}''' - \mu (h_g - h')}{\varrho_g^2 T_g} \left(\frac{\delta \varrho_g}{\delta s_g} \right)_p \right]. \tag{7.3.21}$$

In vielen Anwendungsfällen ist es möglich, daß eine stationäre Gleichgewichts-ZS Ausgangszustand einer transienten homogenen Nichtgleichgewichts-ZS ist. Die stationäre Berechnung läßt sich durch die abgeleiteten Differentialgleichungssysteme in Kap.5 durchführen.

8 Nichthomogene Nichtgleichgewichts-Zweiphasenströmung (NNZS)

Die *verallgemeinerungsfähigste* Beschreibung der ZS erhält man unter den Voraussetzungen, daß die Strömung nicht homogen ist und die Temperaturen bzw. die Drücke beider Phasen sich voneinander unterscheiden. Einige der wichtigsten Anwendungen dieses Strömungsmodells sollen hier genannt werden:

- die Wiederauffüllung der Spaltzone eines wassergekühlten Kernreaktors nach einem Kühlmittelverlustunfall und nachfolgender Nachhavariekühlung,
- die Übergänge in der Spaltzone eines Leistungsreaktors begleitet von unterkühltem Sieden,
- die Kondensationsvorgänge in den letzten Stufen der Kondensationsturbinen u.a.

Betrachten wir den Fall der Gleichheit beider Phasendrücke weiter. (Über Modelle, die die Ungleichheit der Phasendrücke berücksichtigen siehe [193].) Die Modelle der NNZS, die hergeleitet werden können, teilen wir bedingt in zwei Gruppen ein:

1.Gruppe: Modelle *mit Separation der Impulsgleichung*,
2.Gruppe: Modelle *ohne Separation der Impulsgleichung*.

Die *erste* Gruppe verlangt eine genaue Kenntnis der Strömungsstruktur und die dabei auftretenden Kräfte an der Phasentrennfläche. Die Grenzen zwischen den einzelnen Strömungsformen werden in den meisten Fällen durch empirische Gleichungen festgelegt. Das gleiche gilt für die geometrischen Abmessungen innerhalb der Struktur. Die mechanische Kräftewirkung zwischen den Phasen wird teilweise auch durch empirische Information beschrieben.

Für die *zweite* Gruppe der Modelle braucht man nur eine Korrelation der relativen Phasengeschwindigkeit. Die erste Gruppe von Modellen ist nur dann empfehlenswert, wenn über die Strömungsstruktur ziemlich gute Kenntnisse vorhanden sind, wie z.B. für die Spritzerströmung oder für die Blasenströmung. Wenn aber während des Transientes die Strömung mehrere Erscheinungsformen annimmt, so ist die Anwendung der zweiten Gruppe der Modelle empfehlenswert, da die empirischen Schlupfkorrelationen die Erscheinungsform mitberücksichtigen und somit die Übertragung des Fehlers durch die Anwendung mehrerer empirischer Gleichungen hintereinander vermieden wird.

Ein Beispiel eines NNZS-Modells mit separierter Impulsgleichung wird in Abschn. 14.1 im Rahmen der Dreiphasen-Dreikomponenten-Strömungstheorie dargestellt. Wir beschränken uns in diesem Kapitel nur auf Modelle ohne Separation der Impulsgleichung.

8.1 Beschreibung der NNZS mit Hilfe einer einfachen Form eines Systems aus 5-partiellen Differentialgleichungen

Die Entwicklung neuer vervollkommneter Rechenprogramme zur Prozeßsimulation in den Kreisläufen verschiedener technischer Einrichtungen stellt folgende wichtige Forderungen an das Modell des Zweiphasensystems:

1. ohne wesentliche vereinfachende Annahmen eine einfache Arbeitsform des Differentialgleichungssystems zu entwickeln,
2. mit einem Satz aus vereinfachenden Annahmen nicht nur die transiente, sondern die stationäre und die kritische NNZS zu beschreiben.

Die Vereinfachung des mathematischen Formalismus, der das ZS beschreibt, hat eine wesentliche Steigerung der Effektivität der komplizierten Rechenprogramme zur Folge. Dies gestattet im Rahmen der Möglichkeiten der modernen Rechenanlagen CPU-Zeit zu sparen und sie für simultane Modellierung anderer physikalischer Effekte auszunutzen. Ein sehr einfaches Modell, das den obengenannten Forderungen entspricht, wurde von Kolev [160] (1984) entwickelt. Man erhält das Modell unter folgenden Annahmen:

1. die zwei Phasen sind in einem willkürlichen stabilen oder metastabilen Zustand,
2. die quasikonstante Schlupfkonzeption ist gültig.

8.1.1 Das Modell

Wir gehen von folgendem System aus,

$$\left\{\begin{aligned}
&\frac{\delta}{\delta\tau}\{[\alpha\varrho_g+(1-\alpha)\varrho_f]A\}+\frac{\delta}{\delta z}\{[\alpha\varrho_g w_g+(1-\alpha)\varrho_f w_f]A\}=0\\
&\frac{\delta}{\delta\tau}(\alpha\varrho_g A)+\frac{\delta}{\delta z}(\alpha\varrho_g w_g A)=\mu A\\
&\frac{\delta}{\delta\tau}\{[\alpha\varrho_g w_g+(1-\alpha)\varrho_f w_f]A\}+\frac{\delta}{\delta z}\{[\alpha\varrho_g w_g^2+(1-\alpha)\varrho_f w_f^2]A\}+\frac{\delta p}{\delta z}\\
&\quad+[\alpha\varrho_g+(1-\alpha)\varrho_f]gA\cos\varrho+F_R/\Delta z=0\\
&\frac{\delta s_g}{\delta\tau}+w_g\frac{\delta s_g}{\delta z}=s_g^*/(\alpha\varrho_g)\\
&\frac{\delta s_f}{\delta\tau}+w_f\frac{\delta s_f}{\delta z}=s_f^*/[1-\alpha)\varrho_f],
\end{aligned}\right. \tag{8.1.1}$$

wobei

$$s_g^*=\{\dot{q}'''_g+\mu[h_{ex}-h_g+(\bar{w}_g-w_g)\Delta w_g]\}/T_g,$$

$$s_f^*=\{\dot{q}'''_f-\mu[h_{ex}-h_f+(\bar{w}_f-w_f)\Delta w_f]\}/T_f,$$

$$\bar{w}_g=(w_{ex}+w_g)/2,\qquad \Delta w_g=w_{ex}-w_g,$$

$$\bar{w}_f=(w_{ex}+w_f)/2,\qquad \Delta w_f=w_{ex}-w_f.$$

Unter Verwendung der in Abschn.2.5 eingeführten Definitionen erhalten wir:

$$\frac{\delta\varrho}{\delta\tau} = -\frac{1}{A}\frac{\delta}{\delta z}(GA), \tag{8.1.2}$$

$$\frac{\delta\varrho^*}{\delta\tau} + G\frac{\delta x}{\delta z} = \mu - \frac{x}{A}\frac{\delta}{\delta z}(GA), \tag{8.1.3}$$

$$\frac{\delta G}{\delta\tau} + \frac{1}{A}\frac{\delta}{\delta z}(G^2 v_I A) + \frac{\delta p}{\delta z} = -Z, \tag{8.1.4}$$

...,

wobei folgende Zusammenhänge gelten:

$$\varrho v_S = S - x(S-1), \tag{8.1.5}$$

$$\varrho^* v_S = x, \tag{8.1.6}$$

$$\varrho v_I = 1 + x(1-x)\frac{(S-1)^2}{S}, \tag{8.1.7}$$

$$v_I = f_0 v_S. \tag{8.1.8}$$

An dieser Stelle benutzen wir die Konzeption des quasikonstanten Schlupfes nur für (8.1.5). Nach Differentiation von (8.1.5) und (8.1.6) und Eliminierung von dv_S erhalten wir:

$$d\varrho^* = \frac{x}{S-x(S-1)}d\varrho + \frac{S}{S-x(S-1)}\frac{1}{v_S}dx. \tag{8.1.9}$$

Durch Ersetzen von $d\varrho^*$ in (8.1.3) und Eliminieren von $\delta\varrho/\delta\tau$ unter Verwendung von (8.1.2) erhalten wird die endgültige Form des Systems:

$$\frac{\delta\varrho}{\delta\tau} = -\frac{1}{A}\frac{\delta}{\delta z}(GA), \tag{8.1.10}$$

$$\frac{\delta x}{\delta\tau} + Gv_S\varepsilon\frac{\delta x}{\delta z} = v_S\left[\varepsilon\mu - \frac{S-1}{S}\frac{1}{A}\frac{\delta}{\delta z}(GA)\right], \tag{8.1.11}$$

$$\frac{\delta G}{\delta\tau} + 2Gv_I\frac{\delta G}{\delta z} = -Z - \frac{\delta p}{\delta z} - G^2\frac{1}{A}\frac{\delta}{\delta z}(v_I A),$$

$$\frac{\delta s_g}{\delta\tau} + Gv_S\frac{\delta s_g}{\delta z} = s_g^* v_S/x \qquad x>0, \tag{8.1.13}$$

$$\frac{\delta s_f}{\delta\tau} + \frac{1}{S}Gv_S\frac{\delta s_f}{\delta z} = s_f^* v_S/[S(1-x)] \qquad x<1, \tag{8.1.14}$$

wobei $\varepsilon = [S-x(S-1)]/S$ ist. Es sei bemerkt, daß ohne wesentliche vereinfachende Annahmen die einfachste mögliche Form des Systems (8.1.1) erhalten wurde. Die Annahme „quasikonstanter Schlupf" wurde nur zur Erhaltung der Gl. (8.1.10) benutzt und hat nur Einfluß auf (8.1.12). Die drei Gln. (8.1.11), (8.1.12) und

(8.1.13) sind gültig unabhägig davon, ob wir nur eine oder beide Phasen haben oder ob sie sich im stabilen oder metastabilen Zustand befinden.

Es können folgende Vorteile des Systems genannt werden:

1. Es spiegelt den Phasenübergang korrekt wider. Betrachten wir einige Grenzfälle:

a) $x=0$ $(S=1)$ $\mu=0$ $\quad \frac{\delta x}{\delta \tau}+Gv_f\frac{\delta x}{\delta z}=0; \quad \frac{\delta z}{d\tau}=w_f \; \frac{dx}{d\tau}=0; \quad x=\text{const}=0.$

Entstehung der Gasphase: $\mu>0$ $\frac{dx}{d\tau}>0$; $dx>0$.

b) $x=1$ $(S=1)$ $\mu=0$ $\quad \frac{\delta x}{\delta \tau}+Gv_g\frac{\delta x}{\delta z}=0; \quad \frac{dz}{d\tau}=w_g \; \frac{dx}{d\tau}=0; \quad x=\text{const}=1.$

Entstehung der Flüssigkeit: $\mu<0$ $\frac{dx}{d\tau}<0$; $dx<0$.

2. Gleichung (8.1.12) spiegelt korrekt die konvektive Entstehung einer Phase in einem Kontrollvolumen dzA wider, ausgefüllt mit der anderen Phase, bei abwesender Kondensation- bzw. Verdampfungsbedingungen $\mu=0$.

Das System (8.1.1) bis (8.1.4) kann direkt in dieser Form numerisch integriert werden. Als Ergebnis der Integration innerhalb des Zeitintervalls erhalten wir die Differenzen des Vektors

$$\bar{U}^T=(G,\varrho,x,s_g,s_f), \qquad d\bar{U}^T=(dG,d\varrho,dx,ds_g,ds_f).$$

Den Vektor $\bar{U}^T$ bezeichnen wir weiter als einen Hilfsvektor. Für den nächsten Integrationsschritt benötigen wir den Druck p oder mit anderen Worten die Komponenten des Vektors der abhängigen Variablen

$$U^T=(G,p,x,s_g,s_f)$$

bzw. deren finite Differenzen

$$dU^T=(dG,dp,dx,ds_g,ds_f).$$

Um dp zu finden, differenzieren wir (8.1.5)

$$dv_S \mathrel{\hat{=}} d[xv_g+S(1-x)v_f]=-\frac{1}{\varrho}[v_S d\varrho+(S-1)dx]$$

oder

$$xdv_g+S(1-x)dv_f=-\frac{v_S}{\varrho}\left[d\varrho+\frac{S(v_g-v_f)}{v_S^2}dx\right]. \tag{8.1.15}$$

Nach dem Ersetzen von dv_g bzw. dv_f aus den Zustandsgleichungen

$$v_g=v_g(p,s_g) \quad \text{bzw.} \quad dv_g=-\frac{dp}{G_g^{*2}}+\left(\frac{\delta v_g}{\delta s_g}\right)_p ds_g, \tag{8.1.16,17}$$

$$v_f=v_f(p,s_f) \quad \text{bzw.} \quad dv_f=-\frac{dp}{G_f^{*2}}+\left(\frac{\delta v_f}{\delta s_f}\right)_p ds_f \tag{8.1.18,19}$$

und Auflösung nach dp erhalten wir

$$\mathrm{d}p = f_0 G^{*2}\left[x\left(\frac{\delta v_g}{\delta s_g}\right)_p \mathrm{d}s_g + S(1-x)\left(\frac{\delta v_f}{\delta s_f}\right)_p \mathrm{d}s_f - \Delta v\right], \tag{8.1.20}$$

wobei G

$$\frac{1}{G^{*2}} = f_0\left[\frac{x}{G_g^{*2}} + \frac{S(1-x)}{G_f^{*2}}\right] \tag{8.1.21}$$

die lokale kritische Massenstromdichte ist.

Offensichtlich sollen bei der Integration der Impulsgleichung die Werte von p_j^n und v_{Ij}^n in der alten Zeitebene für die erste Integration verwendet werden. Danach erhält man dϱ und dx. Welche der beiden Entropiegleichungen oder ob beide zusammen genutzt werden, ist vom aktuellen Wert von x_j^{n+1} in der neuen Zeitebene abhängig. Danach erhält man dp.

Um bei der Anwendung der Integrationsmethoden höhere Genauigkeit zu erzielen, wird auch hier die sogenannte nichtkonservative Form des Systems (8.1.11) bis (8.1.14)

$$\boldsymbol{A}\frac{\delta \boldsymbol{U}}{\delta \tau} + \boldsymbol{B}\frac{\delta \boldsymbol{U}}{\delta z} = \boldsymbol{C} \tag{8.1.22}$$

angegeben, wobei

$$\left|\begin{matrix} 0 & \dfrac{\varrho}{v_I G^{*2}} & -\dfrac{S}{v_S^2}(v_g v_f) & -\dfrac{x\varrho}{v_S}\dfrac{\delta v_g}{\delta s_g} & -\dfrac{S(1-x)\varrho}{v_S}\dfrac{\delta v_f}{\delta s_f} \\ 0 & 0 & 1 & 0 & 0 \\ 1 & 0 & 0 & 0 & 0 \\ 0 & 0 & 0 & 1 & 0 \\ 0 & 0 & 0 & 0 & 1 \end{matrix}\right| = \boldsymbol{A},$$

$$\left|\begin{matrix} 1 & 0 & 0 & 0 & 0 \\ v_S\dfrac{S-1}{S} & 0 & G v_s & 0 & 0 \\ 2Gv_I & 1-\dfrac{G^2}{G^{*2}} & G^2\dfrac{\delta v_I}{\delta x} & G^2 f_0 x\dfrac{\delta v_g}{\delta s_g} & G^2 f_0 S(1-x)\dfrac{\delta v_f}{\delta s_f} \\ 0 & 0 & 0 & v_S G & 0 \\ 0 & 0 & 0 & 0 & \dfrac{1}{S}v_S G \end{matrix}\right| = \boldsymbol{B}$$

bedeuten und

$$\frac{\delta v_I}{\delta x} = \frac{S-1}{S}v_S + f_0(v_g - S v_f).$$

Wir sehen, daß die Matrizen $\boldsymbol{A}$ und $\boldsymbol{B}$ sehr leicht zu berechnen sind.

Das NNZS-Modell benötigt zusätzlich die Information über den interphasen Stoff- und Wärmetransport und über die Aufteilung der durch die Wand eingeführten Wärmemenge auf die beiden Phasen. Eine Information über die Kraftwirkung an der Phasentrennfläche ist über die Schlupfkorrelation zu erreichen. Im Grenzfall, wo eine der beiden Phasen die Sättigungslinie erreicht, bestimmt der Systemdruck den Zustand dieser Phase vollkommen, so daß die notwendige Anzahl der Gleichungen um eins reduziert wird.

$$\frac{\delta \varrho}{\delta \tau}+\frac{\delta G}{\delta z}=-GA^*$$

$$\frac{\delta x}{\delta \tau}+Gv_S\varepsilon\frac{\delta x}{\delta z}+v_S\frac{S-1}{S}\frac{\delta G}{\delta z}=v_S\left[\varepsilon\mu-\frac{S-1}{S}GA^*\right]$$

$$\frac{\delta G}{\delta \tau}+\frac{\delta}{\delta z}(G^2v_I+p)=-\varrho g\cos\varphi+R+G^2v_IA^*$$

$$xT_g\left(\frac{\delta s_g}{\delta \tau}+Gv_S\frac{\delta s_g}{\delta z}\right)+S(1-x)T_f\left(\frac{\delta s_f}{\delta \tau}+\frac{1}{S}Gv_S\frac{\delta s_f}{\delta z}\right)=v_Sh^+, \qquad (8.1.23)$$

wobei gilt:

$$h^+=\dot q'''-\mu[h_g-h_f-(\bar w-w_{ex})\Delta w]$$

$$\bar w=(w_g+w_f)/2,\ \Delta w=w_g-w_f.$$

Dabei ist die Bestimmung des interphasen Energietransportes nicht notwendig. Durch die Zustandsgleichungen

$$v_g=v''(p),\ s_g=s''(p),\ v_f=v_f(p,s_f)$$

für den Fall, daß sich der Dampf im Sättigungszustand befindet und

$$v_f=v'(p),\ s_f=s''(p),\ v_g=v_g(p,s_g)$$

für den Fall, daß sich die Flüssigkeit im Sättigungszustand befindet, erhalten wir die nichtkonservative Form der beiden Differentialgleichungssysteme:

$$\boldsymbol{A}\frac{\delta \boldsymbol{U}}{\delta \tau}+\boldsymbol{B}\frac{\delta \boldsymbol{U}}{\delta z}=\boldsymbol{C},\qquad \boldsymbol{U}^{\mathrm T}=(G,p,x,s_f). \qquad (8.1.24,25)$$

$$\boldsymbol{A}=\begin{vmatrix} 0 & -\frac{\varrho}{v_S}\frac{\delta v_S}{\delta p} & -\frac{S}{v_S^2}(v''-v_f) & -\frac{S(1-x)\varrho}{v_S}\frac{\delta v_f}{\delta s_f} \\ 0 & 0 & 1 & 0 \\ 1 & 0 & 0 & 0 \\ 0 & xT''\frac{\mathrm{d}s''}{\mathrm{d}p} & 0 & S(1-x)T_f \end{vmatrix},$$

$$B=\left|\begin{array}{cccc} 1 & 0 & 0 & 0 \\ v_S\dfrac{S-1}{S} & 0 & Gv_S & 0 \\ 2Gv_I & G^2 f_0\dfrac{\delta v_S}{\delta p}+1 & G^2\dfrac{\delta v_I}{\delta x} & G^2 f_0 S(1-x)\dfrac{\delta v_f}{\delta s_f} \\ 0 & xT''Gv_S\dfrac{ds''}{dp} & 0 & S(1-x)T_f\dfrac{1}{S}Gv_S \end{array}\right|,$$

wobei

$$\frac{\delta v_S}{\delta p}=x\frac{dv''}{dp}+S(1-x)\frac{\delta v_f}{\delta p},$$

$$\frac{\delta v_I}{\delta x}=\frac{S-1}{S}v_S+f_0(v''-Sv_f)$$

und

$$A\frac{\delta U}{\delta\tau}+B\frac{\delta U}{\delta z}=C,\quad U^T=(G,p,x,s_g) \tag{8.1.26,27}$$

$$A=\left|\begin{array}{cccc} 0 & -\dfrac{\varrho}{v_S}\dfrac{\delta v_S}{\delta p} & -\dfrac{S}{v_S^2}(v_g-v') & -\dfrac{x}{v_S}\dfrac{\delta v_g}{\delta s_g} \\ 0 & 0 & 1 & 0 \\ 1 & 0 & 0 & 0 \\ 0 & S(1-x)T'\dfrac{ds'}{dp} & 0 & xT_g \end{array}\right|,$$

$$B=\left|\begin{array}{cccc} 1 & 0 & 0 & 0 \\ v_S\dfrac{S-1}{S} & 0 & Gv_S & 0 \\ 2Gv_I & G^2 f_0\dfrac{\delta v_S}{\delta p}-1 & G^2\dfrac{\delta v_I}{\delta x} & G^2 f_0 x\dfrac{\delta v_g}{\delta s_g} \\ 0 & (1-x)T'Gv_S\dfrac{ds'}{dp} & 0 & xT_gGv_S \end{array}\right|,$$

wobei

$$\frac{\delta v_S}{\delta p}=x\frac{\delta v_g}{\delta p}+S(1-x)\frac{dv''}{dp},$$

$$\frac{\delta v_I}{\delta x}=\frac{S-1}{S}v_S+f_0(v_g-Sv'').$$

Die beiden Fälle wurden von Kolev [150] (1982) untersucht, wobei ein G,p,x,h_i-Modell ($i=g$ bzw. f) verwendet wurde. Die G,p,x,s_i-Darstellung ist aber viel einfacher. Manchmal verfügt der Ingenieur nicht über Stoffwertapproximationen des Types $v=v(p,s)$, sondern des Types $v=v(p,h)$. Deshalb ist es angebracht, auch über NNZS-Modelle zu verfügen, die h als eine der abhängigen Variablen enthalten, unabhängig davon, ob sie komplizierter sind oder nicht. Ein solches Modell wird in Abschn. 8.2 dargestellt und mit verschiedenartigen Experimentaldaten verglichen.

8.1.2 Berechnung des stationären Zustandes. Kritische NNZS

Tabelle 8.1 enthält eine Verallgemeinerung des stationären Modells unter Verwendung der Entropien als abhängige Variablen.

Tabelle 8.1

$$\frac{dG}{dz} = -GA^*$$

$$\frac{dx}{dz} = \mu/G$$

$$\frac{dp}{dz} = -\left[\varrho g \cos\varphi + R + G\left(\frac{\partial v_l}{\partial x}\mu - G v_l A^* + f_0 a\right)\right] \Big/ (1 - G^2/G^{*2})$$

$U^T=(G,p,x,s_g,s_f)$	$U^T=(G,p,x,s_f)$	$U^T=(G,p,x,s_g)$
$a=\frac{\partial v_g}{\partial s_g}s_g + S\frac{\partial v_f}{\partial s_f}s_f$	$a=S\frac{\partial v_f}{\partial s_f}\frac{h^+}{T_f}$	$a=\frac{\partial v_g}{\partial s_g}\frac{h^+}{T_g}$
$-\frac{1}{G^{*2}}=f_0\frac{\partial v_S}{\partial p}$	$-\frac{1}{G^{*2}}=f_0\left(\frac{\partial v_S}{\partial p} - Sx\frac{T''}{T_f}\frac{\partial v_f}{\partial s_f}\frac{ds''}{dp}\right)$	$-\frac{1}{G^{*2}}=f_0\left[\frac{\partial v_S}{\partial p} - (1-x)\frac{T'}{T_g}\frac{\partial v_g}{\partial s_g}\frac{ds'}{dp}\right]$
$\frac{ds_g}{dz}=s_g^*/(xG)$	$s_g=s''(p)$	$\frac{ds_g}{dz}=\frac{h^+}{xGT_g} - \frac{1-x}{x}\frac{T'}{T_g}\frac{ds'}{dp}\frac{dp}{dz}$
$\frac{ds_f}{dz}=s_f^*/[(1-x)G]$	$\frac{ds_f}{dz}=\frac{h^+}{(1-x)T_f G} - \frac{x}{1-x}\frac{T''}{T_f}\frac{ds''}{dp}\frac{dp}{dz}$	$s_f=s'(p)$

8.2 Ein G,p,x,h-Modell der NNZS mit quasikonstantem Schlupf und dessen vielseitige Anwendungsmöglichkeiten

Fassen wir einige wichtige Prozesse aus der Energieanlagentechnik zusammen, deren adäquate mathematische Simulation mit der Modellierung von transienten nichthomogenen Zweiphasenströmungen unter der Bedingung des thermodynamischen Nichtgleichgewichts verbunden ist.

1. Der Dampf befindet sich im Sättigungszustand:
   - Kritische ZS,
   - Verdampfung unterkühlter Flüssigkeit an Heizflächen,
   - Kondensation von Dampf in unterkühlter Flüssigkeit,
   - Sieden in Kühlkanälen vor der Entstehung der Siedekrise.
2. Die Flüssigkeit wird als gesättigt angenommen:
   - Kondensation von unterkühltem Dampf,
   - Verdampfung der Flüssigkeit in überhitzer Dampfatmosphäre, z.B. Kühlung von Heizgasen in der Gasturbinentechnik, Verdampfung nach der Entstehung der Siedekrise von ZS usw.

Die Konzeption des quasikonstanten Schlupfes gekoppelt mit der Annahme, daß eine der beiden Phasen sich im Sättigungszustand befindet, bietet die einmalige Möglichkeit mit einem Differentialgleichungssystem, bestehend aus nur vier Gleichungen, die NNZS zu beschreiben. Damit können unter anderem auch die obengenannten Prozesse mit einem einzigen Modell mathematisch beschrieben werden.

Für die praktische Anwendung des Modells ist die Auswahl der abhängigen Variablen äußerst wichtig. Die Entropie bietet die Möglichkeit ein sehr einfaches Differentialgleichungssystem zu erhalten (s. Abschn.8.1). Jedoch verfügt der Ingenieur sehr oft über Approximationen der Zustandsgleichungen in der Form:

$$\boldsymbol{Y}=\boldsymbol{Y}(p,h).$$

Solche Sätze mit relativ einfachen Approximationen der Zustandsgleichungen, die Druck und Enthalpie als „unabhängige“ Variablen benutzen, wurden von Rivkin u.a. [236] (1977) und Hughes [99] (1981) mitgeteilt. Das ist der einzige Grund, weshalb wir weiter die folgenden Sätze von Zustandsgleichungen verwenden werden.

$$v_g=v_g(p,h_g),\quad dv_g=\frac{\delta v_g}{\delta p}dp+\frac{\delta v_g}{\delta h_g}dh_g,\quad T_g=T_g(p,h_g),$$

$$v_f=v_f(p,h_f),\quad dv_f=\frac{\delta v_f}{\delta p}dp+\frac{\delta v_f}{\delta h_f}dh_f,\quad T_f=T_f(p,h_f),$$

$$v''=v''(p),\quad dv''=\frac{dv''}{dp}dp,$$

$$v'=v'(p),\quad dv'=\frac{dv'}{dp}dp,$$

$$h''=h''(p),\quad dh''=\frac{dh''}{dp}dp,$$

$$h'=h'(p),\quad dh'=\frac{dh'}{dp}dp.$$

Um die Anwendung des hier entwickelten ZS-Modells zu erleichtern, sind die Approximationen der Wasserzustandsgleichungen von Hughes [112] in Tabelle 8.2 angegeben.

Wir wählen als Vektor der abhängigen Variablen

$$\boldsymbol{U}^T=(G,p,x,h), \tag{8.2.1}$$

Tabelle 8.2. Hughes [102]

$\bar{p}=1{,}4316392\cdot 10^{-4}p;\quad \bar{h}_f=4{,}2992092\cdot 10^{-4}h_f;\quad \bar{h}_g=4{,}2992092\cdot 10^{-4}h_g$

$$h'=2{,}326091\cdot 10^3 \sum_{n=1}^{9} A_n\bar{p}^{n-1},\qquad \frac{dh'}{dp}=3{,}3734723\cdot 10^{-1}\sum_{n=2}^{9}(n-1)A_n\bar{p}^{n-2}$$

$$h''=2{,}326091\cdot 10^3 \sum_{n=1}^{9} B_n\bar{p}^{n-1},\qquad \frac{dh''}{dp}=3{,}3734723\cdot 10^{-1}\sum_{n=2}^{9}(n-1)B_n\bar{p}^{n-2}$$

$$T(p,h_i)=273{,}15+\frac{5}{9}\left(\sum_{k=1}^{4}\sum_{n=1}^{3}F^{m}_{k,n}\bar{p}^{n-1}\bar{h}^{k-1}-32\right)$$

$m=1\quad T(p,h_f)$

$m=2\quad T(p,h_g)\quad \bar{p}>200,\ \bar{h}_g<1420$

$m=3\quad T(p,h_g)\quad \bar{p}<200,\ \bar{h}_g>1420$

$$v_f=0{,}06243\exp(Z),\ Z=\sum_{k=1}^{5}\sum_{n=1}^{3}C_{k,n}\bar{p}^{n-1}\bar{h}_f^{k-1},$$

$$\frac{\delta v_f}{\delta p}=5{,}6526532\cdot 10^{-7}v_f\sum_{k=1}^{5}\sum_{n=2}^{3}(n-1)C_{k,n}\bar{p}^{n-2}\bar{h}_f^{k-1}$$

$$\frac{\delta v_f}{\delta h_f}=1{,}6756189\cdot 10^{-6}v_f\sum_{k=2}^{5}\sum_{n=1}^{3}(k-1)C_{k,n}\bar{p}^{n-1}\bar{h}_f^{k-2}$$

$$v_g=0{,}06243\,(E_1+E_2\bar{p}+E_3/\bar{p}+E_4\bar{h}_g+E_5\bar{p}\bar{h}_g+E_6\bar{h}_g/\bar{p})$$

$$\frac{\delta v_g}{\delta p}=9{,}0543872\cdot 10^{-6}(E_2-E_3/\bar{p}^2+E_5\bar{h}_g-E_6\bar{h}_g/\bar{p}^2)$$

$$\frac{\delta v_g}{\delta h_g}=2{,}6839963\cdot 10^{-5}(E_4+E_5\bar{p}+E_6/\bar{p})$$

n	A_n	B_n	E_n
1	0,182609E+03	0,115216E+04	−0,81735849E−3
2	0,144140E+01	0,460395E+00	0,12378514E−4
3	−0,387216E−02	−0,159024E−02	−0,10339904E+4
4	0,651417E−05	0,286502E−05	−0,62941689E−5
5	−0,638144E−08	−0,299850E−08	−0,87292160E−8
6	0,369701E−11	0,185137E−11	+0,12460225E+1
7	−0,124626E−14	−0,664224E−15	
8	0,225589E−18	0,127776E−18	
9	−0,169253E−22	−0,101790E−22	

C_{kn} k/n	1	2	3
1	−0,41345E+01	−0,59428E−05	0,15681E−08
2	0,13252E−04	+0,63377E−07	−0,40711E−10
3	0,15812E−05	−0,39974E−09	0,25401E−12
4	−0,21959E−08	0,69391E−12	−0,52372E−15
5	0,21683E−11	−0,36159E−15	0,32503E−18

Tabelle 8.2 (Fortsetzung)

$F^{m}_{k,n}$ k/n	1	2	3
$m=1$			
1	31,57	−1,98E−3	0,0
2	1,0027	−1,50E−5	0,0
3	5,81E−5	8,10E−8	0,0
4	−2,978E−7	−8,57E−11	0,0
$m=2$			
1	0,7221903E+3	0,12294631E+1	−0,18721047E−3
2	−0,22009576E+1	−0,99319072E−3	0,13948341E−6
3	0,1579668E−2	0,12538624E−6	−0,67436184E−11
4	0,0	0,0	0,0
$m=3$			
1	−0,26008E+4	0,25415E+1	−0,37292E−3
2	0,27499E+1	−0,29578E−2	0,43734E−6
3	−0,26358E−3	0,86978E−6	−0,12809E−9
4	0,0	0,0	0,0

wobei h, wie folgt definiert ist:

$$h=\left|\begin{array}{ll} xh''+(1-x)h_f & \text{gesättigter Dampf} \\ xh_g+(1-x)h' & \text{gesättigte Flüssigkeit.} \end{array}\right. \qquad (8.2.2)$$

Es kann ein Wert von $x=x_U$, $0<x_U\leqq 1$, je nach dem zu beschreibenden Prozeß, festgelegt werden, für den eine Umschaltung von einer Definition von h zur anderen zweckmäßig ist. Diese Definition von h gestattet uns, sowohl das Zweiphasen- als auch das Einphasengebiet zu erfassen, im Gegensatz zum G,p,x,h_i-Modell ($i=g$ bzw. f) [150]. In diesem Sinne kann das im nächsten Kapitel dargestellte Modell als eine Verallgemeinerung der G,p,x,h_i-Modelle angesehen werden.

8.2.1 Das Modell

Wir gehen von folgendem System aus (Kolev [150])

$$\frac{\delta\varrho}{\delta\tau}+\frac{\delta G}{\delta z}=-GA^*$$

$$\frac{\delta G}{\delta\tau}+\frac{\delta}{\delta z}(G^2v_I)+\frac{\delta p}{\delta z}=-\varrho g\cos\varphi-R-G^2v_IA^*$$

$$\frac{\delta}{\delta\tau}\left(h^*+\frac{1}{2}G^2v_I-p\right)+\frac{\delta}{\delta z}\left[G\left(h+\frac{1}{2}G^2v_E^2\right)\right]$$

$$=\dot{q}'''-G\left[g\cos\varphi+vR+\left(h+\frac{1}{2}G^2v_E^2\right)A^*\right]$$

$$\frac{\delta x}{\delta\tau}+Gv_S\varepsilon\frac{\delta x}{\delta z}+v_S\frac{S-1}{S}\frac{\delta G}{\delta z}=v_S\left(\varepsilon\mu-\frac{S-1}{S}GA^*\right)\quad \text{(Kolev [160])}$$

$$\varepsilon=[S-x(S-1)]/S \qquad (8.2.3)$$

Die Definitionen der Komponenten des Vektors

$$\boldsymbol{Y}^{\mathrm{T}} = (v, v_{\mathrm{S}}, h, h_{\mathrm{S}}, h^*, \varrho, v_{\mathrm{I}}, v_{\mathrm{E}}^2)$$

sind aus Tabelle 8.3 zu entnehmen. Eine allgemeine Eigenschaft des Vektors $\boldsymbol{Y}$ ist

$$\boldsymbol{Y} = \boldsymbol{Y}(x, p, h_{\mathrm{i}}) = \boldsymbol{Y}[x, p, h_{\mathrm{i}}(x, p, h)] \tag{8.2.4}$$

Tabelle 8.3

$\boldsymbol{Y}$	$i \hat{=} f$	$i \hat{=} g$	$\boldsymbol{Y}$	$i \hat{=} g, f$
v	$xv''+(1-x)v_{\mathrm{f}}$	$xv_{\mathrm{g}}+(1-x)v'$	h^*	$h_{\mathrm{S}}/v_{\mathrm{S}}$
v_{S}	$xv''+S(1-x)v_{\mathrm{f}}$	$xv_{\mathrm{g}}+S(1-x)v'$	ϱ	$[S-x(S-1)]/v_{\mathrm{S}}$
h	$xh''+(1-x)h_{\mathrm{f}}$	$xh_{\mathrm{g}}+(1-x)h'$	v_{I}	$v_{\mathrm{S}}f_0;\ f_0=[1+x(S-1)]/S$
h_{S}	$xh''+S(1-x)h_{\mathrm{f}}$	$xh_{\mathrm{g}}+S(1-x)h'$	v_{E}^2	$v_{\mathrm{S}}^2[1+x(S^2-1)]/S^2$

	$(\partial \boldsymbol{Y}/\partial x)_{\mathrm{p,h}}$	$(\partial \boldsymbol{Y}/\partial p)_{\mathrm{x,h}}$	$(\partial \boldsymbol{Y}/\partial h)_{\mathrm{x,p}}$
$i=f$			
v	$v''-v_{\mathrm{f}}-(h''-h_{\mathrm{f}})\dfrac{\partial v_{\mathrm{f}}}{\partial h_{\mathrm{f}}}$	$x\dfrac{\mathrm{d}v''}{\mathrm{d}p}+(1-x)\dfrac{\partial v_{\mathrm{f}}}{\partial p}-x\dfrac{\mathrm{d}h''}{\mathrm{d}p}\dfrac{\partial v_{\mathrm{f}}}{\partial h_{\mathrm{f}}}$	$\dfrac{\partial v_{\mathrm{f}}}{\partial h_{\mathrm{f}}}$
v_{S}	$v''-Sv_{\mathrm{f}}-S(h''-h_{\mathrm{f}})\dfrac{\partial v_{\mathrm{f}}}{\partial h_{\mathrm{f}}}$	$x\dfrac{\mathrm{d}v''}{\mathrm{d}p}+S(1-x)\dfrac{\partial v_{\mathrm{f}}}{\partial p}-Sx\dfrac{\mathrm{d}h''}{\mathrm{d}p}\dfrac{\partial v_{\mathrm{f}}}{\partial h_{\mathrm{f}}}$	$S\dfrac{\partial v_{\mathrm{f}}}{\partial h_{\mathrm{f}}}$
h_{S}	$(1-S)h''$	$(1-S)x\dfrac{\mathrm{d}h''}{\mathrm{d}p}$	S
$\mathrm{i}=g$			
v	$v_{\mathrm{g}}-v'-(h_{\mathrm{g}}-h')\dfrac{\partial v_{\mathrm{g}}}{\partial h_{\mathrm{g}}}$	$x\dfrac{\partial v_{\mathrm{g}}}{\partial p}+(1-x)\dfrac{\mathrm{d}v'}{\mathrm{d}p}-(1-x)\dfrac{\mathrm{d}h'}{\mathrm{d}p}\dfrac{\partial v_{\mathrm{g}}}{\partial h_{\mathrm{g}}}$	$\dfrac{\partial v_{\mathrm{g}}}{\partial h_{\mathrm{g}}}$
v_{S}	$v_{\mathrm{g}}-Sv'-(h_{\mathrm{g}}-h')\dfrac{\partial v_{\mathrm{g}}}{\partial h_{\mathrm{g}}}$	$x\dfrac{\partial v_{\mathrm{g}}}{\partial p}+S(1-x)\dfrac{\mathrm{d}v'}{\mathrm{d}p}-(1-x)\dfrac{\mathrm{d}h'}{\mathrm{d}p}\dfrac{\partial v_{\mathrm{g}}}{\partial h_{\mathrm{g}}}$	$\dfrac{\partial v_{\mathrm{g}}}{\partial h_{\mathrm{g}}}$
h_{S}	$(1-S)h'$	$(S-1)(1-x)\dfrac{\mathrm{d}h'}{\mathrm{d}p}$	1
$i=g, f$			
ϱ	$-\dfrac{\varrho}{v_{\mathrm{S}}}\dfrac{\partial v_{\mathrm{S}}}{\partial x}+\dfrac{1-S}{v_{\mathrm{S}}}$	$-\dfrac{\varrho}{v_{\mathrm{S}}}\dfrac{\partial v_{\mathrm{S}}}{\partial p}$	$-\dfrac{\varrho}{v_{\mathrm{S}}}\dfrac{\partial v_{\mathrm{S}}}{\partial h}$
v_{I}	$\dfrac{S-1}{S}v_{\mathrm{S}}+f_0\dfrac{\partial v_{\mathrm{S}}}{\partial x}$	$f_0\dfrac{\partial v_{\mathrm{S}}}{\partial p}$	$f_0\dfrac{\partial v_{\mathrm{S}}}{\partial h}$
h^*	$\left(\dfrac{\partial h_{\mathrm{S}}}{\partial x}v_{\mathrm{S}}-\dfrac{\partial v_{\mathrm{S}}}{\partial x}h_{\mathrm{S}}\right)\Big/v_{\mathrm{S}}^2$	$\left(\dfrac{\partial h_{\mathrm{S}}}{\partial p}v_{\mathrm{S}}-\dfrac{\partial v_{\mathrm{S}}}{\partial p}h_{\mathrm{S}}\right)\Big/v_{\mathrm{S}}^2$	$\left(\dfrac{\partial h_{\mathrm{S}}}{\partial p}v_{\mathrm{S}}-\dfrac{\partial v_{\mathrm{S}}}{\partial h}h_{\mathrm{S}}\right)\Big/v_{\mathrm{S}}^2$
$f_1=\dfrac{v_{\mathrm{E}}^2}{v_{\mathrm{I}}^2}$	$(S-1)^2\dfrac{[1-x(S+1)]}{[1+x(S-1)]^3}$	0	0
v_{E}^2	$2f_1v_{\mathrm{I}}\dfrac{\partial v_{\mathrm{I}}}{\partial x}+v_{\mathrm{I}}^2\dfrac{\partial f_1}{\partial x}$	$2f_1v_{\mathrm{I}}\dfrac{\partial v_{\mathrm{I}}}{\partial p}$	$2f_1v_{\mathrm{I}}\dfrac{\partial v_{\mathrm{I}}}{\partial h}$

oder

$$\mathrm{d}\boldsymbol{Y}=\left(\frac{\delta \boldsymbol{Y}}{\delta x}\right)_{\mathrm{p,h}}\mathrm{d}x+\left(\frac{\delta \boldsymbol{Y}}{\delta p}\right)_{\mathrm{x,h}}\mathrm{d}p+\left(\frac{\delta \boldsymbol{Y}}{\delta h}\right)_{\mathrm{x,p}}\mathrm{d}h, \tag{8.2.5}$$

wobei

$$\left(\frac{\delta \boldsymbol{Y}}{\delta x}\right)_{\mathrm{p,h}}=\left(\frac{\delta \boldsymbol{Y}}{\delta x}\right)_{\mathrm{p,h_i}}+\left(\frac{\delta \boldsymbol{Y}}{\delta h_{\mathrm{i}}}\right)_{\mathrm{x,p}}\left(\frac{\delta h_{\mathrm{i}}}{\delta x}\right)_{\mathrm{h,p}},$$

$$\left(\frac{\delta \boldsymbol{Y}}{\delta p}\right)_{\mathrm{x,h}}=\left(\frac{\delta \boldsymbol{Y}}{\delta p}\right)_{\mathrm{x,h_i}}+\left(\frac{\delta \boldsymbol{Y}}{\delta h_{\mathrm{i}}}\right)_{\mathrm{x,p}}\left(\frac{\delta h_{\mathrm{i}}}{\delta p}\right)_{\mathrm{h,x}},$$

$$\left(\frac{\delta \boldsymbol{Y}}{\delta h}\right)_{\mathrm{x,p}}=\left(\frac{\delta \boldsymbol{Y}}{\delta h_{\mathrm{i}}}\right)_{\mathrm{x,p}}\left(\frac{\delta h_{\mathrm{i}}}{\delta h}\right)_{\mathrm{x,p}}.$$

Die partiellen Ableitungen der einzelnen Komponenten des Vektors $\boldsymbol{Y}$ bezüglich x,p und h sind in der Tabelle 8.3 zusammengefaßt. Mit Hilfe von (8.2.5) erhalten wir die nicht konservative Form des Systems (8.2.3):

$$\boldsymbol{A}\frac{\delta \boldsymbol{U}}{\delta \tau}+\boldsymbol{B}\frac{\delta \boldsymbol{U}}{\delta z}=\boldsymbol{C}, \tag{8.2.6}$$

wobei

$$\boldsymbol{A}=\begin{vmatrix} 0 & \dfrac{\delta \varrho}{\delta p} & \dfrac{\delta \varrho}{\delta x} & \dfrac{\delta \varrho}{\delta h} \\ 1 & 0 & 0 & 0 \\ Gv_{\mathrm{I}} & \dfrac{\delta h^*}{\delta p}+\dfrac{1}{2}G^2\dfrac{\delta v_{\mathrm{I}}}{\delta p}-1 & \dfrac{\delta h^*}{\delta x}+\dfrac{1}{2}G^2\dfrac{\delta v_{\mathrm{I}}}{\delta x} & \dfrac{\delta h^*}{\delta h}+\dfrac{1}{2}G^2\dfrac{\delta v_{\mathrm{I}}}{\delta h} \\ 0 & 0 & 1 & 0 \end{vmatrix},$$

$$\boldsymbol{B}=\begin{vmatrix} 1 & 0 & 0 & 0 \\ 2Gv_{\mathrm{I}} & G^2\dfrac{\delta v_{\mathrm{I}}}{\delta p}+1 & G^2\dfrac{\delta v_{\mathrm{I}}}{\delta x} & G^2\dfrac{\delta v_{\mathrm{I}}}{\delta h} \\ h+\dfrac{3}{2}G^2v_{\mathrm{E}}^2 & \dfrac{1}{2}G^3\dfrac{\delta v_{\mathrm{E}}^2}{\delta p} & \dfrac{1}{2}G^3\dfrac{\delta v_{\mathrm{E}}^2}{\delta x} & G+\dfrac{1}{2}G^3\dfrac{\delta v_{\mathrm{E}}^2}{\delta h} \\ v_{\mathrm{S}}\dfrac{S-1}{S} & 0 & Gv & 0 \end{vmatrix},$$

$$\boldsymbol{C}=\begin{vmatrix} -GA^* \\ -\varrho g\cos\varphi-R-G^2v_{\mathrm{I}}A^* \\ \dot{q}'''-G\left[g\cos\varphi+vR+\left(h+\dfrac{1}{2}G^2v_{\mathrm{E}}^2\right)A^*\right] \\ v_{\mathrm{S}}\left(\varepsilon\mu-\dfrac{S-1}{S}GA^*\right) \end{vmatrix}.$$

Der stationäre Teil des Systems aufgelöst nach den Ortsableitungen liefert uns:

$$\begin{cases} \dfrac{\mathrm{d}G}{\mathrm{d}z} = -GA^*, \\ \dfrac{\mathrm{d}x}{\mathrm{d}z} = \dfrac{\mu}{G}, \\ \dfrac{\mathrm{d}p}{\mathrm{d}z} = \left[c_2^* \left(\dfrac{G^2}{2} \dfrac{\delta v_E^2}{\delta h} + 1 \right) - c_3^* G^2 \dfrac{\delta v_I}{\delta h} \right] \Big/ (1 - G^2/G^{*2}), \\ \dfrac{\delta h}{\mathrm{d}z} = \left[c_3^* \left(G^2 \dfrac{\delta v_I}{\delta p} + 1 \right) - c_2^* \dfrac{G^2}{2} \dfrac{\delta v_E^2}{\delta p} \right] \Big/ (1 - G^2/G^{*2}), \end{cases} \tag{8.2.7}$$

wobei

$$c_2^* = -\varrho g \cos\varphi - R + G^2 v_I A^* - \mu G \frac{\delta v_I}{\delta x},$$

$$c_3^* = \frac{\dot{q}'''}{G} - g\cos\varphi - vR + G^2 v_E^2 A^* - \mu \frac{G}{2} \frac{\delta v_E^2}{\delta x}.$$

Für die lokale kritische Massenstromdichte erhalten wir:

$$-\frac{1}{G^{*2}} = \frac{\delta v_I}{\delta p} + \frac{1}{2} \frac{\delta v_E^2}{\delta h} = \frac{1 + x(S-1)}{S} \frac{\delta v_S}{\delta p} + \frac{1 + x(S^2-1)}{S^2} v_S \frac{\delta v_S}{\delta h}. \tag{8.2.8}$$

Diese Gleichung hat einige bemerkenswerte Eigenschaften:

– Falls die Flüssigkeit als gesättigt angenommen wird, so ist der Phasenübergang bei $x=0$ $(S=1)$

$$-\frac{1}{G^{*2}} = \frac{\delta v_f}{\delta p} + v_f \frac{\delta v_f}{\delta h_f}$$

kontinuierlich und bei $x=1$ $(S=1)$

$$-\frac{1}{G^{*2}} = \frac{\mathrm{d}v''}{\mathrm{d}p} + \left(v'' - \frac{\mathrm{d}h''}{\mathrm{d}p} \right) \frac{\delta v_f}{\delta p} \sim \frac{\mathrm{d}v''}{\mathrm{d}p}$$

diskontinuierlich, wobei die Diskontinuität nicht sehr stark ist.

– Falls der Dampf gesättigt ist, so ist der Phasenübergang $x=1$ $(S=1)$

$$-\frac{1}{G^{*2}} = \frac{\delta v_g}{\delta p} + v_g \frac{\delta v_g}{\delta h_g}$$

kontinuierlich und bei $x=0$ $(S=1)$

$$-\frac{1}{G^{*2}} = \frac{\mathrm{d}v'}{\mathrm{d}p} + \left(v' - \frac{\mathrm{d}h'}{\mathrm{d}p} \right) \frac{\delta v_g}{\delta h_g}$$

diskontinuierlich, wobei die Diskontinuität sehr stark ist.

Das ist eine der Ursachen, weshalb für die Beschreibung der kritischen ZS die erste Annahme geeigneter ist. Der Gedanke wird auch durch den Vergleich mit dem Experiment (Kolev [150]) bestätigt.

Für eine adiabate $\dot{q}'''=0$, horizontale $\varphi=0$ ZS in kurzen Rohrstücken, Blenden oder Lavaldüsen $R=0$, vereinfacht sich (8.2.7) wie folgt:

$$\left\{\begin{aligned} &\frac{\mathrm{d}G}{\mathrm{d}z} = -GA^*, \\ &\frac{\mathrm{d}x}{\mathrm{d}z} = \mu/G, \\ &\frac{\mathrm{d}p}{\mathrm{d}z} = \left[G^2 v_\mathrm{I} A^* - \mu G\left(\frac{\delta v_\mathrm{I}}{\delta x} - \frac{G^2 v_\mathrm{I}^2}{2}\cdot\frac{\delta v_\mathrm{I}}{\delta h}\cdot\frac{\delta f_1}{\delta x}\right)\right]\Big/(1-G^2/G^{*2}), \\ &\frac{\mathrm{d}h}{\mathrm{d}z} = \left[G^2 v_\mathrm{E}^2 A^* - \mu\frac{G}{2}\left(\frac{\delta v_\mathrm{I}}{\delta x} + G^2 v_\mathrm{I}^2\frac{\delta v_\mathrm{I}}{\delta p}\cdot\frac{\delta f_1}{\delta x}\right)\right]\Big/(1-G^2/G^{*2}). \end{aligned}\right. \tag{8.2.9}$$

Wir sehen, wenn $A^*=0$ und $\mu=0$ sind, findet keine Druckänderung statt. Man muß immer berücksichtigen, daß bei kurzen Rohrstücken und Blenden die Strömung eine Querkontraktion erfährt. Bei unterkühlter Flüssigkeit am Eintritt verursacht die Querkontraktion eine Beschleunigung, die eine Druckabsenkung zur Folge hat. Unter bestimmten Umständen, kann dabei auch eine Verdampfung eintreten. Die voraussichtliche *Überhitzung*, bei der die Verdampfung eintritt, sowie die danach folgende *Intensität der Verdampfung* spielen bei der Beschreibung der kritischen Strömung in solchen Einrichtungen eine *fundamentale* Rolle.

8.2.2 Die kritische Zweiphasenströmung

Unter der Annahme, daß der Dampf gesättigt ist, läßt sich Gl. (8.2.8) wie folgt schreiben

$$-\frac{1}{G^{*2}} = \frac{1+x(S-1)}{S}\left[x\frac{\mathrm{d}v''}{\mathrm{d}p} + S(1-x)\frac{\delta v_\mathrm{f}}{\delta p} - Sx\frac{\mathrm{d}h''}{\mathrm{d}p}\frac{\delta v_\mathrm{f}}{\delta h_\mathrm{f}}\right] + \frac{1+x(S^2-1)}{S}[xv''+S(1-x)v_\mathrm{f}]\frac{\delta v_\mathrm{f}}{\delta h_\mathrm{f}}. \tag{8.2.8a}$$

Abbildungen 8.1 – 8.4 zeigen die Abhängigkeit der lokalen kritischen Massenstromdichte berechnet nach (8.2.8a) als Funktion des Schlupfes für $T'=T_\mathrm{f}$ und Drücke 1, 2, 40 und 120 bar. Es können folgende Schlußfolgerungen aus den Abbildungen gezogen werden:

- Mit dem Zuwachs des Druckes verschwindet die Differenz zwischen der homogenen und der nichthomogenen Strömung. Das bestätigt eine Erkenntnis aus der Gleichgewichtstheorie [146].
- Für $x>0{,}5$ haben die Schlupfwerte, größer als die mit der gestrichelten Linie gekennzeichneten, keinen wesentlichen Einfluß auf die lokale kritische Massenstromdichte.
- Für $x<0{,}5$ sind die Schlupfwerte, größer als die mit der gestrichelten Linie gekennzeichneten, nicht in Übereinstimmung mit den Experimentaldaten aus den Abb.8.5 – 8.9.

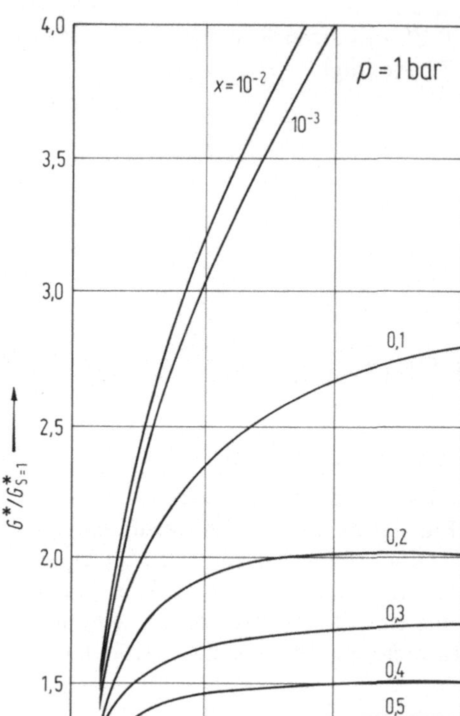

Abb.8.1. Kritische Massenstromdichte als Funktion des Schlupfes ($p=1$, 2, 20, 40, 120 bar), Parameter: Gasmassenstromanteil

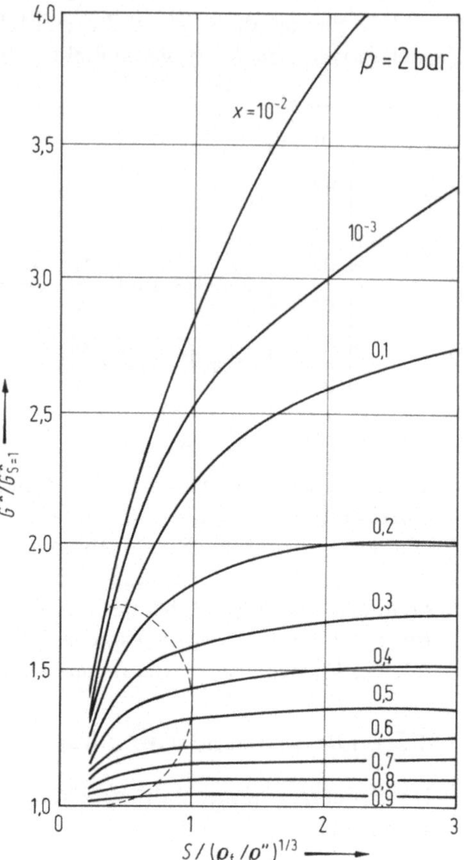

Abb.8.2. Erläuterung s. Abb.8.1

Es entsteht die Frage: Wie groß ist der Schlupf in dem Querschnitt, in dem die Strömung kritisch ist? Das ist ein zur Zeit nicht gelöstes Problem. Zwei Faktoren beeinflussen in entgegengesetzten Richtungen die lokale kritische Massenstromdichte, das thermodynamische Nichtgleichgewicht und den Schlupf. Es ist möglich, z.B. mit Unterschätzung des Stofftransportes und Überschätzung des Schlupfes oder umgekehrt, eine gute Übereinstimmung mit den Experimentaldaten zu erhalten. Deswegen ist es äußerst wichtig, die beiden Phänomene getrennt zu messen bzw. getrennt relativ genau theoretisch abzuschätzen. Da dies auf verschiedenen Wegen möglich ist, entstanden in den letzten zwanzig Jahren viele Arbeiten, die diesem Phänomen gewidmet sind. Fauske [62] (1962) schlug zuerst einen Wert für den Schlupf im kritischen Querschnitt $S=(v_g/v_f)^{1/2}$ vor. Später stellten er und andere Autoren [51] fest, daß der Schlupf kleinere Werte annimmt.

$$S=0{,}17x^{0{,}18}(\varrho_f/\varrho_g)^{1/2} \qquad (1965)$$

$$S=1+(4{,}46x^{0{,}18}-1)(\varrho_f/\varrho_g)/(\varrho_f/\varrho_g)_{p=1\ \text{bar}} \qquad (1968)$$

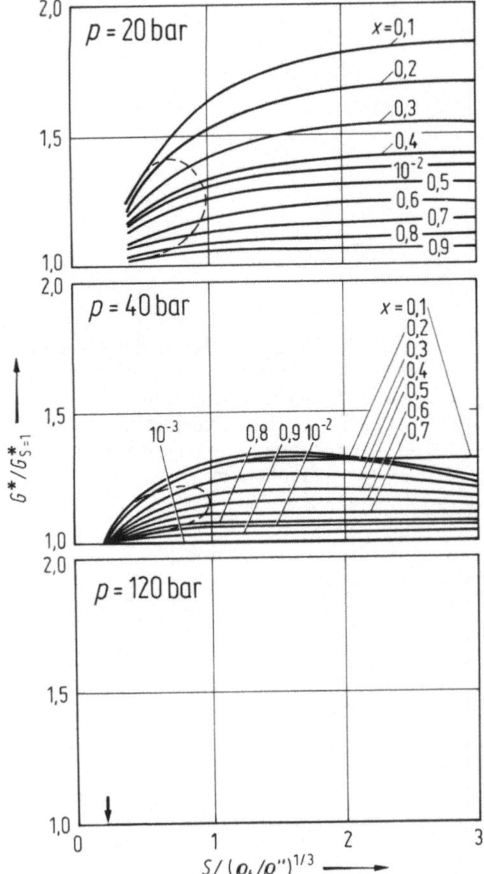

Abb.8.3. Erläuterung s. Abb.8.1

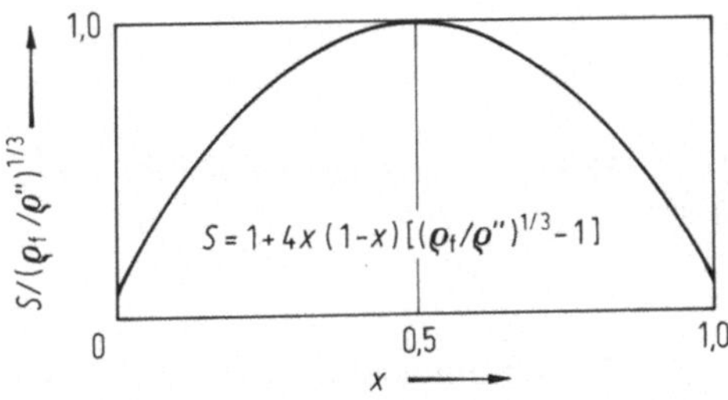

Abb.8.4. Maximalmöglicher Schlupf als Funktion des Gasmassenstromanteiles

Es ist eindeutig, daß der Schlupf beim Übergang der Strömung in das Einphasengebiet ($x \to 0$ bzw. $x \to 1$) den Wert eins annehmen muß (ausgeschlossen sei der Fall, bei dem die Dampfblasen unbeweglich an der Kanalwand entstehen).

$$x=0, \; S=1$$

$$x=1, \; S=1$$

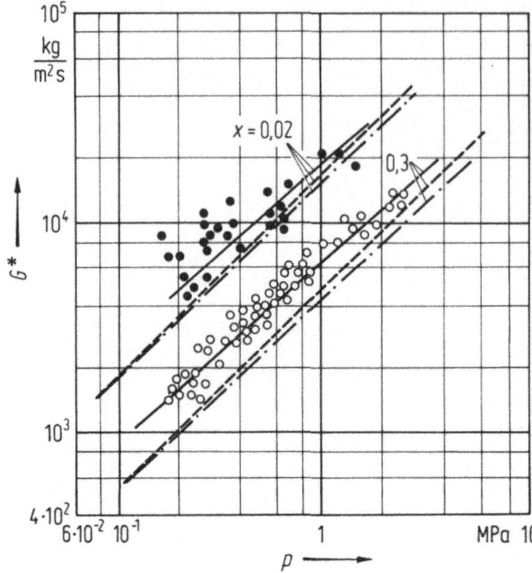

Abb.8.5. Vergleich der mit Hilfe der Gln. (8.2.8a,8.2.10) berechneten lokalen kritischen Massenstromdichten ($n=1$, $m=1/3$, $T_f=T'$) mit den gemessenen, in [203]: —— Rechnung, —·— Rechnung mit $S=1$, ····· Köberlein $S=1$

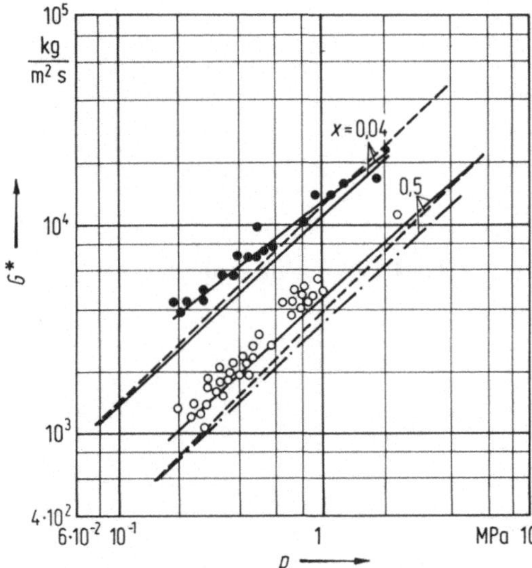

Abb.8.6. Erläuterungen s. Abb.8.5

Dies ist durch die zwei Gleichungen nicht erfüllt. Ein Zusammenhang, der die oberen Erkenntnisse berücksichtigt, ist

$$S_{\max}=1+\frac{(n+1)^{n+1}}{n^n}x(1-x)^n\left[\left(\frac{\varrho_f}{\varrho_g}\right)^m-1\right],\ m\leqq 1/2,\ n\geqq 1. \tag{8.2.10}$$

Dabei bestimmt m die Größe des Maximums und n die Lage des Maximums entlang der x-Achse. Diese Gleichung kann als Grundlage bei der Zusammenfassung von Experimentaldaten dienen.

Abbildungen 8.5 bis 8.9 zeigen einen Vergleich zwischen den der mit Hilfe der Gln. (8.2.8a) und (8.2.10) berechneten lokalen kritischen Massenstromdichten ($n=1$,

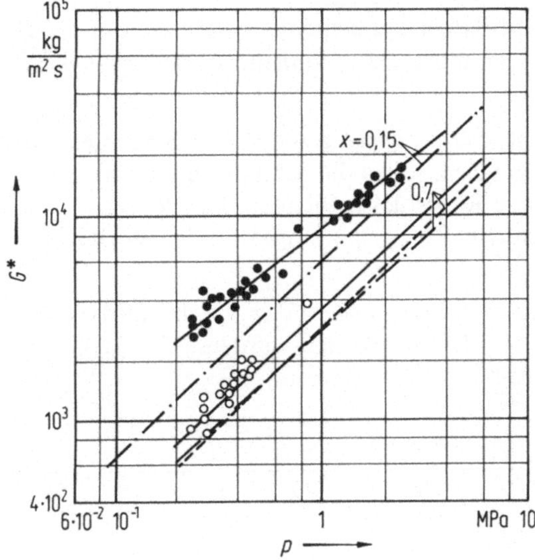

Abb.8.7. Erläuterungen s. Abb.8.5

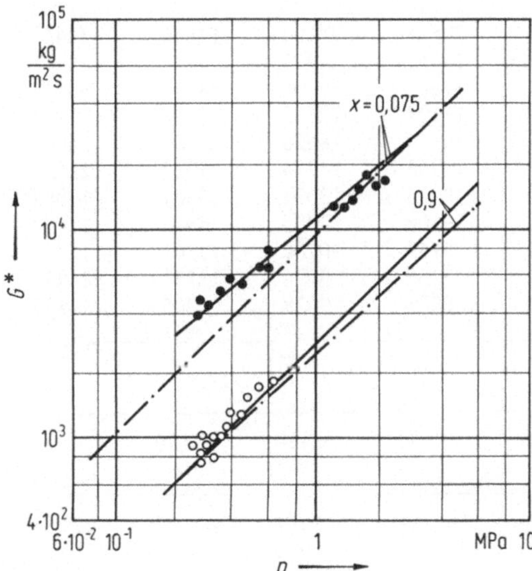

Abb.8.8. Erläuterungen s. Abb.8.5

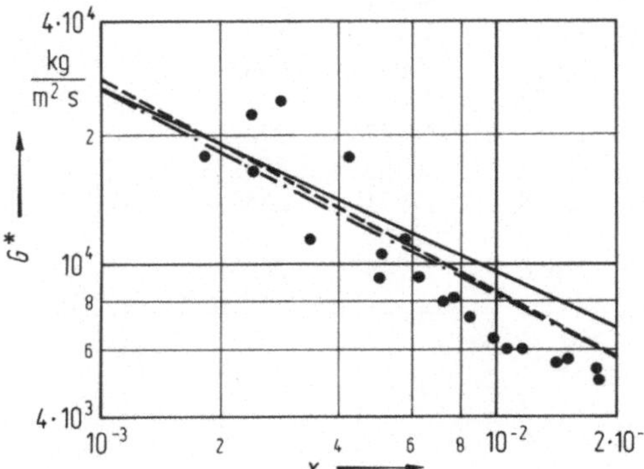

Abb.8.9. Vergleich Theorie-Experiment [95] (Bezeichnungen vgl. Abb.8.5)

$m=1/3$, $T_f=T'$) und den gemessenen Massenstromdichten; veröffentlicht in [203]. Wir sehen eine ausgezeichete Übereinstimmung. Daraus können zwei Schlußfolgerungen gezogen werden:

- Gleichung (8.2.10) liefert die Werte des *maximal erreichbaren* Schlupfes. Um Übereinstimmung bei $T_f > T'(p)$ zu erzielen, sollen die Schlupfwerte etwas kleiner als S_{max} sein. Dies betrifft relativ kurze Rohrstücke, Blenden, Lavaldüsen.
- Für lange Rohre, für die die Annahme $T_f \sim T'(p)$ ungefähr der Wirklichkeit entspricht, ist (8.2.10) anwendbar.

Tabelle 8.4 enthält die Zahlenergebnisse in der Form $G^* = G^*(p,x)$, die mit Hilfe der Gln. (8.2.8a) und (8.2.10) $n=1$, $m=1/3$, $T_f=T'$ erhalten wurden.

Tabelle 8.4

p in bar x'	1	10	20	30	40	50	60
0,00010	28640	221737	414708	554919	635760	666588	668657
0,00100	9223	71742	141432	208640	270329	323997	367955
0,01000	3384	24462	47648	70534	92790	114146	134445
0,10000	1675	10756	19946	28657	36932	44774	52211
0,20000	1157	7938	14909	21523	27795	33727	39340
0,30000	855	6174	11795	17194	22353	27260	31923
0,40000	670	4985	9642	14166	18526	22700	26689
0,50000	548	4151	8096	11963	15714	19325	22794
0,60000	463	3550	6965	10336	13622	16802	19868
0,70000	401	3102	6116	9106	12035	14879	17632
0,80000	353	2755	5453	8142	10786	13362	15862
0,90000	316	2479	4921	7366	9776	12131	14423
0,99000	289	2274	4525	6785	9018	11205	13339

p in bar x'	70	80	90	100	110	120
0,00010	653828	629513	599366	565784	529304	490499
0,00100	401657	425089	438489	442625	437976	425159
0,01000	153637	171707	188658	204394	218711	231168
0,10000	59294	66098	72709	79214	85697	92232
0,20000	44676	49795	54767	59664	64561	69531
0,30000	36372	40657	44832	48962	53111	57352
0,40000	30515	34217	37843	41447	45089	48837
0,50000	26138	29387	32584	35777	39021	42380
0,60000	22836	25730	28589	31456	34382	37426
0,70000	20305	22921	25513	28122	30793	33584
0,80000	18297	20686	23061	25458	27921	30503
0,90000	16661	18862	21055	23275	25562	27967
0,99000	15426	17483	19536	21618	23769	26037

Man muß die einzelnen Theorien der kritischen ZS immer vorsichtig anwenden. Wie wichtig das ist, zeigen wir an folgendem Beispiel: Tabelle 8.5 enthält verschiedene bis jetzt erhaltene Definitionen der lokalen kritischen Massenstromdichte. Wir berechnen nach jeder Theorie $G^* = G^*(p,x)$ und bilden die relative Abweichung der berechneten Werte bezüglich der Gln. (8.2.8a) und (8.2.10) $m=1/3$, $n=1$, $T_f = T'$. Die Ergebnisse sind in der Tabelle 8.6 gegeben. Es sei besonders die Differenz zwischen den Gleichgewichts- und Nichtgleichgewichtstheorien für kleinere Massenstromanteile x unterstrichen.

Tabelle 8.5 $\Delta_j = \frac{G^* - G_j^*}{G^*} \cdot 100\%$

Nr.	Modell	$-1/G^{*2}$	S
	G, p, x, h, S	$\left(\frac{\partial v_I}{\partial p}\right)_{x,h} + \frac{1}{2}\left(\frac{\partial v_E^2}{\partial h}\right)_{p,x}$	$1 + \frac{(n+1)^{n+1}}{n^n} x(1-x)^n \cdot \left[\left(\frac{\varrho_f}{\varrho_g}\right)^m - 1\right]$ $m=1/3$, $n=1$
1	G, p, x, h	$\left(\frac{\partial v_I}{\partial p}\right)_{x,h} + \frac{1}{2}\left(\frac{\partial v_E^2}{\partial h}\right)_{p,x}$	1
2	G, p, h, S	$\left(\frac{\partial v_I}{\partial p}\right)_{h} + \frac{1}{2}\left(\frac{\partial v_E^2}{\partial h}\right)_{p}$	$(\varrho_f/\varrho_g)^{1/3}$
3	G, p, h	$\left(\frac{\partial v_I}{\partial p}\right)_{h} + \frac{1}{2}\left(\frac{\partial v_E^2}{\partial h}\right)_{p}$	1
4	G, p, x	$\left(\frac{\partial v}{\partial p}\right)_{x} + \frac{1}{2}\left(\frac{\partial v^2}{\partial h}\right)_{p} - N_{He}\left(\frac{\partial v}{\partial h}\right)_{p}\left(\frac{\partial h}{\partial p}\right)_{x}$ $x > 0{,}14 \quad N_{He}=1$ $x \leqq 0{,}14 \quad N_{He}=x/0{,}14$	1
5	G, p, x, s_g, s_f, S	$\left(\frac{\partial v_I}{\partial p}\right)_{x,s_g,s_f}$	$(\varrho_f/\varrho_g)^{1/3}$
6	G, p, x, s_g, s_f	$\left(\frac{\partial v_I}{\partial p}\right)_{x,s_g,s_f}$	1

Tabelle 8.6

p[bar] / x[−]	1	10	20	30	40	50	60	70	80	90	100	110	120
0,00010	0,2	0,1	0,1	0,0	0,0	0,0	0,0	0,0	0,0	0,0	0,0	0,0	0,0
	82,6	91,1	92,9	93,4	93,1	92,1	93,2	91,8	88,8	90,6	91,6	88,0	33,2
	96,1	96,7	96,9	96,8	96,4	95,7	96,1	95,1	93,1	94,0	94,4	91,8	55,9
	−11,5	100,0	100,0	100,0	100,0	100,0	100,0	100,0	100,0	100,0	100,0	100,0	100,0
	−231,9	−148,7	−86,1	−53,8	−28,0	−20,3	−15,7	−12,5	−9,5	−6,6	−3,0	−12,0	−8,7
	2,8	−14,5	−10,8	−10,0	−5,3	−6,3	−6,8	−6,8	−5,9	−4,3	−1,5	−10,8	−7,9
0,00100	2,0	0,9	0,7	0,5	0,4	0,4	0,3	0,2	0,2	0,1	0,1	0,1	0,1
	41,1	72,7	79,3	82,4	83,8	83,8	87,6	86,7	83,4	87,2	89,3	85,5	24,2
	87,9	89,9	90,9	91,5	91,6	91,1	92,9	92,0	89,8	91,8	92,9	90,1	50,4
	14,7	2,4	−34,4	100,0	100,0	100,0	100,0	100,0	100,0	100,0	100,0	100,0	100,0
	−225,0	−165,6	−125,4	−102,3	−80,3	−67,2	−55,9	−46,0	−36,8	−28,3	−19,9	−25,1	−18,3
	4,6	−13,9	−11,3	−10,8	−9,5	−10,7	−11,7	−12,1	−11,8	−10,3	−7,5	14,5	−11,2
0,01000	15,5	8,0	6,1	5,0	4,4	3,8	3,4	3,1	2,8	2,5	2,2	1,9	1,7
	−21,9	25,5	41,4	50,0	54,3	55,5	66,8	65,9	60,0	70,7	77,0	71,3	−20,1
	68,8	71,3	73,8	75,4	76,0	75,4	80,6	79,4	75,2	81,0	84,7	80,3	25,0
	27,9	25,4	26,5	27,4	26,9	23,9	35,2	30,8	18,4	33,7	44,8	30,3	−78,1
	−167,6	−143,9	−116,3	−102,2	−90,9	−85,4	−80,6	−75,9	−71,0	−64,8	−57,6	−59,1	−49,9
	17,7	−5,9	−5,3	−6,0	−6,1	−8,2	−10,2	−12,1	−13,8	−14,4	−14,5	−19,4	−17,6
0,10000	46,0	33,8	29,0	25,9	23,7	21,9	20,4	19,0	17,8	16,7	15,7	14,7	13,6
	−7,2	−3,0	4,4	10,1	12,9	12,2	29,0	26,2	15,2	33,7	46,5	34,9	−49,4
	56,3	50,4	49,7	49,8	49,2	47,3	54,7	52,0	44,9	54,5	61,7	53,4	8,8
	53,5	46,4	45,2	44,8	44,0	42,0	49,2	46,4	39,3	48,7	56,2	47,4	8,0
	−24,9	−48,8	−44,1	−42,3	−40,3	−41,1	−42,0	−42,7	−43,5	−43,2	−42,7	−46,7	−43,9
	47,4	23,8	20,3	17,3	15,3	11,9	8,8	6,0	3,1	1,0	−0,9	−5,8	−6,2

0,20000	44,7	36,6	32,8	30,3	28,3	26,6	25,2	23,9	22,8	21,7	20,6	19,5	18,5
	1,6	1,7	4,7	7,3	8,2	6,6	20,2	16,8	6,5	22,7	35,3	22,8	−37,0
	49,6	44,5	43,1	42,4	41,3	39,2	45,0	42,3	35,9	43,9	50,9	42,3	11,0
	49,6	44,5	43,1	42,4	41,3	39,2	45,0	42,3	35,9	43,9	50,9	42,3	11,0
	−3,8	−24,4	−21,8	−21,4	−20,7	−22,4	−24,0	−25,5	−27,1	−27,7	−28,1	−32,4	−31,0
	46,2	27,0	24,6	22,1	20,4	17,3	14,4	11,6	8,9	6,8	4,9	0,1	−0,5
0,30000	39,0	33,4	30,7	28,7	27,2	25,9	24,7	23,7	22,7	21,8	20,9	20,0	19,1
	2,0	2,1	3,6	5,0	5,2	3,4	14,2	10,9	2,1	15,5	27,1	15,1	−29,3
	41,6	37,9	36,5	35,6	34,5	32,6	37,2	34,6	29,2	35,7	42,1	34,0	10,7
	41,6	37,9	36,5	35,6	34,5	32,6	37,2	34,6	29,2	35,7	42,1	34,0	10,7
	1,0	−17,3	−14,7	−14,3	−13,7	−15,4	−17,1	−18,7	−20,3	−21,1	−21,8	−26,0	−24,9
	40,6	23,4	22,2	20,4	19,1	16,4	13,8	11,3	8,8	7,0	5,2	0,6	0,2
0,40000	32,5	28,6	26,5	25,1	23,9	22,9	22,0	21,2	20,5	19,7	19,0	18,3	17,6
	0,8	0,9	1,7	2,3	2,1	0,3	8,8	5,8	−1,7	9,2	19,6	8,5	−25,2
	33,8	30,9	29,7	28,8	27,7	26,1	29,6	27,4	22,9	28,0	33,7	26,4	8,5
	33,8	30,9	29,7	28,8	27,7	26,1	29,6	27,4	22,9	28,0	33,7	26,4	8,5
	2,3	−15,3	−12,4	−11,9	−11,3	−12,9	−14,6	−16,2	−17,8	−18,6	−19,3	−23,5	−22,4
	34,3	17,8	17,6	16,4	15,5	13,1	10,7	8,4	6,1	4,5	2,9	−1,5	−1,6
0,50000	26,2	23,3	21,7	20,6	19,7	19,0	18,3	17,7	17,1	16,6	16,1	15,6	15,1
	−0,5	−0,7	−0,5	−0,4	−1,0	−2,7	3,8	1,0	−5,2	3,4	12,3	2,4	−23,1
	26,5	24,1	22,9	22,1	21,0	19,5	22,2	20,3	16,6	20,6	25,3	19,0	5,3
	26,5	24,1	22,9	22,1	21,0	19,5	22,2	20,3	16,6	20,6	25,3	19,0	5,3
	2,5	−14,9	−12,0	−11,5	−10,8	−12,4	−14,0	−15,6	−17,2	−18,0	−18,8	−22,9	−21,8
	28,2	11,7	12,2	11,4	10,9	8,7	6,5	4,4	2,2	0,8	−0,6	−4,9	−4,8
0,60000	20,3	18,1	17,0	16,1	15,5	14,9	14,5	14,0	13,6	13,2	12,9	12,5	12,2
	−1,6	−2,1	−2,4	−2,7	−3,6	−5,2	−0,6	−3,0	−8,0	−1,7	5,5	−2,9	−21,8
	19,7	17,7	16,6	15,7	14,7	13,4	15,3	13,6	10,6	13,6	17,4	12,1	1,8
	19,7	17,7	16,6	15,7	14,7	13,4	15,3	13,6	10,6	13,6	17,4	12,1	1,8
	2,6	−14,9	−12,0	−11,4	−10,8	−12,4	−14,0	−15,6	−17,2	−18,1	−18,8	−22,9	−21,8
	22,4	5,8	6,9	6,4	6,2	4,1	2,1	0,1	−2,0	−3,3	−4,5	−8,8	−8,4

Tabelle 8.6 (Fortsetzung)

p[bar] / x[–]	1	10	20	30	40	50	60	70	80	90	100	110	120
0,70000	14,8	13,2	12,4	11,9	11,4	11,1	10,8	10,5	10,2	10,0	9,7	9,5	9,4
	−2,4	−3,1	−3,7	−4,5	−5,5	−7,1	−4,2	−6,3	−10,2	−5,9	−0,6	−7,3	−20,6
	13,4	11,8	10,8	9,9	8,9	7,7	8,9	7,5	5,2	7,2	9,9	5,9	−1,5
	13,4	11,8	10,8	9,9	8,9	7,7	8,9	7,5	5,2	7,2	9,9	5,9	−1,5
	2,6	−14,9	−12,0	−11,4	−10,8	−12,3	−14,0	−15,6	−17,2	−18,1	−18,8	−22,9	−21,8
	17,0	0,2	1,8	1,6	1,7	−0,2	−2,2	−4,0	−6,0	−7,2	−8,3	−12,5	−11,9
0,80000	9,6	8,6	8,1	7,8	7,6	7,4	7,2	7,1	6,9	6,8	6,7	6,7	6,6
	−3,0	−3,9	−4,8	−5,9	−7,1	−8,6	−7,2	−9,0	−11,9	−9,5	−6,2	−11,1	−19,6
	7,6	6,3	5,3	4,4	3,5	2,5	3,0	1,9	0,2	1,2	2,9	0,0	−4,7
	7,6	6,3	5,3	4,4	3,5	2,5	3,0	1,9	0,2	1,2	2,9	0,0	−4,7
	2,6	−15,0	−12,0	−11,4	−10,7	−12,3	−14,0	−15,6	−17,2	−18,1	−18,8	−22,9	−21,8
	11,9	−5,1	−3,0	−2,9	−2,6	−4,4	−6,3	−8,0	−9,9	−10,9	−11,9	−16,0	−15,3
0,90000	4,7	4,2	4,0	3,9	3,9	3,8	3,8	3,8	3,8	3,8	3,8	3,9	4,0
	−3,5	−4,5	−5,7	−7,0	−8,4	−9,8	−9,8	−11,3	−13,3	−12,7	−11,5	−14,4	−18,7
	2,1	1,1	0,2	−0,7	−1,5	−2,4	−2,5	−3,4	−4,5	−4,3	−3,7	−5,4	−7,8
	2,1	1,1	0,2	−0,7	−1,5	−2,4	−2,5	−3,4	−4,5	−4,3	−3,7	−5,4	−7,8
	2,6	−15,0	−12,0	−11,4	−10,7	−12,3	−14,0	−15,5	−17,2	−18,1	−18,8	−22,9	−21,8
	7,2	−10,2	−7,6	−7,3	−6,8	−8,4	−10,2	−11,8	−13,6	−14,5	−15,4	−19,5	−18,6
0,99000	0,5	0,5	0,5	0,5	0,6	0,7	0,8	0,9	1,0	1,1	1,2	1,4	1,6
	−3,9	−4,9	−6,3	−7,8	−9,3	−10,7	−11,8	−13,1	−14,3	−15,2	−15,9	−17,0	−17,9
	−2,5	−3,3	−4,2	−5,1	−5,9	−6,6	−7,3	−7,9	−8,6	−9,0	−9,5	−10,0	−10,5
	−2,5	−3,3	−4,2	−5,1	−5,9	−6,6	−7,3	−7,9	−8,6	−9,0	−9,5	−10,0	−10,5
	2,6	−15,0	−12,0	−11,4	−10,7	−12,3	−14,0	−15,5	−17,2	−18,1	−18,8	−22,9	−21,8
	3,1	−14,5	−11,6	−11,0	−10,3	−11,9	−13,6	−15,2	−16,9	−17,7	−18,5	−22,6	−21,5

8.2.3 Die gekoppelte Aufgabe Brennelement eines wassergekühlten Kernreaktors/Kühlmittel

In diesem Abschnitt zeigen wir eine typische Anwendung des NNZS-Modells. Wir interessieren uns für die Temperaturfelder im Brennelement eines wassergekühlten Kernreaktors während verschiedener stationärer und transienter Prozesse. Da das Brennelement vom Wasser in beliebigem Zustand gekühlt wird, ist es bei der mathematischen Simulation notwendig, ein allgemeingültiges ZS-Modell zu verwenden. Dafür ist das dargestellte Modell in Abschn. 8.2 sehr geeignet. Die Wärmeleitung im Brennelement (BE) ist durch den Wärmeübergangsmechanismus an der BE-Oberfläche mit der ZS gekoppelt. Diese Aufgabe wurde von Kolev [150,154,161] untersucht. Im weiteren werden die wichtigsten Ergebnisse aus diesen Arbeiten vorgestellt.

8.2.3.1 Das Modell des Brennelementes

Das Modell des Brennelementes wird unter folgenden Voraussetzungen entwickelt [161]:

1. Die Wärmeleitung in *radialer* und *axialer* Richtung wird berücksichtigt.
2. Die Akkumulationseigenschaft des Gasspaltes wird vernachlässigt.
3. Der Brennstoff wird auf $I-1$ koaxiale, und J axiale, volumengleiche Schichten (Abb.8.10) aufgeteilt, in denen die Wärmeleitfähigkeit zu jeder Zeit eine Funktion der mittleren Schichttemperatur ist.
4. Die Stelle der mittleren Temperatur längs des Radius innerhalb einer Schicht erhalten wir unter der Voraussetzung, daß der Temperaturverlauf in der Schicht zu jedem Zeitpunkt *quadratisch* ist. Dafür gibt die stationäre Lösung der Fourierschen Differentialgleichung einen gewissen Anlaß.

Die Fouriersche Differentialgleichung

$$\varrho c \frac{\delta T}{\delta \tau} + \lambda \nabla^2 T = \dot{q}''', \tag{8.2.11}$$

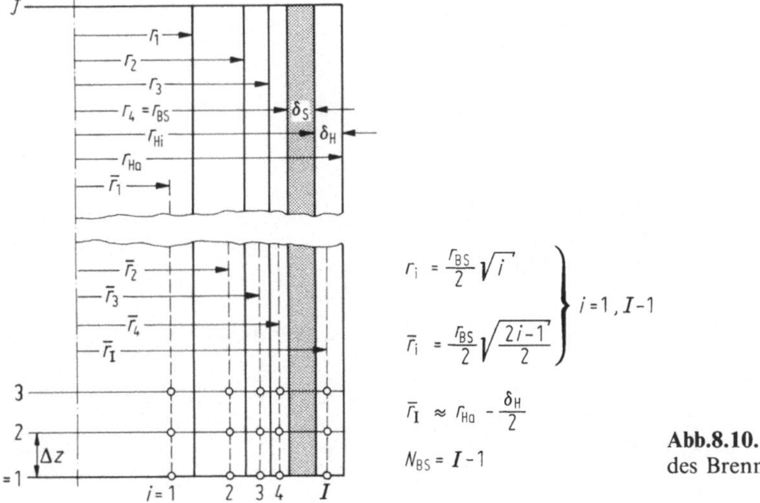

Abb.8.10. Zonenaufteilung des Brennelements

angewandt auf jede Brennstoffzone und auf die Hülle (Abb.8.10), liefert unter den obengenannten Voraussetzungen folgendes System von gewöhnlichen nichtlinearen Differentialgleichungen:

Zone $i=1$

$$\frac{\mathrm{d}T_{j1}}{\mathrm{d}\tau}=\frac{q^*_{j1}}{(\varrho c)_{j1}}-\frac{\lambda_{j1}}{(\varrho c)_{j1}}\cdot\frac{N_{BS}2r_1}{r^2_{BS}(\bar{r}_2-\bar{r}_1)}(T_{j1}-T_{j2}).$$

Zone $i=2,I-2$

$$\frac{\mathrm{d}T_{ji}}{\mathrm{d}\tau}=\frac{q^*_{ji}}{(\varrho c)_{ji}}+\frac{\lambda_{ji-1}}{(\varrho c)_{ji}}\frac{N_{BS}2r_{i-1}}{r^2_{BS}(\bar{r}_i-\bar{r}_{i-1})}(T_{ji-1}-T_{ji})$$

$$-\frac{\lambda_{ji}}{(\varrho c)_{ji}}\cdot\frac{N_{BS}2r_i}{r^2_{BS}(\bar{r}_{i+1}-\bar{r}_i)}(T_{ji}-T_{ji+1}).$$

Zone $i=I-1$

$$\frac{\mathrm{d}T_{jI-1}}{\mathrm{d}\tau}=\frac{q^*_{jI-1}}{(\varrho c)_{jI-1}}+\frac{\lambda_{jI-2}}{(\varrho c)_{jI-1}}\cdot\frac{N_{BS}2r_{I-2}}{r^2_{BS}(\bar{r}_{I-1}-\bar{r}_{I-2})}(T_{jI-2}-T_{jI-1})$$

$$-\frac{1}{(\varrho c)_{jI-1}}\cdot\frac{N_{BS}{}^2}{r^2_{BS}k^*_j}(T_{jI-1}-T_{jI}),$$

wobei

$$k^*_j=\frac{1}{\lambda_{jI-1}}\ln\frac{r_{BS}}{\bar{r}_{I-1}}+\frac{1}{\lambda_{Sj}}\ln\frac{r_{BS}+\delta_S}{r_{BS}}+\frac{1}{\lambda_{Hj}}\ln\frac{r_{Ha}-\delta_H/2}{r_{BS}+\delta_S}.$$

Hülle $i=\mathrm{I}$

$$\frac{\mathrm{d}T_{jI}}{\mathrm{d}\tau}=\frac{q^*_{jI}}{(\varrho c)_{jI}}+\frac{2}{(\varrho c)_{jI}(r^2_{Ha}-r^2_{Hi})k^*_j}(T_{jI-1}-T_{jI})$$

$$-\frac{2}{(\varrho c)_{jI}(r^2_{Ha}-r^2_{Hi})k^*_{Hj}}(T_{jI}-T_{jKM}),$$

wobei

$$k^*_{Hj}=\frac{1}{\lambda_{Hj}}\ln\frac{r_{Ha}}{r_{Ha}-\delta_H/2}+\frac{1}{\alpha_j r_{Ha}}.$$

Für die numerische Integration ist es geeigneter, wenn dieses System wie folgt geschrieben wird:

$$\boldsymbol{E}\frac{\mathrm{d}\boldsymbol{T}_j}{\mathrm{d}\tau}=\boldsymbol{D}_j\boldsymbol{T}_j+\boldsymbol{F}_j\boldsymbol{E}, \qquad (8.2.12)$$

wobei

$$E \mathrel{\hat{=}} \text{Einheitsmatrix},$$

$$T_j^T = (T_{j1},\dots,T_{jI}),$$

$$F_j^T = (f_{j1},\dots,f_{jI}),$$

$$f_{j1} = q_{j1}^*/(\varrho c)_{j1}, \quad f_{ji} = q_{ji}^*/(\varrho c)_{ji} \quad i = 2, I-1,$$

$$f_{jI} = \frac{q_{jI}^*}{(\varrho c)_{jI}} + \frac{2T_{KMj}}{(\varrho c)_{jI}(r_{Ha}^2 - r_{Hi}^2)k_{Hj}^*},$$

$$D_j = \begin{vmatrix} -c_{j1} & c_{j1} & 0 & 0 & 0 \\ b_{j2} & -(b_{j2}+c_{j2}) & c_{j2} & 0 & 0 \\ 0 & b_{j3} & -(b_{j3}+c_{j3}) & c_{j3} & 0 \\ \dots & & & & \\ 0 & 0 & b_{ji} & -(b_{ji}+c_{ji}) & \\ & & & & c_{jI} \\ \dots & & & & \\ 0 & 0 & 0 & b_{jI} & -(b_{jI}+c_{jI}) \end{vmatrix},$$

$$b_{j1} = 0, \qquad c_{j1} = \frac{\lambda_{ji} N_{BS} 2 r_i}{(\varrho c)_{j1} r_{BS}^2 (\bar{r}_{i+1} - \bar{r}_i)},$$

$$i = 1, I-2$$

$$b_{ji} = \frac{\lambda_{ji-1} N_{BS} 2 r_{i-1}}{(\varrho c)_{ji} r_{BS}^2 (\bar{r}_i - \bar{r}_{i-1})}, \qquad c_{jI-1} = \frac{N_{BS} 2}{(\varrho c)_{jI-1} r_{BS}^2 k_j^*}.$$

Dabei wird in q^* der axiale Wärmestrom berücksichtigt

$$\left.\begin{aligned} & q_{ji}^* = (\dot{q}'''_{BS})_{ji} + \lambda_{ji}(T_{j+1,i} - 2T_{ji} + T_{j-1,i})/\Delta z^2 \\ & j = 2, J-1 \\ & q_{1i}^* = (\dot{q}'''_{BS})_{1i} + \lambda_{1i}(T_{j+1,i} - T_{ji})/\Delta z^2 \\ & q_{Ji}^* = (\dot{q}'''_{BS})_{Ji} + \lambda_{Ji}(-T_{J,i} + T_{J-1,i})/\Delta z^2 \end{aligned}\right\} \quad i = 1, I$$

Nach der Diskretisation des Systems rückwärts in der Zeit, implizit oder explizit in z-Richtung und explizit in r-Richtung erhalten wir

$$\left(\frac{E}{\Delta\tau} - D_j\right) T_j^{n+1} = E\left(\frac{T_j^n}{\Delta\tau} + F_j\right) \; j = 1, J, \tag{8.2.13}$$

Bei der impliziten Diskretisation in der z-Richtung erfolgt die Auflösung des Systems (8.2.13) nach den Temperaturen in der neuen Zeitebene unter Verwendung des iterativen Verfahrens:

$$(\boldsymbol{T}_{\mathrm{j}}^{\mathrm{n}+1})^{\mathrm{l}+1}=\left(\frac{\boldsymbol{E}}{\Delta\tau}-\boldsymbol{D}_{\mathrm{j}}\right)^{-1}\boldsymbol{E}\left(\frac{\boldsymbol{T}_{\mathrm{j}}^{\mathrm{n}}}{\Delta\tau}+\boldsymbol{F}_{\mathrm{j}}^{\mathrm{l}}\right)\quad j=1,J. \tag{8.2.14}$$

Für $l=1$ wird im Vektor $\boldsymbol{F}$, $q^*/(\varrho c)$ durch $\dot{q}'''/(\varrho c)$ ersetzt. Nach der Berechnung von $(T_{\mathrm{ji}})^{\mathrm{l}}$ wird

$$F_{\mathrm{j}}^{\mathrm{l}}=f(\boldsymbol{T}_{\mathrm{j}}^{\mathrm{l}})$$

korrigiert und wiederum $(\boldsymbol{T}_{\mathrm{j}}^{\mathrm{n}+1})^{\mathrm{l}+1}$ berechnet. Während der Transiente wird $\boldsymbol{F}^{\mathrm{n}}$ für die erste Iteration in der alten Zeitebene berechnet. Es soll ein geeignetes Abbruchkriterium für die Iterationen eingeführt werden z.B.

$$(T_{\mathrm{J/2,1}}^{\mathrm{l}+1}-T_{\mathrm{J/2,1}}^{\mathrm{l}})<1\mathrm{K}.$$

Der größte Vorteil dieses Lösungsverfahrens ist das Umgehen der Inversion einer $(J\times I)\times(J\times I)$-Matrix. Dies wird durch J Inversionen einer $(I\times I)$ Matrix ersetzt. Dadurch wird der benötigte Speicherplatz wesentlich vermindert.

Die langen Brennelemente ($L/D>4$) der wassergekühlten Kernreaktoren gestatten in sehr vielen Übergangsprozessen die Vernachlässigung des axialen Wärmestroms. Nur bei extremen Fällen (z.B. Überflutung der heißen dampfgekühlten Spaltzone durch kaltes Wasser nach einem Kühlmittelverlustunfall) muß die axiale Wärmeleitung berücksichtigt werden.

Die stationäre Lösung kann sehr leicht gefunden werden, indem $\Delta\tau=\infty$ in (8.2.14) gesetzt wird.

$$(\boldsymbol{T}_{\mathrm{j}}^{0})^{\mathrm{l}+1}=(\boldsymbol{D}_{\mathrm{j}})^{-1}\boldsymbol{E}\boldsymbol{F}_{\mathrm{j}}^{\mathrm{l}}\quad j=1,J. \tag{8.2.15}$$

Während der Transiente wird die Wärmestromdichte $\dot{q}''_{\mathrm{KMj}}$ an der Brennelementoberfläche von der Temperaturdifferenz $T_{\mathrm{jI}}-T_{\mathrm{KMj}}$ bestimmt

$$\dot{q}''_{\mathrm{KMj}}=(T_{\mathrm{jI}}-T_{\mathrm{KMj}})\Bigg/\left(\frac{r_{\mathrm{Ha}}}{\lambda_{\mathrm{Hj}}}\ln\frac{r_{\mathrm{Ha}}}{r_{\mathrm{Ha}}-\delta_{\mathrm{H}}/2}+\frac{1}{\alpha_{\mathrm{j}}}\right). \tag{8.2.16}$$

Daraus erhalten wir für die Oberflächentemperatur:

$$T_{\mathrm{Haj}}=T_{\mathrm{KMj}}+q''_{\mathrm{KMj}}/\alpha_{\mathrm{j}}. \tag{8.2.17}$$

Die Bedingung zur Erhaltung der von der Oberfläche der Brennelementhülle an das Kühlmittel abgegebenen Energie liefert

$$\dot{q}'''_{\mathrm{KMj}}=\dot{q}''_{\mathrm{KMj}}\frac{\Pi}{F_{\mathrm{KM}}}=q''_{\mathrm{KMj}}\frac{4}{D_{\mathrm{H}}}. \tag{8.2.18}$$

Dabei ist Π das beheizte Perimeter, F_{KM} der Querschnitt des Kühlkanals und D_{H} der beheizte Durchmesser.

Das Kühlmittel wird mit Hilfe des Gleichungssystems (8.2.6)

$$\boldsymbol{A}\frac{\delta \boldsymbol{U}}{\delta\tau}+\boldsymbol{B}\frac{\delta \boldsymbol{U}}{\delta z}=\boldsymbol{C}$$

simuliert, wobei die numerische Lösung mit Hilfe des impliziten Verfahrens von Trimble und Turner [284]

$$\boldsymbol{U}_{j+1}^{n+1}=\{\boldsymbol{A}_{j+1}^{n+1}\boldsymbol{U}_{j+1}^{n}-\boldsymbol{A}_{j}^{n+1}(\boldsymbol{U}_{j}^{n+1}-\boldsymbol{U}_{j}^{n+1})+\Delta\tau[\boldsymbol{C}_{j+1}^{n+1}+\boldsymbol{C}_{j}^{n+1}$$
$$+(\boldsymbol{B}_{j+1}^{n+1}-\boldsymbol{B}_{j}^{n+1})\boldsymbol{U}_{j}^{n+1}]\Delta z]\}\left\{\boldsymbol{A}_{j+1}^{n+1}+(\boldsymbol{B}_{j+1}^{n+1}+\boldsymbol{B}_{j}^{n+1})\frac{\Delta\tau}{\Delta z}\right\}^{-1} \quad (8.1.19)$$

erhalten wird, allerdings mit der Modifikation, daß die Matrizen $\boldsymbol{A}$, $\boldsymbol{B}$ und $\boldsymbol{C}$ in der neuen Zeitebene $n+1$ berechnet werden. Weitere Informationen über die numerischen Integrationsverfahren finden Sie in Kap.10.

Die Integration des Systems (8.2.7)

$$\frac{d\boldsymbol{U}}{dz}=\boldsymbol{B}^{-1}\boldsymbol{C}$$

liefert uns den stationären Ausgangszustand der Strömung.

Wir haben also ein System von quasilinearen inhomogenen partiellen Differentialgleichungen, das das Verhalten des Fluids beschreibt, gekoppelt mit J Systemen gewöhnlicher nichtlinearer Differentialgleichungen, die das Temperaturfeld des Brennelementes beschreiben.

8.2.3.2 Der Wärmeübergangsmechanismus

Die beiden Modelle werden durch den Wärmeübergangsmechanismus gekoppelt, der durch die Größe des Wärmeübergangskoeffizienten α als Funktion der aktuellen Ortsparameter ausgedruckt wird:

$$\alpha_j=\alpha_j[\boldsymbol{U}_j,\dot{q}''_{KMj},Geometrie]. \quad (8.2.20)$$

Ein Satz empirischer Korrelationen, die den Wärmeübergangsmechanismus in den wichtigsten, für die Technik stationären Regimes charakterisiert, ist in der Tabelle 8.7 angegeben. Aus Mangel an Information über den Wärmeübergangsmechanismus in transienten Prozessen, verwenden wir diesen Satz auch für die Simulation des transienten Wärmeüberganges. Es sei bemerkt, daß dieser Satz durch Zusammenfassung experimenteller Daten im Rahmen der Gleichgewichtstheorie entstand. In [281] wurde die Notwendigkeit gezeigt, einen solchen Satz auch im Rahmen der Nichtgleichgewichtstheorie zu entwickeln. Das ist heute in den technischen Wissenschaften ein nicht gelöstes Problem. Wiederum ist der Ingenieur aus Mangel an besseren Möglichkeiten gezwungen, diesen Satz auch für die Nichtgleichgewichtsprozesse anzuwenden, wobei die Nichtgleichgewichtsenthalpie in eine rechnerische Gleichgewichtsenthalpie $h=xh''+(1-x)h'$ oder $x=(h-h')/(h''-h')$ umgerechnet wird.

Tabelle 8.7. Wärmeübergangsregime Brennelement/Kühlmittel

Nr.	Regime	Autor/Gültigkeit	Literatur
1	Erzwungene Konvektions-Flüssigkeit	Dittus-Boelter	[53]
	$\bar{T}_f=(T_f+T_w)/2$	$5000 \leqq Re_f \leqq 7 \cdot 10^5$	
	$\alpha=0{,}023\frac{\lambda_f}{D_h}\overline{Re}_f^{0,8}\overline{Pr}_f^{0,4}$	$0{,}7 \leqq Pr_f \leqq 100$	
	$\alpha=0{,}023\frac{\lambda_f}{D_h}Re_f^{0,8}Pr_f^{0,33}\left(\frac{\eta_f}{\eta_{fw}}\right)^{0,14}$	Sieder-Tate	[261]
		$2300 \leqq Re_f \leqq 10^6$	
		$0{,}6 \leqq Pr_f \leqq 70$	
2	Blasenverdampfung in unterkühlter Flüssigkeit	Jens-Lottes	[120]
	$\Delta T_{JL}=7{,}9\left(\frac{\dot{q}''}{10^4}\right)^{0,25} e^{-p/62,05 \cdot 10^5}$	$p<140 \cdot 10^6\ \mathrm{N/m^2}$	
		$\dot{q}''<1100 \cdot 10^4\ \mathrm{W/m^2}$	
	$T_0=T'+\Delta T_{JL}$	$G \leqq 10\,000\ \mathrm{kg/m^2s}$	
	wenn $T_w \geqq T_0$ $\alpha=\dot{q}''/(\Delta T_{JL}+\Delta T_{sub})$		
	$\Delta T_{sub}=T'-T_f$		
	$\Delta T_{Th}=2{,}25\left(\frac{\dot{q}''}{10^2}\right)^{0,5} e^{-p/86,87 \cdot 10^5}$	Thom	[276]
	$T_0=T'+\Delta T_{Th}$	$50 \cdot 10^5 \leqq p \leqq 140 \cdot 10^5\ \mathrm{N/m^2}$	
		$q'' \leqq 160 \cdot 10^4\ \mathrm{W/m^2}$	
	wenn $T_w \geqq T_0$ $\alpha=\dot{q}''/(\Delta T_{Th}+\Delta T_{sub})$	$1000 \leqq G \leqq 3800\ \mathrm{kg/m^2s}$	
3	Kondensation entlang eines Rohrbündels	Hancox-Nicol	[112]
	$\alpha=0{,}4\frac{\lambda_f}{D_h}Re_f^{0,662}Pr_f$		
	$Re_f=\frac{\lvert G\rvert D_h}{\eta_f}\,\frac{1-x}{1-\alpha}$; $Pr_f=\frac{c_{pf}\eta_f}{\lambda_f}$		
4	Erzwungene Zweiphasenkonvektion	Schrock-Grossman	[254]
	Bezugstemperatur für die Stoffwerte $T=T'$	$0{,}02<x$	
	$\alpha=2{,}5\left(\frac{1}{X_{tt}}\right)^{0,75}\alpha_0$		
	$\alpha_0=0{,}023\frac{\lambda'}{D_h}\left[\frac{D_h G}{\eta'}(1-x)\right]^{0,8} Pr'^{0,4}$		
	$\frac{1}{X_{tt}}=\left(\frac{x}{1-x}\right)^{0,9}\left(\frac{\varrho'}{\varrho''}\right)^{0,5}\left(\frac{\eta''}{\eta'}\right)^{0,1}$		
	$T=T'$	Schrock-Grossman-Mumm	[255]
	$\alpha=B\left[\frac{\dot{q}''}{Gr}+A\left(\frac{1}{X_{tt}}\right)^{n}\right]\alpha_0$	$2{,}8 \cdot 10^5 \leqq p \leqq 35 \cdot 10^5\ \mathrm{N/m^2}$	
		$20 \cdot 10^4 \leqq q'' \leqq 450 \cdot 10^4\ \mathrm{W/m^2}$	
	Konstante von Wright	$230 \leqq G \leqq 4500\ \mathrm{Kg/m^2s}$	
	$A=3{,}5 \cdot 10^{-4}$, $B=6{,}7 \cdot 10^3$, $n=0{,}66$	$0{,}05 \leqq x \leqq 0{,}57$	

Tabelle 8.7 (Fortsetzung)

<table>
<tr><th>Nr.</th><th>Regime</th><th>Autor/Gültigkeit</th><th>Literatur</th></tr>
<tr><td></td><td>

$$\alpha = \alpha_{NcB} + \alpha_C$$

$$\alpha_{NcB} = 0{,}00122\left[\frac{\lambda_f^{0,79} c_{pf}^{0,45} \varrho_f^{0,49}}{\sigma^{0,5} \eta_f^{0,29} r^{0,24} \varrho_g^{0,24}}\right] \Delta T_{sat}^{0,24} \Delta p^{0,75} (S)$$

$$\alpha_C = 0{,}023\left[\frac{G(1-x)D_h}{\eta_f}\right]^{0,8}\left[\frac{\eta c_p}{\lambda}\right]_f^{0,4}\left(\frac{\lambda_f}{D_h}\right)(F)$$

$$S \triangleq \begin{vmatrix} [1+0{,}12(Re'_{TP})^{1,14}]^{-1}, & Re'_{TP} \leqq 32{,}5 \\ [1+0{,}42(Re'_{TP})^{0,78}]^{-1}, & 32{,}5 \leqq Re'_{TP} \leqq 70 \\ 0{,}1, & Re'_{TP} \geqq 70 \end{vmatrix}$$

$$F = \begin{vmatrix} 1{,}0, & \frac{1}{X_{tt}} \leqq 0{,}10 \\ 2{,}35\left(\frac{1}{X_{tt}} + 0{,}213\right)^{0,736}, & \frac{1}{X_{tt}} \geqq 0{,}10 \end{vmatrix}$$

$$\frac{1}{X_{tt}} = \left(\frac{x}{1-x}\right)^{0,9}\left(\frac{\varrho_f}{\varrho_g}\right)^{0,5}\left(\frac{\eta_g}{\eta_f}\right)^{0,1}$$

$$Re'_{TP} = \left[\frac{G(1-x)D_h}{\eta_f}\right] F^{1,25} \cdot 10^{-4}$$

$$p = p'(T_w) - p$$

</td><td>Chen</td><td>[259]</td></tr>
<tr><td>5</td><td>

Wärmeübergang nach dem Überschreiten der kritischen Heizflächenbelastung vor der Entstehung der stabilen Filmverdampfung (Übergang zum Filmsieden)

$$\alpha_{TB} = \frac{1}{2} S \alpha_m \left\{\exp\left[-0{,}0078\left(\frac{9}{5}\Delta T - \Delta T_m\right)\right] + \exp\left[-0{,}0698\left(\frac{9}{5}\Delta T - \Delta T_m\right)\right]\right\}$$

p [N/m²]	α_m [W/(m²K)]	ΔT_m
2 75800.	2 695,86	34
4 13700.	2 850,916	34
41 37000.	7 048,	30
68 95000.	12 334,	25
96 53000.	13 620,26	22
169 96175.	12 686,4	11
184 78600.	11 946,36	9
195 12850.	11 453,	8
204 78150.	10 801,06	7
210 02170.	10 043,4	6

S-Chenfaktor

$\Delta T = T_w - T_f$

</td><td>Ramu-Weisman</td><td>[228]</td></tr>
</table>

Tabelle 8.7 (Fortsetzung)

Nr.	Regime	Autor/Gültigkeit	Literatur
6	Stabile Filmverdampfung (unterkühlte Flüssigkeit) $T=T'$ $\alpha=0{,}023\frac{\lambda''}{D_h}\left\{\frac{D_h G}{\eta''}\left[\frac{\varrho''}{\varrho'}(1-x)+x\right]\right\}^{0,8} Pr''^{0,4}$	Dougal-Rohsenow Freon	[55] [113]
	$T=T'$ $\alpha=0{,}023\frac{\lambda''}{D_h}\left\{\frac{D_h G}{\eta''}\left[\frac{\varrho''}{\varrho'}(1-x)+x\right]\right\}^{0,8} Pr''^{0,4}\left(\frac{T_f}{T_w}\right)^{0,5}$	Mod. Dougal-Rohsenow	[221]
7	Stabile Filmverdampfung (gesättigte Flüssigkeit) $\alpha=3{,}27\cdot 10^{-3}\frac{\lambda''}{D_h}Re''^{0,901}Pr''^{1,32}_w Y^{-1,5}$ $Re''=\frac{D_h G}{\eta''}\left[\frac{\varrho''}{\varrho'}(1-x)+x\right];\ Pr''_w=\frac{\eta''_w c''_{pw}}{\lambda''_w}$ $Y=1-0{,}1\left(\frac{\varrho'}{\varrho''}-1\right)^{0,4}(1-x)^{0,4}$	Groeneveld	[82]
	$\alpha=0{,}023\frac{\lambda''}{D_h}Re''^{0,8}Pr''^{0,8}_w Y$ $Re''=\frac{D_h G}{\eta''}\left[\frac{\varrho''}{\varrho'}(1-x)+x\right];\ Pr''_w=\frac{\eta''_w c''_{pw}}{\lambda''_w}$ $Y=1-0{,}01\left(\frac{\varrho'}{\varrho''}-1\right)^{0,4}(1-x)^{0,4}$	Miropolsky $40\cdot 10^5\leqq p\leqq 220\cdot 10^5\,\mathrm{N/m^2}$ $400\leqq G\leqq 2100\,\mathrm{kg/m^2s}$ $0{,}06\leqq x\leqq 1$	[198]
8	Behälter Filmverdampfung Stoffwerte bei $T=(T_g+T_w)/2$ $\alpha=0{,}425\left[\frac{\lambda''^3\varrho''(\varrho'-\varrho'')rg}{\eta'' a\Delta T_{sat}}\right]^{0,25}$ $a=\left[\frac{\sigma}{g(\varrho'-\varrho'')}\right]^{1/2}$	Berenson	[18]
	$\alpha=0{,}62\left[\frac{\lambda''^3\varrho''(\varrho'-\varrho'')r^* g}{\eta'' D_h\Delta T_{sat}}\right]^{0,25}$ $r^*=r\left[1+\frac{0{,}4\,c''_p\Delta T_{sat}}{r}\right]^2$	Bromley	[29]
9	Wärmeübergang an Gas bei erzwungener Konvektion Siffwerte bei $T=(T_g+T_w)/2$ $\alpha=0{,}023\frac{\lambda_g}{D_h}Re_g^{0,8}Pr_g^{0,4}$	Dittus-Boelter $5000\leqq Re\leqq 7\cdot 10^5$ $0{,}7\leqq Pr\leqq 100$	[53]

Tabelle 8.7 (Fortsetzung)

Nr.	Regime	Autor/Gültigkeit	Literatur
	$\alpha=0{,}0157\frac{\lambda_g}{D_h}Re_g^{0,84}Pr_g^{0,33}\left(\frac{L}{D_h}\right)^{-0,04}$	Heineman $20\cdot10^5\leqq p\leqq70\cdot10^5\,\mathrm{N/m^2}$ $13\cdot10^4\leqq q''\leqq55\cdot10^4\,\mathrm{W/m^2}$ $260\leqq G\leqq750\,\mathrm{kg/m^2s}$	[91]
	$\alpha=0{,}021\frac{\lambda_g}{D_h}Re_g^{0,8}Pr_g^{0,4}\left(\frac{T_g}{T_w}\right)^{0,5}$	Mc Eligot $1450\leqq Re\leqq4{,}5\cdot10^4$	[88]
10	Wärmeübergang an laminarer Flüssigkeit bei erzwungener Konvektion $\alpha=1{,}86\frac{\lambda_f}{D_h}\left(Re_fPr_f\frac{D_h}{L}\right)^{0,33}\left(\frac{\eta_f}{\eta_w}\right)^{0,14}$	Sider-Tate $Re\leqq2300$ $Pr\sim1$	[261]
11	Wärmeübergang an laminarem Gas bei erzwungener Konvektion Bezugstemperatur für die Stoffwerte $T=(T_g+T_w)/2$ $\alpha=3{,}66\frac{\lambda_g}{D_h}\left(\frac{T_g}{T_w}\right)^{0,25}$	Hausen $Re\leqq2300$	[88]
12	Kondensation $\dot{q}''=\alpha(T'-T_w)$ wobei $\alpha=\max(\alpha_{lam},\alpha_{turb})$ Laminare Strömung – horizontal $\alpha_{lam}=0{,}296\left[\frac{\varrho_f(\varrho_f-\varrho_g)gr\lambda_f^3}{D_h\eta_f(T'-T_w)}\right]^{0,25}$ Laminare Strömung – geneigt $\alpha_{lam}=1{,}766\left[\frac{\varrho_f(\varrho_f-\varrho_g)\lambda_f^3\cos\varphi}{GD_h}\right]^{1/3}$ Turbulente Strömung $\alpha_{turb}=0{,}065\frac{\lambda_f\varrho_f^{1/2}}{\eta_f}\left[\frac{0{,}023\,\varrho_g w_g^2}{\left(\frac{\varrho_g D_h\lvert w_g\rvert}{\eta_g}\right)^{0,25}}\right]^{1/2}\left(\frac{\eta_f c_{pf}}{\lambda_f}\right)^{1/2}$	Collier	[43]

Die Verwendung der Korrelationen für einphasige Zustände ist problemlos. Auch der Wärmeübergang bei erzwungener Zweiphasenkonvektion wird von der Korrelation von Chen [259] relativ genau beschrieben. Etwas anderes ist die Situation mit der Vorhersage des Wärmeüberganges nach der Siedekrise: Übergangsbereich (z.B. Ramu-Weismann [228]), stabile Filmverdampfung in großen Volumina oder bei der erzwungenen Konvektion. Für praktische Berechnungen muß man einen Satz von Korrelationen auswählen, die im entsprechenden Gültigkeitsbereich der Parameter liegen, charakteristische Experimente (bezüglich Geometrie und Parameter) nachrechnen und, falls gute Übereinstimmung vorhanden ist, diesen Satz für Auslegungsrechnungen verwenden. Eine allgemeingültige Empfehlung für diese Gruppe von Regimen kann heute nicht aufgestellt werden.

8.2.3.3 Vergleich des NNZS-Modells mit Experimentaldaten

Das in Abschn.8.2 dargestellte Modell stellt die Grundlage des Rechenprogramms RALIZA 2/02 dar. Das Ziel dieses Abschnittes ist, einen Vergleich mit Experimentaldaten verschiedener Autoren nachgerechnet mit RALIZA 2/02 aufzustellen und entsprechende Schlußfolgerungen über die Genauigkeit des Zweiphasenströmungsmodells zu ziehen.

Die Experimentaldaten erfassen erzwungene stationäre Zweiphasenkonvektion in

- einfachen vertikalen, elektrisch beheizten Rohrleitungen,
- Kassetten mit 36-elektrisch beheizten Brennelementsimulatoren,

und transiente erzwungene Zweiphasenströmung in

- 122-BE-Kassetten eines WWER–440.

a) Dampfvolumenanteil α

Es werden zum Vergleich Experimentaldaten von Edelman u.a. [57] (1981), Sabotinov [242] (1974), St. Pierre [270] (1965), Egen [58] (1957) und Nylund u.a. [216] (1968) herangezogen. Diese Experimente werden durchgeführt, um den Einfluß des Wärmestroms, der Massenstromdichte, des Druckes und der Eintrittsunterkühlung des Wassers im Kühlkanal auf die Dampfgeneration bzw. auf den Dampftransport, entlang des Siedekanals, zu untersuchen. Die Daten dieser Autoren erfassen einen relativ breiten Bereich

$$38 \lesssim G \lesssim 2000 \text{ kg/(m}^2\text{s)},$$

$$1 \lesssim p \lesssim 140 \text{ bar},$$

$$T_{sub} \lesssim 132 \text{ K},$$

$$20{,}3 < \dot{q}'' < 1723 \text{ kW/m}^2.$$

Die Geometrie der Meßstrecken erscheint in der Tabelle 8.8. Die konstitutiven Modelle, die für diesen Vergleich in RALIZA 2/02 verwendet wurden, sind in den Tabellen 8.9 und 8.10 zusammengefaßt.

Tabelle 8.8. Geometrie der Meßstrecken

Autor/Literatur	Geometrie	Länge L/m	Hydraulischer Durchmesser D_h/m	Beheizter Durchmesser D_H/m	Querschnitt A/m^2
Edelman u.a. [57]	Rohr	1,83	0,0113	0,0113	0,0001003
Sabotinov [242]	Rohr	1,5	0,0117	0,0117	0,0001075
St.Pierre [270]	Kanal – rechteckig	1,2576	0,01777	0,01777	0,0004936
Egen [58]	Kanal – rechteckig	0,686	0,004756	0,004756	0,0000665
Nylund u.a. [216]	36-BE-Kassette $d_{BE} = 0{,}0138$	4,375	0,0269	0,0366	0,01428

Tabelle 8.9. Korrelation für interphasen Stofftransport beim unterkühlten Sieden

Autor/Literatur	Symbol	Abb.
Hughes u.a.	1	8.12–15
Saha-Zuber, Levy [246,174]	2	8.11

Tabelle 8.10. Schlupfkorrelationen

Autor/Literatur	Symbol	Abb.
Holmes [40]	1	
Zuber-Findly [207]	2	
Dix [54]	3	8.11a,b,d
Lellouche [172]	4	8.12–15
Lellouche [171]	5	8.11c
Mamaev $4 \leqq Fr \leqq 100$ [190]	6	
Mamaev [190]	7	
Zuber-Findly [303]	8	

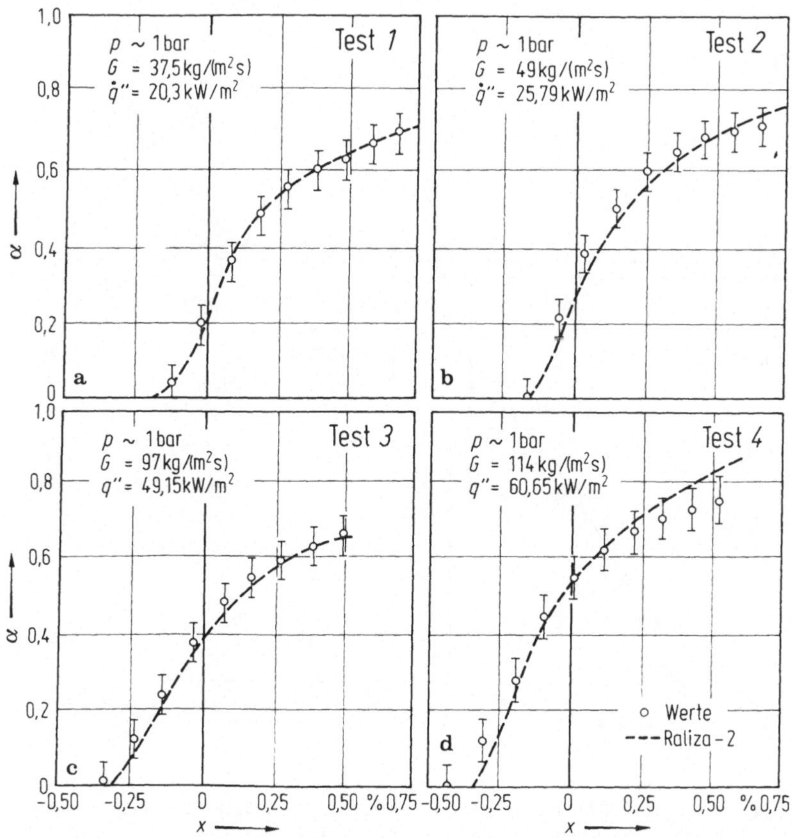

Abb.8.11. Dampfvolumenanteil als Funktion der Ortskoordinate. Vergleich Theorie – Experimente von Edelman/Elias [57]

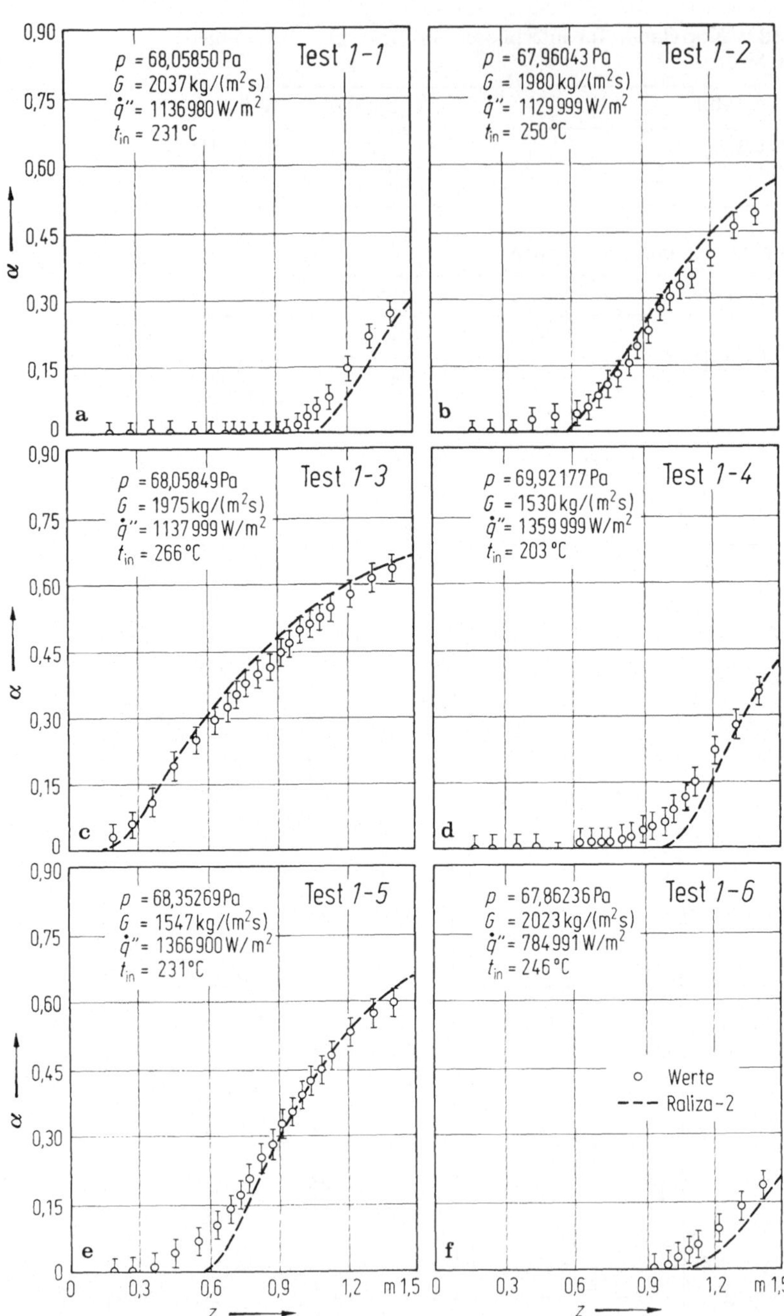

Abb.8.12a – f

Abb.8.12a – l. Dampfvolumenanteil als Funktion der Ortskoordinate. Vergleich Theorie – Experimente von Sabotinov [242]

Test 1-7
p = 68,05849 Pa
G = 1979 kg/(m²s)
q̇'' = 785988 W/m²
t_in = 263 °C
Test 1-8
p = 68,05849 Pa
G = 2089 kg/(m²s)
q̇'' = 792994 W/m²
t_in = 271 °C
Test 1-9
p = 67,86236 Pa
G = 962 kg/(m²s)
q̇'' = 1688000 W/m²
t_in = 188 °C
Test 1-10
p = 106,89303 Pa
G = 1015 kg/(m²s)
q̇'' = 1723000 W/m²
t_in = 183 °C
Test 1-11
p = 106,89303 Pa
G = 2129 kg/(m²s)
q̇'' = 1723000 W/m²
t_in = 241 °C
Test 1-12
p = 107,97176 Pa
G = 2109 kg/(m²s)
q̇'' = 1718000 W/m²
t_in = 266 °C
o Werte
--- Raliza-2
α
z
0 0,3 0,6 0,9 1,2 m 1,5
0 0,15 0,30 0,45 0,60 0,75 0,90
g
h
i
j
k
l

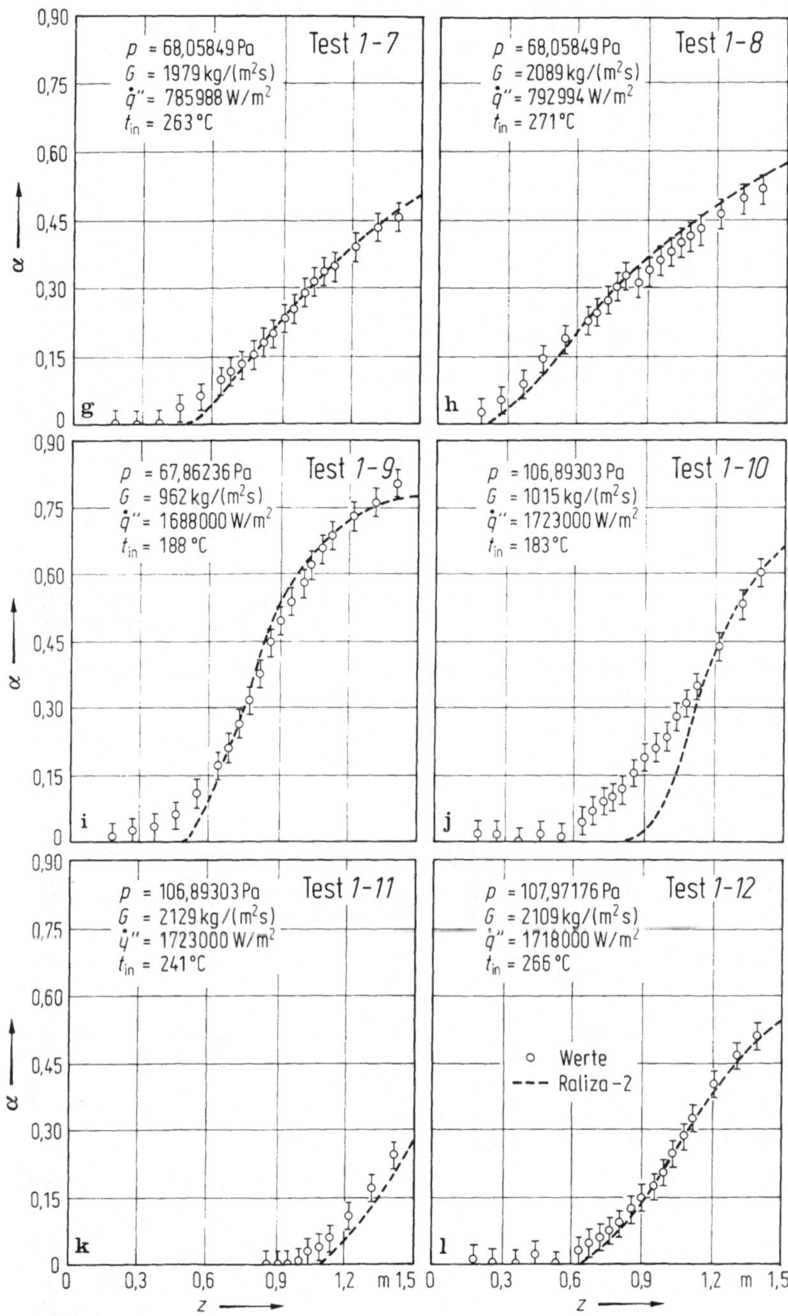

Abb.8.12g – l

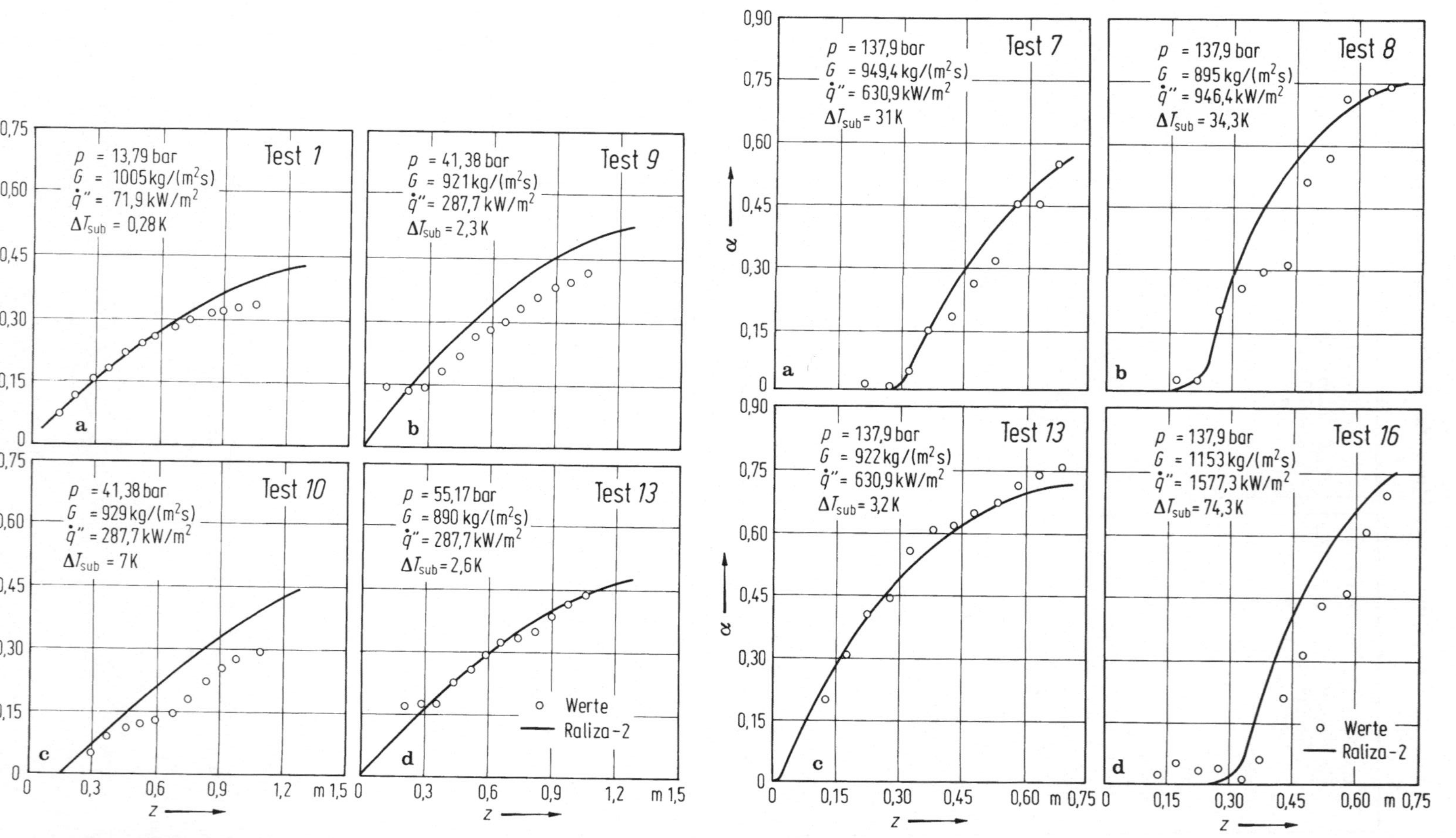

Abb.8.13a–d. Dampfvolumenanteil als Funktion der Ortskoordinate. Vergleich Theorie – Experimente von St. Pierre [270]

Abb.8.14a–d. Dampfvolumenanteil als Funktion der Ortskoordinate. Vergleich Theorie – Experimente von Egen [58]

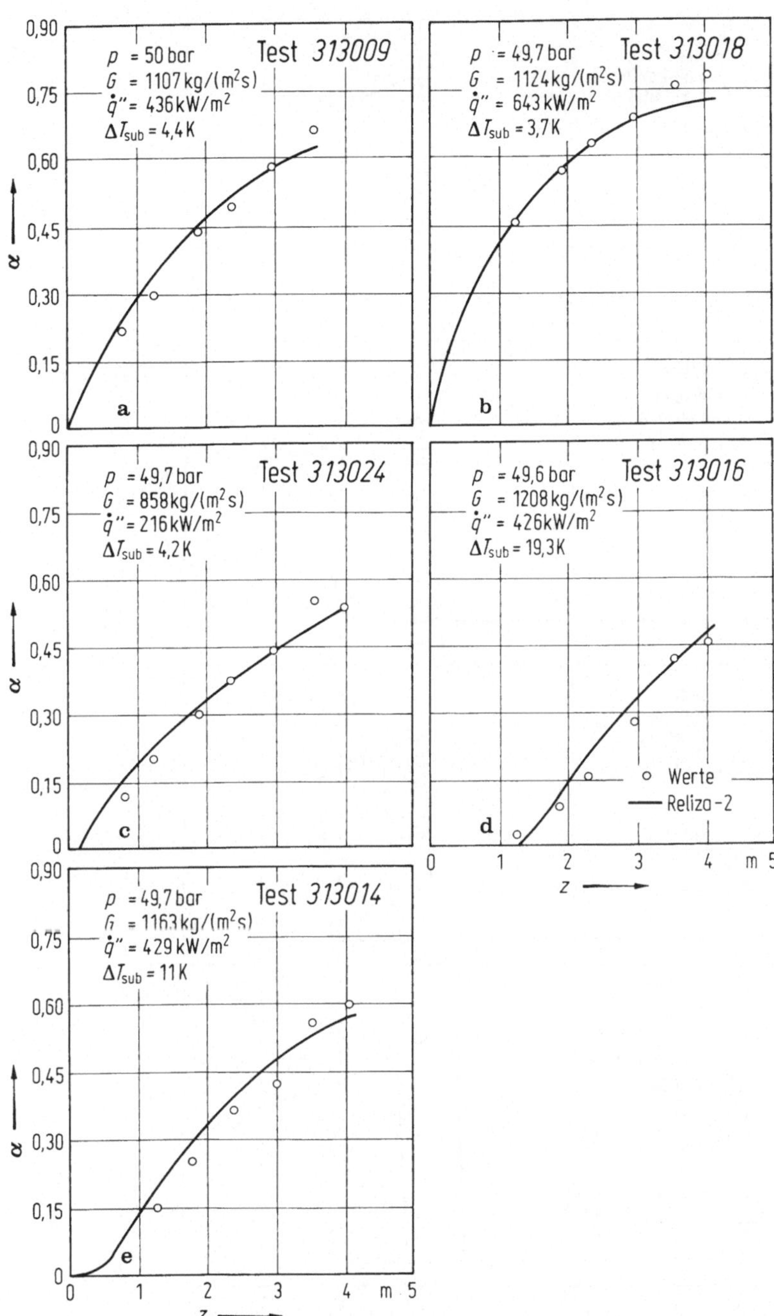

Abb.8.15a–e. Dampfvolumenanteil als Funktion der Ortskoordinate. Vergleich Theorie – Experimente von Nylund u.a. [216]

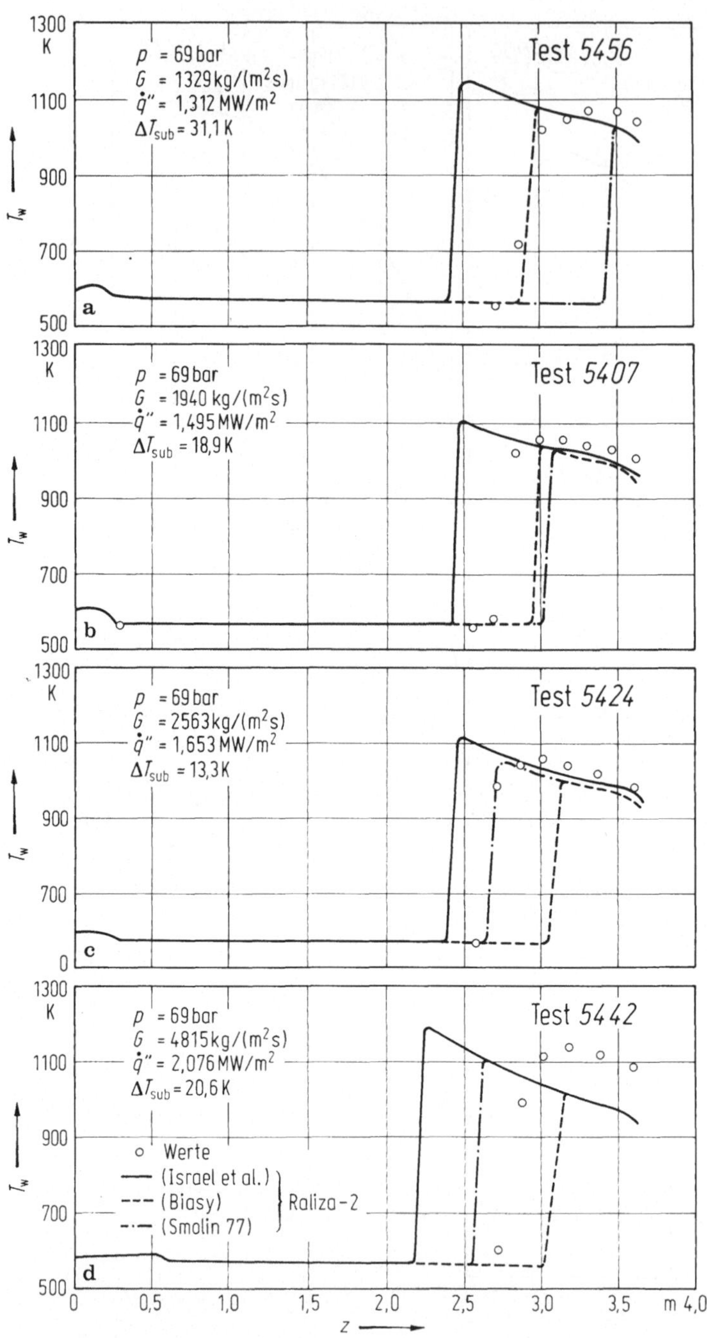

Abb.8.16a – d

Abb.8.16a – g. Oberflächentemperatur als Funktion der Ortskoordinate. Vergleich Theorie – Experimente von Bennett [17]

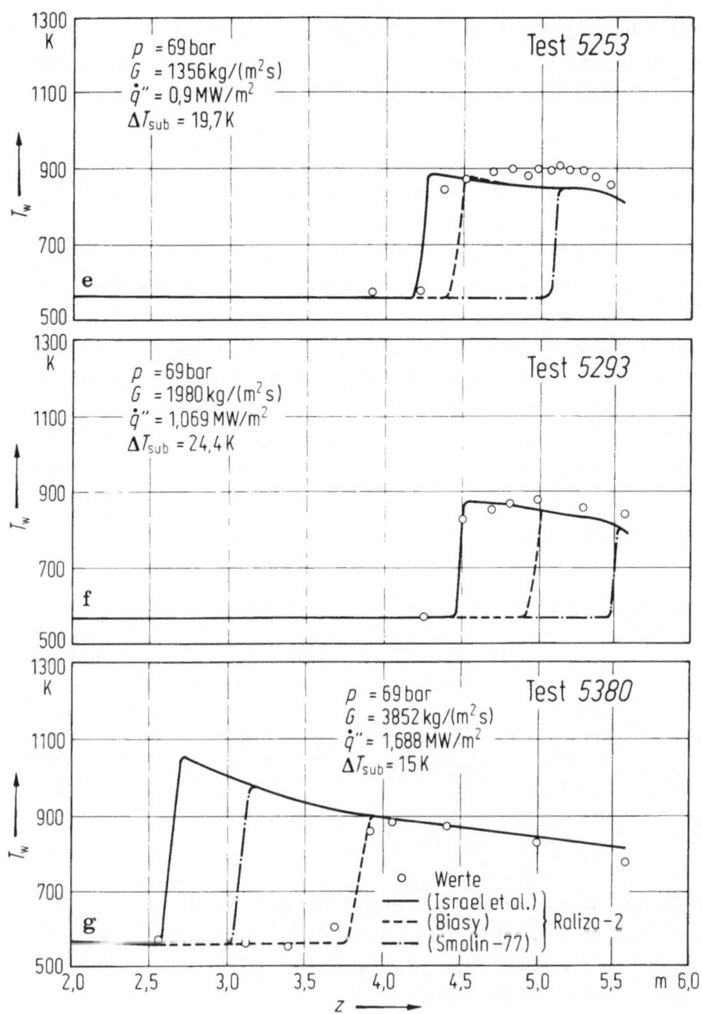

Abb.8.16e – g

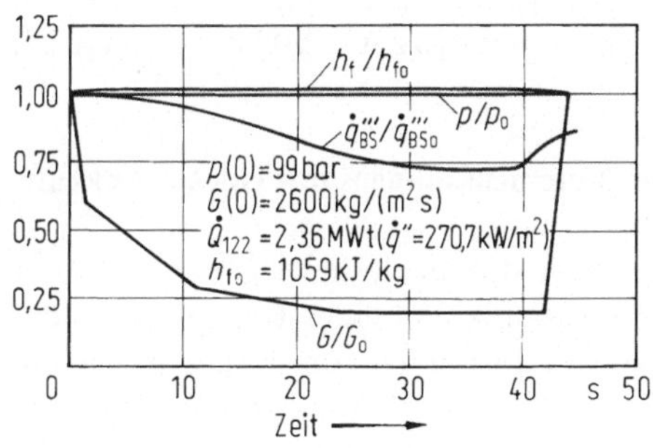

Abb.8.17. Gemessene Anfangs- und Randbedingungen für eine zeitliche Durchsatzänderung des Kühlmittels einer WWER–440 Kassette [83]

Die Ergebnisse der Nachrechnung der Experimentaldaten sind in Abb.8.11 – 8.15 angegeben. Dabei wurde der Dampfvolumenanteil als Funktion der Ortskoordinate eingetragen. Daraus sehen wir, daß RALIZA – 2/02-Vorhersage des Dampfvolumenanteils korrekt ist.

b) Kritische Heizflächenbelastung. Wärmeübergangsmechanismus vor und nach der Siedekrise

Die Experimentaldaten von Bennett u.a. [17] (1967) wurden an einer vertikalen, elektrisch beheizten Teststrecke mit aufwärtsgerichteter ZS erhalten. Die Teststreckengeometrie ist in der Tabelle 8.11 angegeben.

Es wurde von Bennett u.a. die Wandtemperatur entlang des Rohres gemessen. Abbildung 8.16 zeigt den Vergleich zwischen berechneten und gemessenen Wandtemperaturen als Funktion der Ortskoordinate. Daraus sehen wir, daß RALIZA – 2/02 ein physikalisch korrektes Bild des Wärmeübergangsmechanismus vor und nach der Siedekrise gibt. Es ist auch deutlich zu erkennen, welchen Einfluß die Genauigkeit der Vorhersage des Punktes auf die Temperaturberechnung hat, bei dem die kritische Heizflächenbelastung überschritten wird.

Tabelle 8.11. Teststreckengeometrie zur Überprüfung des Wärmeübergangsmechanismus

Autor/Literatur	Geometrie	Länge L/m	Hydraulischer Durchmesser D_h/m	Beheizter Durchmesser D_H/m	Querschnitt A/m^2
A.W.Bennett [17]	Rohr	3,6585 5,564	0,01262	0,01262	0,000125448

c) Zeitliche Durchsatzänderung des Kühlmittels einer WWER-Kassette

In [83] ist ein Transient verbunden mit zeitlicher Durchsatzänderung des Kühlmittels einer WWER-Kassette ausführlich beschrieben. Mit Hilfe einer speziell ausgeführten Experimentalkassette eines WWER – 440 Reaktors (EK – 1, [34]) wurde durch Verminderung des Eintrittsquerschnittes die Massenstromdichte als Funktion der Zeit bei konstanten anderen Parametern geändert. Die gemessenen Anfangs- und Randbedingungen sind in Abb.8.17 und 8.19 angegeben. Die querschnittsgemittelte axiale Temperaturverteilung des Kühlmittels wurde in $\tau = 0$, 10 und 35 s gemessen. Gemessen wurde auch die querschnittsgemittelte Kühlmitteltemperatur am Austritt der Kassette.

Der Vergleich zwischen den berechneten und gemessenen Temperaturen ist in Abb.8.18 und 18.20 dargestellt. Daraus sehen wir, daß RALIZA – 2/02 in der Lage ist, derartige Prozesse korrekt zu simulieren.

d) Pumpenausfall gekoppelt mit Leck aus dem Volumenkompensator eines Kernkraftwerkes mit WWER – 440

Mit dem nächsten Beispiel illustrieren wir die Arbeitsfähigkeit dieses Modells bei der Simulation eines transienten Prozesses in einem Kühlkanal eines Kernreaktors des Typs WWER – 440. Wir betrachten einen Pumpenausfall (6 von 6) gekoppelt mit einem Leck aus dem Volumenkompensator. Die Anfangs- und Randbedingungen sind

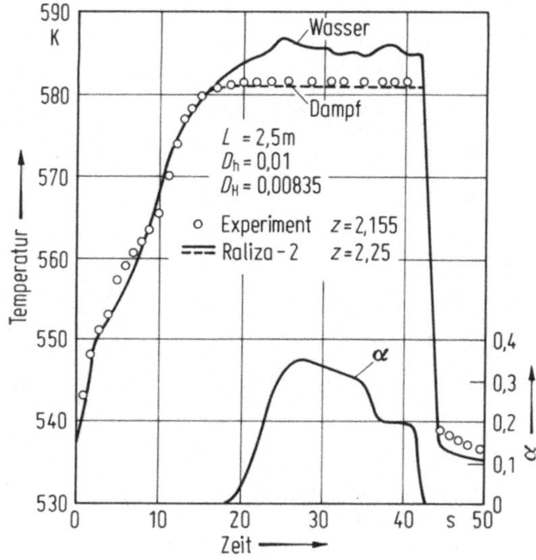

Abb.8.18. Vergleich RALIZA – 2/02 – Experiment EK – 1 [83]: Querschnittsgemittelte Kühlmitteltemperatur am Austritt der Kassette

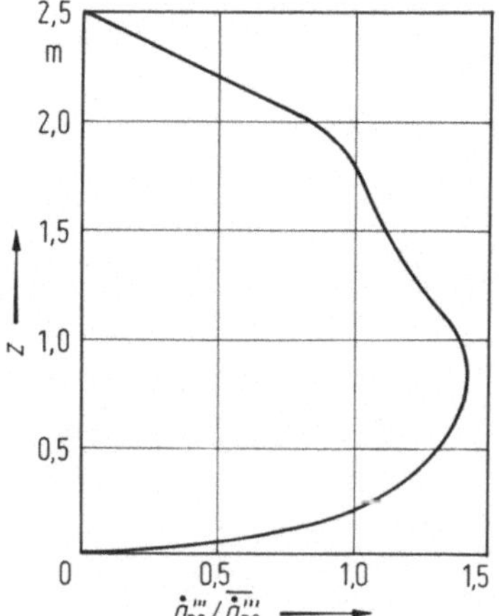

Abb.8.19. Relative Wärmeleistung als Funktion der Ortskoordinate

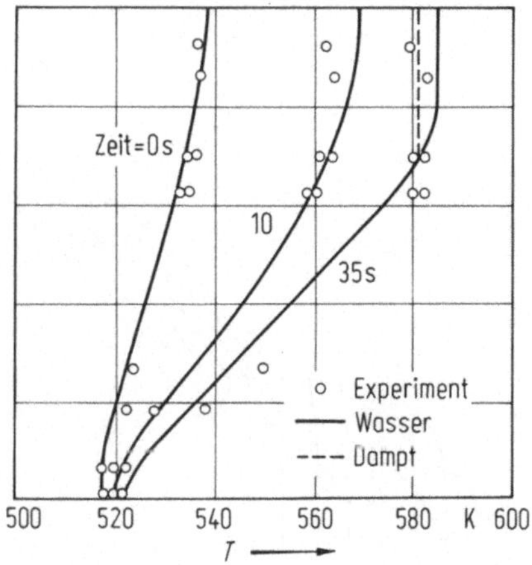

Abb.8.20. Vergleich RALIZA – 2/02-Experiment EK – 1 [83]: Die querschnittsgemittelte axiale Temperaturverteilung des Kühlmittels in $\tau = 0{,}10$ und 35 s

in Abb.8.21 dargestellt (die Randbedingungen sind aus [22] entnommen). Abbildung 8.24a zeigt die relative Verteilung des Wärmestroms bei $\tau = 0$. Wir nehmen an, daß während des Transientes diese Verteilung beibehalten wird (es ändert sich nur der Absolutwert der Wärmequelldichte). Abbildung 8.24b zeigt die maximale Temperatur des UO_2-Brennstoffes bzw. der Zr. – 1%Nb-Hülle im stationären Zustand. Abbildung 8.24d zeigt diese Temperaturen während des Transientes. Abbildung 8.24c zeigt den Quotient kritische Wärmestromdichte/tatsächliche Wärmestromdichte als Funktion

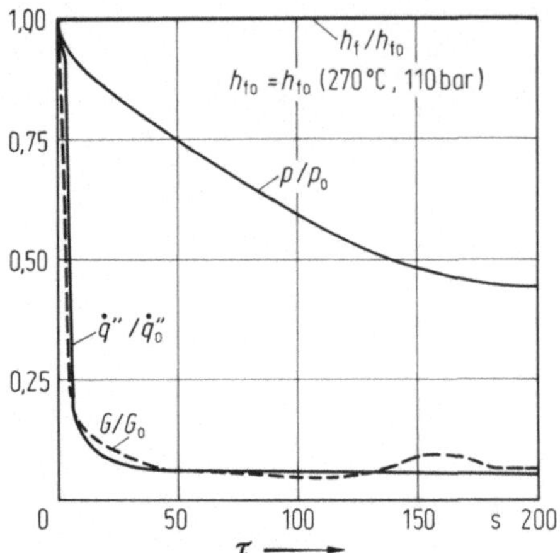

Abb.8.21. Randbedingungen für eine Berechnung mit RALIZA–2/02. Pumpenausfall (6 × 6) für einen WWER–440 gekoppelt mit einem Leck aus dem Volumenkompensator (einseitiger Bruch von ∅100 aus dem Dampfraum)

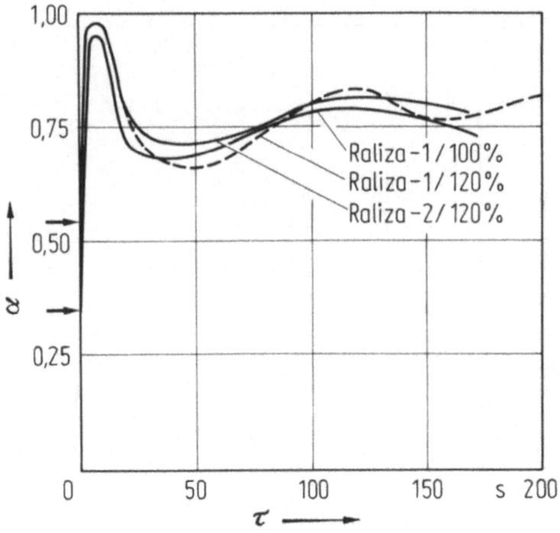

Abb.8.22. Dampfvolumenanteil am Austritt des Heißkanals als Funktion der Zeit. Parameter: die Anfangsleistung. Vergleich einer Berechnung mit einem Gleichgewichtsmodell und einem Nichtgleichgewichtsmodell

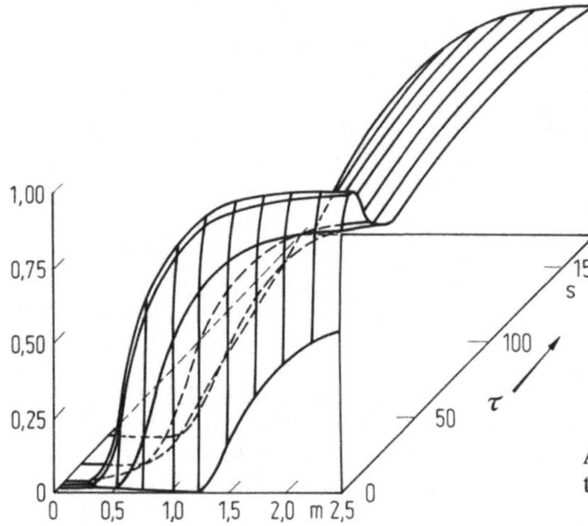

Abb.8.23. Dampfvolumenanteil als Funktion der Zeit und Ortskoordinate

der Zeit. Abbildung 8.23 zeigt die Änderung des Dampfvolumenanteils als Funktion der Zeit und der Länge des Kühlkanals. Die Änderung des Dampfvolumenanteils am Austritt des Kühlkanals als Funktion der Zeit ist in Abb.8.22 gezeigt. Zum Vergleich wurde ein Ergebnis erhalten mit dem Gleichgewichtsmodell (6.2.7), auch in Abb.8.22 eingetragen. Dieses Beispiel zeigt die Möglichkeit mit dem hier beschriebenen Modell diese Prozesse erfolgreich zu simulieren.

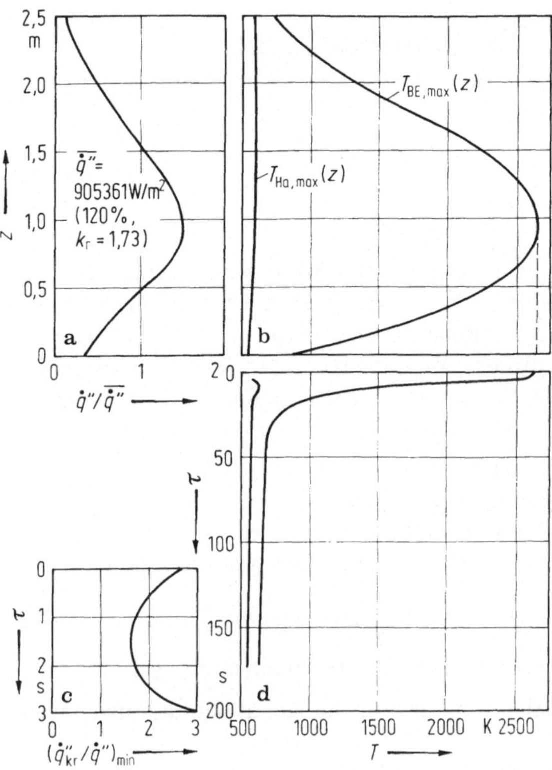

Abb.8.24a–d. **a** Relative Wärmeleistung als Funktion der Ortskoordinate; **b** maximale Brennstoff- und Hüllentemperatur als Funktion der Ortskoordinate; **c** relative minimale kritische Heizflächenbelastung als Funktion der Zeit; **d** zeitliche Änderung des Maximums der in **b** dargestellten Temperaturen

9 Stoffübergang an der Phasentrennfläche

Die zeitliche und die örtliche Änderung der Zustandsgrößen verursacht in der ZS eine Abweichung des Zustandes beider Phasen vom thermodynamischen Gleichgewicht. Es gibt mehrere Fälle in der Praxis, z.B. in der Reaktorsicherheitsanalyse, wo Nichtgleichgewichts-Zweiphasenströmungen auftreten. Wir unterscheiden Übergangsvorgänge bei denen der Stoffübergang entweder größer oder kleiner als für die Herstellung des Gleichgewichtes notwendig ist:

- Verdampfung bei kritischer Strömung,
- Verdampfung bei schnellen Entspannungsprozessen,
- Kondensation bei schneller Kompression in der Druckwelle,
- Verdampfung bei Nachhavariekühlung der Spaltzone eines wassergekühlten Kernreaktors,
- Verdampfung unterkühlter Flüssigkeit an der Heizfläche.

Die *verzögerte* Einstellung des thermodynamischen Gleichgewichtes wird

- durch die endliche Zeit für die Anhäufung des für die Keimbildung notwendigen Energieüberschusses,
- durch die endliche Phasentrennfläche,
- durch die trägheitsbezogene Wärmeleitung und
- durch die Trägheit der durch die Phasentrennfläche transportierten Masse

verursacht.

Die vielen möglichen Strömungsformen machen die Aufgabe der Bestimmung des interphasen Stofftransportes in der ZS äußerst kompliziert. Es sind verschiedene Idealisierungen der Strömungsstrukturen möglich. Dadurch entstehen viele Teillösungen. Auf diesem Gebiet haben in den letzten 30 Jahren mehrere Forscher gearbeitet. Das Ziel dieses Kapitels besteht darin, einen brauchbaren Abriß von vorhandenen Lösungen aus der Literatur vorzustellen und ihre Anwendung in der Mechanik der ZS zu zeigen. Das ermöglicht die praktische Anwendung der in Kap.7 und 8 angegebenen Modelle. Einzelheiten über die verschiedenen Aspekte des Stoffüberganges in Zweiphasensystemen sind in [52,265,213] aufgezeigt.

9.1 Verdampfung überhitzter Flüssigkeit

Für die weiteren Überlegungen benötigen wir folgende Größen:

Anzahl der Dampfblasen pro Volumeneinheit des Gemisches: n_B,

Anzahl der Dampfblasen im Kontrollvolumen V: $N_B = n_b V$, (9.1.1)

Volumen einer Dampfblase: $$V_B = \frac{4}{3}\pi r_B^3 = \alpha/n_B, \tag{9.1.2}$$

Oberfläche einer Dampfblase: $$F_B = 4\pi r_B^2 = 4\pi\left(\frac{3}{4}\frac{\alpha}{\pi n_B}\right)^{2/3}, \tag{9.1.3}$$

Phasentrennfläche pro
Volumeneinheit des Gemisches: $$F/V = n_B F_B = 6\left(\frac{\pi}{6} n_B\right)^{1/3}\alpha^{2/3} = 3\alpha/r_B. \tag{9.1.4}$$

Abbildung 9.1 zeigt eine Blase mit dem Radius r_B, die sich mit der Geschwindigkeit w'' innerhalb der kontinuierlichen Flüssigkeit bewegt. Die Geschwindigkeit der Flüssigkeit ist w_f; die Flüssigkeit hat die Temperatur T_f; der Systemdruck ist p. Bei der Verdampfung nehmen wir an, daß der Dampf sich im Sättigungszustand befindet, d.h. $T_g = T'(p)$, $\varrho_f = \varrho''(p)$. Unter diesen Bedingungen schreiben wir die Kontinuitätsgleichung der Dampfphase:

$$\frac{\delta}{\delta\tau}(\alpha\varrho'') + \frac{\delta}{\delta z}(\alpha\varrho'' w'') = \mu_{fg}. \tag{9.1.5}$$

Beachten Sie, daß bei der Herleitung dieser Gleichung μ_{fg}, die *nur* von der benachbarten Phase verursachte Massenänderung pro Zeit- und Volumeneinheit des Gemisches ist:

$$\mu_{fg} = \varrho''\frac{d}{d\tau}(n_B V_B). \tag{9.1.6}$$

Die Änderung der Dampfdichte ist im ersten Glied der Gl. (9.1.5) berücksichtigt. Wenn wir (9.1.6) differenzieren, erhalten wir:

$$\mu_{fg} = \varrho'' V_B \frac{dn_B}{d\tau} + \varrho'' n_B\left(\left.\frac{dV_B}{d\tau}\right|_{\Delta w = 0} + \left.\frac{dV_B}{d\tau}\right|_{\Delta w \neq 0}\right). \tag{9.1.7}$$

Die letzten zwei Therme entsprechen dem Blasenwachstum in einer homogenen bzw. heterogenen ZS, wobei das letzte Glied nur den Einfluß der relativen Geschwindigkeit auf die Verdampfung berücksichtigt. Gleichung (9.1.7) spiegelt eine sehr wichtige physikalische Tatsache, nämlich die *Kontinuität* des Prozesses der Entstehung in verschiedenen Zeitpunkten und des Wachstums der Blasen mit verschiedenen Radien als Funktion der abhängigen Variablen wider. Die Berechnung der drei Therme der Gl. (9.1.7) betrachten wir in den nächsten Abschnitten.

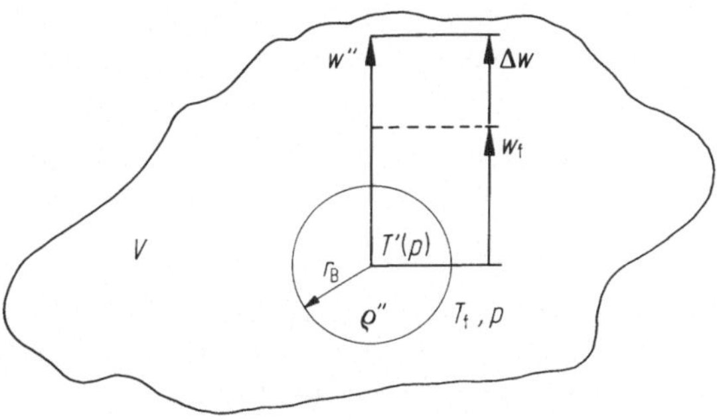

Abb. 9.1. Bewegung einer Blase mit einem Radius r_B mit der Geschwindigkeit w'' innerhalb der kontinuierlichen Flüssigkeit

9.1.1 Entstehung der Verdampfungskeime

Die für die Bildung einer Dampfblase mit einem Radius r_B notwendige Energie ist:

$$\Delta E_B = 4\pi r_B^2 \sigma_f - \frac{4}{3}\pi r_B^3 [p'(T_f) - p](1 - \varrho''/\varrho_f) \quad [262].$$

Falls eine bestimmte Überhitzung entsprechend der Druckdifferenz

$$\Delta p_{fg} = p'(T_f) - p \neq 0$$

vorhanden ist, hat die Funktion $\Delta E_B(r_B)$ ein Maximum

$$\Delta E_{B,kr} = \frac{16\pi\sigma_f^3}{3[p'(T_f) - p]^2 (1 - \varrho''/\varrho_f)^2} \quad [262]$$

bei

$$r_{B,kr}^2 = \frac{3\Delta E_{B,kr}}{\sigma_f 4\pi}; \left[V_{B,kr} = \frac{4}{3}\pi \left(\frac{3\Delta E_{B,kr}}{\sigma_f 4\pi} \right)^{3/2} \right] \quad [262].$$

Die Dampfblasen mit Radius $r_B < r_{B,kr}$ sind nicht stabil, kondensieren sehr schnell nach ihrer Entstehung und geben ihre Energie an die umgebende Flüssigkeit ab. Das bedeutet, daß für die Entstehung einer Dampfblase mit $r_{B,kr}$ in der Umgebung des Punktes ein Energieüberschuß $\geqq \Delta E_{B,kr}$ vorhanden sein muß. Bei der Entstehung der Dampfblase an einer Heizfläche ist die notwendige Energie

$$\Delta E_{B,kr}^* = E_{B,kr} \cdot \varphi,$$

wobei

$$\varphi = \frac{1}{4}(1 + \cos\theta)^2 (2 - \cos\theta), \quad (\theta \mathrel{\hat{=}} \text{Benetzungswinkel, Abb.9.2}).$$

Die Geschwindigkeit der Entstehung der Keime nach der homogenen Keimbildungstheorie (Entstehung der Dampfblase innerhalb der Flüssigkeit) ist [262]:

$$\frac{dn_B}{d\tau} = \begin{cases} 0 & n_B = n_{B,max} \text{ oder } T_f < T'(p) \\ e^{\left(88 - \frac{\Delta E_{B,kr}}{kT_f}\right)} & n_B < n_{B,max} \text{ und } T_f > T'(p), \end{cases} \quad (9.1.8)$$

wobei $k = 1{,}3803 \cdot 10^{-23}$ [J/K] die Boltzmansche Konstante ist. Die Verdampfungsrate ist

$$\mu_{fg,n_B} = \varrho'' V_{B,kr} \frac{dn_B}{d\tau}. \quad (9.1.9)$$

Die von der Flüssigkeit abgegebene Leistung für diesen Prozeß ist

$$\dot{q}'''_{fg,n_B} = \varrho'' V_{B,kr} \Delta E_{B,kr} \frac{dn_B}{d\tau}. \quad (9.1.10)$$

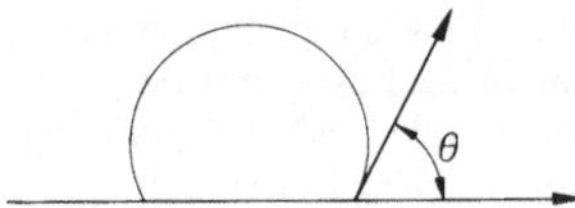

Abb.9.2. Definition des Benetzungswinkels

Um die Anzahl der Blasen im Zeitpunkt τ zu bestimmen, soll (9.1.8) in den Grenzen τ_B bis τ integriert werden.

$$n_B = \int_{\tau_B}^{\tau} \exp\left(88 - \frac{\Delta E_{B,kr}}{kT_f}\right) d\tau.$$

Die maximal mögliche Anzahl $n_{B,max}$ ist in der Praxis eine Größe, die von vielen Parametern abhängig ist. Oftmals ist $n_{B,max}$ eine Größe, die als Parameter verwendet wird. Der Vergleich mit Experimentaldaten, z.B. für schnelle Entspannungsprozesse, gestattet $n_{B,max}$ abzuschätzen, um die reale Überhitzung rechnerisch wiederzugeben.

Es ist aber auch möglich, bei gegebener Überhitzung die maximal mögliche Anzahl der Blasen $n_{B,max}$ zu berechnen.

Nach [262] ist $n_{B,max}$ durch folgende Gleichung bestimmt:

$$n_{B,max} \int_{\tau_B}^{\tau_{n_{B,max}}} \frac{dV_B}{d\tau} d\tau = n_{B,max} 4\pi \int_{\tau_B}^{\tau_{n_{B,max}}} r^2 \frac{dr_B}{d\tau} d\tau \sim 1.$$

Wir können als eine Näherung die Angabe von [297] annehmen

$$n_{B,max} \sim 5 \cdot 10^9 \, m^{-3},$$

insofern die Stabilitätsbedingung für die Blase erfüllt ist:

$$We_B = \frac{2 r_B \varrho_f \Delta w^2}{\sigma_f} \sim We_{B,kr}; \; (We_{B,kr} \sim 2\pi \; [213]),$$

d.h.

$$r_B \sim \frac{We_{B,kr} \sigma_f}{2 \varrho_f \Delta w^2} \quad \text{und daraus } n_{B,max} \sim \alpha / \left(\frac{4}{3} \pi r_B^3\right).$$

Die Geschwindigkeit der Entstehung der Keime nach der heterogenen Keimbildungstheorie (Entstehung der Dampfblasen an der Oberfläche des Strömungskanals) ist [8]:

$$\frac{dn_B}{d\tau} = \begin{cases} 0 & n_B = n_{B,max} \text{ oder } T_f < T'(p) \\ \dfrac{4}{D_h} \left(\dfrac{N_A}{v_f}\right)^{2/3} B \exp\left(-\dfrac{\Delta E_{B,kr}}{kT_f} \cdot \varphi\right) & n_B < n_{B,max} \text{ und } T_f > T'(p), \end{cases}$$

wobei: $N_A \mathrel{\hat{=}}$ Avogadrosche Konstante; $B = (kT/h) \sim 10^{13} \, s^{-1}$; $h \mathrel{\hat{=}} 6{,}6 \cdot 10^{-34}$ Js (Plancksche Konstante); $D_h \mathrel{\hat{=}}$ hydraulischer Durchmesser. Alamgir und Lienhard [8] stellten fest, daß die Keimbildung auch von der zeitabhängigen Druckänderung stark beeinflußt wird. So empfehlen sie φ aus folgender Gleichung zu ermitteln

$$\varphi = 0{,}1058 \, (T/T_c)^{28{,}46} \left\{1 + 14 \left[\left(\frac{\delta p}{\delta \tau} + w_f \frac{\delta p}{\delta z}\right) \Big/ 10^6\right]^{0{,}8}\right\},$$

wobei $T_c = 647{,}3$ K die kritische Temperatur des Wassers ist. Die von der Flüssigkeit abgegebene Leistung für diesen Prozeß ist

$$q'''_{fg} = \varrho'' V_{B,kr} \Delta E^*_{B,kr} \frac{dn_B}{d\tau}.$$

Für die schnelle Entspannung im geraden Rohr mit konstantem Querschnitt schlagen Alamgier und Lienhard folgende Gleichung vor

$$\Delta p_{\mathrm{Fi}}^{*}=p'(T_{\mathrm{f}})-p=\Delta p_{\mathrm{Fi}}^{0}\left\{1+14\left[\left(\frac{\delta p}{\delta\tau}+w_{\mathrm{f}}\frac{\delta p}{\delta z}\right)\Big/10^{6}\right]^{0,8}\right\}, \tag{9.1.11}$$

die die maximal mögliche Überhitzung definiert. $\Delta p_{\mathrm{Fi}}^{0}$ definiert die maximal mögliche Überhitzung in einem isobaren ($p=\mathrm{const}$) Zweiphasensystem:

$$\Delta p_{\mathrm{Fi}}^{0}=0{,}252\frac{\sigma_{f}^{3/2}(T/T_{\mathrm{c}})^{13,73}}{(kT_{\mathrm{c}})^{1/2}(1-\varrho''/\varrho_{\mathrm{f}})}.$$

Die mittlere quadratische Abweichung von den Experimentaldaten für $\Delta p_{\mathrm{Fi}}^{*}$ in den Intervallen

$$0{,}62\leqq T/T_{\mathrm{c}}\leqq 0{,}935,$$

$$0{,}004\leqq(\mathrm{d}p/\mathrm{d}\tau)10^{-6}\leqq 1{,}803;\quad \mathrm{d}p/\mathrm{d}\tau \text{ in } [\mathrm{Pa/s}]$$

beträgt nach den beiden Autoren $\pm 10{,}4\%$.

Jones [218] stellte fest, daß die Turbolisierung der Strömung bei der Querschnittsänderung die maximal mögliche Überhitzung wesentlich beeinflussen kann. Er führt in (9.1.11) eine Korrektur ein.

$$\Delta p_{\mathrm{Fi}}=\Delta p_{\mathrm{Fi}}^{*}-\frac{27}{2}\left(\frac{\overline{w'^{2}}}{W^{2}}\right)\psi\left(w\frac{\delta p}{\delta z}\right)^{2/3}, \tag{9.1.11a}$$

wobei

$$\left(\frac{\overline{w'^{2}}}{W^{2}}\right)^{1/2}=0{,}072A/A_{0};\qquad A\leqq A_{0},$$

$$\psi=\begin{cases}\left(\dfrac{2D_{\mathrm{h}}\varrho_{\mathrm{f}}^{1/2}}{\lambda_{\mathrm{R}}/4}\right)^{2/3} & \text{dominierende Reibung}\\[2ex] \left(\varrho_{\mathrm{f}}^{1/2}\Big/\dfrac{\mathrm{d}}{\mathrm{d}z}\ln A\right)^{2/3} & \text{dominierende Beschleunigung.}\end{cases}$$

Falls die maximal mögliche Überhitzung erreicht wird, so ist auch die Anzahl der Verdampfungskerne maximal. Für die Druckabsenkung mit sehr großer Geschwindigkeit ($\sim>1{,}8$ Matm/s) können wir annehmen, daß die Spinoidale erreicht wird. Lienhard [175] schlägt folgende empirische Korrelation zur Beschreibung der Spinoidale vor:

$$10^{-5}=\exp\left\{-\frac{16\pi\sigma_{\mathrm{f}}^{3}}{3kT_{\mathrm{c}}(1-\varrho''/\varrho_{\mathrm{f}})[p'(T_{\mathrm{f}})-p_{\mathrm{spin}}]^{2}}\right\}.$$

Das in der Technik als Kühlmittel verwendete Wasser enthält ständig gelöste nichtkondensierbare Gase, wie z.B. Luft. Im ersten Kreislauf der wassergekühlten Kernreaktoren existiert nach [189] folgender volumetrischer Gasgehalt:

$$p_0 = 10^5 \text{ Pa}, \qquad BWR\ \alpha_0 = 0{,}005$$

$$T_{f0} = 298{,}15 \text{ K}, \qquad PWR\ \alpha_0 = 0{,}001.$$

Dieser Gehalt ist in Form von n_{B0} Blasen pro Volumeneinheit dispergiert, so daß n_{B0} Verdampfungskeime schon vorhanden sind. Nehmen wir an, daß sich bei p_0, T_{f0} kein Wasserdampf in der Blase befindet, so erhalten wir aus der statischen Kräftegleichgewichtsbedingung

$$m_{L0} = \left[p + \frac{2\sigma_f}{\left(\dfrac{3\alpha_0}{3\pi n_{B0}} \right)^{1/3}} \right] \frac{\alpha_0/n_{B0}}{R_L T_{f0}}.$$

Dabei ist m_{L0} die Gasmasse einer Dampfblase. Wenn aber Wasserdampf in der Blase verdampft (dabei wurde der Dampf als gesättigt angenommen), ändert sich die Kräftegleichgewichtsbedingung wie folgt:

$$p'(T_f) - p = \frac{2}{r_B} - \frac{3}{4} \frac{m_{L0} R_L T_g}{r_B^3}; \qquad T_f > T'(p).$$

Die zunehmende Überhitzung verursacht eine stabile Zunahme des Radius r_B bis

$$r_{B,kr} = 3 \left(\frac{m_{L0} R_L T_g}{8\pi\sigma_f} \right)^{1/2} \quad [278].$$

Die bei $r_{B,kr}$ erreichte Überhitzung ΔT

$$\Delta T = \frac{T'}{(h'' - h')\varrho'} \left[\frac{2}{r_{B,kr}} - \frac{3}{4} \frac{m_{L0} R_L T'}{\pi r_{B,kr}^3} \right] \quad [278] \tag{9.1.12}$$

kann als Verdampfungsanfang betrachtet werden, da für $r_B > r_{B,kr}$ die Blase nicht mehr stabil ist. Falls keine Information über n_{B0} existiert, soll n_{B0} aus dem Vergleich mit den Experimentaldaten, z.B. für die kritische Rohrströmung, bestimmt werden.

9.1.2 Anwachsen der Blase in überhitzter Flüssigkeit ohne relative Bewegung

Aus (9.1.7) folgt für die Verdampfung $\mu_{fg,\Delta w=0}$

$$\mu_{fg,\Delta w=0} = \varrho'' n_B \left. \frac{dV_B}{d\tau} \right|_{\Delta w=0}. \tag{9.1.13}$$

Sie soll aus den bekannten Strömungsparametern berechnet werden.

Für das Einkomponentensystem wird dieser Prozess durch ein Differentialgleichungssystem [213] in sphärischer Geometrie beschrieben. Dieses System spiegelt die

Tabelle 9.1

$\bar{r}_B = \frac{2}{3}[(\bar{\tau}+1)^{3/2} - \bar{\tau}^{3/2} - 1]$	Mikic, Rohsenow, Griffith (1970) [278]	(9.1.14)
$r_B = 2\left(\frac{3}{\pi}\right)^{1/2} Ja\left[1+\frac{1}{2}\left(\frac{\pi}{6Ja}\right)^{2/3}+\frac{\pi}{6Ja}\right]^{1/2}(a_f\tau^*)^{1/2}$	Labunzov (1964) [278]	(9.1.15)
$r_B = 2\left(\frac{3}{\pi}\right)^{1/2} Ja(a_f\tau^*)^{1/2}$	Plesset, Zwick (1964) [278]	(9.1.16)
$r_B = \pi^{1/2} Ja(a_f\tau^*)^{1/2}$	Dergarabedjan [278]	(9.1.17)

$$Ja = \frac{\varrho_f c_{pf} \Delta T}{\varrho''(h''-h')}; \quad a_f = \lambda_f/(\varrho_f c_{pf}); \quad \bar{r}_B = r_B/(B^2/A); \quad \bar{\tau} = \tau^*/(B^2/A^2);$$

$$A = \left[\frac{2}{3}\frac{(h''-h')\varrho''\Delta T}{\varrho_f T}\right]^{1/2}; \quad B = \left(\frac{12}{\pi}Ja^2 a_f\right)^{1/2}; \quad \Delta T = T_f - T$$

Erhaltungssätze wider. Um eine analytische Lösung zu finden, führte die Komplexität des Systems viele Autoren zu verschiedenen vereinfachenden Annahmen. Es entstanden mehrere Lösungen, die die verschiedenen Entwicklungsstadien der Dampfblase mit unterschiedlicher Genauigkeit wiedergeben. Tabelle 9.1 enthält einige Lösungen verschiedener Autoren in der Form

$$r_B = r_B(\ldots, \tau^*),$$

wobei

$$\tau^* = \tau - \tau_B, \quad (\tau_B \mathrel{\hat{=}} \tau_{T_f = T'(p)}).$$

Im sehr frühen Stadium der Entwicklung der Blase $\bar{\tau} < 10^{-3}$ weichen alle in der Tabelle 9.1 angegebenen Gleichungen vom Experiment ab. Für $\bar{\tau} \geqq 10^{-3}$ liefert die erste Gleichung die besten Ergebnisse. Für $\bar{\tau} > 10$ geht die erste Lösung (9.1.14) in die asymptotischen Lösungen von Labunzov, Plesset und Zwick und Dergarabedjan über. Das Blasenwachstum in der überhitzten Flüssigkeit auf der Kanalwand läßt sich nach Tolubinski [278] am besten mit Hilfe der Lösung von Jagov [278] beschreiben:

$$r_B = [\gamma Ja + (\gamma^2 Ja^2 + 2\beta Ja)^{1/2}](a_f\tau^*)^{1/2}, \tag{9.1.18}$$

wobei für $p > 0{,}1$ *Mpa* $\beta = 6$,

$$\left.\begin{array}{l}\theta = 40° \rightarrow \gamma = 0{,}1\\ \theta = 90° \rightarrow \gamma = 0{,}49\end{array}\right\}\gamma \sim 0{,}3. \tag{9.1.19}$$

Für hohe Drücke $Ja \ll 1$ geht (9.1.8) in (9.1.20) über

$$r_B = (2\beta a_f\tau^*)^{1/2}. \tag{9.1.20}$$

Für niedrige Drücke $Ja \gg 1$ geht (9.1.18) in (9.1.21) über

$$r_B = 2\gamma Ja\,(a_f\tau^*)^{1/2}. \tag{9.1.21}$$

(Allerdings bezweifelt Afgan [3] überhaupt die Möglichkeit Experimentaldaten zu vergleichen, ohne die statistische Natur der Blasenbildung in der Theorie mit zu berücksichtigen.)

Nach Differenzierung der Gln. (9.1.14–9.1.17) und nachfolgender Einsetzung in (9.1.13) erhalten wir:

$$\mu_{fg,\Delta w=0} = (36\pi)^{1/3} n_B^{1/3} \alpha^{2/3} A\varrho''[(\bar{\tau}+1)^{1/2} - \bar{\tau}^{1/2}], \tag{9.1.22}$$

$$\mu_{fg,\Delta w=0} = 24\left(\frac{3}{4\pi}\right)^{1/3} n_B^{2/3}\alpha^{1/3}\varrho'' Ja^2 a_f \left[1+\frac{1}{2}\left(\frac{\pi}{6Ja}\right)^{2/3} + \frac{\pi}{6Ja}\right], \tag{9.1.23}$$

$$\mu_{fg,\Delta w=0} = 24\left(\frac{3}{4\pi}\right)^{1/3} n_B^{2/3}\alpha^{1/3}\varrho'' Ja^2 a_f, \tag{9.1.24}$$

$$\mu_{fg,\Delta w=0} = \pi^2\left(\frac{3}{4\pi}\right)^{1/3} n_B^{2/3}\alpha^{1/3}\varrho'' Ja^2 a_f. \tag{9.1.25}$$

Die letzten drei Gleichungen sind keine Funktionen der Zeit (die Zeit wird ab Entstehung der Dampfblase abgelesen), sondern nur der örtlichen Parameter. Das erleichtert die Anwendung dieser Gleichungen sehr. Dagegen ist die Anwendung der Gl. (9.1.22) komplizierter, denn die Zeit τ^* soll auf der charakteristischen Linie der Ausbreitung der Dampfblase in der Ort-Zeitebene abgelesen werden.

Die beim Verdampfen der überhitzten Flüssigkeit abgegebene Wärmestromdichte ist

$$\dot{q}''_{fg,\Delta w=0} = \frac{(h''-h_f)\,\mu_{fg,\Delta w=0}}{n_B F_B}. \tag{9.1.26}$$

Gleichung (9.1.13) in (9.1.26) eingesetzt liefert:

$$\dot{q}''_{fg,\Delta w=0} = \varrho''(h''-h_f)\frac{dr_B}{d\tau}. \tag{9.1.27}$$

Weiter setzen wir die Ableitungen $dr_B/d\tau$ aus Tabelle 9.1 in (9.1.27) ein:

$$\dot{q}''_{fg,\Delta w=0} = \varrho''(h''-h_f)\,A[(\bar{\tau}+1)^{1/2} - \bar{\tau}^{1/2}] \tag{9.1.28}$$

$$\dot{q}''_{fg,\Delta w=0} = \sqrt{3}\frac{\lambda_f}{(\pi a_f\tau^*)^{1/2}}\Delta T\left[1+\frac{1}{2}\left(\frac{\pi}{6Ja}\right)^{2/3}+\frac{\pi}{6Ja}\right]^{1/2} =$$

$$= \frac{2}{r_B}\left(\frac{3}{\pi}\right)\varrho'' Ja^2 a_f\left[1+\frac{1}{2}\left(\frac{\pi}{6Ja}\right)^{2/3}+\frac{\pi}{6Ja}\right](h''-h_f), \tag{9.1.29}$$

$$\dot{q}''_{fg,\Delta w=0} = \sqrt{3}\frac{\lambda_f}{(\pi a_f\tau^*)^{1/2}}\Delta T = \frac{2}{r_B}\left(\frac{3}{\pi}\right)\varrho'' Ja^2 a_f(h''-h_f), \tag{9.1.30}$$

$$\dot{q}''_{fg,\Delta w=0} = \frac{\lambda_f}{(\pi a_f\tau^*)^{1/2}}\Delta T = \frac{\pi}{2r_B}\varrho'' Ja^2 a_f(h''-h_f). \tag{9.1.31}$$

Dabei ist

$$r_B = \left(\frac{3\alpha}{4\pi n_B} \right)^{1/3}. \qquad (9.1.32)$$

Der Ausdruck vor ΔT in (9.1.30 und 9.1.31) kann als eine Wärmeübergangszahl interpretiert werden. Die Massenübergangsrate kann auch folgendermaßen berechnet werden:

$$\mu_{fg,\Delta w=0} = (F/V) \frac{\dot{q}''_{fg,\Delta w=0}}{h'' - h_f}. \qquad (9.1.33)$$

In [218] wurden die Gln. (9.1.30 und 9.1.33) in folgender Form verwendet

$$\mu_{fg,\Delta w=0} = (F/V)\sqrt{3} \frac{\lambda_f \Delta T}{(a_f \pi \tau^*)^{1/2}(h'' - h_f)} =$$

$$= \left(\frac{3}{\pi} \right)^{1/2} (36\pi n_B)^{1/3} \frac{\lambda_f \Delta T \alpha^{2/3}}{(\pi a_f \tau^*)^{1/2}(h'' - h_f)} \qquad (9.1.34)$$

und mit Experimentaldaten verglichen. Es zeigte sich eine gute Übereinstimmung bis $\alpha \sim 0{,}15...0{,}20$. Für $\alpha > 0{,}2$ ist die Phasentrennfläche so groß, daß die Gleichgewichtsmassenübergangsrate bessere Ergebnisse liefert.

Henry, zitiert in [189], erhielt eine gute Übereinstimmung mit den Experimentaldaten für kritische Strömungen mit Hilfe der Gl. (9.1.24) in der Form

$$\mu_{fg,\Delta w=0} = 11 \varrho'' \alpha^{1/2} \Delta T^2 \qquad (9.1.35)$$

unter der Annahme, daß im Wasser $\alpha_0 = 0{,}002$ (1atm,25°C) nichtkondensierbare Gase gelöst sind.

Die Bestimmung des Quotienten der Phasentrennfläche zum Volumen der Strömung (F/V) ist ein wichtiger Schritt. Aus dem Beispiel der Blasenströmung haben wir

$$(F/V) = 6 \left(\frac{\pi}{6} n_B \right)^{1/3} \alpha^{2/3} = \text{const}\, \alpha^{2/3} \qquad (9.1.36)$$

oder aus dem Beispiel der Spritzerströmung

$$(F/V) = 6 \left(\frac{\pi}{6} n_{Tr} \right)^{1/3} (1 - \alpha)^{2/3} = \text{const}\,(1 - \alpha)^{2/3} \qquad (9.1.37)$$

erhalten. Analog zu diesen exakten Gleichungen schlägt Saha [2] für (F/V) folgenden Näherungsansatz

$$(F/V) = \text{const}[\alpha(1 - \alpha)]^{2/3} \qquad (9.1.38)$$

vor, wobei die Konstante experimentell bestimmt werden soll. Unter Verwendung der Gln. (9.1.31 – 9.1.33) für den Wärmeübergang erhält Saha [2]:

$$\mu_{fg,\Delta w=0} = \frac{\text{const}[\alpha(1 - \alpha)]^{2/3}}{h'' - h_f} \frac{\lambda_f}{(\pi a_f \tau^*)^{1/2}} \Delta T. \qquad (9.1.39)$$

Eine genaue Angabe der Konstante im breiten Bereich wird in [2] nicht angegeben.

Aus den Gln. (9.1.29 – 9.1.31) kann für jede Gleichung die Zeit als Funktion der örtlichen Parameter berechnet werden

$$\tau^* = \frac{\pi}{12} f_1 \left[1 + \frac{1}{6} \left(\frac{\pi}{6Ja} \right)^{2/3} + \frac{\pi}{6Ja} \right], \tag{9.1.40}$$

$$\tau^* = \frac{\pi}{12} f_1, \tag{9.1.41}$$

$$\tau^* = \frac{4}{\pi} f_1, \tag{9.1.42}$$

wobei

$$f_1 \left(\frac{3}{4\pi n_B} \right)^{2/3} \left[\frac{\varrho'' (h'' - h_f)}{\Delta T} \right]^2 \frac{\alpha^{2/3}}{\lambda_f \varrho_f c_{pf}}. \tag{9.1.43}$$

Das ist eine Möglichkeit, aus den integralen Strömungsparametern zu jedem Zeitpunkt τ^* bestimmen zu können. Ein ähnliches Vorgehen verwendet Broadus u.a. [28] bei der Beschreibung der Verdampfung und der Kondensation:

Verdampfung $T_f > T'$

$$\mu_{fg,\Delta w=0} = (F/V) \frac{\dot{q}''_{fg,\Delta w=0}}{h'' - h_f}$$

$$\dot{q}''_{fg,\Delta w=0} = \frac{\pi}{2} \cdot \frac{\lambda_f}{(\pi a_f \tau^*)^{1/2}} (T_f - T')$$

Kondensation $T_g < T'$

$$\mu_{fg,\Delta w=0} = (F/V) \frac{\dot{q}''_{gf,\Delta w=0}}{h_g - h'}$$

$$\dot{q}''_{gf,=0} = \frac{\pi}{2} \cdot \frac{\lambda_g}{(\pi a_g \tau^*)^{1/2}} (T' - T_g)$$

$$\tau^* = \frac{\left(\frac{3CR}{B^2} \right)^2 \left(2 - \frac{3CR}{B^2} \right)^2}{4 \left(\frac{C^2}{B^2} \right) \left[1 - \frac{3CR}{B^2} \left(2 - \frac{3CR}{B^2} \right) \right]}$$

$$C = \frac{2}{3} \left[\frac{(h'' - h_f) \varrho'' (T_f - T')}{\varrho_f T'} \right]^{1/2} \qquad C = \frac{2}{3} \left[\frac{(h_g - h') \varrho'' (T' - T_g)}{\varrho_f T'} \right]^{1/2}$$

$$B = \left(\frac{12}{\pi} a_f \right)^{1/2} a_f \frac{\varrho_f}{\varrho''} \frac{T_f - T'}{h'' - h_f} \qquad B = \left(\frac{12}{\pi} a_g \right)^{1/2} a_g \frac{\varrho_f}{\varrho_g} \frac{T' - T_g}{h_g - h'}.$$

Dabei ist R der Radius der diskreten Phase.

Mit den bis jetzt diskutierten Modellen läßt sich eine gute Abschätzung des Massenüberganges bei der Entstehung und dem Anwachsen der Dampfblasen in überhitzter Flüssigkeit durchführen.

Einige Autoren versuchten diesen Prozeß mit einfachen empirischen Gleichungen zu beschreiben. Bouvin [21] sowie Grison und Lauro [81] verwendeten für die überhitzte Flüssigkeit folgende Massenerhaltungsgleichung für die Dampfphase

$$\frac{\delta x}{\delta \tau} + w_f \frac{\delta x}{\delta z} = \mu_{fg} / \varrho_f,$$

$$\mu_{fg} = \mu_{fg,\Delta w=0} = \varrho_f \frac{x_{eq} - x}{660/(p^{0,55} w_f^{1,89} \alpha^{0,85})}; \; x_{eq} = \frac{x h_g + (1 - x) h_f - h'(p)}{h''(p) - h'(p)}.$$

Köberlein [135] verwendet (9.1.33) in der Form

$$\mu_{fg,\Delta w=0} = (F/V)\frac{\dot{q}''_{fg,\Delta w=0}}{h''-h_f} = (F/V)h_{fg,\Delta w=0}\frac{T_f-T'}{h''-h_f},$$

wobei

$$(F/V)h_{fg,\Delta w=0} = [a_1\alpha(1-\alpha)+a_2(1-\alpha)^2]\frac{p}{a_3}(1-a_4\alpha^2),$$

$$a_1=6\cdot 10^7,\ a_2=3{,}6\cdot 10^8,\ a_3=5\cdot 10^6,\ a_4=0{,}4.$$

Die empirischen Konstanten a_1 bis a_4 wurden von Köberlein so bestimmt, daß eine gute Übereinstimmung mit den Experimentaldaten für die Druckwellenausbreitung erreicht wird.

Eine ähnliche Gleichung zu (9.1.39) verwendete Malnes [277] (1975):

$$\mu_{fg,\Delta w=0} = g\left(R_0\frac{\varrho''}{\varrho_f}F_1+R_1\right)\frac{\lambda_f\varrho_f c_{pf}}{(h''-h_f)^2}[\alpha(1-\alpha)]^{1/3}\Delta T^2,$$

wobei $F_1=1-2\alpha$ für $\alpha<0{,}5$, $F_1=0$ für $\alpha>0{,}5$ und $R_0=7\cdot 10^7$, $R_1=2\cdot 10^5$.

Die empirischen Konstanten wurden von Malnes so bestimmt, daß er eine gute Übereinstimmung mit den Experimentaldaten für die kritische Strömung erzielt hat.

Eine der wichtigsten Anwendungen der Vorhersage der Keimbildung, der maximal möglichen Überhitzung und der Nichtgleichgewichtsverdampfung ist die Berechnung der kritischen ZS in kurzen Rohrstücken, Blenden und Lavaldüsen (s. Abschn. 8.2.1). Vergleiche von rechnerischen und experimentellen Ergebnissen für adiabatische kritische Strömungen, durchgeführt in [306], zeigen, daß heute kein konstitutiver Satz von Gleichungen existiert, der die obengenannten Phänomena ohne irgendeinen Parameter (z.B. maximal mögliche Keimdichte pro Volumeneinheit) beschreibt. Ein solcher Satz von Korrelationen muß noch entwickelt werden.

9.2 Die Kondensation der unterkühlten Gasphase

Für die weiteren Betrachtungen benötigen wir folgende Größen:

Anzahl der Tröpfchen pro Volumeneinheit des Gemisches: n_{Tr},

Anzahl der Tröpfchen im Kontrollvolumen V:

$$N_{Tr}=n_{Tr}V, \tag{9.2.1}$$

Volumen eines Tröpfchens:

$$V_{Tr}=\frac{4}{3}\pi r_{Tr}^3=\frac{1-\alpha}{n_{Tr}}, \tag{9.2.2}$$

Oberfläche eines Tröpfchens:

$$F_{Tr}=4\pi r_{Tr}^2=4\pi\left[\frac{3}{4}\frac{(1-\alpha)}{\pi n_{Tr}}\right]^{2/3}, \tag{9.2.3}$$

Phasentrennfläche pro Volumeneinheit des Gemisches:

$$F/V=n_{Tr}F_{Tr}=6\left(\frac{\pi}{6}n_{Tr}\right)^{1/3}(1-\alpha)^{2/3} = 3(1-\alpha)/r_{Tr}. \tag{9.2.4}$$

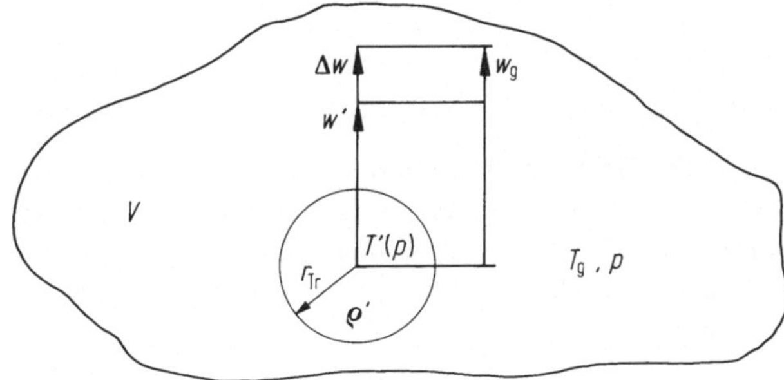

Abb. 9.3. Bewegung eines Tröpfchens mit einem Radius r_{Tr} mit der Geschwindigkeit w' in einer sich mit der Geschwindigkeit w_g fließenden Gasphase

Abbildung 9.3 zeigt ein Tröpfchen mit einem Radius r_{Tr}, das sich mit der Geschwindigkeit w' in einer sich mit der Geschwindigkeit w_g fließenden Gasphase bewegt. Bei der Kondensation unterkühlten Dampfes nehmen wir an, daß das Wasser sich im Sättigungszustand befindet, d.h. $T_f = T'(p)$, $\varrho_f = \varrho'(p)$. Schreiben wir die Kontinuitätsgleichung der Flüssigkeitsphase:

$$\frac{\delta}{\delta\tau}[(1-\alpha)\varrho'] + \frac{\delta}{\delta z}[(1-\alpha)\varrho' w'] = -\mu_{fg} \; (\hat{=} \mu_{gf}). \tag{9.2.5}$$

Beachten Sie, daß bei der Herleitung dieser Gleichung μ_{gf} nur die von der benachbarten Phase verursachte Massenänderung pro Zeit- und Volumeneinheit des Gemisches

$$\mu_{gf} = \varrho' \frac{d}{d\tau}(n_{Tr} V_{Tr}) \tag{9.2.6}$$

ist. Die Änderung der Flüssigkeitsdichte wird im ersten Glied der Gl. (9.2.5) berücksichtigt. Falls wir (9.2.6) differenzieren, erhalten wir:

$$\mu_{gf} = \varrho' V_{Tr} \frac{dn_{Tr}}{d\tau} + \varrho' n_{Tr} \left(\left.\frac{dV_{Tr}}{d\tau}\right|_{\Delta w = 0} + \left.\frac{dV_{Tr}}{d\tau}\right|_{\Delta w \neq 0} \right). \tag{9.2.7}$$

Die Berechnung der drei Therme der Gl. (9.2.7) betrachten wir in den nächsten Abschnitten.

9.2.1 Entstehung des Flüssigkeitströpfchens

Die für die Bildung eines Tröpfchens mit einem Radius r_{Tr} notwendige Energie ist [52]

$$\Delta E_{Tr} = 4\pi\sigma' \left(-\frac{2}{3} \frac{r_{Tr}^3}{r_{Tr,kr}} + r_{Tr}^2 \right).$$

Falls eine bestimmte Unterkühlung

$$\Delta T = T_g - T'(p)$$

vorhanden ist, hat die Funktion $\Delta E_{Tr}(r_{Tr})$ ein Maximum

$$\Delta E_{Tr,kr} = \frac{4\pi\sigma'}{3} r_{Tr,kr}^2$$

bei

$$r_{\mathrm{Tr,kr}}=\frac{2\sigma' m_{\mu}}{\varrho' R_{\mathrm{g}} T \ln p/p'(T_{\mathrm{g}})},$$

wobei $R_{\mathrm{g,H_2O}}=463$ [J/(kgK)], $m_{\mu}=18$. Die Tröpfchen mit dem Radius $r_{\mathrm{Tr}}<r_{\mathrm{Tr,kr}}$ sind nicht stabil, verdampfen sehr schnell nach ihrer Entstehung und entnehmen ihrer Umgebung die notwendige Energie. Die Geschwindigkeit der Entstehung der Kondensationskeime nach der homogenen Keimbildungstheorie (Entstehung der Flüssigkeit innerhalb der Dampfphase) ist:

$$\frac{\mathrm{d}n_{\mathrm{Tr}}}{\mathrm{d}\tau}=\begin{cases} 0 & T_{\mathrm{g}}\geqq T'(p) \\ c_1 Z_0 p^2 \exp\left(-c_2\dfrac{\Delta E_{\mathrm{Tr,kr}}}{kT_{\mathrm{g}}}\right) & T_{\mathrm{g}}<T'(p) \quad [52], \end{cases} \tag{9.2.8}$$

wobei

$$Z_0=\frac{[(2/\pi)\sigma' N_{\mathrm{g}}^2]^{1/2}}{\varrho'(R_{\mathrm{g}}T_{\mathrm{g}})^2};\ N_{\mathrm{g}}=3{,}35\cdot 10^{25}[1/\mathrm{kg}]. \tag{9.2.9}$$

c_1 und c_2 sind Korrekturfaktoren die aus dem Vergleich mit Experimentaldaten bestimmt werden sollen. Die ganz kurze Verzögerungszeit für die Einstellung des quasistationären Gesetzes (9.2.8) kann vernachlässigt werden. Die Verdampfungsrate in dieser Zeitphase ist:

$$\mu_{\mathrm{gf},n_{\mathrm{Tr}}}=\varrho' V_{\mathrm{Tr,kr}}\frac{\mathrm{d}n_{\mathrm{Tr}}}{\mathrm{d}\tau}.$$

Die in die Gasphase eingeführte Leistung bei dem Kondensationsprozeß ist:

$$\dot{q}'''_{\mathrm{fg},n_{\mathrm{Tr}}}=\varrho' V_{\mathrm{Tr,kr}}\Delta E_{\mathrm{Tr,kr}}\frac{\mathrm{d}n_{\mathrm{Tr}}}{\mathrm{d}\tau}.$$

Um die Anzahl der Tröpfchen zum Zeitpunkt τ zu bestimmen, soll (9.2.9) in den Grenzen τ_{Tr} bis τ integriert werden. Die auf diese Art erhaltene Anzahl definiert einen Tröpfchendurchmesser, der nicht größer sein muß, als der, der mit Hilfe der Stabilitätstheorie erhalten werden kann:

$$n_{\mathrm{Tr}}=(1-\alpha)\Big/\left(\frac{4}{3}\pi r_{\mathrm{Tr}}^3\right),$$

wobei

$$We_{\mathrm{Tr}}=\frac{2r_{\mathrm{Tr}}\varrho_{\mathrm{g}}\Delta w^2}{\sigma_{\mathrm{f}}}\leqq We_{\mathrm{Tr,kr}}\sim 12,$$

$$r_{\mathrm{Tr}}\sim\frac{We_{\mathrm{Tr,kr}}\sigma_{\mathrm{f}}}{2\varrho_{\mathrm{g}}\Delta w^2}.$$

9.2.2 Anwachsen der Tröpfchen in unterkühltem Dampf ohne relative Bewegung

Aus (9.2.7) folgt für die Verdampfungsrate, verursacht durch das Tröpfchenwachstum ohne relative Bewegung,

$$\mu_{gf,\Delta w=0}=\varrho' n_{Tr}\left.\frac{dV_{Tr}}{d\tau}\right|_{\Delta w=0}.$$

Der Mechanismus des Anwachsens der Tröpfchen ist unterschiedlich, je nachdem, ob der Radius $d_{Tr}/2$ kleiner oder größer als die freie molekulare Weglänge l_g

$$l_g=\frac{n_g}{p}\left(\frac{R_g T_g \pi}{2m_\mu}\right)^{1/2}$$

ist. Simson und Springer [248] erhalten aus der molekularkinetischen Theorie

$$\frac{l_g}{d_{Tr}}\gg 1 \qquad \frac{dM_{Tr}}{d\tau}=d_{Tr}\left(\frac{R_g T_g}{2\pi}\right)^{1/2}\varrho_g\left[\frac{T_g-T_f^0}{2T_g}-\frac{p-p'(T_f^0)}{p}\right],$$

$$\frac{l_g}{d_{Tr}}\ll 1 \qquad \frac{dM_{Tr}}{d\tau}=d_{Tr}\left(\frac{R_g T_g}{2\pi}\right)^{1/2}2\varrho_g\left[\frac{p'(T_f)-p}{p}\right]$$

(z.B. wird bei $p>0{,}05$ bar, $l_g<1\,\mu\text{m}$). In [269] wird der Zusammenhang zwischen der Tröpfchenoberflächentemperatur T_f^0 und der mittleren Flüssigkeitstemperatur folgendermaßen berücksichtigt:

$$\frac{dT_f^0}{d\tau}=3\frac{dT_f}{d\tau}+30\frac{\lambda_f/(\varrho_f c_{pf})}{r_{Tr}^2}(T_f-T_f^0).$$

Die Änderung der Temperatur innerhalb des Tröpfchens vollzieht sich viel schneller als die Änderung des Radius (falls $l_g/d_{Tr}<1$ ist). Entscheidend ist dabei die, durch die Oberfläche des Tröpfchens übertragene, Wärmemenge. Es wird oft angenommen, daß sich die Flüssigkeit im Sättigungszustand befindet. Richmatulin, zitiert in [213], erhält folgende Lösung für die zeitliche Änderung des Radius

$$\frac{dr_{Tr}}{d\tau}=\frac{\lambda_g}{\varrho_f r_{Tr} c_{pg}}\ln\left[1+\frac{c_{pg}(T_g-T'(p))}{h_g-h'}\right]$$

und für den Wärmeübergang

$$Nu_{Tr}=\frac{2r_{Tr}h_{Tr}}{\lambda_g}=\frac{2\ln[1+c_{pg}(T_g-T'(p))/(h_g-h')]}{c_{pg}(T_g-T'(p))/(h_g-h')}.$$

Damit erhalten wir

$$\mu_{fg,\Delta w=0}=n_{Tr}4\pi r_{Tr}\frac{\lambda_g}{c_{pg}}\ln\left[1+\frac{c_{pg}(T_g-T'(p))}{h_g-h'}\right],$$

$$\dot{q}'''_{gf,\Delta w=0}=(F/V)h_{Tr}[T_g-T'(p)].$$

9.3 Einfluß der relativen Bewegung auf die Stoffübertragungsvorgänge an der Phasentrennfläche

Die relative Bewegung beider Phasen ist eine natürliche Eigenschaft der ZS. Sie verbessert die Wärme- und somit die Stoffübertragungsbedingungen. Der dritte Term der Gln. (9.1.7) und (9.2.7) läßt sich folgendermaßen schreiben:

$$\mu_{\mathrm{fg},\Delta w \neq 0} = \varrho'' n_{\mathrm{B}} \left.\frac{\mathrm{d}V_{\mathrm{B}}}{\mathrm{d}\tau}\right|_{\Delta w \neq 0} = (F/V)\, h_{\mathrm{fg},\Delta w \neq 0} \frac{T_{\mathrm{f}} - T'}{h'' - h_{\mathrm{f}}},$$

$$\mu_{\mathrm{gf},\Delta w \neq 0} = \varrho' n_{\mathrm{Tr}} \left.\frac{\mathrm{d}V_{\mathrm{Tr}}}{\mathrm{d}\tau}\right|_{\Delta w \neq 0} = (F/V)\, h_{\mathrm{gf},\Delta w \neq 0} \frac{T_{\mathrm{g}} - T'}{h_{\mathrm{g}} - h'},$$

Tabelle 9.2

Dampfblase		Tröpfchen	
$Pe_{\mathrm{f}} = \frac{2r_{\mathrm{B}}\Delta w}{a_{\mathrm{f}}}$; $a_{\mathrm{f}} = \frac{\lambda_{\mathrm{f}}}{\varrho_{\mathrm{f}} c_{\mathrm{pf}}}$ $Pr_{\mathrm{f}} = \eta_{\mathrm{f}}/(\varrho_{\mathrm{f}} a_{\mathrm{f}})$ $Re_{\mathrm{B}} = \frac{2r_{\mathrm{B}}\varrho_{\mathrm{f}}\Delta w}{\eta_{\mathrm{f}}}$ $Nu_{\mathrm{B}} = \frac{2r_{\mathrm{B}}h_{\mathrm{B}}}{\lambda_{\mathrm{f}}}$; $h_{\mathrm{fg},\Delta w \neq 0} = h_{\mathrm{B}}$		$Pe_{\mathrm{g}} = \frac{2r_{\mathrm{Tr}}\Delta w}{a_{\mathrm{g}}}$; $a_{\mathrm{g}} = \frac{\lambda_{\mathrm{g}}}{\varrho_{\mathrm{g}} c_{\mathrm{pg}}}$ $Pr_{\mathrm{g}} = \eta_{\mathrm{g}}/(\varrho_{\mathrm{g}} a_{\mathrm{g}})$ $Re_{\mathrm{Tr}} = \frac{2r_{\mathrm{Tr}}\varrho_{\mathrm{g}}\Delta w}{\eta_{\mathrm{g}}}$ $Nu_{\mathrm{Tr}} = \frac{2r_{\mathrm{Tr}}h_{\mathrm{Tr}}}{\lambda_{\mathrm{g}}}$; $h_{\mathrm{fg},\Delta w \neq 0} = h_{\mathrm{Tr}}$	
$Re \ll 1; Pe \ll 1$ $Nu_{\mathrm{B}} = 2 + \frac{9}{16} Pe_{\mathrm{f}} + \frac{9}{64} Pe_{\mathrm{f}}^2 + \ldots$	[265]	$Nu_{\mathrm{Tr}} = 2 + \frac{1}{2} Pe_{\mathrm{g}} + \frac{1}{6} Pe_{\mathrm{g}}^2 + \ldots$	[265]
$Re \ll 1; Pe \gg 1$ $\mathrm{Nu}_{\mathrm{B}} = \frac{0{,}65}{\left(1 + \frac{\eta_{\mathrm{g}}}{\eta_{\mathrm{f}}}\right)^{1/2}} Pe_{\mathrm{f}}^{1/2}$; $(\eta_{\mathrm{g}}/\eta_{\mathrm{f}} \leqq 1)$	[213]	$Nu_{\mathrm{Tr}} = 0{,}98\ Pe_{\mathrm{g}}^{1/3}$ festes Partikel $(\eta_{\mathrm{f}}/\eta_{\mathrm{g}} = \infty)$	[213]
$Nu_{\mathrm{B}} = \frac{2}{\pi^{1/2}} Pe_{\mathrm{f}}^{1/2}$ Hunt	[116]		
$Re < 1$; $Pe < 10^3$ $Nu_{\mathrm{B}} = 2 + \frac{0{,}65 Pe_{\mathrm{f}}^{1,7}}{1 + Pe_{\mathrm{f}}^{1,3}}$; $(\eta_{\mathrm{g}}/\eta_{\mathrm{f}} = 0)$	[213]	$Nu_{\mathrm{Tr}} = 2 + \frac{\frac{1}{3} Pe_{\mathrm{g}}^{0,84}}{1 + \frac{1}{3} Pe_{\mathrm{g}}^{0,51}}$; $(\eta_{\mathrm{f}}/\eta_{\mathrm{g}} = \infty)$	[213]
$1 < Re < 7 \cdot 10^4; 0{,}6 < Pr < 400$ $Nu_{\mathrm{B}} = 2 + (0{,}55 \ldots 0{,}7)\, Re_{\mathrm{B}}^{1/2} Pr_{\mathrm{f}}^{1/3}$	[265]	$Nu_{\mathrm{Tr}} = 2 + (0{,}55 \ldots 0{,}7)\, Re_{\mathrm{Tr}}^{1/2} Pr_{\mathrm{g}}^{1/3}$	[265]
$Nu_{\mathrm{B}} = 2 + 0{,}37 Re_{\mathrm{B}}^{3/5} Pr_{\mathrm{f}}^{1/3}$ $Re > 1$	[294]	$Nu_{\mathrm{Tr}} = 2 + 0{,}74 Re_{\mathrm{Tr}}^{0,5} Pr_{\mathrm{g}}^{0,33}$ (Verdampfung)	[169]

wobei $h_{\ldots,\Delta w \neq 0}$ die Wärmeübergangszahl bei der Umströmung des diskreten Phasenelements (Tröpfchen bzw. Blase) von der kontinuierlichen Phase ist. An der Bestimmung der Wärmeübergangszahlen in diesem Fall haben mehrere Autoren gearbeitet. In Tabelle 9.2 sind eine Reihe von Kriterialgleichungen angegeben. Sie sind sowohl bei der Kondensation als auch bei der Verdampfung anwendbar. Es soll nicht vergessen werden, daß die Kriterialgleichungen vom Typ $Nu = 2 + \ldots$ auch den Grenzfall $\Delta w = 0$ miterfassen, d.h. bei ihren Anwendungen soll das Glied $\varrho n \mathrm{d}V/\mathrm{d}\tau|\Delta w = 0$ in (9.1.7,9.2.7) gleich Null gesetzt werden.

9.4 Verdampfung unterkühlter Flüssigkeit an der beheizten Kanalwand

In vielen technischen Einrichtungen werden durch Sieden unterkühlter Flüssigkeiten relativ große Wärmeleistungen entnommen. Auch bei der Überflutung der Spaltzone eines wassergekühlten Kernreaktors nach einem Kühlmittelverlustunfall ist dieses Siederegime zu erwarten. Charakteristisch ist dabei, daß das Wasser unterkühlt und der Dampf gesättigt ist. In der Fachliteratur existieren mehrere theoretische Abhandlungen, die diesen Prozeß zu beschreiben versuchen. Für die Ingenieurpraxis aber, ist zur Zeit die Beschreibung mit Hilfe empirischer Korrelationen von Bedeutung. Jedes Modell besitzt drei charakteristische Elemente:

- Vorhersage des *Siedebeginns*,
- Beschreibung der *Nettodampfproduktion*,
- Beschreibung der *relativen Geschwindigkeit*.

Man kann durch verschiedene Koeffizienten in jedem der drei Elemente eine gute Übereinstimmung mit den Experimentaldaten erzielen. So bewirkt z.B. bei der Modellaufstellung die Unterdrückung der Dampfgeneration, die Beschleunigung der Kondensation und die Vergrößerung der relativen Geschwindigkeit $\Delta w = w_g - w_f$ eine Verminderung des Dampfvolumenanteiles. Wir stellen weiter einige Korrelationen zur Beschreibung des unterkühlten Siedens dar.

Hughes u.a. [112] verwenden eine Idee von Lellouche und Zolotar und gehen von folgender Modellvorstellung aus:

$\dot{q}''_B$ ist die Wärmestromdichte, die für das entwickelte *Blasensieden* in der Grenzschicht verbraucht wird:

$$\dot{q}''_B = \hat{h}_B (T_W - T')^2 \text{ Thom [35]}, \tag{9.4.1}$$

wobei

$$\hat{h}_B = 1942 \exp(p/4{,}35 \cdot 10^6). \tag{9.4.2}$$

$\dot{q}''_{Rk}$ ist die Wärmestromdichte, die bei der *Rückkondensation* des Dampfes frei wird:

$$q''_{Rk} = h_{Rk} (T' - T_f), \tag{9.4.3}$$

wobei

$$h_{Rk} = 0{,}4 Re_f^{0{,}662} Pr_f \frac{\lambda_f}{D_h} \text{ Hankox and Nikol [112]}. \tag{9.4.4}$$

$\dot{q}''_{\text{konv}}$ ist die Wärmestromdichte, die von der Grenzschicht an die Kernströmung übertragen wird:

$$\dot{q}''_{\text{konv}} = h_{\text{konv}}(T' - T_\text{f}), \tag{9.4.5}$$

wobei

$$h_{\text{konv}} = 0{,}023 Re_\text{f}^{0,8} Pr_\text{f}^{0,4} \frac{\lambda_\text{f}}{D_\text{h}} \quad \text{Dittus-Boelter [35].} \tag{9.4.6}$$

Dabei sind Re_f und Pr_f folgendermaßen definiert:

$$Re_\text{f} = \frac{|G| D_\text{h}}{\eta_\text{f}} \frac{1-x}{1-\alpha}, \tag{9.4.7}$$

$$Pr_\text{f} = \frac{c_{\text{pf}} \eta_\text{f}}{\lambda_\text{f}}. \tag{9.4.8}$$

Die Flüssigkeitstemperatur, bei der die Nettogeneration entsteht, bezeichnet mit $T_{\text{f,B}}$, wird aus folgenden zwei Energiebilanzgleichungen bestimmt:

$$\hat{h}_\text{B}(T_\text{W} - T')^2 = h_{\text{Rk}}(T' - T_{\text{f,B}}), \tag{9.4.9}$$

$$\dot{q}'' = \hat{h}_\text{B}(T_\text{W} - T')^2 + h_{\text{konv}}(T' - T_{\text{f,B}}) \tag{9.4.10}$$

oder nach einer Auflösung nach $T_{\text{f,B}}$

$$T_{\text{f,B}} = T'(p) - \left\{ \frac{[4\dot{q}''(h_{\text{Rk}} + h_{\text{konv}}) + h_{\text{konv}}^2 (h_{\text{Rk}}/\hat{h}_\text{B})]^{1/2} - h_{\text{konv}}(h_{\text{Rk}}/\hat{h}_\text{B})^{1/2}}{2(h_{\text{Rk}} + h_{\text{konv}})} \right\}^2. \tag{9.4.11}$$

Die verdampfende und die zurückkondensierende Menge pro Zeit- und Volumeneinheit des Gemisches berechnet Hughes folgendermaßen:

$$\mu_\text{V} = \frac{4}{D_\text{h}} \frac{\dot{q}''_\text{B} - \dot{q}''_{\text{konv}}}{h'' - h_\text{f}}, \quad \mu_\text{K} = \frac{4}{D_\text{H}} \frac{\dot{q}''_{\text{Rk}}}{h'' - h'} \tag{9.4.12,13}$$

Bei der Berechnung von μ sollen die in Tabelle 9.3 genannten Fälle unterschieden werden.

Hughes u.a. [112] erzielt eine sehr gute Übereinstimmung mit den Experimentaldaten für den Dampfvolumenanteil in einem vertikalen Siedekanal, mit Hilfe des

Tabelle 9.3

1	$T_\text{f} < T_{\text{f,B}}$	$x=0$	$\mu_{\text{fg}} = 0$	$T_\text{W} = T_\text{f} + \dot{q}''/h_{\text{konv}}$
2		$x>0$	$\mu_{\text{fg}} = -\mu_\text{K}$	$T_\text{W} = T_\text{f} + \dot{q}''/h_{\text{konv}}$
3	$T_{\text{f,B}} \leqq T_\text{f} < T'$		$\mu_{\text{fg}} = \mu_\text{V} - \mu_\text{K}$	$T_\text{W} = T' + \left[\frac{\dot{q}'' - h_{\text{konv}}(T' - T_\text{f})}{\hat{h}_\text{B}}\right]^{1/2}$
4	$T' \leqq T_\text{f}$		$\mu_{\text{fg}} = \mu_\text{V}$	$T_\text{W} = T' + (\dot{q}''/\hat{h}_\text{B})^{1/2}$

oben dargestellten Modells und unter Verwendung der Driftfluxkorrelation von Lellouche [171] aus Tabelle 2.5.

Eine ähnliche Methodik wird von Sosiev und Korolkov [266] vorgeschlagen, wobei aber als Grundlage für den Wärmeübergangsmechanismus die Petuchovsche Formel für den konvektiven Wärmeübergang

$$Nu = A^* Re Pr \text{ [132]} \tag{9.4.14}$$

in modifizierter Form verwendet wurde.

$$T_{f,B} = T' - \dot{q}''/(A^* G c_{pf}), \tag{9.4.15}$$

wobei

$$A^* = 0{,}019\,(1 - p/p_{Kr}). \tag{9.4.16}$$

Der Bilanzmassenstromanteil $x^* = (h-h')/(h''-h')$, der der Temperatur $T_{f,B}$ entspricht, ist

$$x_B = -\dot{q}''/[A^* G (h''-h')]. \tag{9.4.17}$$

Die Wärmestromdichte, die das Sieden verursacht, ist

$$\dot{q}''_V = A^* G c_{pf} (T_W - T_f) \approx -A^* (h''-h') x^* G. \tag{9.4.18}$$

Die bei der Rückkondensation befreite Wärmestromdichte ist

$$\dot{q}''_{Rk} = A^* G (1-x) c_{pf} (T' - T_f) = A^* G (h''-h')(x - x^*). \tag{9.4.19}$$

Aus den Gln. (9.4.18, 9.4.19) folgt:

$$\mu_V = \frac{4}{D_H} \frac{\dot{q}''_V}{h''-h_f}, \quad \mu_{Rk} = \frac{4}{D_H} \frac{\dot{q}''_{Rk}}{h''-h_f} \tag{9.4.20,21}$$

oder falls $A^* \sim \text{const}$

$$\mu_{fg} = \mu_V - \mu_{Rk} = \frac{4}{D_H} \frac{\dot{q}''}{(h''-h')} \frac{1-x}{1-x^*} \left(1 + \frac{x - x^*}{x_B^*}\right). \tag{9.4.22}$$

Sehr gute Übereinstimmung mit den Experimentaldaten für den Dampfvolumenanteil erhalten Sosiev u.a. [243] für einen vertikalen Siedekanal mit Hilfe (9.4.22) unter Verwendung der Tihonenkoschen Schlupfkorrelation:

$$S = (\varrho_f/\varrho'')^m/(1-\psi), \tag{9.4.23}$$

wobei

$$\psi = 2 \cdot 10^{-3} \left[\frac{w'' \varrho'' \sigma_f}{\eta'' D_h g (\varrho_f - \varrho_g)}\right],$$

$$Fr_f = G^2/(g \varrho_f^2 D_h),$$

$$m = Fr_f^{3/8}/6 \quad \text{für Rohre},$$

$$m = Fr_f^{3/8}/(6 D_{h,Rb}/D_{h,Uk}),$$

$D_{h,Rb}$ – hydraulischer Durchmesser des Rohrbündels,

$D_{h,Uk}$ – hydraulischer Durchmesser des Unterkanals.

Saha [246] schlägt eine äußerst einfache empirische Korrelation für die Registration des Anfanges des unterkühlten Blasensiedens vor:

$$x_B^* = \begin{cases} -\dfrac{0{,}0022\dot{q}'' D_h c_{pf}}{\lambda_f (h'' - h')} & Pe_f \leqq 70000, \quad (9.4.24) \\[2ex] -\dfrac{154\dot{q}''}{G(h'' - h')} & Pe_f > 70000, \quad (9.4.25) \end{cases}$$

wobei

$$Pe_f = G D_h c_{pf}/\lambda_f. \tag{9.4.26}$$

Für die Berechnung der Nettodampfproduktion leitete Ahmad [5] folgende Gleichung ab:

$$x = \frac{x^* - x_B^* \exp(x^*/x_B^* - 1)}{1 - x_B^* \exp(x^*/x_B^* - 1)}. \tag{9.4.27}$$

Unter Berücksichtigung folgendes Zusammenhanges

$$\mu_{fg} = G\frac{dx}{dz} = G\frac{dx^*}{dz}\frac{dx}{dx^*} = \frac{\Pi}{A} \cdot \frac{\dot{q}''}{h'' - h'} \cdot \frac{dx}{dx^*} = \frac{4}{D_H} \cdot \frac{\dot{q}''}{h'' - h'} \cdot \frac{dx}{dx^*} \tag{9.4.28}$$

und nach einer Differenzierung der Gl. (9.4.27) erhalten wir für μ_{fg}

$$\mu_{fg} = \frac{4}{D_H}\frac{\dot{q}''}{(h'' - h')}\left[\frac{1 - (1 - x^* + x_B^*)\exp(x^*/x_B^* - 1)}{[1 - x_B^* \exp(x^*/x_B^* - 1)]^2}\right]. \tag{9.4.29}$$

Dabei ist D_H der beheizte Durchmesser. Für die Schlupfberechnung schlägt Sun [273] für den unterkühlten Bereich vor, die Driftfluxgleichung von Dix [54] (Tabelle 2.5) anzuwenden und für den Bereich des gesättigten Blasensiedens C_0 nach der Gleichung von Lellouche [172] und V_{gj} nach der Gleichung von Zuber [253] zu berechnen.

Lahey [220] schlägt folgende Methodik zur Berechnung von μ_{fg} vor:

$$\mu_V = \begin{cases} 0 & \text{für } h_f < h_{f,B}, \quad (9.4.30) \\[2ex] \dfrac{4}{D_H}\dfrac{\dot{q}''}{(h'' - h')}\left(1 - \dfrac{h' - h_f}{h' - h_{f,B}}\right) & \text{für } h_{f,B} < h_f < h, \quad (9.4.31) \end{cases}$$

$$\mu_{Rk} = C_{Rk}\alpha\frac{T' - T_f}{h'' - h_f}, \tag{9.4.32}$$

$$\mu_{fg} = \mu_V - \mu_{Rk}. \tag{9.4.33}$$

C_{Rk} in (9.4.33) ist der sogenannte Kondensationskoeffizient. Eine Näherung für C_{Rk} können wir folgendermaßen erhalten:

$$\mu_{gf,\Delta w \neq 0} = \frac{3h_{gf,\Delta w \neq 0}}{r_B}\alpha\frac{T' - T_f}{h'' - h_f}, \tag{9.4.34}$$

d.h.

$$C_{Rk} = 3h_{gf,\Delta w \neq 0}/r_B. \tag{9.4.35}$$

Falls wir die Gleichung von Hunt aus der Tabelle 9.2 für $h_{gf,\Delta w \neq 0}$ unter Berücksichtigung der Stabilitätsbedingung

$$r_B = \frac{We_{B,kr}\sigma_f}{2\varrho_f \Delta w^2} \tag{9.4.36}$$

verwenden, erhalten wir für C_{Rk} folgenden Ausdruck:

$$C_{Rk} = \frac{12}{\pi^{1/2} We_{B,kr}^{3/2}} (\varrho_f c_{pf} \lambda_f)^{1/2} \left(\frac{\varrho_f}{\sigma_f}\right)^{3/2} \Delta w^{7/2}, \tag{9.4.37}$$

wobei

$$We_{B,kr} \sim 6 \tag{9.4.38}$$

ist.

Eine andere Möglichkeit zur Berechnung der Kondensationskonstante bietet sich unter Verwendung der Labunzovschen Gleichung für die Kondensation einer Dampfblase mit Radius r_B in unterkühlter Flüssigkeit an

$$\frac{dr_B}{d\tau} = -\frac{1}{8} \frac{\xi}{[1-12(\xi/8)^{1/2}]} \varrho_f c_{pf} w_f \frac{1}{\varrho''} \frac{T'-T_f}{h''-h_f}, \tag{9.4.39}$$

wobei ξ der Reibungsbeiwert der Strömung im Kanal ist. Unter Berücksichtigung, daß

$$\mu_{gf} = -\frac{3\alpha}{r_B} \varrho'' \frac{dr_B}{d\tau} \tag{9.4.40}$$

ist, erhalten wir für C_{Rk}

$$C_{Rk} = \frac{3\xi \varrho_f c_{pf} w_f}{8[1-12(\xi/8)^{1/2}] r_B}. \tag{9.4.41}$$

Kally und Kazimi [130] verwenden die Gln. (9.4.30 – 9.4.33), wobei der Anfang des unterkühlten Blasensiedens beschrieben wird durch die Korrelation von Ahmad [5]

$$T_B = T' - \dot{q}''/h_A, \tag{9.4.42}$$

$$h_A = \frac{\lambda_f}{D_h} \left[2{,}44 Re^{1/2} Pr^{1/3} \left(\frac{h_{Ein}}{h_f}\right)^{1/3} \left(\frac{h''-h'}{h_f}\right)^{1/3} \right]. \tag{9.4.43}$$

Hierbei ist h_{Ein} die Eintrittsenthalpie im Kühlkanal. Dabei wurde in Gl. (9.4.35) r_B bzw. $h_{gf,\Delta w \neq 0}$ folgendermaßen berechnet [5]

$$r_B = \begin{cases} r_{B0} & \alpha < 0{,}1, \qquad (9.4.44) \\ r_{B0}\left(\dfrac{9\alpha}{1-\alpha}\right)^{1/3} & \alpha \geqq 0{,}1, \qquad (9.4.45) \end{cases}$$

$$r_{B0} = 0{,}45 \left[\frac{\sigma}{(\varrho_f - \varrho'')g}\right]^{1/2} \{1 + 1{,}34[(1-\alpha)w_f]^{1/3}\}^{-1},$$

$$h_{gf,\Delta w \neq 0} = \frac{\lambda_g \lambda_f}{0{,}01 r_{B0} \lambda_f + 0{,}015 r_{B0} \lambda_g}.$$

Für die Berechnung von x bzw. μ schlägt Levy, zitiert in [57], folgenden Ansatz vor:

$$x = x^* - x_B^* \exp(x^*/x_B^* - 1). \tag{9.4.46}$$

Somit erhalten wir (2.4.28) nach einer Differenzierung der Gl. (9.4.46):

$$\mu_{fg} = \frac{4}{D_H} \frac{\dot{q}''}{(h'' - h')} [1 - \exp(x^*/x_B^* - 1)]. \tag{9.4.47}$$

Edelman und Elias [57] haben die Gültigkeit der Gl. (9.4.46) auch für sehr niedrige Drücke überprüft. Beide Autoren erhielten eine sehr gute Übereinstimmung mit den Experimentaldaten unter Verwendung der Driftfluxgleichung von Zuber (Tabelle 2.5), wobei $C_0 = 1{,}2$ gesetzt wurde. Aus Mangel an Informationen über das unterkühlte Sieden in transienten Prozessen werden zur Zeit die in stationären Regimes erhaltenen Korrelationen verwendet. Weitere Untersuchungen auf diesem Gebiet sind notwendig.

9.5 Verdampfung gesättigter Tröpfchen in überhitztem Dampf

Die Kühlung der Spaltzone eines wassergekühlten Kernreaktors nach einem Kühlmittelverlustunfall bei größeren Dampfvolumenanteilen nach Austrocknung der Kanalwand (nach der Siedekrise II. Art) geschieht folgendermaßen: Die Wärme wird von der Kanalwand durch die Dampfphase entnommen. Ein Teil von ihr wird auf die Tröpfchenbeladung der Kernströmung übertragen. Man kann annehmen, daß sich die Tröpfchen im Sättigungszustand befinden und die durch die Konvektion an die Tröpfchen übertragene Energie für die Verdampfung verbraucht wird. Die Verdampfungsrate läßt sich dabei folgendermaßen bestimmen:

$$\begin{aligned} \mu_{fg,\Delta w \neq 0} &= (F/V) \frac{\dot{q}''_{gf,w \neq 0}}{h_g - h'} = (F/V) h_{gf,\Delta w \neq 0} \frac{T_g - T'}{h_g - h'} \\ &= \frac{6(1-\alpha)}{d_{Tr}} h_{fg,\Delta w \neq 0} \frac{T_g - T'}{h_g - h'}. \end{aligned} \tag{9.5.1}$$

Der Wärmeübertragungskoeffizient läßt sich nach Tabelle 9.2 berechnen, z.B.

$$Nu_{Tr} = 2 + 0{,}74 Re_{Tr}^{0,5} Pr_g^{0,33} \quad [169]. \tag{9.5.2}$$

Saha [218] schlägt folgende Korrelation für die Berechnung des Tröpfchendurchmessers $d_{Tr,DO}$ an der Stelle, wo die Wandaustrocknung entsteht (DO), vor:

$$d_{Tr,DO} = 1{,}74 \left[\frac{\varrho_g (\alpha w_g)_{DO}^2 (\sigma_f / g \Delta\varrho)^{1/2}}{\sigma_f} \right]^{-0,675}. \tag{9.5.3}$$

Mit diesem Durchmesser läßt sich die Anzahl der Tröpfchen an dieser Stelle berechnen:

$$n_{Tr,DO} = (1-\alpha) \Big/ \left(\frac{4}{3} \pi r_{Tr,DO}^3 \right). \tag{9.5.4}$$

Saha nimmt an, daß in diesem Regime die Anzahl der Tröpfchen konstant bleibt

$$n_{Tr,DO} = \text{const.} \tag{9.5.5}$$

Daraus folgt für die Tröpfchengröße nach bestimmter Verdampfung von α_{DO} bis α:

$$r_{Tr} = r_{Tr,DO}\left(\frac{1-\alpha}{1-\alpha_{DO}}\right)^{1/3}. \tag{9.5.6}$$

Für die Berechnung der Relativgeschwindigkeit schlägt Jones u.a. [218] vor

$$\Delta w = \left(\frac{d_{Tr} g \Delta \varrho}{3 C_{Tr} \varrho_g}\right)^{1/2}, \tag{9.5.7}$$

wobei C_{Tr} der Reibungsbeiwert für Kugel ist:

$$C_{Tr} = \frac{24}{Re_{Tr}}\,(1+0{,}1 Re_{Tr})^{0{,}75}. \tag{9.5.8}$$

Saha [247] schlägt für dieses Regime auch eine sehr einfache Korrelation vor:

$$(F/V) h_{gf,\Delta w \neq 0} = 6300\left(1-\frac{p}{p_{kr}}\right)^2 \left(\frac{\varrho_g w_g^2 D_h}{\sigma_f}\right)^{1/2} \frac{\lambda_g}{D_h^2}\,(1-\alpha). \tag{9.5.9}$$

Wie bei der Modellierung der Dampfgeneration beim unterkühlten Sieden (z.B. das Verfahren von Levy), lassen sich auch im hier betrachteten Fall Korrelationen verwenden, die an bestimmte Randbedingungen angepaßt sind und linear oder nicht linear dazwischen interpolieren. Alle diese Korrelationen verwenden als eine Bezugsgröße den Massenstromanteil x_{DO}, bei dem die Kanalwand austrocknet. Da dieses Vorgehen sehr einfach ist und die dabei erhaltenen Verdampfungsraten die Experimentaldaten gut wiedergeben, werden hier zwei Beispiele gegeben:

So z.B. bei (9.4.28)

$$\mu_{fg} = \frac{4}{D_h}\,\frac{\dot{q}''}{h''-h'}\,\frac{dx}{dx^*}. \tag{9.5.10}$$

Barzoni und Martini [15] schlugen folgenden Zusammenhang vor:

$$\frac{dx}{dx^*} = \frac{w_{DO}}{w}\,(1-x), \tag{9.5.11}$$

wobei der Geschwindigkeitsquotient w_{DO}/w unter Annahme einer homogenen quasikonstanten Strömung $\varrho_{DO} w_{DO} A = \varrho w A$ gefunden wurde

$$\frac{w_{DO}}{w} = \frac{x_{DO} v_{g,DO} + (1-x_{DO}) v_{f,DO}}{x v_g + (1-x) v_f}. \tag{9.5.12}$$

Weiterhin hatten die beiden Autoren angenommen, daß die Strömung vor der Kanalwandaustrocknung eine Gleichgewichtsströmung war (d.h. $v_{g,DO} = v''_{DO}$, $v_{f,DO} = v'_{DO}$, $x_{DO} = x^*_{DO}$ und $v_f \sim v'$). Gleichung (9.5.11) hat eine bemerkenswerte Eigenschaft: $x \to 1$, $dx/dx^* \to 0$, was der Physik dieses Prozesses entspricht. Aus (9.4.10 sehen wir, daß bei $x = x_{DO}$ die Gleichgewichtsverdampfungsrate durch den Faktor $(1-x_{DO})$ reduziert wird. Der Vergleich mit den Experimentaldaten, durchgeführt in [15], zeigte, daß das keinen großen Einfluß auf das Endergebnis hat. Die beiden Autoren schlugen auch eine integrierte Form vor:

$$x = 1-(1-x^*_{DO})\exp[-(x^*-x^*_{DO})]. \tag{9.5.13}$$

Lahey und Moody [166] schlugen eine andere, etwas kompliziertere Form zur Berechnung des Nichtgleichgewichts-Massenstromanteiles als Funktion des Gleichgewichts-Massenstrom- und des Massenstromanteiles, bei dem die Kanalwand austrocknet, vor:

$$x = 1 - a \cdot \exp\left[-\frac{1}{a}(x^* - x^*_{DO}) \right] + b \cdot \exp\left[-\frac{1}{b}(x^* - x^*_{DO}) \right], \qquad (9.5.14)$$

wobei

$$a = \frac{1}{2}\{[(1 - x^*_{DO})^2 + 4(1 - x^*_{DO})/F_3]^{1/2} + (1 - x^*_{DO})\},$$

$$b = \frac{1}{2}\{[(1 - x^*_{DO})^2 + 4(1 - x^*_{DO})/F_3]^{1/2} - (1 - x^*_{DO})\},$$

$$F_3 > 0.$$

10 Verfahren zur numerischen Integration der Systeme von partiellen Differentialgleichungen zur Beschreibung transienter Zweiphasenströmungen

Wie wir in Kap.4 gesehen haben, müssen die Systeme von partiellen Differentialgleichungen (PDG), die die transiente ZS beschreiben, hyperbolisch sein. Je nach den verwendeten vereinfachenden Annahmen können in einigen Fällen analytische Ausdrücke für die Eigenwerte und Eigenvektoren, und damit die kanonischen Formen der Systeme gefunden werden. Öfters aber ist das nicht der Fall. In derartigen Fällen ist man bestrebt diese Systeme zumindest in eine nichtkonservative Form umzuwandeln. Diese Form hat den Vorteil, daß aus ihr analytische Ausdrücke für die kritische Massenstromdichte erhalten werden können. In einigen Fällen, wo die Modelle sehr kompliziert sind, wird einfach die konservative Form zur weiteren Behandlung erhalten. Tabelle 10.1 faßt die möglichen Formen zusammen. Das System (10.1.1) ist in *konservativer* Form. Die Systeme (10.1.2,10.1.3) sind in sogenannter *halbkonservativer* Form, die Systeme (10.1.4,10.1.5) in *nicht konservativer* Form. Die Form des Systems (10.1.6) wird *pseudocharakteristisch* und die des Systems (10.1.7) *charakteristisch* (oder *kanonisch*) genannt. Alle Formen (10.1.1 – 10.1.7) sind völlig äquivalent. Die ersten sechs Formen sind in einem *unbeweglichen* Koordinatensystem gültig. Im Gegensatz dazu ist jede der charakteristischen Gleichungen des Systems (10.1.7) nur in einem sich entlang der charakteristischen Linie (definiert durch die Gleichung $dz/d\tau = \lambda_i$) *bewegenden* Koordinatensystems gültig. Die Form des Systems, die direkt zur Integration herangezogen wird, wird *Arbeitsform* genannt. Je nach dem konkreten Anwendungsfall kann aus dem Gesichtspunkt der Integration eine der obengenannten Formen die vorteilhafteste sein. Daraus folgt, daß der Ingenieur über ein breites Spektrum von numerischen Verfahren verfügen muß, um hyperbolische Systeme von quasilinearen, nichthomogenen und partiellen Differentialgleichungen in verschiedenen Arbeitsformen integrieren zu können. Der Grundgedanke bei der numerischen Integration ist das Ersetzen der partiellen Ableitungen $\delta .../\delta\tau$ und $\delta .../\delta z$ durch deren *diskrete* Approximationen. Falls *nur* die *örtlichen Ableitungen* $\delta .../\delta z$ diskretisiert werden, erhalten wir für das System von partiellen Differentialgleichungen ein äquivalentes System von *gewöhnlichen* Differentialgleichungen. Falls *gleichzeitig* die *örtlichen* und die *zeitlichen* Ableitungen $\delta .../\delta\tau$ bzw. $\delta .../\delta z$ diskretisiert werden, erhalten wir anstatt des Systems von PDG ein äquivalentes System von *algebraischen* Gleichungen. Werden die Ortsableitungen $\delta .../\delta z$ in der *alten* Zeitebene numerisch approximiert, d.h. mit schon bekannten Werten der abhängigen Variablen, so resultiert ein Schema, durch die die Werte der abhängigen Variablen in der neuen Zeitebene *direkt* in einem Schritt berechnet werden können. Diese Verfahren werden als *explizit* bezeichnet. Werden die Ortsableitungen $\delta .../\delta z$ in der *neuen* Zeitebene numerisch approximiert, d.h. mit Hilfe der *noch nicht bekannten* Werte der abhängigen Variablen, so resultiert ein Schema, wodurch die Werte der abhängigen Variablen in der neuen Zeitebene nur durch die Auflösung eines Systems von algebraischen Gleichungen (Matrizeninversion) berechnet werden können. Diese Verfahren werden als *implizit* bezeichnet.

Tabelle 10.1

Gleichung	Definition	Form	Nr.
$\dfrac{\delta \boldsymbol{X}}{\delta \tau}+\dfrac{\delta \boldsymbol{Y}}{\delta z}=\boldsymbol{D}$		primäre, konservative Form	(10.1.1)
$\boldsymbol{J}_1\dfrac{\delta \boldsymbol{U}}{\delta \tau}+\dfrac{\delta \boldsymbol{Y}}{\delta z}=\boldsymbol{D}$	$\boldsymbol{J}_1=\dfrac{\delta \boldsymbol{X}}{\delta \boldsymbol{U}}$,	halbkonservative Form	(10.1.2)
$\dfrac{\delta \boldsymbol{U}}{\delta \tau}+\boldsymbol{F}\dfrac{\delta \boldsymbol{Y}}{\delta z}=\boldsymbol{C}$	$\boldsymbol{F}=\boldsymbol{J}_1^{-1}$; $\boldsymbol{C}=\boldsymbol{J}_1^{-1}\boldsymbol{D}$,	halbkonservative Form	(10.1.3)
$\boldsymbol{J}_1\dfrac{\delta \boldsymbol{U}}{\delta \tau}+\boldsymbol{J}_2\dfrac{\delta \boldsymbol{U}}{\delta z}=\boldsymbol{D}$	$\boldsymbol{J}_1=\dfrac{\delta \boldsymbol{X}}{\delta \boldsymbol{U}}$; $\boldsymbol{J}_2=\dfrac{\delta \boldsymbol{Y}}{\delta \boldsymbol{U}}$,	nicht konservative Form	(10.1.4)
$\dfrac{\delta \boldsymbol{U}}{\delta \tau}+\boldsymbol{A}\dfrac{\delta \boldsymbol{U}}{\delta z}=\boldsymbol{C}$	$\boldsymbol{A}=\boldsymbol{J}_1^{-1}\boldsymbol{J}_2$;	nicht konservative Form	(10.1.5)
$\boldsymbol{B}\dfrac{\delta \boldsymbol{U}}{\delta \tau}+\boldsymbol{\Lambda B}\dfrac{\delta \boldsymbol{U}}{\delta z}=\boldsymbol{BC}$		pseudocharakteristische Form	(10.1.6)

Definition von

$$\boldsymbol{\Lambda}=\boldsymbol{\lambda I},\ \boldsymbol{\lambda}=\begin{vmatrix}\lambda_1\\ \lambda_2\\ \cdot\\ \cdot\\ \cdot\\ \lambda_4\end{vmatrix} \qquad \mathrm{I} \mathrel{\hat{=}} \text{Einheitsmatrix}$$

$$|\boldsymbol{A}-\boldsymbol{\lambda I}|=0$$

Definition von $\boldsymbol{B}$

$$\boldsymbol{B}^{-1}\boldsymbol{\Lambda B}=\boldsymbol{A}$$

oder

$$\boldsymbol{A}^{\mathrm{T}}\mathrm{B}_{\mathrm{i,j}}=\lambda_{\mathrm{i}}\mathrm{B}_{\mathrm{i,j}},$$

wobei $\boldsymbol{B}_{\mathrm{i}}$ (d.h. die i-te Reihe der Matrix $\boldsymbol{B}$)
ist den Eigenvektor der Matrix $\boldsymbol{A}^{\mathrm{T}}$ für jede der Eigenwerte λ_{i}.

Gleichung	Definition	Form	Nr.
$\boldsymbol{B}_{\mathrm{i}}^{\mathrm{T}}\mathrm{d}\boldsymbol{U}=\boldsymbol{B}_{\mathrm{i}}^{\mathrm{T}}\boldsymbol{C}\mathrm{d}\tau$ $\dfrac{\mathrm{d}z}{\mathrm{d}\tau}=\lambda_{\mathrm{i}}$		charakteristische Form	(10.1.7)

Die konkrete Berücksichtigung der Anfangs- und Randbedingungen zusammen mit der Organisation der Umwandlung der Systeme von PDG in Systeme von gewöhnlichen Differentialgleichungen oder in Systeme von algebraischen Gleichungen ist von entscheidender Bedeutung für die praktische Anwendung der Modelle der Mechanik der transienten ZS. Informationen über verschiedene Aspekte dieser Problematik finden sie in [257,79,269,211,134,135,272,285,26,283,101,14,182, 105, 206, 32,186,31,187,103,292,249,1,180,44,46,109,167,234,183,295]. Das Ziel dieses Kapitels ist einige der entwickelten Verfahren kurz darzustellen. Damit wäre es möglich, je nach der konkreten technischen Aufgabenstellung, mit Hilfe der in den vorangegangenen Kapiteln hergeleiteten konkreten Modellen, ein Rechenprogramm zu entwickeln und zu Ergebnissen zu kommen.

10.1 Charakteristikenverfahren

Die Verwendung der finiten Differenzapproximationen der Gleichungen (10.1.7) für die numerische Integration wird als *Charakteristikenverfahren* bezeichnet [257,211,134,135,101,193,14,78,1,180,44,46]. Die Kenntnis des Charakteristikenverfahrens liefert eine konkrete *physikalische Begründung* der Formulierung der für die Integration notwendigen *Randbedingungen*. Die so formulierten Randbedingungen können auch bei anderen Verfahren verwendet werden.

10.1.1 Explizites Charakteristikenverfahren

Die *expliziten* Verfahren sind besonders für die Simulation der *schnellen* Übergangsvorgänge geeignet. Es sind zwei Vorgehensweisen bei der Aufstellung des numerischen Schemas bekannt:

- Verwendung des, aus den zwei charakteristischen Linien (Charakteristiken) $w \pm a$ in der Zeit-Ortsebene gebildeten, natürlichen Netzes. Die Lösungen werden in den Schnittpunkten der Charakteristiken erhalten [68,70].
- Verwendung des starren, orthogonalen Zeit-Ortsnetzes [257, 79, 269, 211, 134, 135, 101, 193, 14, 78, 1 u.a.].

Das erste Vorgehen liefert die Lösungen in einer *nicht* angeordneten Menge von Punkten in der Zeit-Ortsebene – siehe Abb.10.1. In der Praxis wird aber selten die strömungstechnische Aufgabe für sich allein gelöst. In den meisten Fällen ist diese Aufgabe mit anderen, z.B. mit einer Wärmeleitungsaufgabe, verbunden. Man ist dabei gezwungen ein *orthogonales* Netz zu verwenden, wobei jeder Zeitschritt dieselbe Größe für alle Ortskoordinaten haben muß. Aus diesen Gründen erweist sich das erste Verfahren als sehr ungünstig und wir richten unsere Aufmerksamkeit auf das zweite Verfahren.

Bekannt sind die Lösungen $\boldsymbol{U}^{\tau}_{z-\Delta z}, \boldsymbol{U}^{\tau}_{z}, \boldsymbol{U}^{\tau}_{z+\Delta z}$ (Abb.10.2). Es wird die Lösung $\boldsymbol{U}_z^{\tau+\Delta\tau}$ gesucht. Betrachten wir die homogene Gleichgewichtsströmung als Beispiel. Durch den Punkt $(z,\tau+\Delta\tau)$ laufen die charakteristischen Kurven (kurz Charakteristiken). Als eine Näherung ersetzen wir die Kurven mit Geraden, die parallel zu denen sind, die durch den Punkt (z,τ) verlaufen (d.h. $\lambda_{1,2,3}=f(\boldsymbol{U}_z)$). Die Schnittpunkte der Charakteristiken mit der Gerade z unter der Bedingung

$$\Delta\tau = \text{const}\frac{\Delta z}{a+|w|} \tag{10.1.8}$$

$$\text{const} \leqq 1 \tag{10.1.9}$$

haben folgende Koordinaten:

$$z_i = z + \Delta z_i = z - \lambda_i \Delta\tau. \tag{10.1.10}$$

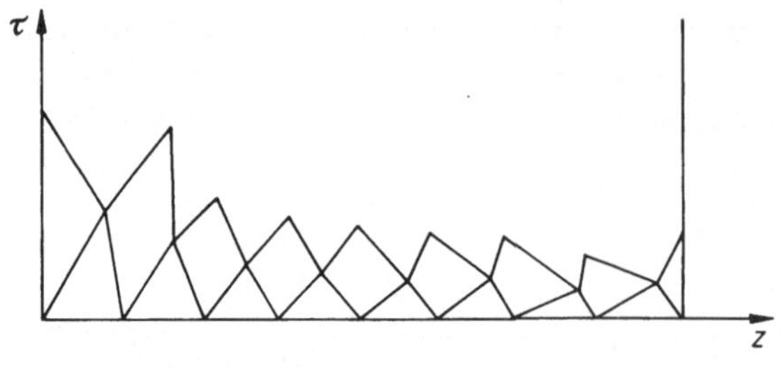

Abb. 10.1. Zeit-Ortsebene. Diskretisierung für das explizite Charakteristikenverfahren

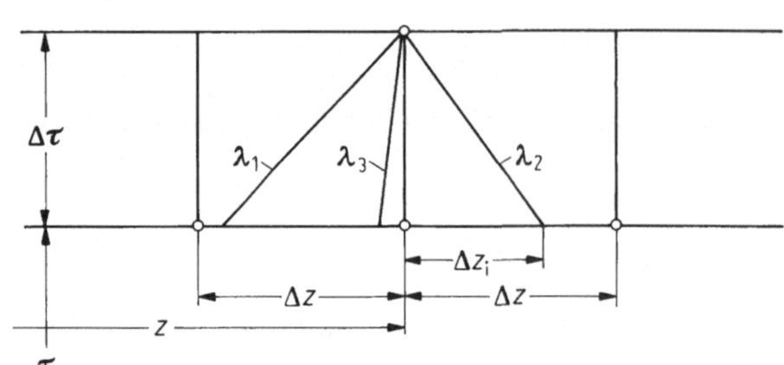

Abb. 10.2. Verwendung eines orthogonalen Zeit-Ortsnetzes bei dem expliziten Charakteristikenverfahren

Den Vektor der abhängigen Variablen U in den Punkten 1,2,3 erhalten wir durch lineare Interpolation zwischen den benachbarten Punkten:

$$\boldsymbol{U}_{\mathrm{i}} = \boldsymbol{U}_{\mathrm{z}} + \frac{\boldsymbol{U}_{\mathrm{z}+\Delta\mathrm{z}} - \boldsymbol{U}_{\mathrm{z}}}{\Delta z} \Delta z_{\mathrm{i}}; \qquad \Delta z_{\mathrm{i}} \geqq 0, \tag{10.1.11}$$

$$\boldsymbol{U}_{\mathrm{i}} = \boldsymbol{U}_{\mathrm{z}} + \frac{\boldsymbol{U}_{\mathrm{z}} - \boldsymbol{U}_{\mathrm{z}-\Delta\mathrm{z}}}{\Delta z} \Delta z_{\mathrm{i}} \qquad \Delta z_{\mathrm{i}} < 0, \tag{10.1.12}$$

$i = 1,2,3.$

Unter der Verwendung der Vektoren $\boldsymbol{U}_{\mathrm{i}}$, $i = 1,3$ läßt sich (10.1.7) folgenderweise diskretisieren:

$$\boldsymbol{B}_1^{\mathrm{T}} (\boldsymbol{U}_{\mathrm{z}}^{\tau+\Delta\tau} - \boldsymbol{U}_1) = \boldsymbol{B}_1^{\mathrm{T}} \boldsymbol{C}_1 \Delta\tau \qquad \text{für } \lambda_1, \tag{10.1.13}$$

$$\boldsymbol{B}_2^{\mathrm{T}} (\boldsymbol{U}_{\mathrm{z}}^{\tau+\Delta\tau} - \boldsymbol{U}_2) = \boldsymbol{B}_2^{\mathrm{T}} \boldsymbol{C}_2 \Delta\tau \qquad \text{für } \lambda_2, \tag{10.1.14}$$

$$\boldsymbol{B}_3^{\mathrm{T}} (\boldsymbol{U}_{\mathrm{z}}^{\tau+\Delta\tau} - \boldsymbol{U}_3) = \boldsymbol{B}_3^{\mathrm{T}} \boldsymbol{C}_3 \Delta\tau \qquad \text{für } \lambda_3. \tag{10.1.15}$$

Nach Auflösung der *algebraischen* Gln. (10.1.13 – 10.1.15) erhalten wir die gesuchten Lösungen $\boldsymbol{U}_{\mathrm{z}}^{\tau+\Delta\tau}$. Aus diesem Schema sehen wir, daß die Lösung im Punkt $(\tau + \Delta\tau, z)$ von bekannten Lösungen auf der Gerade $(2-3)$ bestimmt werden. Das Gebiet der Ebene (τ, z), abgeschlossen vom Dreieck $(2-3-\tau+\Delta\tau, z)$, wird *Einflußbereich* genannt [44,46]. Wenn $z = 0$ ist, verlaufen zwei der Charakteristiken offensichtlich *außerhalb* des Definitionsbereiches $(0 \leqq z \leqq z_{\mathrm{N}})$, d.h. es fehlen zwei Gleichungen. In diesem Fall müssen auf dem linken Rand die zwei Komponenten des Vektors $\boldsymbol{U}$ angegeben sein, die mit Hilfe der dritten Gleichung nicht bestimmt werden können. Falls $w < 0$ ist, werden wir zwei der Charakteristiken im Definitionsbereich haben, d.h. wir verfügen über zwei Gleichungen und brauchen nur eine Komponente des Vektors

U am Eintritt des Rohres. Das bisher gesagte über die Randbedingungen am Eintritt des Rohres gilt auch für $z=z_N$, d.h. für den Austritt des Rohres. Folglich werden an beiden Enden des Rohres so viele Randbedingungen als Funktionen der Zeit gebraucht, wie Charakteristiken außerhalb des uns interessierenden Definitionsbereiches liegen.

Um eine stabilie numerische Integration durchführen zu können, muß für jeden Integrationsschritt die Bedingung von *Courant-Fridrichs-Levy* [44,46]

$$\Delta\tau=\min\left(\text{const}\frac{\Delta z}{a_i+|w_i|}\right);\ i=1,N;\ \text{const}\leqq 1 \tag{10.1.16}$$

erfüllt werden. Das ist eine Begrenzung der Integrationsgeschwindigkeit. Bei der Integration von Systemen, die die Oszillationen der Parameter der ZS im Millisekundenbereich beschreiben, ist dieses Verfahren äußerst nützlich. Für die Übergangsprozesse, die uns im Bereich von einigen Zehntel- bis zu einigen Hundertstelsekunden interessieren, macht das Anwachsen der Rechenzeit dieses Verfahren praktisch nicht anwendbar. Die Vorteile des Verfahrens bei der Behandlung der Randbedingungen führten Nikamura [210] zur Idee *impliziter* Charakteristikenverfahren, bei denen die obere Begrenzung der Schrittweite wegfällt.

10.1.2 Implizites Charakteristikenverfahren

Die Idee von Nikamura besteht in folgendem: Es wird die Zeitschrittweite $\Delta\tau$ so gewählt, daß die vom Punkt $(\tau+\Delta\tau,z)$ ausgehenden Charakteristiken (Abb.10.3) die Achse z *außerhalb* des Intervalls $z\pm\Delta z$ überschneiden. Das wäre möglich, wenn die Bedingung

$$\Delta\tau\geqq\max\left(\frac{\Delta z}{|w_i|}\right);\ i=1,N; \tag{10.1.17}$$

erfüllt ist. Es werden die Schnittpunkte 1,2,3 (Abb.10.3) der Charakteristiken mit der Geraden $z-\Delta z$, $z+\Delta z=\text{const}$ bestimmt. Durch lineare Interpolation zwischen den Punkten $(\tau,z-\Delta z)$ und $(\tau+\Delta\tau,z-\Delta z)$ bzw. $(\tau,z+\Delta z)$ und $(\tau+\Delta\tau,z+\Delta z)$ werden die Werte der abhängigen Variablen in den Punkten 1,2 und 3 berechnet. Sie sind Funktionen der noch nicht bekannten, abhängigen Variablen in der neuen Zeitebene. Mit Hilfe der kanonischen Gleichungen in der Finitendifferenzform, die uns die Abhängigkeit der abhängigen Variablen zwischen den Punkten $(\tau+\Delta\tau,z)$, 1,2 und 3 liefern, wird das allgemeine System algebraischer Gleichungen aufgebaut. Die Unbekannten sind die abhängigen Variablen in der neuen Zeitebene. Das System wird durch ein bekanntes numerisches Verfahren gelöst.

Das Verfahren von Nikamura ist stabil. Die reell existierenden Oszillationen der Lösung eines Zeitschrittes werden gedämpft.

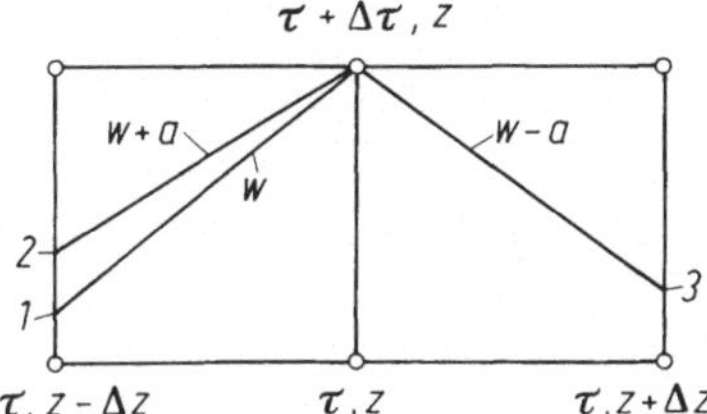

Abb.10.3. Zeit-Ortsebene. Implizites Charakteristikenverfahren

10.2 Pseudocharakteristisches Verfahren

Numerische Integrationsverfahren, bei denen (10.1.6) als Arbeitsform verwendet wird, werden *pseudocharakteristische* oder *nebencharakteristische* Verfahren genannt. Der Grundgedanke dabei ist die strömungsrichtungsabhängige Diskretisierung der örtlichen Ableitungen und zwar

- für $\lambda = w$ bei $w > 0$ eine *Links-*, bei $w < 0$ eine *Rechts-*,
- für $\lambda = w - a$ eine *Rechts-* und
- für $\lambda = w + a$ eine *Links-*Approximation.

Auch in diesem Fall können sowohl explizite als auch implizite Schemata aufgebaut werden.

10.2.1 Explizites pseudocharakteristisches Verfahren

Als Beispiel für die Erläuterung des Grundgedankens dieses Verfahrens dient (5.1.20):

$$\frac{dz}{d\tau} = w \quad \varrho\left(\frac{\delta h}{\delta \tau} + w\frac{\delta h}{\delta z}\right) - \left(\frac{\delta p}{\delta \tau} + w\frac{\delta p}{\delta z}\right) = \dot{q}''',$$

$$\frac{dz}{d\tau} = w + a$$

$$\frac{\delta w}{\delta \tau} + (w+a)\frac{\delta w}{\delta z} + \frac{1}{\varrho a}\left[\frac{\delta p}{\delta \tau} + (w+a)\frac{\delta p}{\delta z}\right] = -\frac{Z}{\varrho} - \dot{q}'''\frac{a}{\varrho^2}\frac{\delta \varrho}{\delta h},$$

$$\frac{dz}{d\tau} = w + a$$

$$\frac{\delta w}{\delta \tau} + (w-a)\frac{\delta w}{\delta z} - \frac{1}{\varrho a}\left[\frac{\delta p}{\delta \tau} + (w-a)\frac{\delta p}{\delta z}\right] = -\frac{Z}{\varrho} + \dot{q}'''\frac{a}{\varrho^2}\frac{\delta \varrho}{\delta h}.$$

Courant u.a. [45] (1952) schlug vor, die örtlichen Ableitungen in den drei Gleichungen folgendermaßen zu approximieren (Abb.10.4):

$$\frac{dz}{d\tau} = w \geqq 0 \quad \left.\frac{\delta U}{\delta z}\right|_w = \frac{U_j^n - U_{j-1}^n}{\Delta z}$$

$$\frac{dz}{d\tau} = w < 0 \quad \left.\frac{\delta U}{\delta z}\right|_w = \frac{U_{j+1}^n - U_j^n}{\Delta z}$$

$$\frac{\delta U}{\delta z} = \frac{U_{j+1}^n - U_{j-1}^n}{2\Delta z} \quad \text{Carver [37] (1980)},$$

$$\frac{dz}{d\tau} = w + a \quad \frac{\delta U}{\delta z} = \frac{U_j^n - U_{j-1}^n}{\Delta z},$$

$$\frac{dz}{d\tau} = w - a \quad \frac{\delta U}{\delta z} = \frac{U_{j+1}^n - U_j^n}{\Delta z}.$$

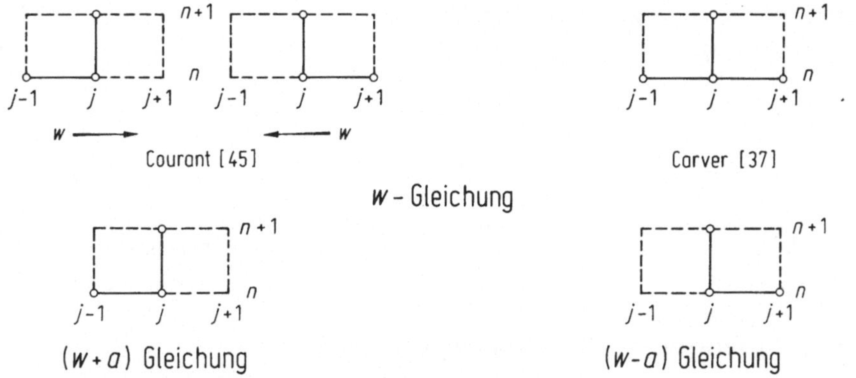

Courant [45] Carver [37]

w - Gleichung

($w+a$) Gleichung ($w-a$) Gleichung

Abb.10.4. Zeit-Ortsebene. Explizites pseudocharakteristisches Verfahren

Nach dem Einsetzen in (5.1.20) und Auflösung nach den Zeitableitungen erhält man:

$$\frac{\delta w}{\delta \tau} = -\frac{Z}{\varrho} - \left(w\frac{\delta w}{\delta z_*} + \frac{1}{\varrho}\frac{\delta p}{\delta z_*} \right) + \frac{\Delta z}{2}\left(\frac{w}{\varrho a}\frac{\delta^2 p}{\delta z_*^2} + a\frac{\delta^2 w}{\delta z_*^2} \right),$$

$$\frac{\delta p}{\delta \tau} = -\dot{q}'''\frac{a^2}{\varrho}\frac{\delta \varrho}{\delta h} - \left(\varrho a^2\frac{\delta w}{\delta z_*} + w\frac{\delta p}{\delta z_*} \right) + \Delta z\frac{a}{2}\left(\varrho w\frac{\delta^2 w}{\delta z_*^2} + \frac{\delta^2 p}{\delta z_*^2} \right),$$

$$\frac{\delta h}{\delta \tau} = \frac{1}{\varrho}\left[\dot{q}''' + \frac{\delta p}{\delta \tau} - w\left(\left.\frac{\delta h}{\delta z}\right|_{\mathrm{w}} + \left.\frac{\delta p}{\delta z}\right|_{\mathrm{w}} \right) \right]$$

oder

$$\frac{\delta h}{\delta \tau} = \frac{1}{\varrho}\left[\dot{q}''' + \frac{\delta p}{\delta \tau} - w\left(\varrho\frac{\delta h}{\delta z_*} + \frac{\delta p}{\delta z_*} \right) \right] \quad \text{Carver [37] (1980)},$$

wobei

$$\frac{\delta \boldsymbol{U}}{\delta z_*} = \frac{\boldsymbol{U}_{\mathrm{j+1}}^{\mathrm{n}} - \boldsymbol{U}_{\mathrm{j-1}}^{\mathrm{n}}}{2\Delta z},$$

$$\frac{\delta^2 \boldsymbol{U}}{\delta z_*^2} = \frac{\boldsymbol{U}_{\mathrm{j+1}}^{\mathrm{n}} - 2\boldsymbol{U}_{\mathrm{j}}^{\mathrm{n}} + \boldsymbol{U}_{\mathrm{j-1}}^{\mathrm{n}}}{\Delta z^2},$$

$$\left.\frac{\delta \boldsymbol{U}}{\delta z}\right|_{\mathrm{w}} = \left| \begin{array}{ll} \dfrac{\boldsymbol{U}_{\mathrm{j}}^{\mathrm{n}} - \boldsymbol{U}_{\mathrm{j-1}}^{\mathrm{n}}}{\Delta z} & \text{für } w \geqq 0 \\ \dfrac{\boldsymbol{U}_{\mathrm{j+1}}^{\mathrm{n}} - \boldsymbol{U}_{\mathrm{j}}^{\mathrm{n}}}{\Delta z} & \text{für } w < 0. \end{array} \right.$$

Falls wir die Ableitungen $\delta^2 \boldsymbol{U}/\delta z_*^2$ vernachlässigen, erhalten wir (5.1.18a):

$$\frac{\delta w}{\delta \tau} = -\frac{Z}{\varrho} - \left(w\frac{\delta w}{\delta z_*} + \frac{1}{\varrho}\frac{\delta p}{\delta z_*} \right),$$

$$\frac{\delta p}{\delta \tau} = -\dot{q}'''\frac{a^2}{\varrho}\frac{\delta \varrho}{\delta h} - \left(\varrho a^2\frac{\delta w}{\delta z_*} + w\frac{\delta p}{\delta z_*} \right),$$

$$\frac{\delta h}{\delta \tau} = \frac{1}{\varrho}\left[\dot{q}''' + \frac{\delta p}{\delta \tau} - w\left(\varrho\frac{\delta h}{\delta z_*} - \frac{\delta p}{\delta z_*} \right) \right]. \qquad (5.1.18\text{a})$$

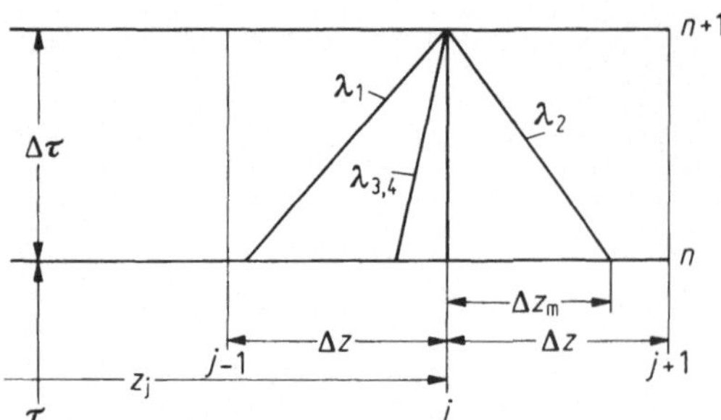

Abb.10.5. Explizites pseudocharakteristisches Verfahren – Köberlein [135]

Köberlein [135] verwendete (10.1.6) in folgender Form

$$\boldsymbol{H}_{\mathrm{m}}\frac{\delta \boldsymbol{U}}{\delta \tau}=\boldsymbol{H}_{\mathrm{m}}\left(\boldsymbol{C}-\lambda_{\mathrm{m}}\frac{\delta \boldsymbol{U}}{\delta z}\right),$$

wobei

$$\boldsymbol{H}_{\mathrm{m}} \mathrel{\hat{=}} \boldsymbol{B}^{\mathrm{T}}_{\mathrm{i,m}};\; m=1{,}4,$$

die zu jedem λ_{m} korrespondierende Eigenvektoren sind. Die Diskretisierung führt Köberlein wie folgt durch (s. Abb.10.5):

$$\boldsymbol{H}_{\mathrm{m}}\frac{\boldsymbol{U}_{\mathrm{j}}^{\mathrm{n+1}}-\boldsymbol{U}_{\mathrm{j}}^{\mathrm{n}}}{\Delta \tau}=\boldsymbol{H}_{\mathrm{m}}\left[\boldsymbol{C}_{\mathrm{m}}-(\lambda_{\mathrm{m}})_{\mathrm{j}}\frac{\delta \boldsymbol{U}}{\delta z}\bigg|_{\mathrm{m}}\right],\text{ wobei } \boldsymbol{H}_{\mathrm{m}}=\boldsymbol{B}^{\mathrm{T}}_{\mathrm{i,m}};\; m=1{,}4.$$

Mit 1,2,3 und 4 werden die Schnittpunkte der Charakteristiken λ_{m} ($m=1{,}4$) durch $(j,n+1)$ mit der Zeitachse $n\Delta\tau$ bezeichnet. Die Koordinate z_{m} erhält man aus

$$z_{\mathrm{m}}=z_{\mathrm{j}}-\lambda_{\mathrm{m}}\Delta\tau,$$

wobei λ_{m} am Fußpunkt j berechnet wird. Der Abstand zwischen Fußpunkt und Charakteristikenschnittpunkt ist

$$\Delta z_{\mathrm{m}}=-\lambda_{\mathrm{m}}\Delta\tau.$$

Die zur Auswertung von (10.1.6) benötigten Größen $\boldsymbol{U}_{\mathrm{m}}$ und $\left.\frac{\delta \boldsymbol{U}}{\delta z}\right|_{\mathrm{m}}$ werden geliefert durch die Reihenentwicklungen

$$\boldsymbol{U}_{\mathrm{m}}=\boldsymbol{U}_{\mathrm{j}}^{\mathrm{n}}+\frac{\boldsymbol{U}_{\mathrm{j+1}}^{\mathrm{n}}-\boldsymbol{U}_{\mathrm{j-1}}^{\mathrm{n}}}{2\Delta z}\Delta z_{\mathrm{m}}$$

bzw.

$$\left.\frac{\delta \boldsymbol{U}}{\delta z}\right|_{\mathrm{m}}=\frac{\boldsymbol{U}_{\mathrm{j+1}}^{\mathrm{n}}-\boldsymbol{U}_{\mathrm{j-1}}^{\mathrm{n}}}{2\Delta z}+\frac{\boldsymbol{U}_{\mathrm{j+1}}^{\mathrm{n}}-2\boldsymbol{U}_{\mathrm{j}}^{\mathrm{n}}+\boldsymbol{U}_{\mathrm{j-1}}^{\mathrm{n}}}{\Delta z^{2}}\Delta z_{\mathrm{m}}.$$

10.2.2 Implizites pseudocharakteristisches Verfahren

Eine implizite Version der pseudocharakteristischen Verfahren haben Hancox und Banerjee [84] (1977) vorgeschlagen. Die Diskretisierung der örtlichen Ableitungen geschieht ähnlich wie bei Courant [45], wobei die Differenzen für die Ortsableitungen

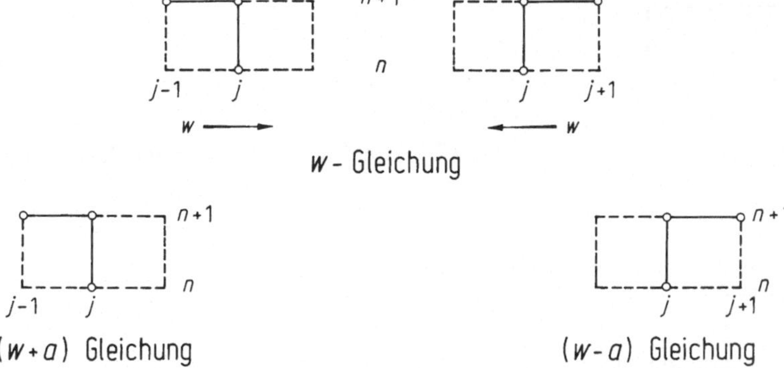

Abb.10.6. Implizites pseudocharakteristisches Verfahren [84]

in der neuen Zeitebene gebildet werden. Im Beispiel des Systems (6.1.1) bedeutet das (Abb.10.6):

$$\frac{dz}{d\tau}=w\geqq 0 \quad \frac{\delta \boldsymbol{U}}{\delta z}=\frac{\boldsymbol{U}_j^{n+1}-\boldsymbol{U}_{j-1}^{n+1}}{\Delta z}$$

$$\frac{dz}{d\tau}=w<0 \quad \frac{\delta \boldsymbol{U}}{\delta z}=\frac{\boldsymbol{U}_{j+1}^{n+1}-\boldsymbol{U}_j^{n+1}}{\Delta z}$$

$$\frac{dz}{d\tau}=w+a \quad \frac{\delta \boldsymbol{U}}{\delta z}=\frac{\boldsymbol{U}_j^{n+1}-\boldsymbol{U}_{j-1}^{n+1}}{\Delta z}$$

$$\frac{dz}{d\tau}=w-a \quad \frac{\Delta \boldsymbol{U}}{\delta z}=\frac{\boldsymbol{U}_{j+1}^{n+1}-\boldsymbol{U}_j^{n+1}}{\Delta z}$$

$$\frac{\delta \boldsymbol{U}}{\delta \tau}=\frac{\boldsymbol{U}_j^{n+1}-\boldsymbol{U}_j^{n}}{\Delta \tau}$$

Eingesetzt in (6.1.1) erhielten Hancox und Banerjee für die mittleren Punkte j ein algebraisches Gleichungssystem vom Typ

$$\boldsymbol{M}_{j,j-1}\boldsymbol{U}_{j-1}^{n+1}+\boldsymbol{M}_{j,j}\boldsymbol{U}_j^{n+1}+\boldsymbol{M}_{j,j+1}\boldsymbol{U}_{j+1}^{n+1}=\boldsymbol{N}_j,$$

wobei $\boldsymbol{M}_{j,i}$ eine 3×3 Matrix ist, deren Koeffizienten in jedem Punkt j,i berechnet werden und N_j ein Drei-Komponenten-Vektor ist. Für die Behandlung der Randbedingungen werden so viele Gleichungen an beide Enden des Strömungskanals herangezogen, wie aus dem klassischen Charakteristikenverfahren bekannt sind.

10.3 Andere explizite Verfahren

Für die Erläuterung der Hauptideen in den weiter zu diskutierenden expliziten Verfahren, verwenden wir das Differentialgleichungssystem (10.1.1) in konservativer Form:

$$\frac{\delta \boldsymbol{X}}{\delta \tau}+\frac{\delta \boldsymbol{Y}}{\delta z}=\boldsymbol{D}.$$

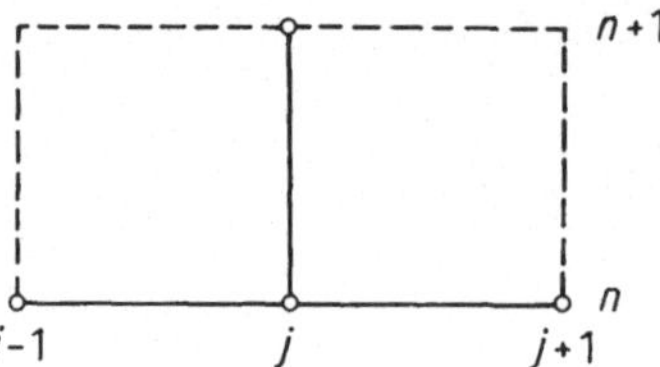

Abb.10.7. Explizites Verfahren von Lax [167]

a
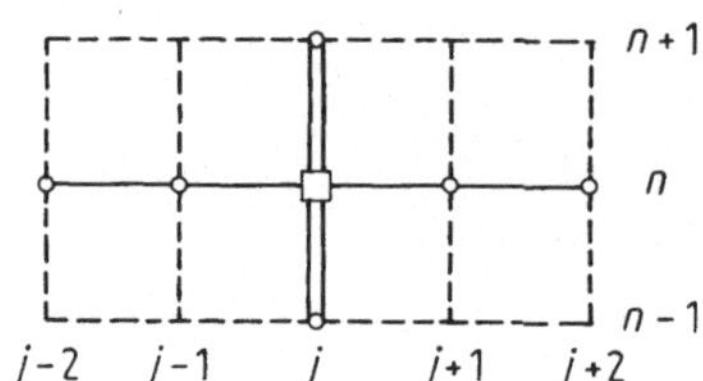

b
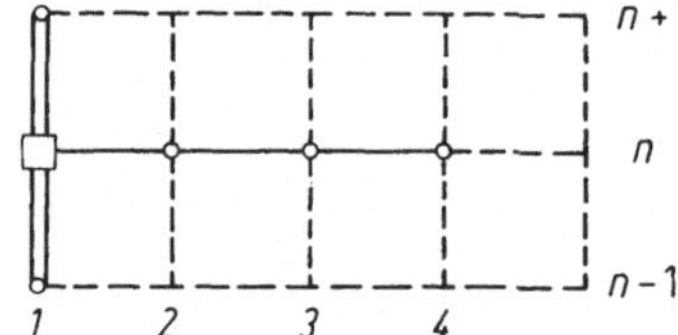

c
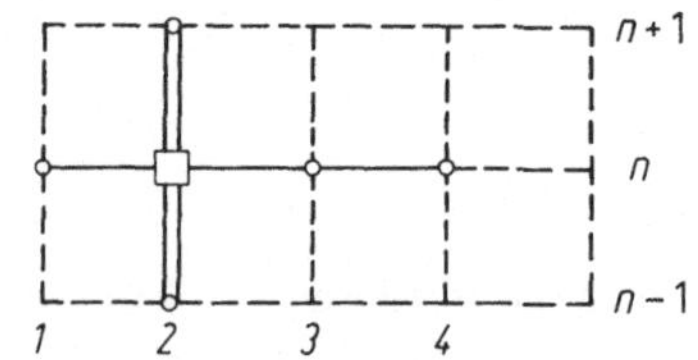

Abb.10.8. Explizites Verfahren von Kreis und Oliger [285]

Zuerst hat Lax [167] (1954) für die Integration von (10.1.1) folgendes Schema (Abb.10.7) vorgeschlagen:

$$\boldsymbol{X}_{\mathrm{j}}^{\mathrm{n}+1}=(\boldsymbol{X}_{\mathrm{j}-1}^{\mathrm{n}}+\boldsymbol{X}_{\mathrm{j}+1}^{\mathrm{n}})/2-(\boldsymbol{Y}_{\mathrm{j}+1}^{\mathrm{n}}-\boldsymbol{Y}_{\mathrm{j}-1}^{\mathrm{n}})\Delta\tau/(2\Delta z)+\Delta\tau\boldsymbol{D}_{\mathrm{j}}^{\mathrm{n}}, \tag{10.3.1}$$

wobei

$$(a+|w|)\frac{\Delta\tau}{\Delta z}\leqq 1.$$

Das ist ein Einschrittverfahren, da die Lösung in der $(n+1)$-Ebene nur durch einen Rechenschritt erhalten wird.

Kreis und Oliger [285] verbessern dieses Einschrittverfahren, indem sie die Genauigkeit der Approximation der örtlichen Ableitungen bis auf die 4-te Ordnung erhöhten (Abb.10.8a):

$$\boldsymbol{X}_{\mathrm{j}}^{\mathrm{n}+1}=\boldsymbol{X}_{\mathrm{j}}^{\mathrm{n}-1}-\frac{\Delta\tau}{6\Delta z}[8(\boldsymbol{Y}_{\mathrm{j}+1}^{\mathrm{n}}-\boldsymbol{Y}_{\mathrm{j}-1}^{\mathrm{n}})-(\boldsymbol{Y}_{\mathrm{j}+2}^{\mathrm{n}}-\boldsymbol{Y}_{\mathrm{j}-2}^{\mathrm{n}})]. \tag{10.3.2}$$

Dieses Verfahren ist stabil bei

$$(a+|w|)\frac{\Delta\tau}{\Delta z}\leqq 0{,}72.$$

Für den linken Rand schlagen Kreis und Oliger [285] (Abb.10.8b,c) vor:

$$X_1^{n+1}=X_1^{n-1}-\frac{\Delta\tau}{3\Delta z}\left[-\frac{11}{2}(Y_1^{n+1}+Y_1^{n-1})+18Y_2^n-9Y_3^n+2Y_4^n\right], \qquad (10.3.3)$$

$$X_2^{n+1}=X_2^{n-1}-\frac{\Delta\tau}{3\Delta z}\left[-2Y_1^n-\frac{3}{2}(Y_2^{n+1}+Y_2^{n-1})+6Y_3^n-Y_4^n\right]. \qquad (10.3.4)$$

Ähnliches Vorgehen gilt für den rechten Rand.

Später modifizierten Lax und Wendroff [234] (1967) das Einschrittverfahren von Lax bis auf ein Zweischrittverfahren (Abb.10.9):

1. Schritt

$$X_{j+1/2}^{n+1/2}=(X_{j+1}^n+X_j^n)/2-(Y_{j+1}^n-Y_j^n)\Delta\tau/(2\Delta z)+\frac{\Delta\tau}{2}D_{j+1/2}^n. \qquad (10.3.5)$$

2. Schritt

$$X_j^{n+1}=X_j^n-(Y_{j+1/2}^{n+1/2}-Y_{j-1/2}^{n+1/2})\Delta\tau/\Delta z+\Delta\tau D_j^n. \qquad (10.3.6)$$

Später modifizierten Winters und Merte [295] (1976) dieses Verfahren folgendermaßen (Abb.10.10):

1. Schritt

$$X_{j+1/2}^{n+1}=(X_{j+1}^n+X_j^n)/2-(Y_{j+1}^n-Y^n)\Delta\tau/\Delta z+\Delta\tau D_{j+1/2}^n. \qquad (10.3.7)$$

2. Schritt

$$X_j^{n+1}=(X_{j+1/2}^n+X_{j-1/2}^n)/2-(Y_{j+1/2}^{n+1}-Y_{j-1/2}^{n+1})\Delta\tau/\Delta z+\Delta\tau D_j^n. \qquad (10.3.8)$$

Mit Hilfe dieses Verfahrens erhielten die beiden Autoren eine bessere Lösung für Blowdown-Prozesse [295], als mit Hilfe der oberen zwei Verfahren von Lax bzw. von Lax und Wendroff.

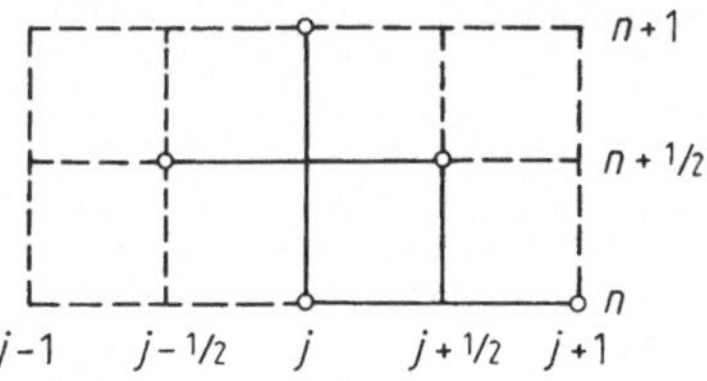

Abb.10.9. Explizites Verfahren von Lax und Wendroff [234]

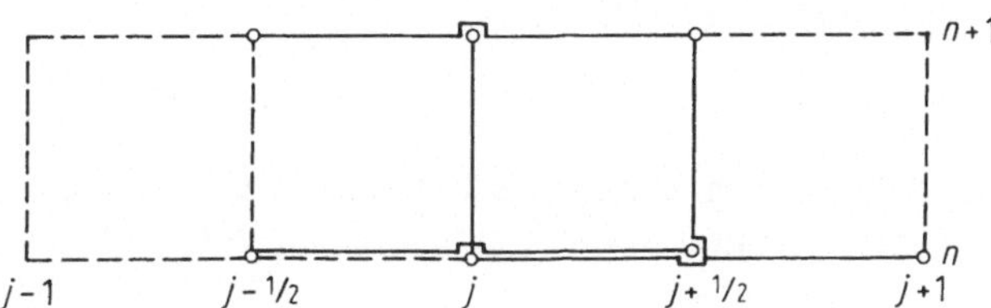

Abb.10.10. Explizites Verfahren von Winters und Merte [295]

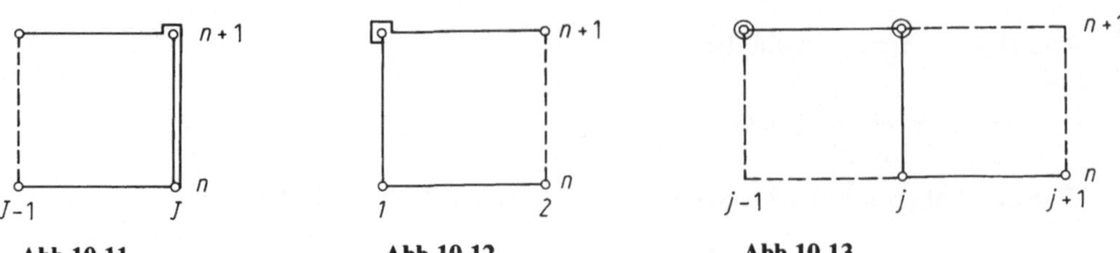

Abb.10.11 **Abb.10.12** **Abb.10.13**

Abb.10.11, 10.12, 10.13. Zeit-Ortsebene. McCormaksche Modifikation des Verfahrens von Lax und Wendroff: rechter Rand bzw. linker Rand bzw. innere Punkte

Falls sie über die kanonische Form des Systems verfügen, können sie die Randbedingungen wie beim Charakteristikenverfahren behandeln. Falls nicht, so läßt sich die *McCormacksche* Modifikation [285] des Verfahrens von Lax und Wendroff anwenden:

Für den rechten Rand (Abb.10.11):

1. Schritt

$$(\boldsymbol{X}_J^{n+1})_1 = \boldsymbol{X}_J^n - (\boldsymbol{Y}_J^n - \boldsymbol{Y}_{J-1}^n)\Delta\tau/\Delta z + \Delta\tau \boldsymbol{D}_J^n. \tag{10.3.9}$$

2. Schritt

$$(\boldsymbol{X}_J^{n+1})_2 = \boldsymbol{X}_J^n - (\boldsymbol{Y}_J^{n+1} - \boldsymbol{Y}_{J-1}^{n+1})\Delta\tau/\Delta z + \Delta\tau \boldsymbol{D}_J^{n+1}, \tag{10.3.10}$$

$$\boldsymbol{X}_J^{n+1} = [(\boldsymbol{X}_J^{n+1})_1 + (\boldsymbol{X}_J^{n+1})_2]/2. \tag{10.3.11}$$

Für den linken Rand (Abb.10.12):

1. Schritt

$$(\boldsymbol{X}_1^{n+1})_1 = \boldsymbol{X}_1^n - (\boldsymbol{Y}_1^n - \boldsymbol{Y}_1^n)\Delta\tau/\Delta z + \Delta\tau \boldsymbol{D}_1^n. \tag{10.3.12}$$

2. Schritt

$$(\boldsymbol{X}_1^{n+1})_2 = \boldsymbol{X}_1^n - (\boldsymbol{Y}_2^{n+1} - \boldsymbol{Y}_1^{n+1})\Delta\tau/\Delta z + \Delta\tau \boldsymbol{D}_1^{n+1}. \tag{10.3.13}$$

$$\boldsymbol{X}^{n+1} = [(\boldsymbol{X}_1^{n+1})_1 + (\boldsymbol{X}_1^{n+1})_2]/2. \tag{10.3.14}$$

Für die inneren Punkte liefert die McCormacksche Modifikation [285] folgendes (Abb.10.13):

1. Schritt

$$(\boldsymbol{X}_j^{n+1})_1 = \boldsymbol{X}_j^n - (\boldsymbol{Y}_{j+1}^n - \boldsymbol{Y}_j^n)\Delta\tau/\Delta z + \Delta\tau \boldsymbol{D}_j^n. \tag{10.3.15}$$

2. Schritt

$$(\boldsymbol{X}_j^{n+1})_2 = \boldsymbol{X}_j^n - (\boldsymbol{Y}_j^{n+1} - \boldsymbol{Y}_{j-1}^n)\Delta\tau/\Delta z + \Delta\tau \boldsymbol{D}_j^{n+1}, \tag{10.3.16}$$

$$\boldsymbol{X}_j^{n+1} = [(\boldsymbol{X}_j^{n+1})_1 + (\boldsymbol{X}_j^{n+1})_2]/2. \tag{10.3.17}$$

Für die inneren Punkte ist dieses Schema nicht symmetrisch. Der erste Schritt kann sowohl nach rechts, als auch nach links orientiert werden. Verglichen mit der Winters-

Merteschen Modifikation ist sie unterlegen. Eine Verbesserung des nichtsymmetrischen Schemas führten Gottlib und Turkel [285] ein. Sie haben die Genauigkeit der Approximationen der Ortsableitungen bis zur vierten Ordnung erhöht (Abb.10.14):

1. Schritt

$$(X_j^{n+1})_1 = X_j^n - (7Y_j^n - 8Y_{j+1}^n + Y_{j+2}^n)\Delta\tau/(6\Delta z) - \Delta\tau D_j^n. \qquad (10.3.18)$$

2. Schritt

$$(X_j^{n+1})_2 = X_j^n - (7Y_j^{n+1} - 8Y_{j-1}^{n+1} + Y_{j-2}^{n+1})\Delta\tau/(6\Delta z) + \Delta\tau \mathbf{D}_j^{n+1}, \qquad (10.3.19)$$

$$X_j^{n+1} = [(X_j^{n+1})_1 + (X_j^{n+1})_2]/2. \qquad (10.3.20)$$

Für den rechten Rand (Abb.10.15):

1. Schritt

$$(X_{J-1}^{n+1})_1 = X_{J-1}^n - (4Y_J^n - Y_{J-1}^n - 4Y_{J-2}^n - Y_{J-3}^n)\Delta\tau/(6\Delta z) + \Delta\tau D_{J-1}^n, \qquad (10.3.21)$$

$$(X_J^{n+1})_1 = X_J^n - (15Y_J^n - 28Y_{J-1}^n + 17Y_{J-2}^n - 4Y_{J-3}^n)\Delta\tau/(6\Delta z) + \Delta\tau D_J^n. \qquad (10.3.22)$$

2. Schritt wie (10.3.18,10.3.19).

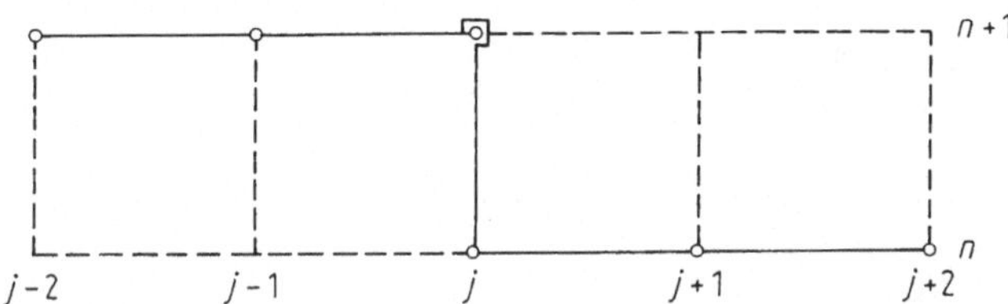

Abb.10.14

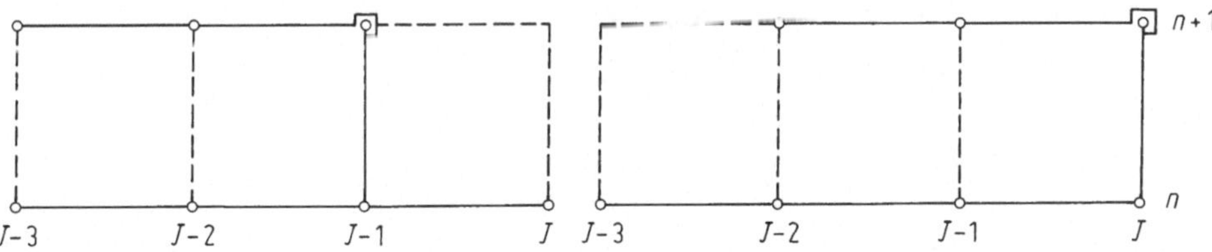

Abb.10.15

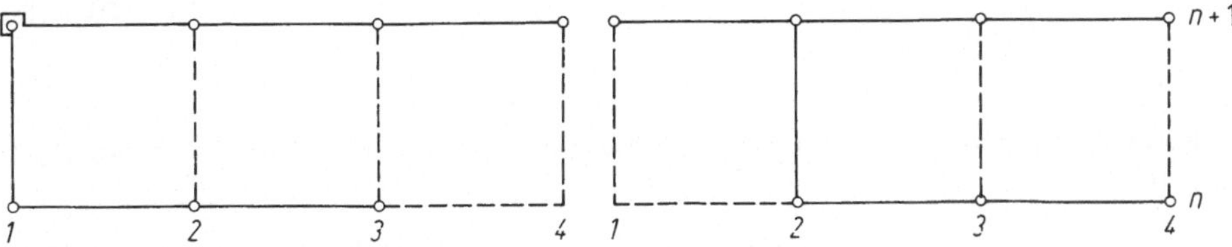

Abb.10.16

Abb.10.14, 10.15, 10.16. Zeit-Ortsebene. Explizites Verfahren von Gottlieb und Turkel [285]: innere Punkte bzw. rechter Rand bzw. linker Rand

Für den linken Rand (Abb.10.16):
1. Schritt wie (10.3.17).

2. Schritt

$$(X_1^{n+1})_2 = X_1^n - (4Y_4^{n+1} - 17Y_3^{n+1} + 28Y_2^{n+1} - 15Y_1^{n+1})\Delta\tau/(6\Delta z) + \Delta\tau D_1^{n+1}, \quad (10.3.23)$$

$$X_1^{n+1} = [(X_1^{n+1})_1 + (X_1^{n+1})_2]/2, \quad (10.3.24)$$

$$(X_2^{n+1})_2 = X_2^n - (-Y_4^{n+1} + 4Y_3^{n+1} + Y_2^{n+1} + 4Y_1^{n+1})\Delta\tau/(6\Delta z) + \Delta\tau D_2^{n+1}, \quad (10.3.25)$$

$$X_2^{n+1} = [(X_2^{n+1})_1 + (X_2^{n+1})_2]/2. \quad (10.3.26)$$

Bei allen bis jetzt diskutierten Verfahren wurden die Elemente des Vektors der abhängigen Variablen in den Punkten des orthogonalen Netzes in der Ort-Zeitebene definiert. Es wäre aber auch denkbar, daß die Rohrleitung auf J Teilvolumina aufgeteilt wird, wobei alle abhängigen Variablen, die den thermodynamischen Zustand der Strömung beschreiben, in den Mitten der Volumina definiert werden und die Transportgröße, z.B. G an den Grenzen der Volumina definiert wird. Als ein Beispiel dieses Vorgehens betrachten wir die Diskretisierung des Systems (8.2.3,2.4.10):

$$A\frac{\delta}{\delta\tau}\left(\frac{x}{v_S}\right) + \frac{\delta}{\delta z}(xGA) = \mu A,$$

$$A\frac{\delta\varrho}{\delta\tau} + \frac{\delta}{\delta z}(GA) = 0,$$

$$A\frac{\delta G}{\delta\tau} + \frac{\delta}{\delta z}(G^2 A v_I) + A\frac{\delta p}{\delta z} = -A(\varrho g\cos\varphi + R),$$

$$A\frac{\delta E}{\delta\tau} + \frac{\delta}{\delta z}\left[G\left(h + \frac{1}{2}G^2 v_E^2\right)\right] = \frac{\dot{Q}}{\Delta z} - A(Gg\cos\varphi + vR),$$

wobei

$$E = h^* + \frac{1}{2}G^2 v_I - p. \quad (10.3.27)$$

Angenommen, wir haben in den inneren Punkten j alle Lösungen in der Zeit τ. Nach einem Integrationsschritt $\Delta\tau$ erhalten wir die Werte

$$\Phi^T = \left(\varrho, \frac{x}{v_s}, E\right)_j^{n+1}. \quad (10.3.28)$$

Es kann leicht gezeigt werden, wie aus diesem Vektor der Vektor der abhängigen Variablen

$$U^T = (p, x, h_f)_j^{n+1} = f(\Phi^T) \quad (10.3.29)$$

zu berechnen ist. Dabei kann angenommen werden, daß sich der Dampf im Sättigungszustand befindet und die Hypothese des quasikonstanten Schlupfes gültig ist. Die Massenstromdichte $G_{j+1/2}^{n+1}$ wurde in (10.3.29) absichtlich weggelassen, da sie direkt erhalten wird. Für den nächsten Schritt werden alle im System (8.2.3,2.4.10) erscheinenden Größen in dem neuen Zeitpunkt $\tau+\Delta\tau$ definitionsgemäß berechnet:

$$(p,\varrho,v_\text{I},v_\text{E}^2,h,E,v,v_\text{S},x)_j^{n+1}=f(U_j^{n+1}). \tag{10.3.30}$$

Weiter erläutern wir, wie das Schema zur Berechnung von

$$\varrho_j^{n+1},\left(\frac{x}{v_\text{S}}\right)_j^{n+1},G_{j+1/2}^{n+1},E_j^{n+1}$$

aufzubauen ist. Die Aufstellung der konvektiven Differentiale ist von der Strömungsrichtung an den Grenzen des Kontrollvolumens abhängig. Es sind vier mögliche Fälle, zusammengefaßt in Tabelle 10.2, zu berücksichtigen (Abb.10.17).

$$\Delta\tau^*=\Delta\tau/(A_j\Delta z_j), \tag{10.3.31}$$

$$\varrho_j^{n+1}=\varrho_j^n-\Delta\tau^*[(GA)_{j+1/2}^n-(GA)_{j-1/2}^n], \tag{10.3.32}$$

$$\left(\frac{x}{v_\text{S}}\right)_j^{n+1}=\left(\frac{x}{v_\text{S}}\right)_j^n-\Delta\tau^*[(GA)_{j+1/2}^n x_\text{K}^n-(GA)_{j-1/2}^n x_\text{L}^n]+\Delta\tau\mu_j^n, \tag{10.3.33}$$

$$\begin{aligned}E_j^{n+1}=E_j^n-\Delta\tau^*\{&G_{j+1/2}^n\left[h_\text{K}^n+\frac{1}{2}(G_{j+1/2}^n)^2(v_\text{E}^2)_\text{K}^n\right]A_{j+1/2}\\&-G_{j-1/2}^n\left[h_\text{L}^n+\frac{1}{2}(G_{j-1/2}^n)^2(v_\text{E}^2)_\text{L}^n\right]A_{j-1/2}\},\end{aligned} \tag{10.3.34}$$

$$-\frac{\Delta\tau}{2}(G_{j+1/2}^n\cos\varphi_{j+1/2}+G_{j-1/2}^n\cos\varphi+R_{j+1/2}^n v_\text{K}^n+R_{j-1/2}^n v_\text{L}^n)+\Delta\tau^*\dot{Q}_j,$$

$$\begin{aligned}G_{j+1/2}^{n+1}=&G_{j+1/2}^n-\Delta\tau^*\Delta z_j\frac{\delta}{\delta z_*}(G^2Av_\text{I})^n\\&-\Delta\tau\left(2\frac{p_{j+1}^n-p_j^n}{\Delta z_j+\Delta z_{j+1}}+\frac{\varrho_j^n+\varrho_{j+1}^n}{2}g\cos\varphi_{j+1/2}+R_{j+1/2}^2\right),\end{aligned} \tag{10.3.35, 10.3.36}$$

wobei

$$\frac{\delta}{\delta z_*}(G^2Av_\text{I})^n=[(G_{i1}^n)^2A_{i1}(v_\text{I})_{i2}^n-(G_{i3}^n)^2A_{i3}(v_\text{I})_{i4}^n]/(z_{i1}-z_{i3}). \tag{10.3.37}$$

Die Werte G_i sind in Tabelle 10.3 zusammengefaßt.

Die Gln. (10.3.32–10.3.36) liefern die notwendigen Lösungen.

Tabelle 10.2

	$G_{j-1/2}$	$G_{j+1/2}$	K	L
1. Fall	$\geqq 0$	$\geqq 0$	j	$j-1$
2. Fall	$\geqq 0$	<0	$j+1$	$j-1$
3. Fall	<0	<0	$j+1$	j
4. Fall	<0	$\geqq 0$	j	j

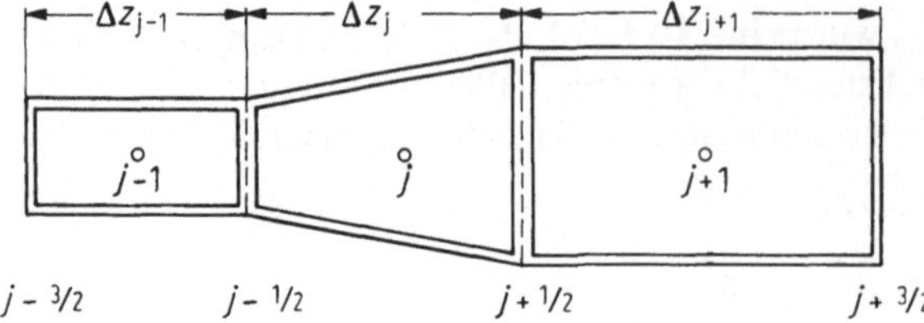

Abb. 10.17. Herleitung der Gln. (10.3.30 – 10.3.35)

Tabelle 10.3

	i1	i2	i3	i4
$G_{j+1/2} \geqq 0$				
$G_{j-1/2} \geqq 0$	$j+1/2$	j	$j-1/2$	$j-1$
$G_{j-1/2} < 0$	$j+1/2$	j	$j-1/2$	j
$G_{j+1/2} < 0$				
$G_{j+3/2} \geqq 0$	$j+3/2$	$j+1$	$j+1/2$	$j+1$
$G_{j+3/2} < 0$	$j+3/2$	$j+2$	$j+1/2$	$j+1$

10.4 Andere implizite Verfahren

Wir haben schon bei der Darstellung der impliziten Charakteristiken- und Pseudocharakteristikenverfahren die Art und Weise der Aufstellung des impliziten Finitendifferenzenschemas gezeigt. Hier sollen noch einige Verfahren erwähnt werden.

10.4.1 Newton-Rapsonsches Verfahren

Angenommen, durch bestimmte Diskretisation der örtlichen Ableitungen des Systems (10.1.1)

$$\frac{\delta \boldsymbol{X}}{\delta \tau} + \frac{\delta \boldsymbol{Y}}{\delta z} = 0$$

wurde es in ein System von gewöhnlichen Differentialgleichungen umgewandelt

$$\frac{\delta \boldsymbol{X}}{\delta \tau} = \boldsymbol{F}(\boldsymbol{X}) + \boldsymbol{D} \tag{10.4.1}$$

und danach

$$\frac{\boldsymbol{X}^{n+1} - \boldsymbol{X}^{n}}{\Delta \tau} = \boldsymbol{F}^{n+1}(\boldsymbol{X}^{n+1}) + \boldsymbol{D}^{n} \tag{10.4.2}$$

in ein System von algebraischen Gleichungen diskretisiert. Um $\boldsymbol{F}^{n+1}$ zu bestimmen verwendet man lineare Extrapolation

$$\boldsymbol{F}^{n+1} = \boldsymbol{F}^{n} + \left(\frac{\delta \boldsymbol{F}}{\delta \boldsymbol{X}}\right)^{n} (\boldsymbol{X}^{n+1} - \boldsymbol{X}^{n}). \tag{10.4.3}$$

Nach Einsetzen in (10.4.2) und Auflösung nach X^{n+1} erhält man

$$X^{n+1}=X^n+\Delta\tau[F(X^n)+D^n]\left[I-\Delta\tau\left(\frac{\delta F}{\delta X}\right)^n\right]^{-1} \quad [289, \text{Bd.1}]. \tag{10.4.4}$$

Falls kein analytischer Ausdruck für $\delta F/\delta X$ gefunden werden kann, so können wir die Werte des vorangegangenen Rechenschritts verwenden:

$$(\delta F/\delta X)^n=(F^n-F^{n-1})/(X^n-X^{n-1}).$$

10.4.2 Turnersches Verfahren

Turner [286] entwickelte für eine ZS ohne Strömungsumkehr folgendes Schema (Abb.10.18):

$$A\frac{\delta U}{\delta\tau}+B\frac{\delta U}{\delta z}=C, \tag{10.4.5}$$

$$+\left|\begin{array}{l} A_j^n\dfrac{U_j^{n+1}-U_j^n}{\Delta\tau}+B_j^n\dfrac{U_{j+1}^{n+1}-U_j^{n+1}}{\Delta z}=C_j^n, \qquad (10.4.6)\\[2ex] A_{j+1}^n\dfrac{U_{j+1}^{n+1}-U_{j+1}^n}{\Delta\tau}+B_{j+1}^n\dfrac{U_{j+1}^{n+1}-U_j^{n+1}}{\Delta z}=C_{j+1}^n, \qquad (10.4.7)\end{array}\right.$$

$$U_{j+1}^{n+1}=\{A_{j+1}^nU_{j+1}^n-A_j^n(U_j^{n+1}-U_j^n)+\Delta\tau[C_{j+1}^n+C_j^n + (B_{j+1}^n-B_j^n)U_j^{n+1}/\Delta z]\}\left\{A_{j+1}^n+(B_{j+1}^n+B_j^n)\frac{\Delta\tau}{\Delta z}\right\}^{-1}. \tag{10.4.8}$$

Bei bekannten U_j^{n+1}, U_j^n und U_{j+1}^n gestattet dieses Schema, U_{j+1}^{n+1} zu bestimmen. Um die Stabilität der Lösung zu erhöhen, können die Werte von A,B und C im Punkt $(...,n+1)$ iterativ berechnet werden. Lübesmeyer [182] vermeidet die Iterationen, indem er die Werte von A,B und C im Punkt $(j+1,n+1)$ folgendermaßen abschätzt:

$$A_{j+1}^{n+1}\sim A_j^{n+1}+(A_{j+1}^n-A_j^n)... \tag{10.4.9}$$

Für die Berücksichtigung der Strömungsumkehr veränderte Turner [283] (1976) sein Verfahren und verwendete für die Massen- und Impulsgleichungen die Summe der Gln.(10.4.6,10.4.7):

$$[A_j^n(U_j^{n+1}-U_j^n)+A_{j+1}^n(U_{j+1}^{n+1}-U_{j+1}^n)]/\Delta\tau + (B_j^n+B_{j+1}^n)(U_{j+1}^{n+1}-U_j^{n+1})/\Delta z=C_j^n+C_{j+1}^n. \tag{10.4.10}$$

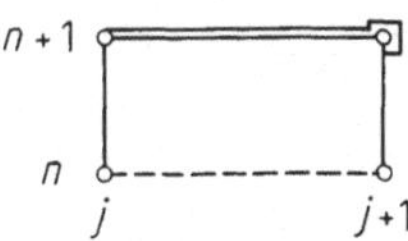

Abb.10.18. Turnersches Verfahren

Die Energiegleichung in diesem System ist diskretisiert unter Berücksichtigung der Strömungsrichtung (Courant [45] (1952)):

$$A_j^n(U_j^{n+1}-U_j^n)/\Delta\tau+\frac{1}{2}(B_j^n-B_k^n)(U_j^{n+1}-U_k^{n+1})/(z_j-z_k)=C_j^n \quad [32], \tag{10.4.11}$$

wobei

$$G\geqq 0 \quad k=j-1,$$

$$G<0 \quad k=j+1.$$

Dieses Verfahren liefert ein algebraisches Gleichungssystem, bei dem analog zum Verfahren von Hancox und Benerjee [84] (1977) die Koeffizientenmatrix eine dreidiagonale Blockmatrix ist.

10.4.3 Godunovsches Verfahren

Das Verfahren von Godunov [77] ist eine Kombination von einem impliziten und einem expliziten Verfahren. Es ist ein Zweischrittverfahren, wobei der zweite Schritt praktisch dem Verfahren von Lax und Wendorff (Abb.10.19) entspricht. Godunov geht von der Form

$$\frac{\delta U}{\delta\tau}+A\frac{\delta U}{\delta z}=C \tag{10.4.12}$$

aus und schlägt folgendes vor:

1. Schritt – implizit

$$\frac{U_j^{n+1/2}-U_j^n}{\Delta\tau/2}+A_j^n\frac{U_{j+1}^{n+1/2}-U_{j-1}^{n+1/2}}{2\Delta z}=C_j^n, \tag{10.4.13}$$

$$U_{j+1/2}^{n+1/2}=(1-\Theta)\frac{U_{j+1}^{n+1/2}+U_j^{n+1/2}}{2}+\Theta\frac{U_{j+2}^{n+1/2}+U_{j-1}^{n+1/2}}{2}, \tag{10.4.14}$$

wobei $0<\Theta\leqq 0{,}25$.

2. Schritt – explizit

$$\frac{U_j^{n+1}-U_j^n}{\Delta\tau}+A_j^n\frac{U_{j+1/2}^{n+1/2}-U_{j-1/2}^{n+1/2}}{\Delta z}=C_j^n. \tag{10.4.15}$$

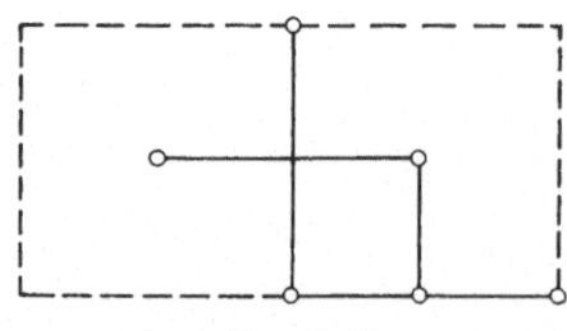

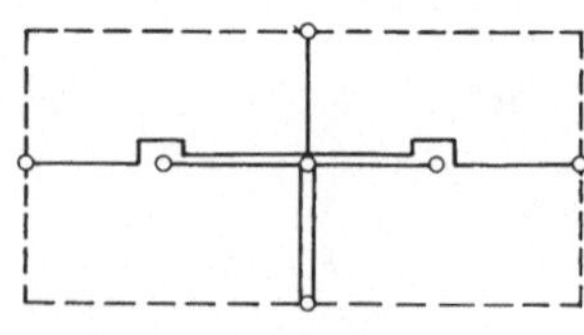

Abb.10.19. Godunovsches Verfahren

10.4.4 Möglichkeiten zur Beschleunigung der impliziten Verfahren

Im Prinzip sind die impliziten Verfahren schneller als die expliziten, da die Stabilitätsbegrenzung auf die Schrittweite bei den ersteren wegfällt. Jedoch macht die Verwendung dieser Verfahren bei der Modellierung komplizierterer Systeme die Beschleunigung der Berechnung wünschenswert. Der größte Teil der Rechenzeit wird für die Inversion der sich nach der Diskretisation ergebenden, diagonalen Matrizen verbraucht. Im allgemeinen ist die Inversion mittels klassischer Inversionsverfahren langsamer und speicherplatzverbrauchender als die Anwendung rekursiver Verfahren vom Typ Gelfand und Lokutsievskii [77]. Eine andere Möglichkeit ist die *Herabsetzung des Ranges der zu invertierenden Matrix*. So wäre z.B. die Anwendung des Verfahrens von Nikamura für die Integration des Systems (6.1.8) günstiger, falls zunächst die ersten zwei Gleichungen diskretisiert werden und ein Gleichungssystem für $U^{*T} = (p_1, w_1, p_2, w_2, ..., p_J, w_J)^{n+1}$ aufgebaut und gelöst wird und danach $(h_1, h_2, ..., h_J)$ bestimmt werden. Der letzte Schritt kann sowohl implizit als auch explizit durchgeführt werden.

Eine ähnliche Möglichkeit zur Integration, z.B. des Systems (6.1.8), bietet die in [218] verwendete Idee für eine halbimplizite Diskretisierung der Impulsgleichung, wobei andere Gleichungen implizit diskretisiert werden:

$$\left(\frac{\delta\varrho}{\delta h}\right)^n_j (h_j^{n+1} - h_j^n) + \left(\frac{\delta\varrho}{\delta p}\right)^n_j (p_j^{n+1} - p_j^n) + \frac{\Delta\tau}{\Delta z}(\varrho_K^n w_{j+1/2}^{n+1} - \varrho_L^n w_{j-1/2}^{n+1}) = 0, \tag{10.4.16}$$

$$\varrho_j^n \left[h_j^{n+1} - h_j^n + \frac{\Delta\tau}{\Delta z} w_{j+1/2}^n (h_{j+1}^{n+1} - h_j^{n+1}) \right]$$

$$-p_j^{n+1} + p_j^n - \frac{\Delta\tau}{\Delta z} w_{j+1}^n (p_{j+1}^{n+1} - p_j^{n+1}) = \Delta\tau \dot{q}''', \tag{10.4.17}$$

$$w_{j+1/2}^{n+1} = \bar{w}_{j+1/2}^{n+1} - \frac{\Delta\tau}{\varrho_g \Delta z}(p_{j+1}^{n+1} - p_j^{n+1}), \tag{10.4.18}$$

wobei

$$\begin{aligned} \bar{w}_{j+1/2}^{n+1} &= w_{j+1/2}^n - \frac{\Delta\tau}{\Delta z}\{w_{j+1/2}^n (w_{i1}^n - w_{i3}^n) \\ &+ \left[\frac{\alpha(1-\alpha)\varrho''\varrho'}{\varrho}\right]_j^n / (\Delta w_{j+1/2}^n)^2 - (\Delta w_{j+1/2}^n)^2]\} \\ &+ \Delta\tau (g\cos\varphi_{j+1/2} + R_{j+1/2}^n / \varrho_j^n) \end{aligned} \tag{10.4.19}$$

und $K, L, i1$ und $i3$ aus den Tabellen 10.2 und 10.3 zu entnehmen sind. Falls $w_{j+1/2}^{n+1}$ bzw. $w_{j-1/2}^{n+1}$ aus (10.4.18) in der Kontinuitätsgleichung ersetzt werden, erhält man ein System von algebraischen Gleichungen

$$(h_1, p_1, h_2, p_2, ..., h_J, p_J)^{n+1}.$$

Nach der Auflösung des Systems läßt sich aus (10.4.18) das Geschwindigkeitsfeld berechnen.

10.5 Berechnung der kritischen Strömung

Die kritische Strömung tritt in technischen Einrichtungen mit verschiedener Geometrie auf. Wir können sie bedingt auf drei Gruppen aufteilen:

1. *Lange Rohre*: Die Reibung spielt eine wichtige Rolle. Die Stelle der kritischen Strömung ist am Austritt des Rohres.
2. *Blenden, kurze Rohrstücke:* Das Charakteristische dabei ist, daß die Strömung nach der kritischen Stelle nicht wieder an der Wand anliegt. Dabei spielt die Reibung keine große Rolle. Die verzögerte Einstellung des thermodynamischen Gleichgewichts spielt eine entscheidende Rolle.
3. *Laval Düsen*: Das Charakteristische dabei ist die starke Querschnittsänderung entlang der Ortskoordiate. Die Stelle an der die kritische Strömung entsteht, ist die engste Stelle der Düse. Die verzögerte Einstellung des thermodynamischen Gleichgewichts spielt eine entscheidende Rolle.

10.5.1 Kritische Strömung in langen Rohren

In den *langen Rohren* stellt sich am Austritt des Rohres ein *thermodynamisches Gleichgewicht* ein. Die Strömung ist *nicht homogen*. Für die Beschreibung der Strömung sind die Systeme (6.2.12–6.2.15) angebracht:

$$G = \text{const},$$

$$\frac{dp}{dz} = -\frac{Z_p}{1 - \frac{G^2}{G^{*2}}},$$

$$\frac{dh}{dz} = \frac{Z_h}{1 - \frac{G^2}{G^{*2}}},$$

$$G^* = G^*(p,h)$$

$$Z_p = Z_p(p,h,z) \quad \text{oder} \quad Z_p = Z_p(p,h)$$

$$Z_h = Z_h(p,h,z) \quad \quad \quad Z_h = Z_h(p,h) \quad \text{für } \dot{q}''' = 0.$$

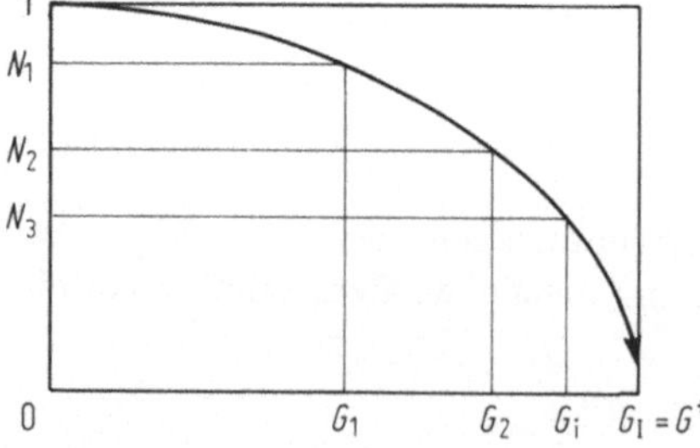

Abb.10.20. Extrapolationsverfahren für die Berechnung der kritischen Massenstromdichte

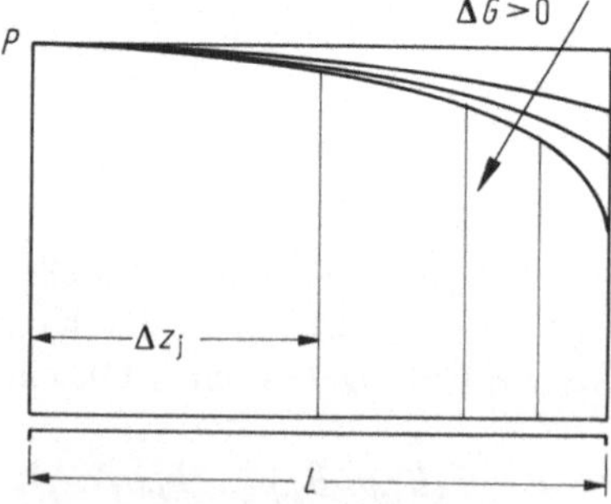

Abb.10.21. Eine mögliche Diskretisierung bei der Berechnung der kritischen Massenstromdichte in langen Rohren

Dieses System stellt zusammen mit geeigneter Schlupfkorrelation, Reibungsdruckverlustkorrelation, Stoffwertapproximationen und Integrationsprozedur ein Modell der stationären Gleichgewichts-Zweiphasenströmung in einem Rohr mit bekannten Abmessungen und Randbedingungen dar. Wir dividieren die Rohrlänge durch $J-1$ Abschnitte, so daß die Schrittweite Δz_j eine *geometrische Folge* bildet

$$\Delta z_j = \Delta z_1 c^{j-1}; \; c < 1,$$

deren Summe gleich der Länge des Rohres ist

$$\sum_{j=1}^{J} \Delta z_j = \Delta z_1 \frac{1-c^J}{1-c} = L \text{ oder } \Delta z_1 = L \frac{1-c}{1-c_1^J}.$$

Unter den gegebenen Randbedingungen am linken Rand des Rohres (G_1, p_1, h_1) lassen sich die abhängigen Variablen z.B. mit einem *Eulerschen* Integrationsverfahren längs des Rohres berechnen

$$p_j = p_{j-1} + \left(\frac{dp}{dz}\right)_{j-1} \Delta z_j,$$

$$h_j = h_{j-1} + \left(\frac{dh}{dz}\right)_{j-1} \Delta z_j.$$

Wir fangen die Integration mit einer kleineren Massenstromdichte als die kritischen G_1 an und erhöhen sie allmählich, bis der Nenner des Druckgradientes am Austritt des Rohres zu Null konvergiert (Abb. 10.21).

Es kann ein Polynom m-tes Grades $G = p(m)$ durch die Punkte (N_1, G_1), $(N_2, G_2) \ldots (N_m, G_m)$ gebildet werden. Die Extrapolation auf $N = 0$ (Abb.10.20) liefert uns eine Näherung für G_J, die verbessert werden kann. Auf diese Art läßt sich die kritische Massenstromdichte effektiv berechnen.

10.5.2 Kritische Strömung in Lavaldüsen, kurzen Rohrstücken und Blenden

Abbildung 10.22 zeigt eine Ähnlichkeit der Querkontraktion bei den drei verschiedenen Einrichtungen. Diese Ähnlichkeit gestattet uns, die kritische Strömung in den drei

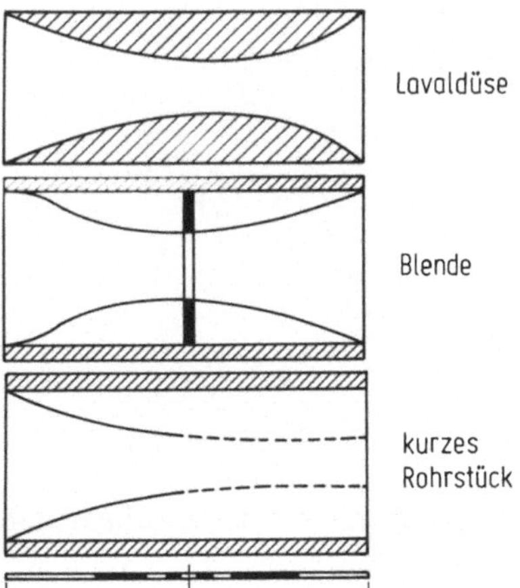

Abb.10.22. Eine mögliche Diskretisierung bei der Berechnung der kritischen Massenstromdichte in Lavaldüsen, kurzen Rohrstücken und Blenden

Einrichtungen mit demselben mathematischen Formalismus zu beschreiben. Da das *thermodynamische Nichtgleichgewicht* hier eine entscheidende Rolle spielt, verwenden wir das System (8.2.9):

$$\begin{cases} GA = \mathrm{const} \\ \dfrac{\mathrm{d}x}{\mathrm{d}z} = \mu/G \\ \dfrac{\mathrm{d}p}{\mathrm{d}z} = -\dfrac{Z_\mathrm{p}}{1-G^2/G^{*2}} \\ \dfrac{\mathrm{d}h}{\mathrm{d}z} = \dfrac{Z_\mathrm{h}}{1-G^2/G^{*2}}, \end{cases}$$

$$A = A(z),$$
$$\mu = \mu(G,p,x,h),$$
$$G^* = G^*(p,x,h),$$
$$Z_\mathrm{p} = Z_\mathrm{p}(G,p,x,h,z),$$
$$Z_\mathrm{h} = Z_\mathrm{h}(G,p,x,h,z).$$

Wir teilen die L auf $(J-1)$ Abschnitte mit der Schrittweite

$$\Delta z_1 = z_\mathrm{kr}\frac{1-c_1}{1-c_1^\mathrm{m}}; \qquad c_1<1,$$
$$\Delta z_\mathrm{i} = \Delta z_1 c_1^{\mathrm{i}-1},$$
$$i = 1,\mathrm{m},$$
$$\Delta z_{\mathrm{m}+1} = (L-z_\mathrm{kr})\frac{c_2-1}{c_2^\mathrm{n}-1}; \qquad c_2>1,$$
$$\Delta z_\mathrm{i} = \Delta z_{\mathrm{m}+1} c_2^{\mathrm{i}-1},$$
$$i = m+2,J.$$

Unter den gegebenen Randbedingungen am linken Rand des Rohres (G_1,p_1,x_1,h_1) lassen sich die abhängigen Variablen längs des Rohres berechnen, z.B. mit einem Eulerschen Integrationsverfahren

$$A_\mathrm{j} = A_\mathrm{j}(z_\mathrm{j}),$$
$$G_\mathrm{j} = G_1 A_1/A_\mathrm{j},$$
$$p_\mathrm{j} = p_{\mathrm{j}-1} + \left(\frac{\mathrm{d}p}{\mathrm{d}z}\right)_{\mathrm{j}-1}\Delta z_\mathrm{j},$$
$$x_\mathrm{j} = x_{\mathrm{j}-1} + \frac{\mu_{\mathrm{j}-1}}{G_{\mathrm{j}-1}}\Delta z_\mathrm{j},$$
$$h_\mathrm{j} = h_{\mathrm{j}-1} + \left(\frac{\mathrm{d}h}{\mathrm{d}z}\right)_{\mathrm{j}-1}\Delta z_\mathrm{j}.$$

Weiter erfolgt die Berechnung wie in Abschn. 10.5.1 gezeigt mit dem Unterschied, daß der Nenner an der Stelle z_kr kontrolliert wird.

11 Die Multinodalmethode

In Abschn. 10.3 wurde ein Beispiel erläutert, bei dem die Rohrleitung auf J Teilvolumina aufgeteilt wurde. Dabei wurden alle abhängigen Variablen, die den *thermodynamischen* Zustand der Strömung beschreiben, in den *Mitten* der Volumina definiert. Die *Transportgrößen*, z.B. G, w_g, w_f usw., wurden an den *Grenzen* der Volumina definiert. Das bedeutet, daß die Rohrleitung durch *Zonen* und *Verbindungen* zwischen den Mitten der Zonen simuliert wird. Falls dabei die Genauigkeit der Diskretisierung der konvektiven Glieder in dem prozeßbeschreibenden Differentialgleichungssystem von erster Ordnung ist und die Kraftwirkung in der Verbindung zwischen den Mitten der Zonen konzentriert wird, ergibt sich eine sehr verbreitete Modellvorstellung. Sie wird als *Multinodalsystem* (*Mehrknotensystem, Mehrpunktesystem* usw.) bezeichnet. Die Methode zur Beschreibung der Zweiphasenströmungen in einem Rohrleitungssystem mit Hilfe dieser Modellvorstellung wird *Multinodalmethode* genannt. Historisch gesehen wurde die Beschreibung von transienten Zweiphasenströmungen in komplexen technischen Einrichtungen zuerst mit der Multinodalmethode durchgeführt [205,135]. Heute lassen sich zwei wichtige Nachteile dieser Methode aufzählen:

- Die geringe Genauigkeit der Approximation der Ortsableitungen (1. Ordnung) begrenzt die Erhöhung der Genauigkeit der Lösung, unabhängig von der Erhöhung der Genauigkeit der Integration in der Zeit.
- Die Vernachlässigung der Kräftewirkung innerhalb der Zonen und deren Konzentration in den Zonenverbindungen erzeugt künstlich eine relative Instabilität des simulierten Prozesses, da die kleinen Druckänderungen in den Zonen mit großen Massenstromänderungen in den Verbindungen verbunden sind. Das gilt besonders für niedrige Massenstromanteile. Diese Tatsache führte einige Autoren zur Entwicklung von analytischen Methoden der Integration der Impulsgleichung [4], da die Impulsgleichung die größte Instabilität erzeugt.

Allerdings ist die Entwicklung der Modelle der Zonen unter diesen Voraussetzungen äußerst nützlich bei der Beschreibung der instationären Prozesse in relativ *großen* Volumina. Dafür können folgende Beispiele genannt werden:

- Simulation der Volumenkompensatoren eines wassergekühlten Kernreaktors,
- Simulation des sekundären Raums der Dampferzeuger mit freier Konvektion,
- Simulation des oberen und unteren Plenums eines Druck- oder Siedewasserreaktors.

Die Entwicklung der Modelle der Zonen erläutern wir im nächsten Kapitel und die Entwicklung der Modelle der Verbindungen zwischen den Zonen in Abschn. 11.2.

11.1 Gesetze zur Erhaltung der Masse und der Energie für Volumina, die Zweiphasengemische enthalten

Das Zweiphasengemisch, das sich während eines transienten Prozesses in einem Volumen befindet, ist im allgemeinen nichthomogen. Auch die mittleren Temperaturen beider Phasen unterscheiden sich von einander. Für die mathematische Simulation, je nach der Art des Prozesses, werden verschiedene vereinfachende Annahmen über den thermodynamischen Zustand und über die Homogenität des Gemisches getroffen:

1. Das Gemisch befindet sich im thermodynamischen Nichtgleichgewicht und ist nichthomogen.
2. Das Gemisch befindet sich im thermodynamischen Nichtgleichgewicht und ist homogen.
3. Das Gemisch befindet sich im thermodynamischen Gleichgewicht und ist nichthomogen.
4. Das Gemisch befindet sich im thermodynamischen Gleichgewicht und ist homogen.

Für die Herleitung der Differentialgleichungssysteme, die alle die vier obengenannten Situationen beschreiben, brauchen wir die *konservativen* Formen der Systeme (2.4.1 – 2.4.3) und (2.4.4 – 2.4.9) in folgender Schreibweise:

$$\begin{cases} \dfrac{\delta M}{\delta \tau} + \dfrac{\delta \dot{m}}{\delta z} \mathrm{d}z = 0 \\[2mm] \dfrac{\delta \dot{m}}{\delta \tau} + \dfrac{\delta}{\delta z}(\dot{m}_\mathrm{g} w_\mathrm{g} + \dot{m}_\mathrm{f} w_\mathrm{f}) + A\dfrac{\delta p}{\delta z} + \dfrac{M}{\Delta z} g\cos\varphi + \dfrac{F_\mathrm{R}}{\Delta z} = 0 \\[2mm] \dfrac{\delta}{\delta \tau}\left[M_\mathrm{g}\left(u_\mathrm{g} + \dfrac{w_\mathrm{g}^2}{2}\right) + M_\mathrm{f}\left(u_\mathrm{f} + \dfrac{w_\mathrm{f}^2}{2}\right)\right] + \dfrac{\delta}{\delta z}\left[\dot{m}_\mathrm{g}\left(h_\mathrm{g} + \dfrac{w_\mathrm{g}^2}{2}\right) + \dot{m}_\mathrm{f}\left(h_\mathrm{f} + \dfrac{w_\mathrm{f}^2}{2}\right)\right]\mathrm{d}z \\ \quad + \dot{m}\,\mathrm{d}z\, g\cos\varphi + F_\mathrm{Rg} w_\mathrm{g} + F_\mathrm{Rf} w_\mathrm{f} = \dot{Q} \end{cases}$$

$$\begin{cases} \dfrac{\delta M_\mathrm{g}}{\delta \tau} + \dfrac{\delta \dot{m}_\mathrm{g}}{\delta z}\mathrm{d}z = \dot{m}_\mathrm{fg} \\[2mm] \dfrac{\delta M_\mathrm{f}}{\delta \tau} + \dfrac{\delta \dot{m}_\mathrm{f}}{\delta z}\mathrm{d}z = -\dot{m}_\mathrm{fg} \\[2mm] \dfrac{\delta \dot{m}_\mathrm{g}}{\delta \tau} + \dfrac{\delta}{\delta z}(\dot{m}_\mathrm{g} w_\mathrm{g}) + A_\mathrm{g}\dfrac{\delta p}{\delta z} + \dfrac{M_\mathrm{g}}{\Delta z} g\cos\varphi + \dfrac{F_\mathrm{Rg}}{\Delta z} = \dfrac{\dot{m}_\mathrm{fg}}{\Delta z} w_\mathrm{ex} \\[2mm] \dfrac{\delta \dot{m}_\mathrm{f}}{\delta \tau} + \dfrac{\delta}{\delta z}(\dot{m}_\mathrm{f} w_\mathrm{f}) + A_\mathrm{f}\dfrac{\delta p}{\delta z} + \dfrac{M_\mathrm{f}}{\Delta z} g\cos\varphi + \dfrac{F_\mathrm{Rf}}{\Delta z} = -\dfrac{\dot{m}_\mathrm{fg}}{\Delta z} w_\mathrm{ex} \\[2mm] \dfrac{\delta}{\delta \tau}\left[M_\mathrm{g}\left(u_\mathrm{g} + \dfrac{w_\mathrm{g}^2}{2}\right)\right] + \dfrac{\delta}{\delta z}\left[\dot{m}_\mathrm{g}\left(h_\mathrm{g} + \dfrac{w_\mathrm{g}^2}{2}\right)\right]\mathrm{d}z + \dot{m}_\mathrm{g}\mathrm{d}z\, g\cos\varphi + F_\mathrm{Rg} w_\mathrm{g} \\ \qquad = \dot{Q}_\mathrm{g} + \dot{m}_\mathrm{fg}\left(h_\mathrm{ex} + \dfrac{w_\mathrm{ex}^2}{2}\right) \\[2mm] \dfrac{\delta}{\delta \tau}\left[M_\mathrm{f}\left(u_\mathrm{f} + \dfrac{w_\mathrm{f}^2}{2}\right)\right] + \dfrac{\delta}{\delta z}\left[\dot{m}_\mathrm{f}\left(h_\mathrm{f} + \dfrac{w_\mathrm{f}^2}{2}\right)\right]\mathrm{d}z + \dot{m}_\mathrm{f}\mathrm{d}z\, g\cos\varphi + F_\mathrm{Rf} w_\mathrm{f} \\ \qquad = \dot{Q}_\mathrm{f} - \dot{m}_\mathrm{fg}\left(h_\mathrm{ex} + \dfrac{w_\mathrm{ex}^2}{2}\right). \end{cases}$$

Die in den zwei Systemen verwendeten Abkürzungen bedeuten:

$$M_g = \alpha \varrho_g A \mathrm{d}z \qquad U_g = M_g u_g \qquad \dot{m}_g = \alpha \varrho_g w_g A,$$

$$M_f = (1-\alpha)\varrho_f A \,\mathrm{d}z \qquad U_f = M_f u_f \qquad \dot{m}_f = (1-\alpha)\varrho_f w_f A,$$

$$M = M_g + M_f \qquad \dot{m} = \dot{m}_g + \dot{m}_f,$$

$$A_g = \alpha A \qquad A_f = (1-\alpha)A \qquad \dot{m}_{fg} = \mu A \mathrm{d}z.$$

Dabei haben wir stillschweigend vorausgesetzt: αA bzw. $(1-\alpha)A = f(z)$. Weiter vernachlässigen wir in den Energiegleichungen die zeitliche Änderung der kinetischen, der potentiellen und der dissipierten Reibungsenergie und die Kräftewirkung in den Zonen, d.h. die Impulsgleichungen. Damit erhalten wir:

$$\frac{\delta M}{\delta \tau} = \Delta \dot{m} \qquad (11.1.1)$$

$$\frac{\delta}{\delta \tau}(M_g u_g + M_f u_f) = \Delta(\dot{m}h), \qquad (11.1.2)$$

wobei

$$\Delta \dot{m} = -\frac{\delta \dot{m}}{\delta z}\mathrm{d}z,$$

$$\Delta(\dot{m}h) = \dot{Q} - \frac{\delta}{\delta z}\left[\dot{m}_g\left(h_g + \frac{w_g^2}{2}\right) + \dot{m}_f\left(h_f + \frac{w_f^2}{2}\right)\right]\mathrm{d}z$$

$$\frac{\delta M_g}{\delta \tau} = \Delta \dot{m}_g + \dot{m}_{fg} \qquad (11.1.3)$$

$$\frac{\delta M_f}{\delta \tau} = \Delta \dot{m}_f - \dot{m}_{fg} \qquad (11.1.4)$$

$$\frac{\delta}{\delta \tau}(M_g u_g) = \Delta(\dot{m}h)_g + \dot{m}_{fg} h_{ex} \qquad (11.1.5)$$

$$\frac{\delta}{\delta \tau}(M_f u_f) = \Delta(\dot{m}h)_f - \dot{m}_{fg} h_{ex}, \qquad (11.1.6)$$

wobei

$$\Delta \dot{m}_g = -\frac{\delta \dot{m}_g}{\delta z}\mathrm{d}z,$$

$$\Delta \dot{m}_f = -\frac{\delta \dot{m}_f}{\delta z}\mathrm{d}z,$$

$$\Delta(\dot{m}h)_g = \dot{Q}_g - \frac{\delta}{\delta z}\left[\dot{m}_g\left(h_g + \frac{w_g^2}{2}\right)\right]\mathrm{d}z,$$

$$\Delta(\dot{m}h)_f = \dot{Q}_f - \frac{\delta}{\delta z}\left[\dot{m}_f\left(h_f + \frac{w_f^2}{2}\right)\right]\mathrm{d}z.$$

Im Intervall Δz drücken die Glieder der Form

$$\frac{\delta X}{\delta z}\Delta z=\Delta X$$

praktisch die Differenz zwischen der in das Volumen ein- bzw. ausfließenden Qualität X aus, so daß gilt:

$$\Delta\dot{m}=\sum\dot{m}_{\text{ein}}-\sum\dot{m}_{\text{aus}},$$

$$\Delta(\dot{m}h)=\dot{Q}+\sum\left[\dot{m}_g\left(h_g+\frac{w_g^2}{2}\right)+\dot{m}_f\left(h_f+\frac{w_f^2}{2}\right)\right]_{\text{ein}}$$
$$-\sum\left[\dot{m}_g\left(h_g+\frac{w_g^2}{2}\right)+\dot{m}_f\left(h_f+\frac{w_f^2}{2}\right)\right]_{\text{aus}},$$

$$\Delta\dot{m}_g=\sum\dot{m}_{g,\text{ein}}-\sum\dot{m}_{g,\text{aus}},$$

$$\Delta m_f=\sum\dot{m}_{f,\text{ein}}-\sum\dot{m}_{f,\text{aus}},$$

$$\Delta(\dot{m}h)_g=\dot{Q}_g+\sum\left[\dot{m}_g\left(h_g+\frac{w_g^2}{2}\right)\right]_{\text{ein}}-\sum\left[\dot{m}_g\left(h_g+\frac{w_g^2}{2}\right)\right]_{\text{aus}},$$

$$\Delta(\dot{m}h)_f=\dot{Q}_f+\sum\left[m_f\left(h_f+\frac{w_f^2}{2}\right)\right]_{\text{ein}}-\sum\left[\dot{m}_f\left(h_f+\frac{w_f^2}{2}\right)\right]_{\text{aus}}.$$

Dies bestimmt die Genauigkeit der Diskretisierung der Ortsableitungen. Sie ist in diesem Fall von 1. Ordnung.

Bei der Anwendung beider Systeme in der Technik ist das Volumen V immer aus irgendeinem Konstruktionsmaterial, das unter der Druckwirkung deformiert werden kann.

$$V=V(p) \tag{11.1.7}$$

Falls wir annehmen, daß diese Deformation gegenüber dem Volumen V klein ist, erhalten wir noch eine zusätzliche Bedingung

$$V=V_g+V_f=M_g v_g+M_f v_f=\text{const}, \tag{11.1.8}$$

die die zwei oberen Systeme vervollständigt. Unter Verwendung der spezifischen Enthalpie und der Ersetzung der partiellen durch totale Zeitableitungen erhalten wir:

$$\begin{cases} \dfrac{\mathrm{d}M}{\mathrm{d}\tau}=\Delta\dot{m}, & (11.1.9) \\ \dfrac{\mathrm{d}}{\mathrm{d}\tau}(M_g h_g+M_f h_f-pV)=\Delta(\dot{m}h), & (11.1.10) \\ \dfrac{\mathrm{d}}{\mathrm{d}\tau}(M_g v_g+M_f v_f)=0, & (11.1.11) \end{cases}$$

$$\begin{cases} \dfrac{dM_g}{d\tau} = \Delta\dot{m}_g + \dot{m}_{fg} - \dot{m}_{gf}, & (11.1.12) \\ \dfrac{dM_f}{d\tau} = \Delta\dot{m}_f - \dot{m}_{fg} + \dot{m}_{gf}, & (11.1.13) \\ \dfrac{d}{d\tau}(M_g h_g - pV_g) = \Delta(\dot{m}h)_g + \dot{m}_{fg}h_f - \dot{m}_{gf}h_g, & (11.1.14) \\ \dfrac{d}{d\tau}(M_f h_f - pV_f) = \Delta(mh)_f - \dot{m}_{fg}h_f + \dot{m}_{gf}h_g, & (11.1.15) \\ \dfrac{d}{d\tau}(M_g v_g) = \dfrac{dV_g}{d\tau}, & (11.1.16) \\ \dfrac{d}{d\tau}(M_f v_f) = \dfrac{dV_f}{d\tau}. & (11.1.17) \end{cases}$$

In den Gln. (11.1.12–11.1.15) erscheinen anstatt $\dot{m}_{fg}$ und $\dot{m}_{fg}h_{ex}$ entsprechend $(\dot{m}_{fg} - \dot{m}_{gf})$ bzw. $(\dot{m}_{fg}h_f - \dot{m}_{gf}h_g)$, wobei in diesem Fall $\dot{m}_{fg}$ und $\dot{m}_{gf}$ keine negativen Größen sein können. Sie spiegeln den Massenaustausch zwischen den beiden Phasen wider.

11.1.1 Homogenes Gleichgewichtsvolumen

Die Annahmen – Homogenität und thermodynamisches Gleichgewicht – sind in der Technik weit verbreitet. Das System von gewöhnlichen Differentialgleichungen deren Herleitung in diesem Abschnitt angegeben wird, wird unter der Benutzung von verschiedenen Sätzen von drei abhängigen Variablen in einer Reihe von Rechenprogrammen verwendet [125,126,176,290,177,205,149].

11.1.1.1 Die Massen des Dampfes bzw. der Flüssigkeit und der Druck als abhängige Variablen bei der Beschreibung des homogenen Gleichgewichtsvolumens

Als Vektor der abhängigen Variablen wählen wir

$$U^T = (p, M'', M'). \qquad (11.1.18)$$

Wir nehmen an, daß wir über folgende Zustandsgleichungen verfügen, die den stabilen Gleichgewichtszustand beider Phasen beschreiben:

$$h'' = h''(p) \qquad dh'' = (dh''/dp)dp,$$

$$h' = h'(p) \qquad dh' = (dh'/dp)dp,$$

$$v'' = v''(p) \qquad dv'' = (dv''/dp)dp,$$

$$v' = v'(p) \qquad dv' = (dv'/dp)dp.$$

Nach einer Differenzierung schreiben wir (11.1.9 – 11.1.11) in folgender Form:

$$\frac{\mathrm{d}M'}{\mathrm{d}\tau}+\frac{\mathrm{d}M''}{\mathrm{d}\tau}=\Delta\dot{m},$$

$$h'\frac{\mathrm{d}M'}{\mathrm{d}\tau}+h''\frac{\mathrm{d}M''}{\mathrm{d}\tau}+M'\frac{\mathrm{d}h'}{\mathrm{d}\tau}+M''\frac{\mathrm{d}h''}{\mathrm{d}\tau}-V\frac{\mathrm{d}p}{\mathrm{d}\tau}=\Delta(\dot{m}h),$$

$$v'\frac{\mathrm{d}M'}{\mathrm{d}\tau}+v''\frac{\mathrm{d}M''}{\mathrm{d}\tau}+M'\frac{\mathrm{d}v'}{\mathrm{d}\tau}+M''\frac{\mathrm{d}v''}{\mathrm{d}\tau}=0.$$

Nach dem Einsetzen der Differentiale $\mathrm{d}h$ und $\mathrm{d}v$ aus den Zustandsgleichungen

$$\frac{\mathrm{d}M'}{\mathrm{d}\tau}+\frac{\mathrm{d}M''}{\mathrm{d}\tau}=\Delta\dot{m},$$

$$h'\frac{\mathrm{d}M'}{\mathrm{d}\tau}+h''\frac{\mathrm{d}M''}{\mathrm{d}\tau}+M_{\mathrm{H}}\frac{\mathrm{d}p}{\mathrm{d}\tau}=\Delta(\dot{m}h),$$

$$v'\frac{\mathrm{d}M'}{\mathrm{d}\tau}+v''\frac{\mathrm{d}M''}{\mathrm{d}\tau}+M_{\mathrm{V}}\frac{\mathrm{d}p}{\mathrm{d}\tau}=0,$$

wobei

$$M_{\mathrm{H}}=M'\frac{\mathrm{d}h'}{\mathrm{d}p}+M''\frac{\mathrm{d}h''}{\mathrm{d}p}-V,$$

$$M_{\mathrm{V}}=M'\frac{\mathrm{d}v'}{\mathrm{d}p}+M''\frac{\mathrm{d}v''}{\mathrm{d}p},$$

und nach der Auflösung der Zeitableitungen erhalten wir:

$$\frac{\mathrm{d}p}{\mathrm{d}\tau}=\frac{\Delta(\dot{m}h)-\Delta\dot{m}\left(h''-v''\dfrac{h''-h'}{v''-v'}\right)}{M_{\mathrm{H}}-M_{\mathrm{V}}\dfrac{h''-h'}{v''-v'}}\triangleq$$

$$\triangleq\frac{\Delta(\dot{m}h)-\Delta\dot{m}''\left(h''-v''\dfrac{h''-h'}{v''-v'}\right)-\Delta\dot{m}'\left(h'-v'\dfrac{h''-h'}{v''-v'}\right)}{M_{\mathrm{H}}-M_{\mathrm{V}}\dfrac{h''-h'}{v''-v'}}, \tag{11.1.19}$$

$$\frac{\mathrm{d}M'}{\mathrm{d}\tau}=\frac{v''\Delta\dot{m}+M_{\mathrm{V}}\dfrac{\mathrm{d}p}{\mathrm{d}\tau}}{v''-v'}, \tag{11.1.20}$$

$$\frac{\mathrm{d}M''}{\mathrm{d}\tau}=\Delta\dot{m}-\frac{\mathrm{d}M'}{\mathrm{d}\tau}. \tag{11.1.21}$$

Unter Berücksichtigung der Definitionsgleichungen des spezifischen Volumens und der spezifischen Enthalpie des homogenen Gleichgewichtsgemisches

$$v = V/M = xv'' + (1-x)v', \tag{11.1.22}$$

$$h = H/M = xh'' + (1-x)h' \tag{11.1.23}$$

und

$$\left(\frac{\delta v}{\delta h}\right)_p = \frac{(\delta v/\delta x)_p}{(\delta h/\delta x)_p} = \frac{v''-v'}{h''-h'} \tag{11.1.24}$$

kann der Nenner der Gl. (11.1.19) auch folgendermaßen geschrieben werden:

$$\frac{\mathrm{d}p}{\mathrm{d}\tau} = (\ldots) \Big/ \left\{ M'' \left[\frac{\mathrm{d}h''}{\mathrm{d}p} - v'' - \frac{\mathrm{d}v''}{\mathrm{d}p}\left(\frac{\delta h}{\delta v}\right)_p \right] \right.$$

$$\left. + M' \left[\frac{\mathrm{d}h'}{\mathrm{d}p} - v' - \frac{\mathrm{d}v'}{\mathrm{d}p}\left(\frac{\delta h}{\delta v}\right)_p \right] \right\}. \tag{11.1.25}$$

11.1.1.2 Die Masse, die spezifische Enthalpie des Gemisches und der Druck als abhängige Variablen bei der Beschreibung des homogenen Gleichgewichtsvolumens

Die Auswahl von M,h,p als abhängige Variablen hat den Vorteil, daß diese Größen auch im Einphasengebiet gültig sind. Die Zustandsgleichung ist in diesem Fall

$$v = v(p,h), \qquad \mathrm{d}v = \frac{\delta v}{\delta p}\mathrm{d}p + \frac{\delta v}{\delta h}\mathrm{d}h. \tag{11.1.26,27}$$

Die partiellen Ableitungen $\delta v/\delta p$ und $\delta v/\delta h$ erhalten wir wie folgt:

$$v = v[x(p,h),p], \tag{11.1.28}$$

$$\mathrm{d}v = \left(\frac{\delta v}{\delta x}\right)_p \mathrm{d}x + \left(\frac{\delta v}{\delta p}\right)_x \mathrm{d}p = \left(\frac{\delta v}{\delta x}\right)_p \left[\left(\frac{\delta x}{\delta p}\right)_h \mathrm{d}p + \right.$$

$$\left. + \left(\frac{\delta x}{\delta h}\right)_p \mathrm{d}h \right] + \left(\frac{\delta v}{\delta p}\right)_x \mathrm{d}p = \frac{\delta v}{\delta p}\mathrm{d}p + \frac{\delta v}{\delta h}\mathrm{d}h, \tag{11.1.29}$$

wobei

$$\frac{\delta v}{\delta p} = \left(\frac{\delta v}{\delta x}\right)_p \left(\frac{\delta x}{\delta p}\right)_h + \left(\frac{\delta v}{\delta p}\right)_x, \tag{11.1.30}$$

$$\frac{\delta v}{\delta h} = \left(\frac{\delta v}{\delta x}\right)_p \left(\frac{\delta x}{\delta h}\right)_p. \tag{11.1.31}$$

Die Ableitungen, die sich in den linken Seiten der oberen zwei Gleichungen befinden, erhalten wir, indem wir (11.1.22 und 11.1.23) differenzieren:

$$\left(\frac{\delta v}{\delta x}\right)_p = v'' - v', \tag{11.1.32}$$

$$\left(\frac{\delta x}{\delta p}\right)_h = -\left[x\frac{dh''}{dp} + (1-x)\frac{dh'}{dp}\right] \Big/ (h''-h'), \tag{11.1.33}$$

$$\left(\frac{\delta v}{\delta p}\right)_x = x\frac{dv''}{dp} + (1-x)\frac{dv'}{dp}, \tag{11.1.34}$$

$$\left(\frac{\delta x}{\delta h}\right)_p = \frac{1}{h''-h'}. \tag{11.1.35}$$

Durch Einsetzen der oberen vier Gleichungen in (11.1.30 und 11.1.31) erhalten wir:

$$\frac{\delta v}{\delta h} \mathrel{\hat{=}} \left(\frac{\delta v}{\delta h}\right)_p = \frac{v''-v'}{h''-h'}, \tag{11.1.36}$$

$$\frac{\delta v}{\delta p} \mathrel{\hat{=}} \left(\frac{\delta v}{\delta p}\right)_h = -\frac{\delta v}{\delta h}\left[x\frac{dh''}{dp} + (1-x)\frac{dh'}{dp}\right] + x\frac{dv''}{dp} + (1-x)\frac{dv'}{dp}. \tag{11.1.37}$$

Unter Verwendung der Gln. (11.1.22 und 11.1.23) erhält das System (11.1.9–11.1.11) die für das kompressible Einphasensystem charakteristische Form:

$$\frac{dM}{d\tau} = \Delta\dot{m}, \tag{11.1.38}$$

$$\frac{d}{d\tau}(Mh - Vp) = \Delta(\dot{m}h), \tag{11.1.39}$$

$$\frac{d}{d\tau}(Mv) = 0. \tag{11.1.40}$$

Nach einer Differenzierung, Einsetzen von dv aus (11.1.29) und Auflösung nach den Zeitableitungen, erhält man [125] (1968):

$$\frac{dM}{d\tau} = \Delta\dot{m}, \tag{11.1.41}$$

$$\frac{dp}{d\tau} = -\frac{\Delta(\dot{m}h) + \left(\dfrac{v}{\delta v/\delta h} - h\right)\dfrac{dM}{d\tau}}{M\left(v + \dfrac{\delta v/\delta p}{\delta v/\delta h}\right)}, \tag{11.1.42}$$

$$\frac{dh}{d\tau} = -\left(v\frac{dM}{d\tau} + M\frac{\delta v}{\delta p}\frac{dp}{d\tau}\right) \Big/ \left(M\frac{\delta v}{\delta h}\right). \tag{11.1.43}$$

In einigen Fällen ist es bequemer mit der Temperatur T als einer der abhängigen Variablen zu arbeiten als mit dem Druck p. Da sich das Volumen unter den Bedingungen des thermodynamischen Gleichgewichtes befindet, d.h. das Gesetz von Clausius-Clapayron gilt

$$\frac{dp}{dT} = \frac{1}{T}\cdot\frac{h''-h'}{v''-v'}, \tag{11.1.44}$$

läßt sich das System (11.1.41 und 11.1.43) auch in folgender Form schreiben:

$$\frac{dM}{d\tau} = \Delta\dot{m}, \tag{11.4.45}$$

$$\frac{dT}{d\tau} = -T\frac{v''-v'}{h''-h'}\,\frac{\Delta(\dot{m}h) + \left(\dfrac{v}{\delta v/\delta h} - h\right)\dfrac{dM}{d\tau}}{M\left(v + \dfrac{\delta v/\delta p}{\delta v/\delta h}\right)}, \tag{11.1.46}$$

$$\frac{dh}{d\tau} = -\left(v\frac{dM}{d\tau} + M\frac{\delta v}{\delta p}\,\frac{1}{T}\,\frac{h''-h'}{v''-v'}\,\frac{dT}{d\tau}\right)\Bigg/\left(M\frac{\delta v}{\delta h}\right). \tag{11.1.47}$$

Die Hypothese, daß in einem Zweiphasenvolumen thermodynamisches Gleichgewicht herrscht, ist nur unter folgenden Voraussetzungen haltbar:

– für genügend kleine Volumina $\sim 1\ m^3$ – Druckänderung langsamer als 1 MPa/s,
– für größere Volumina – noch kleiner Druckgradiente.

Selbst die Annahme, daß der Stofftransport zwischen den Phasen in der Umgebung eines bestimmten Punktes verzögerungsfrei stattfindet, bedeutet für relativ große Volumina mit ausgeprägter Separation der Phasen noch nicht „thermodynamisches Gleichgewicht“. Die endliche Zeit, die z.B. bei der Verdampfung notwendig ist, damit die im gesamten Flüssigkeitsvolumen entstehenden Dampfblasen den Wasserspiegel verlassen, verursacht eine Differenz der mittleren Temperaturen der separaten Volumina über und unter dem Wasserspiegel. Daraus folgt eine sehr wichtige Schlußfolgerung: Für relativ große Volumina verursacht die Inhomogenität des Gemisches auch thermodynamisches Nichtgleichgewicht, wenn der interphasen Stofftransport in der Umgebung eines Punktes ohne Verzögerung stattfindet. Also ist die gleichzeitige Annahme „Nichthomogenität“ und „thermodynamisches Gleichgewicht“ für große Volumina nicht realistisch.

11.1.2 Homogenes Nichtgleichgewichtsvolumen

Aus der Tatsache, daß sich der interphasen Stofftransport mit endlicher Geschwindigkeit vollzieht, folgt, daß sich das Gemisch unter thermodynamischem Nichtgleichgewicht befindet. Zur Beschreibung des homogenen Nichtgleichgewichtsvolumens wählen wir folgenden Vektor der abhängigen Variablen:

$$U^{T} = (p, M_g, M_f, h_g, h_f). \tag{11.1.48}$$

Ausgehend von dem System (11.1.12–11.1.15) und (11.1.11)

$$\frac{dM_g}{d\tau} = \Delta\dot{m}_g + \dot{m}_{fg} - \dot{m}_{gf},$$

$$\frac{dM_f}{d\tau} = \Delta m_f - \dot{m}_{fg} + \dot{m}_{gf},$$

$$M_g\frac{d}{d\tau}(h_g - pv_g) = \Delta(\dot{m}h)_g + \dot{m}_{fg}h_f - \dot{m}_{gf}h_g - u_g\frac{dM_g}{d\tau},$$

$$M_f \frac{d}{d\tau}(h_f - pv_f) = \Delta(\dot{m}h)_f - \dot{m}_{fg}h_f + \dot{m}_{gf}h_g - u_f \frac{dM_f}{d\tau},$$

$$M_g \frac{dv_g}{d\tau} + M_f \frac{dv_f}{d\tau} = -v_g \frac{dM_g}{d\tau} - v_f \frac{dM_f}{d\tau}$$

unter Verwendung folgender Zustandsgleichungen

$$v_g = v_g(p, h_g) \qquad dv_g = \frac{\delta v_g}{\delta p} dp + \frac{\delta v_g}{\delta h_g} dh_g,$$

$$v_f = v_f(p, h_f) \qquad dv_f = \frac{\delta v_f}{\delta p} dp + \frac{\delta v_f}{\delta h_f} dh_f$$

erhalten wir:

$$\frac{dM_g}{d\tau} = \Delta\dot{m}_g + \dot{m}_{fg} - \dot{m}_{gf},$$

$$\frac{dM_f}{d\tau} = \Delta\dot{m}_f - \dot{m}_{fg} + \dot{m}_{gf},$$

$$M_{gH} \frac{dh_g}{d\tau} - V_{gp} \cdot \frac{dp}{d\tau} = \Delta_g,$$

$$M_{fH} \frac{dh_f}{d\tau} - V_{fp} \cdot \frac{dp}{d\tau} = \Delta_f,$$

$$V_{gH} \cdot \frac{dh_g}{d\tau} + V_{fH} \cdot \frac{dh_f}{d\tau} + V_p \cdot \frac{dp}{d\tau} = \Delta_V,$$

wobei

$$M_{gH} = M_g \left(1 - p \frac{\delta v_g}{\delta h_g}\right) \qquad V_{gp} = M_g \left(v_g + p \frac{\delta v_g}{\delta p}\right),$$

$$M_{fH} = M_f \left(1 - p \frac{\delta v_f}{\delta h_f}\right) \qquad V_{fp} = M_f \left(v_f + p \frac{\delta v_f}{\delta p}\right),$$

$$V_p = M_g \frac{\delta v_g}{\delta p} + M_f \frac{\delta v_f}{\delta p},$$

$$V_{gH} = M_g \frac{\delta v_g}{\delta h_g} \qquad V_{fH} = M_f \frac{\delta v_f}{\delta h_f},$$

$$\Delta_g = \Delta(\dot{m}h)_g + \dot{m}_{fg}h_f - \dot{m}_{gf}h_g - u_g \frac{dM_g}{d\tau},$$

$$\Delta_f = \Delta(mh)_f - \dot{m}_{fg}h_f + \dot{m}_{gf}h_g - u_g \frac{dM_f}{d\tau},$$

$$\Delta_V = (v_g \Delta\dot{m}_g + v_f \Delta\dot{m}_f) - (v_g - v_f)(\dot{m}_{fg} - \dot{m}_{gf}).$$

Mit Hilfe der Substitution

$$v_f^* = \frac{V_{fH}}{M_{fH}} = \frac{\delta v_f}{\delta h_f} \Bigg/ \left(1 - p\frac{\delta v_f}{\delta h_f}\right) \qquad v_g^* = \frac{V_{gH}}{M_{gH}} = \frac{\delta v_g}{\delta h_g} \Bigg/ \left(1 - p\frac{\delta v_g}{\delta h_g}\right)$$

und nach Auflösung bezüglich der Zeitableitungen erhalten wir:

$$\frac{dM_g}{d\tau} = \Delta\dot{m}_g + \dot{m}_{fg} - \dot{m}_{gf}, \tag{11.1.49}$$

$$\frac{dM_f}{d\tau} = \Delta m_f - \dot{m}_{fg} + \dot{m}_{gf}, \tag{11.1.50}$$

$$\frac{dp}{d\tau} = -\frac{v_g^*\Delta_g + v_f^*\Delta_f - \Delta_V}{v_g V_{gp} + v_f V_{fp} + V_p}, \tag{11.1.51}$$

$$\frac{dh_g}{d\tau} = \left(\Delta_g + V_{gp}\frac{dp}{d\tau}\right)\Bigg/ M_{gH} \quad \text{für } M_g \neq 0, \tag{11.1.52}$$

$$\frac{dh_f}{d\tau} = \left(\Delta_f + V_{fp}\frac{dp}{d\tau}\right)\Bigg/ M_{fH} \quad \text{für } M_f \neq 0. \tag{11.1.53}$$

Die Zeitableitung des Druckes für einige wichtige Grenzfälle läßt sich wie folgt berechnen:

$$M_f = 0; \quad M_g \neq 0; \quad \frac{dM_f}{d\tau} \geqq 0; \quad \frac{dp}{d\tau} = -\frac{v_g^*\Delta_g - \Delta_V}{v_g^* V_{gp} + V_p}$$

$$= -\frac{\Delta(\dot{m}h)_g + \left(\frac{v_g}{\partial v_g/\partial h_g} - h_g\right)\frac{dM_g}{d\tau} + \left(\frac{v_f}{\partial v_g/\partial h_g} - pv_f\right)\frac{dM_f}{d\tau} + m_{fg}h_f - m_{gf}h_g}{M_g\left(v_g + \frac{\partial v_g/\partial p}{\partial v_g/\partial h_g}\right)},$$

$$M_g = 0; \quad M_f \neq 0; \quad \frac{dM_g}{d\tau} \geqq 0; \quad \frac{dp}{d\tau} = -\frac{v_f^*\Delta_f - \Delta_V}{v_f^* V_{fp} + V_p}$$

$$= -\frac{\Delta(\dot{m}h)_f + \left(\frac{v_f}{\partial v_f/\partial h_f} - h_f\right)\frac{dM_f}{d\tau} + \left(\frac{v_g}{\partial v_f/\partial h_f} - pv_g\right)\frac{dM_g}{d\tau} - \dot{m}_{fg}h_f + \dot{m}_{gf}h_g}{M_f\left(v_f + \frac{\partial v_f/\partial p}{\partial v_f/\partial h_f}\right)}.$$

Falls wir annehmen, daß sich eine der beiden Phasen im Sättigungszustand befindet, erhalten wir die in Tabelle 11.1 angegebenen Modelle. Das Modell, bei dem sich der Dampf im Sättigungszustand befindet, wurde von Wolfert [186] entwickelt.

Das System (11.1.49 – 11.153) läßt sich vereinfachen, falls es als Vektor der abhängigen Variablen

$$\boldsymbol{U}^T = (p, M_g, M_f, u_g, u_f)$$

Tabelle 11.1

Der *Dampf* befindet sich im Sättigungszustand: $U^T=(M'', M_f, p, h_f)$.
Zustandsgleichungen: $v''=v''(p)$; $v_f=v_f(p, h_f)$.

$$\frac{dM''}{d\tau}=\Delta\dot{m}_g+\dot{m}_{fg}-\dot{m}_{gf}$$

$$\frac{dM_f}{d\tau}=\Delta\dot{m}_f-\dot{m}_{fg}+\dot{m}_{gf}$$

$$\frac{dp}{d\tau}=-\frac{\Delta(\dot{m}h)+\left(\frac{v''}{\partial v_f/\partial h_f}-h''\right)\frac{dM''}{d\tau}+\left(\frac{v_f}{\partial v_f/\partial h_f}-h_f\right)\frac{dM_f}{d\tau}}{M''\left(v''+\frac{dv''/dp}{\partial v_f/\partial h_f}-\frac{dh''}{dp}\right)+M_f\left(v_f+\frac{\partial v_f/\partial p}{\partial v_f/\partial h_f}-\frac{\partial h_f}{\partial p}\right)}$$

$$\frac{dh_f}{d\tau}=-\frac{1}{M_f\frac{\partial v_f}{\partial h_f}}\left[v''\frac{dM''}{d\tau}+v_f\frac{dM_f}{d\tau}+\left(M''\frac{dv''}{dp}+M_f\frac{\partial v_f}{\partial p}\right)\frac{dp}{d\tau}\right]$$

Die *Flüssigkeit* befindet sich im Sättigungszustand: $U^T=(M_g, M', p, h_g)$.
Zustandsgleichungen: $v_g=v_g(p, h_g)$; $v'=v'(p)$.

$$\frac{dM_g}{d\tau}=\Delta\dot{m}_g+\dot{m}_{fg}-\dot{m}_{gf}$$

$$\frac{dM'}{d\tau}=\Delta\dot{m}_f-\dot{m}_{fg}+\dot{m}_{gf}$$

$$\frac{dp}{d\tau}=-\frac{\Delta(\dot{m}h)+\left(\frac{v_g}{\partial v_g/\partial h_g}-h_g\right)\frac{dM_g}{d\tau}+\left(\frac{v'}{\partial v_g/\partial h_g}-h'\right)\frac{dM'}{d\tau}}{M_g\left(v_g+\frac{\partial v_g/\partial p}{\partial v_g/\partial h_g}-\frac{\partial h_g}{\partial p}\right)+M'\left(v'+\frac{dv'/dp}{\partial v_g/\partial h_g}-\frac{dh'}{dp}\right)}$$

$$\frac{dh_g}{d\tau}=-\frac{1}{M_g\frac{\partial v_g}{\partial h_g}}\left[v_g\frac{dM_g}{d\tau}+v'\frac{dM'}{d\tau}+\left(M_g\frac{\partial v_g}{\partial p}+M'\frac{\partial v'}{\partial p}\right)\frac{dp}{d\tau}\right]$$

verwendet wird:

$$\frac{dM_g}{d\tau}=\ldots(11.1.49),$$

$$\frac{dM_f}{d\tau}=\ldots(11.1.50),$$

$$\frac{dp}{d\tau}=-\frac{\left(\frac{\delta v_g}{\delta u_g}\right)_p\Delta_g+\left(\frac{\delta v_f}{\delta u_f}\right)_p\Delta_f-\Delta_V}{M_g\left(\frac{\delta v_g}{\delta p}\right)_{u_g}+M_f\left(\frac{\delta v_f}{\delta p}\right)_{u_f}}, \tag{11.1.51a}$$

$$\frac{du_g}{d\tau}=\Delta_g/M_g, \tag{11.1.52a}$$

$$\frac{du_f}{d\tau}=\Delta_f/M_f. \tag{11.1.53a}$$

11.1.3 Nichthomogenes Nichtgleichgewichtsvolumen

Bei der Lösung praktischer Aufgaben, z.B. die Bestimmung des Niveaus im Volumenkompensator oder Dampferzeuger der Kernkraftwerke mit Druck- und Siedewasserreaktoren während verschiedener Übergangsvorgänge, die Bestimmung der zeitlichen Änderung des Niveaus in Druckgefäßen, in denen eine kritische Ausströmung stattfindet usw., ist man gezwungen, die Inhomogenität der großen Nichtgleichgewichtsvolumina zu berücksichtigen.

Abbildung 11.1 zeigt ein Volumen, in dem sich über dem Spiegel Wasserdampf mit nach unten fallenden Tröpfchen und unter dem Wasserspiegel Wasser mit nach oben schwimmenden Blasen befindet. Für die weiteren Betrachtungen führen wir folgende vereinfachende Annahmen ein:

1. Der Interphasenstofftransport über und unter dem Spiegel vollzieht sich in jedem Punkt ohne Verzögerung.
2. Die Volumina über dem Spiegel – bezeichnet mit G – und unter dem Spiegel – bezeichnet mit F –, befinden sich entweder im stabilen Einphasenzustand oder im stabilen Zweiphasen-Gleichgewichtszustand.
3. Die Aufteilung des Dampfvolumenanteiles in beiden Volumina ist linear, wobei der Mittelwert $\bar{\alpha}_G$ bzw. $\bar{\alpha}_F$ ist.
4. Die Wassertröpfchen bzw. die Dampfblasen bewegen sich mit mittlerer Geschwindigkeit w'_G bzw. w''_F. Die beiden Geschwindigkeiten werden durch empirische Korrelationen als Funktionen der Zustandsgrößen und der Geometrie berechnet

$$w'_G = w'_G(U, Geometrie), \tag{11.1.54}$$

$$w''_F = w''_F(U, Geometrie). \tag{11.1.55}$$

Aus den Kontinuitätsgleichungen der Flüssigkeitsphase im Volumen G bzw. der Dampfphase im Volumen F erhalten wir:

$$\frac{dM'_G}{d\tau} = \dot{m}_{Ggf} - \dot{m}_{GF}, \tag{11.1.56}$$

$$\frac{dM''_F}{d\tau} = m_{Ffg} - \dot{m}_{FG}. \tag{11.1.57}$$

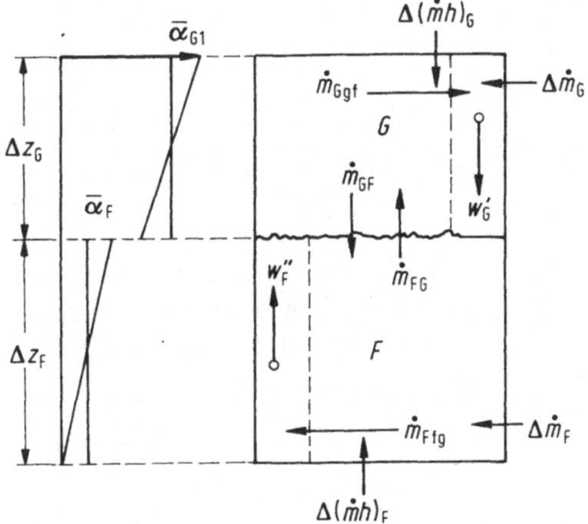

Abb.11.1. Nichthomogenes Zweiphasenvolumen mit Separationseigenschaften

Für M'_G bzw. M''_F gilt

$$M'_G = (1-\bar{\alpha}_G)\varrho'_G A \Delta z_G, \tag{11.1.58}$$

$$M''_F = \bar{\alpha}_F \varrho''_F A \Delta z_F. \tag{11.1.59}$$

Aus der Annahme lassen sich Δz_G bzw. Δz_F berechnen

$$\Delta z_G = w'_G \Delta\tau_G, \quad \Delta z_F = w''_F \Delta\tau_F, \tag{11.1.60,61}$$

wobei $\Delta\tau_G$ bzw. $\Delta\tau_F$ die Zeitintervalle sind, die notwendig sind, damit die Tröpfchen bzw. die Blasen den Weg $\Delta z_G/2$ bzw. $\Delta z_F/2$ zurücklegen können. Unter der Annahme

$$\Delta\tau_G \sim \text{const}, \quad \Delta\tau_F \sim \text{const}$$

und durch Einsetzen der Gln. (11.1.58–11.1.61) in die Gln. (11.1.56 und 11.1.57) erhalten wir

$$\frac{d}{d\tau}[(1-\bar{\alpha}_G)\varrho' A w'_G] = \frac{d\dot{m}_{GF}}{d\tau} = \frac{\dot{m}_{Ggf} - \dot{m}_{GF}}{\Delta\tau_G}, \tag{11.1.62}$$

$$\frac{d}{d\tau}(\bar{\alpha}_F \varrho''_F A w''_F) = \frac{d\dot{m}_{FG}}{d\tau} = \frac{\dot{m}_{Fgf} - \dot{m}_{FG}}{\Delta\tau_F}. \tag{11.1.63}$$

Aus den beiden Gleichungen sehen wir, je größer $\Delta\tau$ ist, desto langsamer stellt sich die Gleichheit $\dot{m}_{Ggf} = \dot{m}_{GF}$ bzw. $\dot{m}_{Ffg} = \dot{m}_{FG}$ ein. $d\dot{m}_{FG}/d\tau = 0$ bedeutet praktisch verzögerungsfreie Separation.

Falls wir die Gradienten $d(M_G, h_G, p, M_F, h_F)/d\tau$ kennen, so können wir unter Verwendung der Annahme 2 die spontanen Massenübergangsraten

$$\dot{m}_{Ffg} - \dot{m}_{FG} = \frac{d}{d\tau}(x_F M_F)$$

$$= x_F \frac{dM_F}{d\tau} + M_F \left[\left(\frac{\delta x_F}{\delta h_F} \right)_p \frac{dh_F}{d\tau} + \left(\frac{\delta x_F}{\delta p} \right)_{h_F} \frac{dp}{d\tau} \right] \mathrel{\hat{=}} \frac{dM''_F}{d\tau}, \tag{11.1.64}$$

$$\dot{m}_{Ggf} - \dot{m}_{GF} = \frac{d}{d\tau}[(1-x_G)M_G]$$

$$= -x_G \frac{dM_G}{d\tau} - M_G \left[\left(\frac{\delta x_G}{\delta h_G} \right)_p \frac{dh_G}{d\tau} + \left(\frac{\delta x_G}{\delta p} \right)_{h_G} \frac{dp}{d\tau} \right] \mathrel{\hat{=}} \frac{dM'_G}{d\tau} \tag{11.1.65}$$

berechnen. Somit sind die Gln. (11.1.62 und 11.1.63) eindeutig bestimmt. Auf diese Art und Weise läßt sich die Inhomogenität des Volumens bechreiben. Jetzt formulieren wir das Gesamtmodell. Das nichthomogene Nichtgleichgewichtsvolumen läßt sich durch folgenden Vektor der abhängigen Variablen beschreiben:

$$\boldsymbol{U}^T = (M_G, M_F, p, h_G, h_F, \dot{m}_{GF}, \dot{m}_{FG}). \tag{11.1.66}$$

Dabei sind $M_G, M_F, \dot{m}_{GF}, \dot{m}_{FG}$ nicht negative Größen. Das System (11.1.49–11.1.53) ist auch in diesem Fall gültig:

$$\frac{dM_G}{d\tau} = \Delta\dot{m}_G + \dot{m}_{FG} - \dot{m}_{GF},$$

$$\frac{dM_F}{d\tau} = \Delta\dot{m}_F - \dot{m}_{FG} + \dot{m}_{GF},$$

$$\frac{dp}{d\tau} = \begin{cases} -\dfrac{v_G^*\Delta_G + v_F\Delta_F - \Delta_V}{v_G^* V_{Gp} + v_F^* V_{Fp} + V_p} \quad \text{für} \quad M_G > 0 \quad \text{und} \quad M_F > 0, \\[2ex] -\dfrac{\Delta(\dot{m}h)_G + \left(\dfrac{v_G}{\partial v_G/\partial h_G} - h_G\right)\dfrac{dM_F}{d\tau} + \left(\dfrac{v_F}{\partial v_G/\partial h_G} - p v_G\right)\dfrac{dM_F}{d\tau} + \dot{m}_{FG}h_F'' - \dot{m}_{GF}h_G'}{M_G\left(v_G + \dfrac{\partial v_G/\partial p}{\partial v_G/\partial h_G}\right)}, \\ \text{für} \quad M_f = 0; \; M_g > 0; \; dM_F/d\tau > 0. \\[2ex] -\dfrac{\Delta(\dot{m}h)_F + \left(\dfrac{v_F}{\partial v_F/\partial h_F} - h_F\right)\dfrac{dM_F}{d\tau} + \left(\dfrac{v_G}{\partial v_F/\partial h_F} - p v_G\right)\dfrac{dM_G}{d\tau} - \dot{m}_{FG}h_F'' + \dot{m}_{GF}h_G'}{M_F\left(v_F + \dfrac{\partial v_F/\partial p}{\partial v_F/\partial h_F}\right)}, \\ \text{für} \quad M_G = 0; \; M_f > 0; \; dM_G/d\tau > 0. \end{cases}$$

$$\frac{dh_G}{d\tau} = \begin{cases} 0 & \text{für} \quad M_G = 0, \\ \left(\Delta_G + V_{Gp}\dfrac{dp}{d\tau}\right)\Big/ M_{GH} & \text{für} \quad M_G > 0. \end{cases}$$

$$\frac{dh_F}{d\tau} = \begin{cases} 0 & \text{für} \quad M_F = 0, \\ \left(\Delta_F + V_{Fp}\dfrac{dp}{d\tau}\right)\Big/ M_{FH} & \text{für} \quad M_F > 0. \end{cases}$$

$$\frac{dm_{GF}}{d\tau} = \begin{cases} 0 & \text{für} \quad M_G = 0 \quad \text{oder} \quad x_G \geqq 1, \\ \dfrac{m_{Ggf} - m_{GF}}{\Delta\tau_G} & \text{für} \quad M_G > 0 \quad \text{und} \quad x_G < 1, \end{cases}$$

$$\frac{dm_{FG}}{d\tau} = \begin{cases} 0 & \text{für} \quad M_F = 0 \quad \text{oder} \quad x_F \leqq 0, \\ \dfrac{m_{Ffg} - m_{FG}}{\Delta\tau_F} & \text{für} \quad M_F > 0 \quad \text{und} \quad x_F > 0, \end{cases}$$

wobei

$$\Delta_G = \Delta(\dot{m}h)_G + \dot{m}_{FG}h''_F - \dot{m}_{GF}h'_G - u_G\frac{dM_G}{d\tau},$$

$$\Delta_F = \Delta(\dot{m}h)_F - \dot{m}_{FG}h''_F + \dot{m}_{GF}h'_G - u_F\frac{dM_F}{d\tau}$$

$$\Delta_V = -\left(v_G\frac{dM_G}{d\tau} + v_F\frac{dM_F}{d\tau}\right) \quad \text{usw.}$$

Im Zweiphasengebiet sollen einfach die homogenen Zustandsgleichungen beider Gruppen G und F für das thermodynamische Gleichgewicht (11.1.36 und 11.1.37) verwendet werden:

$$v_i = v_i(h_i, p) \qquad dv_i = \left(\frac{\delta v_i}{\delta h_i}\right) dh_i + \left(\frac{\delta v_i}{\delta p}\right)_{h_i} dp,$$

wobei

$$x_i = (h_i - h'_i)/(h''_i - h'_i),$$

$$\frac{\delta v_i}{\delta h_i} = \begin{cases} \dfrac{v''_i - v'_i}{h''_i - h'_i} & \text{für } x_i > 0 \\ \left(\dfrac{\delta v_i}{\delta h_i}\right)_p & \text{für } x_i \leqq 0, \end{cases}$$

$$\frac{\delta v_i}{\delta p} = \begin{cases} -\dfrac{\delta v_i}{\delta h_i}\left[x_i \dfrac{dh''_i}{dp} + (1 - x_i)\dfrac{dh'_i}{dp}\right] + x_i \dfrac{dv'_i}{dp} + (1 - x_i)\dfrac{dv'_i}{dp} & \text{für } x_i > 0 \\ \left(\dfrac{\delta v_i}{\delta p}\right)_{h_i} & \text{für } x_i \leqq 0, \end{cases}$$

$$\left(\frac{\delta x_i}{\delta h_i}\right)_p = \frac{1}{h''_i - h'_i},$$

$$\left(\frac{\delta x_i}{\delta p}\right)_{h_i} = -\frac{1}{h''_i - h'_i}\left[x_i \frac{dh''_i}{dp} + (1 - x_i)\frac{dh'_i}{dp}\right].$$

Dabei kann i entweder G oder F sein.

In einigen Fällen ist es notwendig, mehr als zwei Gruppen zu berücksichtigen. Ein solcher Fall ist der Volumenkompensator eines Kernkraftwerkes mit Druckwasserreaktor. Im Volumenkompensator wird ständig ein Dampfraum erhalten. Die Parameter im stationären Betrieb im Volumenkompensator entsprechen den Sättigungsparametern bei entsprechendem Druck, wobei die mittlere Temperatur des 1. Kreislaufes niedriger sein kann. Angenommen, durch Erhöhung der mittleren Temperatur und dadurch verursachte Expansion der Flüssigkeit im Primärkreis tritt in den Volumenkompensator relativ kaltes Kühlmittel ein. Falls das Kühlmittel homogen durch das ganze Volumen des Kompensators dispergiert wird, wäre eine Druckabsenkung zu

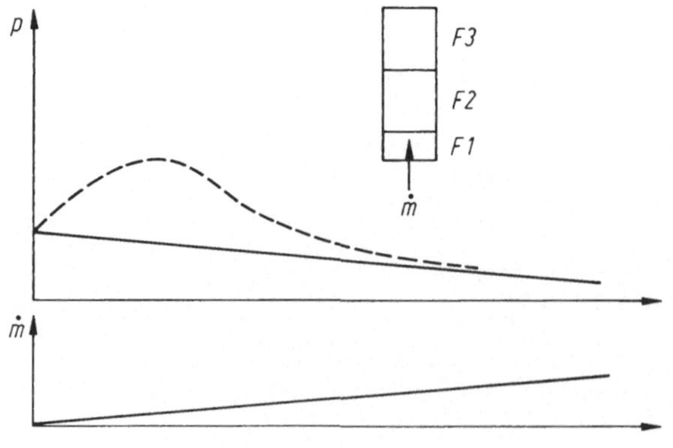

Abb. 11.2. Durch Inhomogenität verursachtes thermodynamisches Nichtgleichgewicht: Druck als Funktion der Zeit: —— momentane Vermischung, – – – reale Vermischung

erwarten (Abb.11.2). In der Praxis aber wird im Gegenteil eine Druckerhöhung in den ersten Sekunden beobachtet. Dies ist darin begründet, daß das Wasser vom 1. Kreislauf in den Volumenkompensator eintritt und in den ersten Sekunden eine Kolbenwirkung auf das Zweiphasengemisch verursacht. Erst später tritt durch Wärmeleitung und turbulenten Massenaustauch zwischen beiden Volumina F1 und F2 (Abb.11.2) die erwartete Druckabsenkung ein. An diesem Beispiel ist deutlich zu erkennen, daß man bei der Modellaufstellung mindestens drei Gruppen zu berücksichtigen hat. Die Herleitung erfolgt analog wie bereits gezeigt. Wir geben an dieser Stelle nur die Verallgemeinerung für n Gruppen an.

$$\frac{dM_i}{d\tau} = \Delta \dot{m}_i \qquad i=1,n,$$

$$\frac{dp}{d\tau} = -\frac{\sum\limits_{i=1}^{n} v_i^* \Delta_i - \Delta_V}{\sum\limits_{i=1}^{n} v_i^* V_{ip} + V_p}$$

$$\frac{dh_i}{d\tau} = \left(\Delta_i + V_{ip}\frac{dp}{d\tau}\right)/M_{iH} \qquad i=1,n;\ M_i>0,$$

wobei

$$v_i = \frac{\delta v_i}{\delta h_i}\Big/\left(1-p\frac{\delta v_i}{\delta h_i}\right); \quad V_{ip}=M_i\left(v_i+p\frac{\delta v_i}{\delta p}\right); \quad M_{iH}=M_i\left(1-p\frac{\delta v_i}{\delta h_i}\right);$$

$$\Delta_i=\Delta(mh)_i-u_i\frac{dM_i}{\delta\tau}; \quad V_p=\sum_{i=1}^{n} M_i\frac{\delta v_i}{\delta p}; \quad \Delta_V=-\sum_{i=1}^{n} v_i\frac{dM_i}{d\tau}.$$

Falls $M_i=0$ ist, wird im Zähler der Gleichung $dp/d\tau = \ldots$ der j–te Summand weggelassen.

Am Ende dieses Abschnittes unterstreichen wir eine wichtige Tatsache für die Sicherheit der Kernkraftwerke. Bei schneller Entspannung von Zweiphasengemischen in großen Volumina sinkt das Niveau nur bei idealer Separation. In reellen Fällen vollzieht sich die Separation mit endlicher Geschwindigkeit, und das Niveau hebt sich in den ersten Sekunden.

Zur Illustration der Anwendung des Systems (11.1.49–11.1.55,11.1.62–11.1.65) rechnen wir ein Beispiel: Aus einem mit Wasser und Wasserdampf gefüllten Volumen fließt in die Atmosphäre durch einen Bruchquerschnitt F der Massenstrom $\dot{m}_{Br}$. Die Bruchöffnung befindet sich an der obersten Stelle des Volumens. Die Anfangswerte der abhängigen Variablen sind in Abb.11.4 angegeben. Während der Transiente wird eine Wärmeleistung $\dot{Q}$, dargestellt in Abb.11.3, in das Volumen eingeführt. Es sollen die ersten 2400 s untersucht werden. Da das Volumen sehr groß ist, muß die endliche Separationsgeschwindigkeit berücksichtigt werden. Die Austrittsströmung ist kritisch und wird mit (6.2.16) berechnet. Die Blasenausschwimmgeschwindigkeit berechnen wir nach [132] $w''_F = (0{,}86-5{,}2\cdot10^{-9}p)/(1-\alpha_F)$.

Die Integration des prozeßbeschreibenden Differentialgleichungssystems führen wir mit dem Eulerschen Verfahren durch. Ein Teil der Ergebnisse der Integration sind in den Abb.11.4–11.6 dargestellt. Interessant ist zu sehen, daß sich in Abb.11.4 die beiden Massenströme $\dot{m}_{Br}$ und $\dot{m}_{FG}$ in den ersten 100 s wesentlich unterscheiden. Danach stellt sich ein Quasigleichgewicht $\dot{m}_{Br} \sim \dot{m}_{FG}$ ein.

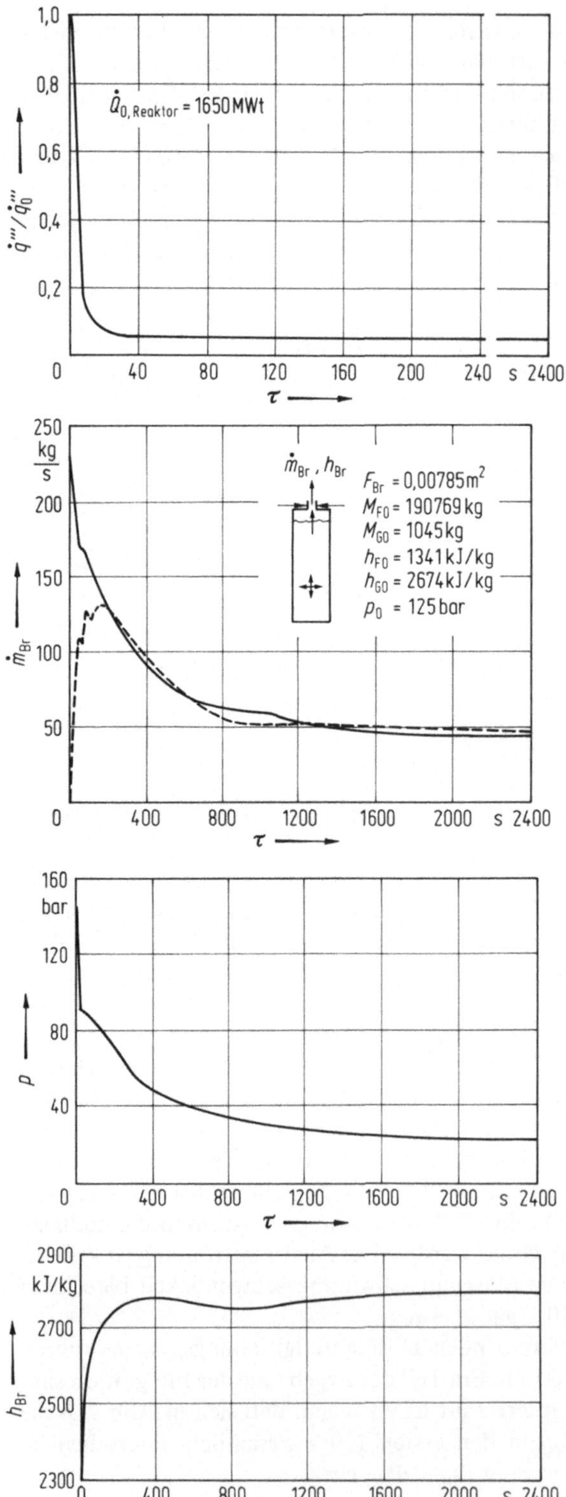

Abb. 11.3. Die im Volumen eingeführte relative Leistung als Funktion der Zeit

Abb. 11.4. Der Massenstrom als Funktion der Zeit: —— Massenstrom aus der Bruchöffnung, – – – Massenstrom durch den Wasserspiegel

Abb. 11.5. Der Druck als Funktion der Zeit

Abb. 11.6. Die Enthalpie des Bruchmassenstromes als Funktion der Zeit

11.2 Modellierung der Strömung in den Verbindungselementen zwischen den Zentren zweier benachbarter Volumina

Um die Kraftwirkung zwischen den Zentren zweier benachbarter Volumina zu modellieren, verwendet man die Impulsgleichung, gewöhnlich integriert längs der Ortskoordinate. Das Ziel ist, eine Gleichung vom Typ

$$\frac{\mathrm{d}G_{1,2}}{\mathrm{d}\tau}=f(U_1,U_2,Geometrie) \tag{11.2.1}$$

für das Verbindungselement 1,2 zu bekommen. Dazu sind verschiedene Annahmen bezüglich der Homogenität und der Kompressibilität der Strömung möglich. Einige von denen werden in den nächsten Abschnitten diskutiert.

11.2.1 Nichtkompressible homogene Zweiphasenströmung

Für die *nichtkompressible homogene* ZS können (2.5.6 und 2.5.7) vereinfacht werden:

$$A\frac{\delta\varrho}{\delta\tau}+\frac{\delta}{\delta z}(GA)=0,$$

$$A\frac{\delta G}{\delta\tau}+\frac{\delta}{\delta z}\left(\frac{1}{\varrho}G^2A\right)+A\frac{\delta p}{\delta z}+(\varrho g\cos\varphi+R)A=0$$

oder

$$\frac{\delta}{\delta z}(GA)=0,$$

$$A\frac{\delta G}{\delta\tau}+\frac{1}{\varrho}G\frac{\delta}{\delta z}(GA)+\frac{1}{\varrho}GA\frac{\delta G}{\delta z}+A\frac{\delta p}{\delta z}+(\varrho g\cos\varphi+R)A=0$$

oder

$$GA=G_0A_0, \tag{11.2.2}$$

$$\frac{\delta G}{\delta\tau}+\frac{1}{2\varrho}\frac{\delta G^2}{\delta z}+\frac{\delta p}{\delta z}+\varrho g\cos\varphi+R=0. \tag{11.2.3}$$

Dabei ist mit Index 0 die Stelle bezeichnet, wo die Strömung einen Querschnitt A_0 durchströmt, also G_0 keine Funktion der Ortskoordinate ist, sondern nur der Zeit:

$$G_0=G_0(\tau).$$

Eliminieren wir G aus den Gln. (11.2.2 und 11.2.3)

$$\frac{1}{A}\frac{\delta}{\delta\tau}(G_0A_0)+\frac{(G_0A_0)^2}{2\varrho}\cdot\frac{\delta}{\delta z}\left(\frac{1}{A}\right)^2+\frac{\delta p}{\delta z}+\varrho g\cos\varphi+R=0$$

und integrieren in den Grenzen z_1,z_2 $(z_2=z_1+\Delta z)$, so erhält man:

$$\frac{\delta}{\delta\tau}(G_0A_0)=-\frac{1}{I}\left[\frac{(G_0A_0)^2}{2\varrho}\int_{z_1}^{z_2}\frac{\delta}{\delta z}\left(\frac{1}{A}\right)^2\mathrm{d}z+\int_{z_1}^{z_2}\frac{\delta p}{\delta z}\mathrm{d}z+(\varrho g\cos\varphi+R)\Delta z\right]. \tag{11.2.4}$$

Das Integral

$$I=\int_{z_1}^{z_2} \mathrm{d}z/A$$

wird geometrische Trägheit genannt.

11.2.2 Nichtkompressible nichthomogene Zweiphasenströmung

In diesem Fall gelten

$$\frac{\delta}{\delta z}(GA),$$

$$A\frac{\delta G}{\delta \tau}+\frac{\delta}{\delta z}(v_\mathrm{I} G^2 A)+A\frac{\delta p}{\delta z}+(\varrho g\cos\varphi+R)A=0.$$

Durch analoge Umformungen wie im vorigen Abschnitt erhält man:

$$\frac{\delta}{\delta \tau}(G_0 A_0) = -\frac{1}{I}\left[\frac{1}{2}v_\mathrm{I}(G_0A_0)^2\int_{z_1}^{z_2}\frac{\delta}{\delta z}\left(\frac{1}{A}\right)^2\mathrm{d}z+p_2-p_1+(\varrho g\cos\varphi+R)\Delta z\right]. \quad (11.2.5)$$

Für die homogene Strömung $S=1$, $v_\mathrm{I}=1/\varrho$ geht (11.2.5) in (11.2.4) über.

11.2.3 Homogene kompressible Strömung

Wir gehen wiederum von der Massen- und Impulsgleichung aus:

$$A\frac{\delta \varrho}{\delta \tau}+\frac{\delta}{\delta z}(GA)=0,$$

$$\frac{\delta G}{\delta \tau}+\frac{1}{A}\frac{\delta}{\delta z}\left(\frac{G^2A}{\varrho}\right)+\frac{\delta p}{\delta z}+\varrho g\cos\varphi+R=0.$$

Nur die Annahme

$$\varrho(\tau^*)\sim\mathrm{const},\ \tau<\tau^*<\tau+\Delta\tau$$

führt uns zu folgendem Ergebnis:

$$\frac{\delta}{\delta z}(GA)=0,$$

$$\frac{\delta G}{\delta \tau}+G\frac{\delta}{\delta z}\left(\frac{G}{\varrho}\right)+\frac{G}{\varrho A}\frac{\delta}{\delta z}(GA)+\frac{\delta p}{\delta z}+\varrho g\cos\varphi+R=0$$

oder

$$GA=G_0A_0,$$

$$\frac{1}{A}\frac{\delta}{\delta \tau}(G_0A_0)+\frac{1}{2}(G_0A_0)^2\frac{\delta}{\delta z}\left(\frac{1}{\varrho A^2}\right)+\frac{\delta p}{\delta z}+\varrho g\cos\varphi+R=0$$

oder nach der Integration zwischen z_1 und z_2

$$\frac{\delta}{\delta\tau}(G_0A_0) = -\frac{1}{I}\left[\frac{1}{2}(G_0A_0)^2\int_{z_1}^{z_2}\frac{\delta}{\delta z}\left(\frac{1}{\varrho A^2}\right)\mathrm{d}z + p_2 - p_1 + (\varrho g\cos\varphi + R)\Delta z\right] \tag{11.2.6}$$

11.2.4 Nichthomogene kompressible Strömung

Ausgehend von der Massen- und Impulsgleichung

$$A\frac{\delta\varrho}{\delta\tau} + \frac{\delta}{\delta z}(GA) = 0,$$

$$\frac{\delta G}{\delta\tau} + \frac{1}{A}\frac{\delta}{\delta z}(v_I G^2 A) + \frac{\delta p}{\delta z} + \varrho g\cos\varphi + R = 0$$

und unter der Annahme

$$\varrho(\tau^*) \sim \text{const}, \quad \tau < \tau^* < \tau + \Delta\tau$$

erhalten wir

$$\frac{\delta}{\delta\tau}(G_0A_0) = -\frac{1}{I}\left[\frac{1}{2}(G_0A_0)^2\int_{z_1}^{z_2}\frac{\delta}{\delta z}\left(\frac{v_I}{A^2}\right)\mathrm{d}z + p_2 - p_1 + (\varrho g\cos\varphi + R)\Delta z\right]. \tag{11.2.7}$$

Diese Gleichung stellt eine Verallgemeinerung der in Kap.3 hergeleiteten Bewegungsgleichungen dar. Sie kann auch in der Form der *Rikatischen* Gleichung geschrieben werden:

$$\frac{\mathrm{d}\dot{M}}{\mathrm{d}\tau} + \dot{M}^2 a = b, \tag{11.2.8}$$

wobei

$$\dot{M} = G_0A_0,$$

$$a = \frac{1}{I}\left[\int_{z_1}^{z_2}\frac{\delta}{\delta z}\left(\frac{v_I}{A^2}\right)\mathrm{d}z + \frac{\Phi_{f0}^2}{A_0^2 2\varrho_f}\left(\frac{\lambda_{f0}\Delta z}{D_{h0}} + \sum\xi_{f0}\right)\right],$$

$$\lambda_{f0} = \lambda_{f0}\left(\frac{G_0D_h}{\varrho_f v_f}; \frac{k}{D_{h0}}\right) \mathrel{\hat{=}} \text{Reibungsbeiwert},$$

$$\Phi_{f0}^2 \mathrel{\hat{=}} \text{Zweiphasenmultiplikator},$$

$$k/D_{h0} \mathrel{\hat{=}} \text{relative Rauhigkeit},$$

$$b = \frac{1}{I}(p_2 - p_1 + \bar{\varrho}_{1,2} g\cos\varphi\Delta z).$$

Die analytische Lösung der Gl. (11.2.8) ist (3.7).

12 Zweiphasen-Zweikomponentenströmung

Die transiente Strömung, bestehend aus Wasser-Wasserdampf-Luft, ist im täglichen Leben zu beobachten. Der Wasserkreislauf in der Atmosphäre, verursacht durch die tägliche Sonnenenergiezufuhr und die Akkumulationseigenschaften der Erde, sind praktisch eine transiente dreidimensionale Zweiphasen-Zweikomponentenströmung. Die Schallausbreitung im Regenwetter, die Umströmung von Raketen, Flugzeugen und Autos im Regen, die Druckwellenausbreitung bei Explosionen im Regen – das alles sind Probleme, die mit Wasser-Wasserdampf-Luft-Strömungen gekoppelt sind. Die transienten Wasser-Wasserdampf-Luft-Strömungen sind auch in der Kerntechnik von wichtiger Bedeutung. So entstehen z.B. in Sicherheitsräumen der Kernkraftwerke mit wassergekühlten Reaktoren bei der Undichtheit der technologischen Hochdruckkreisläufe auch transiente Strömungen, bestehend aus Wasser-Wasserdampf-Luft. Die Bestimmung des maximalen Druckes während solcher Unfälle ist Ausgangspunkt bei der Festigkeitsdimensionierung der Räume bzw. der Verbindungen. Dieses Druckmaximum kann durch die Einführung der Kondensationseinrichtungen auf dem Weg des hochenergetischen Wasser-Wasserdampf-Luft-Gemisches wesentlich herabgesetzt werden. Die Konstruktion solcher Kondensationseinrichtungen ist nicht nur mit der Sicherung der notwendigen Wärmeaufnahmefähigkeit verbunden, sondern auch mit der optimalen Organisation der Zugabe des hochenergetischen Gemisches zum Kühlwasser. Gleichzeitig muß man berücksichtigen, daß die Wände nicht durch Absolutwerte des Druckes, sondern durch die Druckdifferenzen belastet werden, so daß durch geeignete Geometrie der Konstruktion wesentliche Drücke lokalisiert werden können. Natürlich ist die Lösung der obengenannten technischen Aufgaben mit ökonomischen Aufwendungen verbunden. Das Finden der ökonomisch günstigen Variante ist eine Optimierungsaufgabe. Teil dieser Aufgabe ist die mathematische Modellierung der transienten Zweiphasen-Zweikomponentenströmungen. Die zweite Komponente – die Luft – betrachten wir als ein ideales, nichtkondensierbares Gas. Sie bringt noch zwei weitere abhängige Variable in das Modell ein. Das macht die mathematische Darstellung etwas komplizierter als bei Einkomponenten-Systemen. Die Stoffübergangsvorgänge an der Phasentrennfläche sind auch komplizierter. Die konsequente mathematische Darstellung der Zweiphasen-Zweikomponentenströmung ist in den Arbeiten von Kolev [156,155,157,158,163] angegeben. In [158] wird die homogene Gleichgewichts-Zweiphasen-Zweikomponentenströmung modelliert. In [155,156] wurde die Inhomogenität der Gleichgewichtsströmung berücksichtigt. In [157] wurde die homogene Strömung unter den Bedingungen des thermodynamischen Nichtgleichgewichtes betrachtet.

In Kap.14 und 15 werden die Dreiphasen-Dreikomponentenströmungen behandelt, wobei in Kap.14 die Strömung unter der Voraussetzung des thermodynamischen Nichtgleichgewichtes und in Kap.15 des thermodynamischen Gleichgewichtes dargestellt wurde. Dabei wurde die Strömung, bestehend aus Flüssigkeit und ihrem Dampf, nichtkondensierbarem Gas und fester Phase, aufgelöst in der Flüssigkeit, vorausgesetzt. Falls wir in diesen Modellen den Massenstromanteil der festen Phase in der Strömung gleich Null setzen, erhalten wir die entsprechenden Modelle der Zweiphasen-Zweikomponentenströmung. Da die Modelle der Dreiphasen-Dreikomponentenströmung verallgemeinerungsfähiger gegenüber den Modellen der Zweiphasen-Zweikomponentenströmung sind, werden die letzten hier nicht dargestellt.

13 Transiente Zustandsänderung in Wasser-Wasserdampf-Luft enthaltenden Volumina

Die mathematische Simulation der Prozesse in den Sicherheitsräumen von Kernkraftwerken mit wassergekühlten Reaktoren läßt sich auch durch die sogenannte Multinodalmethode durchführen. Für diesen Zweck braucht man Modelle, die die transiente Zustandsänderung in Wasser-Wasserdampf-Luft enthaltenden Volumina simulieren. Die Grundlage solcher Modelle sind die Gesetze zur Erhaltung der Masse und Energie, formuliert in Abschn.11.2 und angewendet auf jede Phase oder Komponente. Dazu kommt die Bedingung zur Erhaltung der Geometrie des Raumes (des gesamten Volumens). Die möglichen Annahmen über den thermodynamischen Zustand des Gemisches sind wiederum thermodynamisches Gleichgewicht oder thermodynamisches Nichtgleichgewicht. Zwei Modelle werden dargestellt, die unter den obengenannten Annahmen hergeleitet wurden. Unter dem thermodynamischen Gesichtspunkt entsprechen sie völlig der in Kap.15 bzw. 14 dargestellten Strömungsmodelle, so daß sie gekoppelt angewendet werden können. Aus diesem Grund werden die vereinfachenden Annahmen in Abschn. 13.1 bzw. 13.2 nicht noch einmal explizit genannt. Gegenüber der in Kap.15 bzw. 14 dargestellten Modelle vernachlässigen wir die Existenz der festen Phase im Gemisch.

13.1 Transiente Zustandsänderung des Wasser-Wasserdampf-Luft enthaltenden Volumens unter den Bedingungen des thermodynamischen Gleichgewichts [140]

Als abhängige Variable wählen wir die Luft-, Dampf- bzw. Wassermasse und die Temperatur des Systems:

$$U^{\mathrm{T}} = (M_{\mathrm{L}}, M_{\mathrm{D}}, M_{\mathrm{F}}, T). \tag{13.1.1}$$

Die notwendigen *Zustandsgleichungen* sind:

$$p_{\mathrm{L}} = \frac{M_{\mathrm{L}} R_{\mathrm{L}} T}{V_{\mathrm{G}}} \qquad \mathrm{d}p_{\mathrm{L}} = \frac{R_{\mathrm{L}} T}{V_{\mathrm{G}}} \mathrm{d}M_{\mathrm{L}} + \frac{M_{\mathrm{L}} R_{\mathrm{L}}}{V_{\mathrm{G}}} \mathrm{d}T - \frac{M_{\mathrm{L}} R_{\mathrm{L}} T}{V_{\mathrm{G}}^2} \mathrm{d}V_{\mathrm{G}}, \tag{13.1.2,3}$$

$$p_{\mathrm{D}} = p''_{\mathrm{D}}(T) \qquad \mathrm{d}p_{\mathrm{D}} = \frac{\mathrm{d}p''_{\mathrm{D}}}{\mathrm{d}T} \mathrm{d}T, \tag{13.1.4,5}$$

$$p = p_{\mathrm{D}} + p_{\mathrm{L}} \qquad \mathrm{d}p = \frac{\mathrm{d}v''_{\mathrm{D}}}{\mathrm{d}T} \mathrm{d}T + \mathrm{d}p_{\mathrm{L}} = \left(\frac{\mathrm{d}v''_{\mathrm{D}}}{\mathrm{d}T} + \frac{M_{\mathrm{L}} R_{\mathrm{L}}}{V_{\mathrm{G}}} \right) \mathrm{d}T + \frac{R_{\mathrm{L}} T}{V_{\mathrm{G}}} \mathrm{d}M_{\mathrm{L}} - \frac{M_{\mathrm{L}} R_{\mathrm{L}} T}{V_{\mathrm{G}}^2} \mathrm{d}V_{\mathrm{G}}, \tag{13.1.6,7}$$

$$h_L = h_L(p_L,T) \quad dh_L \sim \frac{\delta h_L}{\delta T} dT, \tag{13.1.8,9}$$

$$v_D = {}^{v''}{}_D(T) \quad dp''_D = \frac{dv''_D}{dT} dT, \tag{13.1.10,11}$$

$$h_D = h''_D(T) \quad dh''_D = \frac{dh''_D}{dT} dT, \tag{13.1.12,13}$$

$$v_f = v_f(T,p) \quad dv_f \sim \frac{\delta v_f}{\delta T} dT, \tag{13.1.14,15}$$

$$h_f = h_f(T,p) \quad dh_f = \frac{\delta h_f}{\delta T} dT + \frac{\delta h_f}{\delta p} dp, \tag{13.1.16,17}$$

$$V_D = V_D \text{ oder } M_D v''_D = M_L v_L \text{ (Daltonsches Gesetz)}. \tag{13.1.18,19}$$

Mit diesem Vektor der abhängigen Variablen und den oben eingeführten Zustandsgleichungen ist der Zustand des Systems Wasser-Wasserdampf-Luft unter der Bedingung des thermodynamischen Gleichgewichtes *völlig* bestimmt.

Unser Ausgangssystem besteht aus den Massenerhaltungsgleichungen entsprechend für Luft-Wasserdampf-Wasser und aus der Energiegleichung des Gemisches als Ganzes. Dazu kommt die Bedingung zur Erhaltung des Gesamtvolumens des Systems:

$$\frac{dM_L}{d\tau} = \Delta \dot{m}_L, \tag{13.1.20}$$

$$\frac{dM_D}{d\tau} = \Delta \dot{m}_D + \dot{m}_{fg}, \tag{13.1.21}$$

$$\frac{dM_F}{d\tau} = \Delta \dot{m}_f - \dot{m}_{fg}, \tag{13.1.22}$$

$$\frac{d}{d\tau}(M_D h''_D + M_L h_L + M_f h_f - Vp) = \Delta(\dot{m}h), \tag{13.1.23}$$

$$\frac{d}{d\tau}(M_D v''_D + M_f v_f) = 0. \tag{13.1.24}$$

Nach einer Differenzierung der beiden letzten Gleichungen und dem Ausschließen der zeitlichen Ableitungen der Massen erhalten wir:

$$M_D \frac{dh''_D}{d\tau} + M_L \frac{dh_L}{d\tau}; M_f \frac{dh_f}{d\tau} - V \frac{dp}{d\tau}$$

$$= \Delta(\dot{m}h) - (h''_D \Delta \dot{m}_D + h_L \Delta \dot{m}_L + h_f \Delta \dot{m}_f) - (h''_D - h_f)\dot{m}_{fg}, \tag{13.1.25}$$

$$M_D \frac{dv''_D}{d\tau} + M_f \frac{dv_f}{d\tau} = -(v''_D \Delta \dot{m}_D + v_f \Delta \dot{m}_f) - (v''_D - v_f)\dot{m}_{fg}. \tag{13.1.26}$$

Durch Ersetzen der Differentiale der Enthalpie bzw. des spezifischen Volumens durch die Zustandsgleichungen erhalten wir:

$$\left[M_D\frac{dh''_D}{dT}+M_L\frac{\delta h_L}{\delta T}+M_f\frac{\delta h_f}{\delta T}-\left(V-M_f\frac{\delta h_f}{\delta p}\right)\frac{dp''_D}{dT}\right]\frac{dT}{d\tau}$$

$$-\left(V-M_f\frac{\delta h_f}{\delta p}\right)\frac{dp_L}{d\tau}=\Delta(\dot{m}h)-(h''_D\Delta\dot{m}_D+h_L\Delta\dot{m}+h_f\Delta\dot{m}_f), \qquad (13.1.27)$$

$$\left(M_D\frac{dv''_D}{dT}+M_f\frac{\delta v_f}{\delta T}\right)\frac{dT}{d\tau}=-\,(v''_D\Delta\dot{m}_D+v_f\Delta\dot{m}_f)-(v''_D-v_f)\dot{m}_{fg} \qquad (13.1.28)$$

Aus den Gln. (13.1.19, 13.1.23, 13.1.24) erhalten wir:

$$\frac{dV_G}{d\tau}=-\frac{dV_f}{d\tau}=-\frac{d}{d\tau}(M_f v_f)$$

$$=-v_f\frac{dM_f}{d\tau}-M_f\frac{dv_f}{d\tau}=-v_f\Delta\dot{m}_f+v_f\dot{m}_{fg}-M_f\frac{\delta v_f}{\delta T}\frac{dT}{d\tau}. \qquad (13.1.29)$$

Wir setzen (13.1.29) in (13.1.7) ein und erhalten:

$$\frac{dp_L}{d\tau}=\left(\frac{R_L M_L}{V_G}+\frac{R_L M_L T M_f}{V_G^2}\frac{\delta v_f}{\delta T}\right)\frac{dT}{d\tau}$$

$$+\frac{R_L T}{V_g}\left(\Delta\dot{m}_L+\frac{M_L v_f}{V_G}\Delta\dot{m}_f\right)-\frac{R_L M_L T v_f}{V_G^2}. \qquad (13.1.30)$$

Durch (13.1.30) schließen wir dp_L aus (13.1.27) aus. Aus der neu erhaltenen Gleichung und aus (13.1.28) schließen wir $\dot{m}_{fg}$ aus. Damit erhalten wir das endgültige System (13.1.20 – 13.1.22):

$$\frac{dM_L}{d\tau}=\Delta\dot{m}_L,\quad \frac{dM_D}{d\tau}=\Delta\dot{m}_D+\dot{m}_{fg},\quad \frac{dM_f}{d\tau}=\Delta\dot{m}_f-\dot{m}_{fg},$$

$$\frac{dT}{d\tau}=\left[\Delta(mh)-C+E+\frac{AF}{v''_D-v_f}\right]\Big/(D-FH). \qquad (13.1.31)$$

Dabei ist

$$\dot{m}_{fg}=A/(v_f-v''_D)-H\frac{dT}{d\tau}$$

der notwendige Massentransport pro Zeiteinheit zwischen beiden Phasen, damit sich bei der Anwesenheit der Flüssigkeit der Dampf unter seinem Partialdruck im

Sättigungszustand bei entsprechender Systemtemperatur befindet. Die Bedeutung der verwendeten Abkürzungen ist:

$$A = v_D'' \Delta \dot{m}_D + v_f \Delta \dot{m}_f,$$

$$H = \left(M_D \frac{dv_D''}{dT} + M_f \frac{\delta v_f}{\delta T} \right) \Big/ (v_D'' - v_f),$$

$$C = h_D'' \Delta \dot{m}_D + h_L \Delta \dot{m}_L + h_f \Delta \dot{m}_f,$$

$$E = \left(V - M_f \frac{\delta h_f}{\delta p} \right) \frac{R_L T}{V_G} \left(\Delta \dot{m}_L + \frac{M_L v_f}{V_G} \Delta \dot{m}_f \right),$$

$$F = h_D'' - h_f + \left(V - M_f \frac{\delta h_f}{\delta p} \right) \frac{R_L M_L T v_f}{V_G^2},$$

$$D = M_D \frac{dh_D''}{dT} + M_f \frac{\delta h_f}{\delta T} + M_L \frac{\delta h_L}{\delta T}$$

$$- \left(V - M_f \frac{\delta h_f}{\delta p} \right) \left(\frac{R_L M_L}{V_G} - \frac{R_L M_L T M_f}{V_G^2} \cdot \frac{\delta v_f}{\delta T} + \frac{dp_D''}{dT} \right).$$

In [22] wurde dieselbe Aufgabenstellung untersucht, wobei die Annahme „Gleichheit der Temperatur beider Phasen und der Dampf im Sättigungszustand" zu der, daß sich auch die Flüssigkeit im Sättigungszustand befindet, im Widerspruch steht. Das ist natürlich nicht möglich, denn der Dampf und die Flüssigkeit befinden sich unter verschiedenen Drucken p_D bzw. p ($p_D \neq p$ falls $M_L > 0$). Falls $M_L = 0$ ist, so erhalten wir das aus Abschn.11.1.1 bekannte Modell.

Betrachten wir zwei weitere Beispiele zur Anwendung des Gleichgewichtsmodells bei der Analyse von Übergangsprozessen im Sicherheitseinschluß eines Kernkraftwerkes mit wassergekühltem Reaktor.

1. Beispiel

Aus dem ersten Kreislauf in einem 10000 m^3 mit Luft gekühlten Raum fließt ein Bruchmassenstrom mit der zugehörigen Enthalpie, dargestellt in Abb.11.6 (Bruch einer Leitung Durchmesser 100 mm aus dem Volumenkompensator eines WWER-440 bei Ausgangsleistung 120% der nominalen thermischen Leistung des Reaktors). Falls der Druck im Raum den Wert 1,2 bar überschreitet wird die Sprinkleranlage in Betrieb gesetzt, die innerhalb von 3 min ihre volle Leistung erreicht. Es soll die Änderung der Parameter im Raum untersucht werden.

Wir teilen das Raumvolumen in zwei – Abb.13.2. Da die Massenströme zwischen dem ersten und zweiten Volumen mit relativ hohem Dampfgehalt charakterisiert sind,

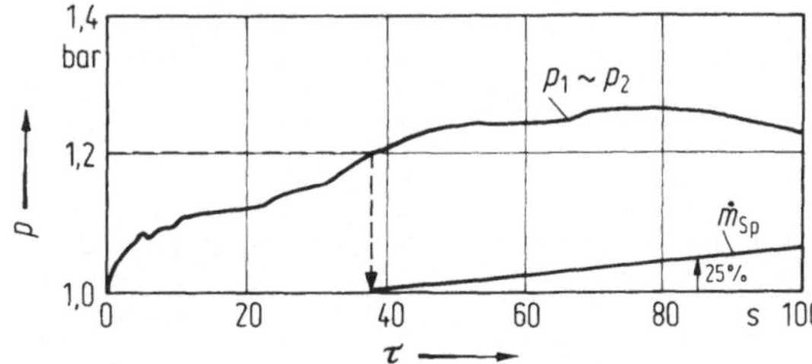

Abb.13.1. Der Druck als Funktion der Zeit

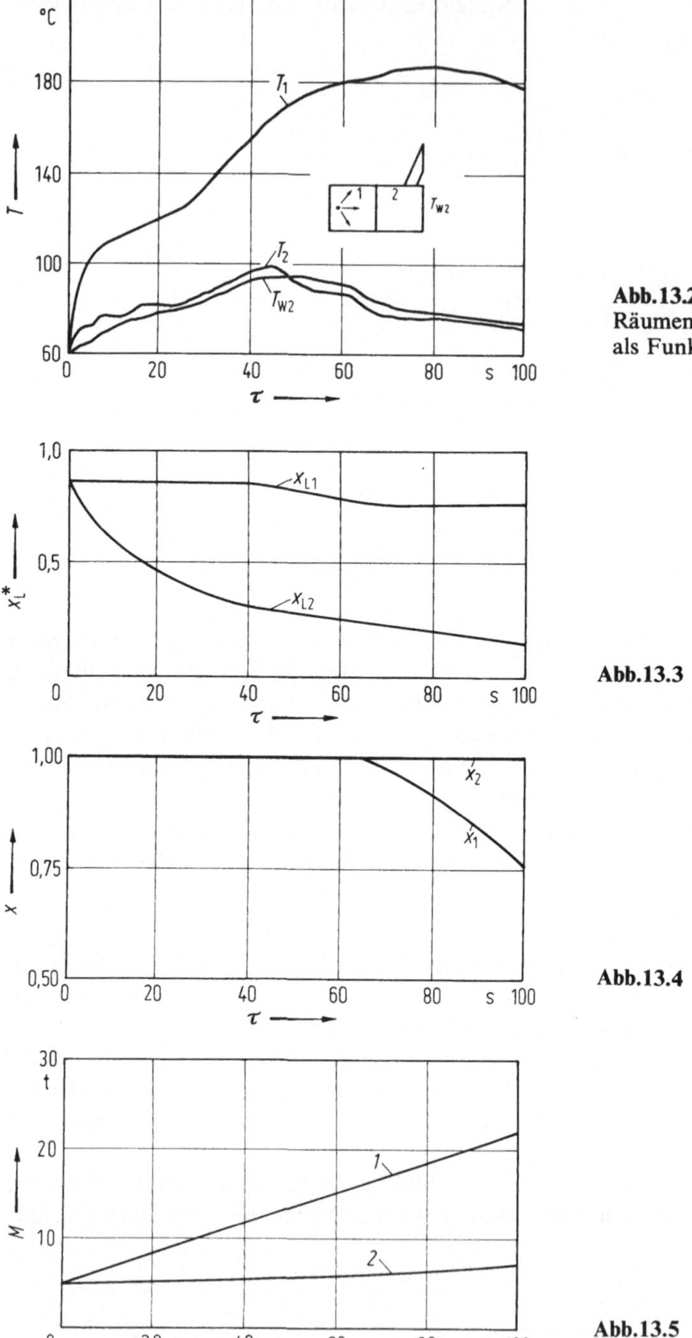

Abb.13.2. Die Temperatur in den Räumen bzw. die Wandtemperatur als Funktion der Zeit

Abb.13.3

Abb.13.4

Abb.13.5

Abb.13.3, 13.4, 13.5. Der Luftmassenstrom in der Gasphase, der Gasmassenanteil und die Masse als Funktion der Zeit

gemäß Kap.3, wird das transiente Strömungsmodell durch die stationären Gln. (15.3.3 – 15.3.7) ersetzt. Die Simulation der Raumzustände wird mit Hilfe des Systems (13.1.20 – 13.1.22, 13.1.31) durchgeführt. Dabei wurde der Wärmeübergang zu oder von der Wand beider Volumina berücksichtigt. Die Ergebnisse der Integration werden in Abb.13.1. – 13.5 dargestellt. Die Abb.13.1 und 13.2 zeigen die zeitliche Druck- bzw. Temperaturänderung. Abbildung 13.3 zeigt die zeitliche Änderung des Luftgehaltes in der Gasphase, Abb.13.4 die zeitliche Änderung des Gasgehaltes und Abb.13.5 die Änderung der Masse in den Volumina 1 und 2. Wir sehen, daß die Folgen dieser Havarie in den Volumina 1 und 2 von der Sprinkleranlage erfolgreich lokalisiert werden können.

2. Beispiel

Es wird eine analoge Situation betrachtet, wobei an Raum 2 noch 3 Räume angeschlossen sind. Die Volumina und die Flächen der Verbindungen zwischen ihnen sind in Abb.13.6 angegeben. In Volumen 4 befinden sich 1400000 kg Wasser. Die Organisation der Strömungskanäle zwingt die Strömung während der Havarie durch

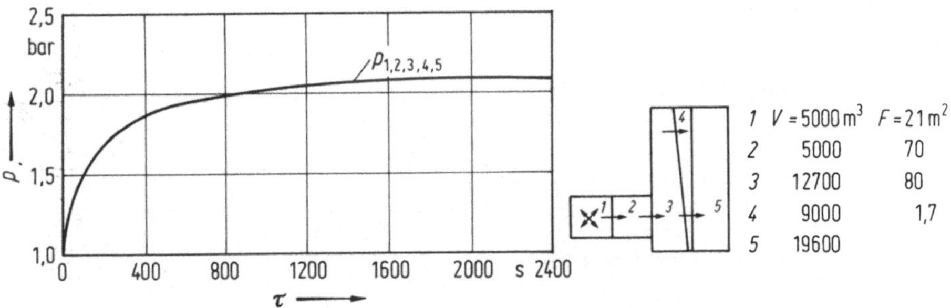

	V	F
1	V = 5000 m³	F = 21 m²
2	5000	70
3	12700	80
4	9000	1,7
5	19600	

Abb.13.6. Der Druck in der Gasphase als Funktion der Zeit

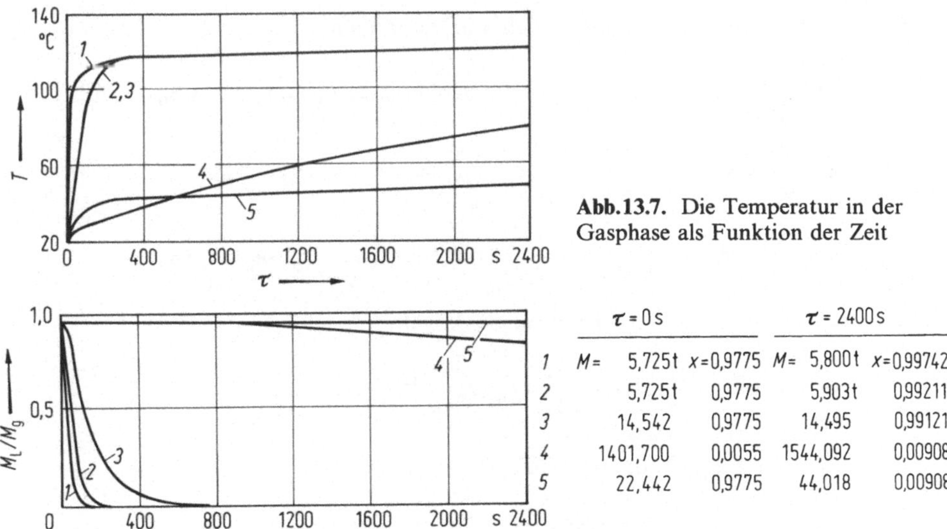

Abb.13.7. Die Temperatur in der Gasphase als Funktion der Zeit

	τ = 0 s		τ = 2400 s	
1	M = 5,725 t	x = 0,9775	M = 5,800 t	x = 0,99742
2	5,725 t	0,9775	5,903 t	0,99211
3	14,542	0,9775	14,495	0,99121
4	1401,700	0,0055	1544,092	0,00908
5	22,442	0,9775	44,018	0,00908

Abb.13.8. Der Luftmassenanteil in der Gasphase als Funktion der Zeit

das Wasser zu gehen. Zwischen 4 und 5 wurden Einwegventile eingebaut. Wir nehmen wiederum eine Gleichgewichtszustandsänderung an. Die Simulation erfolgt wie in Beispiel 1. Die Ergebnisse der Integration wurden in Abb.13.6–13.8 dargestellt.

13.2 Transiente Zustandsänderung des Wasser-Wasserdampf-Luft enthaltenden Volumens unter den Bedingungen des thermodynamischen Nichtgleichgewichtes

Ein sehr geeigneter Vektor der abhängigen Variablen ist:

$$U^{\mathrm{T}} = (M_{\mathrm{L}}, M_{\mathrm{D}}, M_{\mathrm{f}}, T_{\mathrm{g}}, p_{\mathrm{D}}, u_{\mathrm{f}}). \tag{13.2.1}$$

Wir gehen von folgendem System aus:

$$\frac{\mathrm{d}M_{\mathrm{L}}}{\mathrm{d}\tau} = \Delta\dot{m}_{\mathrm{L}}, \tag{13.2.2}$$

$$\frac{\mathrm{d}M_{\mathrm{D}}}{\mathrm{d}\tau} = \Delta\dot{m}_{\mathrm{D}}, \tag{13.2.3}$$

$$\frac{\mathrm{d}M_{\mathrm{f}}}{\mathrm{d}\tau} = \Delta\dot{m}_{\mathrm{f}}, \tag{13.2.4}$$

$$\frac{\mathrm{d}}{\mathrm{d}\tau}(M_{\mathrm{D}}h_{\mathrm{D}} + M_{\mathrm{L}}h_{\mathrm{L}} - V_{\mathrm{g}}p) = \Delta(\dot{m}h)_{\mathrm{g}}, \tag{13.2.5}$$

$$\frac{\mathrm{d}}{\mathrm{d}\tau}(M_{\mathrm{f}}h_{\mathrm{f}} - V_{\mathrm{f}}p) = \Delta(\dot{m}h)_{\mathrm{f}}, \tag{13.2.6}$$

$$\frac{\mathrm{d}}{\mathrm{d}\tau}(M_{\mathrm{D}}v_{\mathrm{D}} + M_{\mathrm{f}}v_{\mathrm{f}}) = 0. \tag{13.2.7}$$

Die letzten drei Gleichungen lassen sich auch schreiben:

$$M_{\mathrm{D}}\frac{\mathrm{d}u_{\mathrm{D}}}{\mathrm{d}\tau} + M_{\mathrm{L}}\frac{\mathrm{d}u_{\mathrm{L}}}{\mathrm{d}\tau} = \Delta_{\mathrm{g}}, \qquad \text{wobei } \Delta_{\mathrm{g}} = \Delta(\dot{m}h)_{\mathrm{g}} - u_{\mathrm{D}}\Delta\dot{m}_{\mathrm{D}} - u_{\mathrm{L}}\Delta\dot{m}_{\mathrm{L}};$$

$$M_{\mathrm{f}}\frac{\mathrm{d}u_{\mathrm{f}}}{\mathrm{d}\tau} = \Delta_{\mathrm{f}}, \qquad \text{wobei } \Delta_{\mathrm{f}} = \Delta(\dot{m}h)_{\mathrm{f}} - u_{\mathrm{f}}\Delta\dot{m}_{\mathrm{f}};$$

$$M_{\mathrm{D}}\frac{\mathrm{d}v_{\mathrm{D}}}{\mathrm{d}\tau} = \Delta_{\mathrm{V}}, \qquad \text{wobei } \Delta_{\mathrm{V}} = -v_{\mathrm{D}}\Delta\dot{m}_{\mathrm{D}} - v_{\mathrm{f}}\Delta\dot{m}_{\mathrm{f}}.$$

Unter Berücksichtigung der Zustandsgleichungen

$$u_{\mathrm{D}} = u_{\mathrm{D}}(T_{\mathrm{g}}, p_{\mathrm{D}}) \qquad \mathrm{d}u_{\mathrm{D}} = \frac{\delta u_{\mathrm{D}}}{\delta T_{\mathrm{g}}}\mathrm{d}T_{\mathrm{g}} + \frac{\delta u_{\mathrm{D}}}{\delta p_{\mathrm{D}}}\mathrm{d}p_{\mathrm{D}},$$

$$v_{\mathrm{D}} = v_{\mathrm{D}}(T_{\mathrm{g}}, p_{\mathrm{D}}) \qquad \mathrm{d}v_{\mathrm{D}} = \frac{\delta v_{\mathrm{D}}}{\delta T_{\mathrm{g}}}\mathrm{d}T_{\mathrm{g}} + \frac{\delta v_{\mathrm{D}}}{\delta p_{\mathrm{D}}}\mathrm{d}p_{\mathrm{D}},$$

$$u_{\mathrm{L}} = u_{\mathrm{L}}(T_{\mathrm{g}}) \qquad \mathrm{d}u_{\mathrm{L}} = \frac{\mathrm{d}u_{\mathrm{L}}}{\mathrm{d}T_{\mathrm{g}}}\mathrm{d}T_{\mathrm{g}}$$

und nach Auflösung nach den Ableitungen (13.2.2–13.2.4) erhalten wir:

$$\frac{\mathrm{d}M_\mathrm{L}}{\mathrm{d}\tau}=\Delta\dot{m}_\mathrm{L},\quad \frac{\mathrm{d}M_\mathrm{D}}{\mathrm{d}\tau}\Delta\dot{m}_\mathrm{D},\quad \frac{\mathrm{d}M_\mathrm{f}}{\mathrm{d}\tau}=\Delta\dot{m}_\mathrm{f},$$

$$\frac{\mathrm{d}T_\mathrm{g}}{\mathrm{d}\tau}=\left(\Delta_\mathrm{g}\frac{\delta v_\mathrm{D}}{\delta p_\mathrm{D}}-\Delta_\mathrm{V}\frac{\delta u_\mathrm{D}}{\delta p_\mathrm{D}}\right)\Big/C, \text{ wobei}$$

$$C=M_\mathrm{D}\left(\frac{\delta u_\mathrm{D}}{\delta T_\mathrm{g}}\frac{\delta v_\mathrm{D}}{\delta p_\mathrm{D}}+\frac{\delta u_\mathrm{D}}{\delta p_\mathrm{D}}\frac{\delta v_\mathrm{D}}{\delta T_\mathrm{g}}\right)+M_\mathrm{L}\frac{\delta u_\mathrm{L}}{\delta T_\mathrm{g}}\frac{\delta v_\mathrm{D}}{\delta p_\mathrm{D}}, \tag{13.2.8}$$

$$\frac{\mathrm{d}p_\mathrm{D}}{\mathrm{d}\tau}=\left[\Delta_\mathrm{V}\left(\frac{\delta u_\mathrm{D}}{\delta T_\mathrm{g}}+\frac{M_\mathrm{L}}{M_\mathrm{D}}\frac{\delta u_\mathrm{L}}{\delta T_\mathrm{g}}\right)-\Delta_\mathrm{g}\frac{\delta v_\mathrm{D}}{\delta T_\mathrm{g}}\right]\Big/C, \tag{13.2.9}$$

$$\frac{\mathrm{d}u_\mathrm{f}}{\mathrm{d}\tau}=\Delta_\mathrm{f}/M_\mathrm{f}. \tag{13.2.10}$$

In diesem System läßt sich leicht der Vektor der abhängigen Variablen durch folgenden Vektor ersetzen:

$$\boldsymbol{U}^\mathrm{T}=(M_\mathrm{L},M_\mathrm{D},M_\mathrm{f},T_\mathrm{g},p,T_\mathrm{f}). \tag{13.2.11}$$

Und zwar mit den Zustandsgleichungen

$$p=p_\mathrm{D}+\varrho_\mathrm{D}(p_\mathrm{D},T_\mathrm{g})\frac{M_\mathrm{L}}{M_\mathrm{D}}R_\mathrm{L}T_\mathrm{g}=p(p_\mathrm{D},T_\mathrm{g},M_\mathrm{L},M_\mathrm{D}), \tag{13.2.12}$$

$$\mathrm{d}p=\frac{\delta p}{\delta p_\mathrm{D}}\mathrm{d}p_\mathrm{D}+\frac{\delta p}{\delta T_\mathrm{g}}\mathrm{d}T_\mathrm{g}+\frac{\delta p}{\delta M_\mathrm{L}}\mathrm{d}M_\mathrm{L}+\frac{\delta p}{\delta M_\mathrm{D}}\mathrm{d}M_\mathrm{D}, \tag{13.2.13}$$

wobei

$$\frac{\delta p}{\delta p_\mathrm{D}}=1+\frac{\delta\varrho_\mathrm{D}}{\delta p_\mathrm{D}}\frac{M_\mathrm{L}}{M_\mathrm{D}}R_\mathrm{L}T_\mathrm{g},$$

$$\frac{\delta p}{\delta T_\mathrm{g}}=\frac{M_\mathrm{L}}{M_\mathrm{D}}R_\mathrm{L}\left(\varrho_\mathrm{D}+T_\mathrm{g}\frac{\delta\varrho_\mathrm{D}}{\delta T_\mathrm{g}}\right),$$

$$\frac{\delta p}{\delta M_\mathrm{L}}=\frac{\varrho_\mathrm{D}R_\mathrm{L}T_\mathrm{g}}{M_\mathrm{D}},$$

$$\frac{\delta p}{\delta M_\mathrm{D}}=-\frac{\varrho_\mathrm{D}M_\mathrm{L}R_\mathrm{L}T_\mathrm{g}}{M_\mathrm{D}^2}$$

und

$$u_\mathrm{f}=u_\mathrm{f}(T_\mathrm{f},p)\qquad \mathrm{d}u_\mathrm{f}=\frac{\delta u_\mathrm{f}}{\delta T_\mathrm{f}}\mathrm{d}T_\mathrm{f}+\frac{\delta u_\mathrm{f}}{\delta p}\mathrm{d}p. \tag{13.2.14,15}$$

Damit lassen sich (13.2.9 und 13.2.10) mit folgenden zwei Gleichungen ersetzen:

$$\frac{\mathrm{d}p}{\mathrm{d}\tau}=\frac{\delta p}{\delta p_\mathrm{d}}\frac{\mathrm{d}p_\mathrm{D}}{\mathrm{d}\tau}+\frac{\delta p}{\delta T_\mathrm{g}}\frac{\mathrm{d}T_\mathrm{g}}{\mathrm{d}\tau}+\frac{\delta p}{\delta M_\mathrm{L}}\Delta\dot{m}_\mathrm{L}+\frac{\delta p}{\delta M_\mathrm{D}}\Delta\dot{m}_\mathrm{D}, \tag{13.2.16}$$

$$\frac{\mathrm{d}T_\mathrm{f}}{\mathrm{d}\tau}=\left(\frac{\Delta_\mathrm{f}}{M_\mathrm{f}}-\frac{\delta u_\mathrm{f}}{\delta p}\frac{\mathrm{d}p}{\mathrm{d}\tau}\right)\Big/\frac{\delta u_\mathrm{f}}{\delta T_\mathrm{f}}. \tag{13.2.17}$$

Falls wir annehmen, daß $\Delta\dot{m}_L = 0$, $\dot{m}_D = 0$, $M_L = 0$ sind, vereinfacht sich (13.2.16) wie folgt:

$$\frac{dp}{d\tau} = -v_f \Delta\dot{m}_f \frac{\delta u_D}{\delta T_g} \Bigg/ \left[M_D \left(\frac{\delta u_D}{\delta T_g} \frac{\delta v_D}{\delta p_D} - \frac{\delta u_D}{\delta p_D} \frac{\delta v_D}{\delta T_g} \right) \right]. \tag{13.2.18}$$

Angenommen wir haben anstelle von Dampf ein Edelgas, das eine isotrope Zustandsänderung erfährt,

$$\frac{\delta v_g}{\delta p} = -\frac{v_0 p_0^{1/\varkappa}}{\varkappa p^{(\varkappa+1)/\varkappa}}$$

dann vereinfacht sich (13.2.18) noch mehr:

$$p^{-\frac{\varkappa+1}{\varkappa}} dp = \frac{v_f}{v_{g0} p_0^{1/\varkappa}} \Delta\dot{m}_f d\tau$$

$$\int_{p_0}^{p} p^{-\frac{\varkappa+1}{\varkappa}} dp = \frac{v_f}{v_{g0} p_0^{1/\varkappa}} \int_{\tau_0}^{\tau} \Delta\dot{m}_f d\tau.$$

Diese Gleichung beschreibt die Zustandsänderung in einem Hydroakkumulator eines Kernkraftwerkes. (Die Hydroakkumulatoren sind mit Edelgas und Wasser gefüllte Druckgefäße, die dazu dienen, bei der durch Kühlmittelverlust verursachten Druckabsenkung im primären Kreis eines Druckwasserreaktors kaltes Wasser in die Spaltzone einzuspeisen.)

14 Transiente nichthomogene Nichtgleichgewichts-Dreiphasen-Dreikomponenten-Strömung (NNDDS)

Die mathematische Simulation eines breiten Spektrums transienter Prozesse in der Kernenergietechnik in der chemischen Technologie usw. verlangt die Aufstellung von Modellen der Dreiphasen-Dreikomponenten-Systeme. Eine typische Anwendung eines derartigen Modells ist die Beschreibung der Prozesse im ersten Kreislauf eines KKW mit wassergekühltem Kernreaktor. Die Komponenten derartiger Strömungen sind Wasser (in ein- oder zweiphasigem Gebiet), nichtkondensierbares Gas und Borsäure. Der Transport von Korrosionsprodukten in den Kreisläufen, die Ausbreitung des Kühlmittelverlustunfalles in Containment usw. sind weitere Beispiele derartiger Probleme. Falls wir über ein NNDDS-Modell verfügen, sind wir in der Lage, eine große Anzahl von technischen Prozessen zu simulieren. Zum Beispiel die Vernachlässigung der festen Phase in einem solchen Modell gibt uns die Möglichkeit, die kritische Zweiphasenströmung in vielen technischen Einrichtungen, die mit „technisch reinen" Flüssigkeiten oder Zweiphasengemischen arbeiten, mathematisch zu simulieren. Letztere enthalten aber immer gelöste nichtkondensierbare Gase (z.B. Luft [189,211,92]). Dabei wird die Druckwellenausbreitung von sehr kleinen Gasvolumenanteilen sehr stark beeinflußt.

Eines der ersten NNDDS-Modelle wurde für das Rechenprogramm RELAP 5/MOD1 [229] (1980) entwickelt. Dabei wurde ein System aus sechs Gleichungen verwendet. Neben dem wesentlichen Fortschritt in der NNDDS-Modellierung besitzt das Modell auch die folgenden Nachteile:

- Es berücksichtigt den Einfluß der festen Phase auf die Strömungseigenschaften nicht (z.B. Schallgeschwindigkeit).
- Es wurde kein Ausdruck gefunden, der die lokale kritische Massenstromdichte unter den in [229] gemachten Annahmen definiert.
- Unabhängig davon, daß eine der beiden Phasen als gesättigt angenommen wurde, ist die endgültige Arbeitsform des PDGL-Systems relativ kompliziert.

Die Einfachheit des NNDDS-Modells ist von größter Bedeutung bei der Beschreibung von Prozessen in komplizierter Geometrie. In solchen Fällen ist es notwendig, ohne Verlust an physikalischen Informationen die einfachste Arbeitsform des PDGL-Systems zu finden.

Das Ziel dieses Kapitels ist

- die Entwicklung eines Modells einer transienten Nichtgleichgewichtsströmung, bestehend aus Flüssigkeit und/oder Flüssigkeit und deren Dampf und/oder nichtkondensierbarem Gas und/oder fester Phase aufgelöst in der Flüssigkeit;
- die Definition der lokalen Kritikalitätsbedingungen unter den obengenannten Voraussetzungen.

Es wird besondere Aufmerksamkeit auf das Erreichen der einfachsten Arbeitsform des PDGL-Systems gelenkt.

14.1. Modell Nr. 1

14.1.1 Voraussetzungen

Das mit Nr. 1 bedingt bezeichnete Modell wurde unter folgenden Annahmen erhalten:

1. Die Flüssigkeit und das Gasgemisch sind in beliebigem stabilem oder metastabilem Zustand.
2. Es existiert ein thermodynamisches Gleichgewicht zwischen der Flüssigkeit und der in der Flüssigkeit aufgelösten festen Phase.
3. Das nichtkondensierbare Gas besitzt die Eigenschaften eines idealen Gases.
4. Für die zwei Gaskomponenten gilt der Satz von Dalton.
5. Gleichheit der Phasendrücke.
6. Gleichheit der Geschwindigkeiten der Flüssigkeit und der festen Phase.

Zwei zusätzliche vereinfachende Annahmen werden im Laufe der Herleitung gemacht.

14.1.2 Definitionen

Die Auswahl der abhängigen Variablen, die die Strömung beschreiben, ist ein wichtiger Schritt. Die mathematische Beschreibung dieses komplizierten physikalischen Systems kann durch einen *geeigneten* Vektor der abhängigen Variablen *wesentlich vereinfacht* werden. In unserem Fall wählen wir

$$\boldsymbol{U}^{\mathrm{T}} = (w_g, w_f, p, x_L^*, x_B^*, s_g, s_F, \alpha) \tag{14.1.1}$$

aus. Dabei ist

$$x_L^* = \varrho_L/\varrho_g \tag{14.1.2}$$

der *Quotient der Masse des nichtkondensierbaren Gases zu der gesamten Masse des Gases.*

$$\varrho_g = \varrho_L + \varrho_D \tag{14.1.3}$$

ist die *Dichte des Gases.* x_B^* ist wie folgt definiert

$$x_B^* = \alpha_B \varrho_B / [(1-\alpha)\varrho_F] = \frac{1/\varrho_F - 1/\varrho_f}{1/\varrho_B - 1/\varrho_f} \tag{14.1.4}$$

und stellt den *Quotienten der Masse der festen Phase zur Masse des Gemisches Flüssigkeit und feste Phase* dar. *Die Dichte des Gemisches Flüssigkeit und feste Phase* ist

$$\varrho_F = (\alpha_B \varrho_B + \alpha_f \varrho_f)/(1-\alpha) \tag{14.1.5}$$

oder

$$\frac{1}{\varrho_F} = \frac{x_B^*}{\varrho_B} + \frac{1-x_B^*}{\varrho_f}. \tag{14.1.6}$$

Die letzte Gleichung wird durch Eliminierung von α aus (14.1.4) und (14.1.5) erhalten. Der *Volumenanteil der festen Phase* α_B kann leicht gefunden werden, falls x_B^*, die Dichten ϱ_B, ϱ_f und α bekannt sind

$$\alpha_B = (1-\alpha) x_B^* \frac{\varrho_F}{\varrho_B}. \tag{14.1.4a}$$

Wir sehen, daß die Änderung von x_B^* innerhalb des Intervalls $0 \leqq x_B^* \leqq 1$ eine Änderung von α_B innerhalb des Intervalls $0 \leqq \alpha_B \leqq (1-\alpha)$ zur Folge hat.

14.1.3 Zustandsgleichungen

Die Hauptzustandsgleichungen des Modells sind

$$\varrho_g = \varrho_g(p, s_g, x_L^*) \tag{14.1.7}$$

oder in Differentialform

$$d\varrho_g = \frac{dp}{a_g^2} + \frac{\delta \varrho_g}{\delta s_g} ds_g + \frac{\delta \varrho_g}{\delta x_L^*} dx_L^* \tag{14.1.8}$$

und

$$\varrho_F = \varrho_F(p, s_F, x_B^*) \tag{14.1.9}$$

oder in Differentialform

$$d\varrho_F = \frac{dp}{a_F^2} + \frac{\delta \varrho_F}{\delta s_F} ds_F + \frac{\delta \varrho_F}{\delta x_B^*} dx_B^*. \tag{14.1.10}$$

Die entsprechenden Ableitungen können bei gegebenem Druck anstatt mit Hilfe der unbekannten Entropien mit Hilfe der bekannten Temperaturen als Hilfsvariablen berechnet werden. So entsteht die Idee, einen Hilfsvektor der abhängigen Variablen

$$\bar{U}^T = (w_g, w_f, p, x_L^*, x_B^*, T_g, T_f, \alpha) \tag{14.1.11}$$

zu verwenden. Die Herleitung der Gln. (14.1.8) und (14.1.10) ist ziemlich umständlich. Sie wird in Anhang 14.1 dargestellt. In Tabelle 14.1 sind die Ergebnisse der Herleitung, die weiter verwendet werden, angegeben. Wiederum sei die Voraussetzung erwähnt, daß $p, x_L^*, x_B^*, T_g, T_f$ bekannt sind. Die Funktionen dieser Größen $p_L, \varrho_g, \varrho_F$ und deren substantielle Ableitungen sind in Tabelle 14.1 angegeben.

Tabelle 14.1

Y	$(\partial Y/\partial p)_{T_g, x_L^*}$	$(\partial Y/\partial T_g)_{p, x_L^*}$	$(\partial Y/\partial x_L^*)_{p, T_g}$
p_L	$x_L^* R_L T_g \dfrac{\partial \varrho_D}{\partial p_D} \Big/ Z$	$x_L^* R_L \left[\varrho_g (1-x_L^*) + T_g \dfrac{\partial \varrho_D}{\partial T_g} \right] \Big/ Z$	$\varrho_g R_L T_g / Z$
$x_L^* = 0$	0	0	$\varrho_g R_L T_g$
$x_L^* = 1$	1	$\dfrac{\partial \varrho_D / \partial T_g}{\partial \varrho_D / \partial p_D} \sim 0$	$\varrho_g \Big/ \dfrac{\partial \varrho_D}{\partial p_D}$
ϱ_g	$\dfrac{\partial \varrho_D}{\partial p_D} \Big/ Z$	$\left(\dfrac{\partial \varrho_D}{\partial T_g} - x_L^* \varrho_L R_L \dfrac{\partial \varrho_D}{\partial p_D} \right) \Big/ Z$	$\varrho_g \left(1 - R_L T_g \dfrac{\partial \varrho_D}{\partial p_D} \right) \Big/ Z$
$x_L^* = 0$	$\dfrac{\partial \varrho_D}{\partial p_D}$	$\dfrac{\partial \varrho_D}{\partial T_g}$	$\varrho_g \left(1 - R_L T_g \dfrac{\partial \varrho_D}{\partial p_D} \right)$
$x_L^* = 1$	$\dfrac{1}{R_L T_g}$	$-\dfrac{\varrho_g}{T_g}$	$\varrho_g \left(\dfrac{1}{R_L T_g \dfrac{\partial \varrho_D}{\partial p_D}} - 1 \right)$

$$Z = 1 - x_L^* \left(1 - R_L T_g \frac{\partial \varrho_D}{\partial p_D} \right)$$

	$(\partial \varrho_g / \partial p)_{s_g, x_L^*} = 1/a_g^2$	$(\partial \varrho_g / \partial s_g)_{p, x_L^*}$	$(\partial \varrho_g / \partial x_L^*)_{p, s_g}$
ϱ_g	$\dfrac{\partial \varrho_g}{\partial p} - \dfrac{\partial \varrho_g}{\partial T_g} \dfrac{\varrho_g \dfrac{\partial h_g}{\partial p} - 1}{\varrho_g c_{pg}}$	$\dfrac{\partial \varrho_g}{\partial T_g} \dfrac{T_g}{c_{pg}}$	$\left(\dfrac{\partial \varrho_g}{\partial x_L^*} \right)_{p, T_g} - \dfrac{\partial \varrho_g}{\partial T_g} \dfrac{T_g}{c_{pg}} \dfrac{\partial s_g}{\partial x_L^*}$
	$(\partial \varrho_F / \partial p)_{s_F, x_B^*} = 1/a_F^2$	$(\partial \varrho_F / \partial s_F)_{p, x_B^*}$	$(\partial \varrho_F / \partial x_B^*)_{p, s_F}$
ϱ_F	$(1-x_B^*) \dfrac{\varrho_F^2}{\varrho_f^2} \left(\dfrac{\partial \varrho_f}{\partial p} - \dfrac{\partial \varrho_f}{\partial T_f} \cdot \dfrac{\varrho_F \dfrac{\partial h_F}{\partial p} - 1}{\varrho_F c_{pF}} \right)$	$(1-x_B^*) \dfrac{\varrho_F^2}{\varrho_f^2} \dfrac{\partial \varrho_f}{\partial T_f} \dfrac{T_f}{c_{pF}}$	$\varrho_F^2 \left(\dfrac{1}{\varrho_f} - \dfrac{1}{\varrho_B} \right) - (1-x_B^*) \dfrac{\varrho_F^2}{\varrho_f^2} \dfrac{\partial \varrho_f}{\partial T_f} \dfrac{T_f}{c_{pF}} \dfrac{\partial s_F}{\partial x_B^*}$

$$\frac{\partial s_g}{\partial x_L^*} = s_L - s_D - \frac{1 - x_L^*}{T_g} \frac{\partial h_D}{\partial p_D} \frac{\partial p_L}{\partial x_L^*}; \qquad c_{pg} = x_L^* c_{pL} + (1 - x_L^*) \left(c_{pD} - \frac{\partial h_D}{\partial p_D} \frac{\partial p_L}{\partial T_g} \right);$$

$$\frac{\partial h_g}{\partial p} = (1 - x_L^*) \frac{\partial h_D}{\partial p_D} \left(1 - \frac{\partial p_L}{\partial p} \right);$$

$$\frac{\partial s_F}{\partial x_B^*} = s_B - s_f \qquad c_{pF} = x_B^* c_{pB} + (1 - x_B^*) c_{pf}$$

$$\frac{\partial h_F}{\partial p} = (1 - x_B^*) \frac{\partial h_f}{\partial p}$$

14.1.4 Das die NNDDS beschreibende partielle Differentialgleichungssystem

Als Ausgangspunkt für die weiteren Betrachtungen verwenden wir die Massen-, Impuls- und Energiegleichungen für jede Phase und Komponente getrennt.

$$\frac{\delta}{\delta\tau}(\alpha\varrho_L A)+\frac{\delta}{\delta z}(\alpha\varrho_L w_g A)=0, \tag{14.1.12}$$

$$\frac{\delta}{\delta\tau}(\alpha\varrho_D A)+\frac{\delta}{\delta z}(\alpha\varrho_D w_g A)=\mu A, \tag{14.1.13}$$

$$\frac{\delta}{\delta\tau}(\alpha_f\varrho_f A)+\frac{\delta}{\delta z}(\alpha_f\varrho_f w_f A)=-\mu A, \tag{14.1.14}$$

$$\frac{\delta}{\delta\tau}(\alpha_B\varrho_B A)+\frac{\delta}{\delta z}(\alpha_B\varrho_B w_f A)=0, \tag{14.1.15}$$

$$\begin{aligned}&\frac{\delta}{\delta\tau}[\alpha(\varrho_L+\varrho_D)w_g A]+\frac{\delta}{\delta z}[\alpha(\varrho_L+\varrho_D)w_g^2 A]\\&\quad+\alpha A\frac{\delta p}{\delta z}+\alpha(\varrho_L+\varrho_D)gA\cos\varphi+\frac{F_{Rg}}{\Delta z}=\mu w_{ex}A,\end{aligned} \tag{14.1.16}$$

$$\begin{aligned}&\frac{\delta}{\delta\tau}[(\alpha_f\varrho_f+\alpha_B\varrho_B)w_f A]+\frac{\delta}{\delta z}[(\alpha_f\varrho_f+\alpha_B\varrho_B)w_f^2 A]\\&\quad+(1-\alpha)A\frac{\delta p}{\delta z}+(\alpha_f\varrho_f+\alpha_B\varrho_B)gA\cos\varphi+\frac{F_{RF}}{\Delta z}=-\mu w_{ex}A,\end{aligned} \tag{14.1.17}$$

$$\begin{aligned}&\frac{\delta}{\delta\tau}\left\{\alpha\left[\varrho_L u_L+\varrho_D u_D+(\varrho_L+\varrho_D)\frac{w_g^2}{2}\right]A\right\}\\&\quad+\frac{\delta}{\delta z}\left\{\alpha w_g\left[\varrho_L h_L+\varrho_D h_D+(\varrho_L+\varrho_D)\frac{w_g^2}{2}\right]A\right\}\\&\quad+\alpha(\varrho_L+\varrho_D)w_g Ag\cos\varphi+\frac{F_{Rg}}{\Delta z}w_g=\frac{\dot{Q}_g}{\Delta z}+\mu\left(h_{ex}+\frac{w_{ex}^2}{2}\right)A+Ap\frac{\delta\alpha}{\delta\tau},\end{aligned} \tag{14.1.18}$$

$$\begin{aligned}&\frac{\delta}{\delta\tau}\left\{\left[\alpha_f\varrho_f u_f+\alpha_B\varrho_B u_B+(\alpha_f\varrho_f+\alpha_B\varrho_B)\frac{w_f^2}{2}\right]A\right\}\\&\quad+\frac{\delta}{\delta z}\left\{w_f\left[\alpha_f\varrho_f h_f+\alpha_B\varrho_B h_B+(\alpha_f\varrho_f+\alpha_B\varrho_B)\frac{w_f^2}{2}\right]A\right\}\\&\quad+(\alpha_f\varrho_f+\alpha_B\varrho_B)w_f Ag\cos\varphi+\frac{F_{RF}}{\Delta z}w_f=\frac{\dot{Q}_F}{\Delta z}-\mu\left(h_{ex}+\frac{w_{ex}^2}{2}\right)A-Ap\frac{\delta\alpha}{\delta\tau}.\end{aligned} \tag{14.1.19}$$

Nach einigen Transformationen, gezeigt in Anhang 14.2, 14.3 und 14.4, kommen wir zu folgendem System:

$$\frac{\delta x_L^*}{\delta \tau} + w_g \frac{\delta x_L^*}{\delta z} = \frac{\mu x_L^*}{\alpha \varrho_g}, \tag{14.1.20}$$

$$\frac{\delta x_B^*}{\delta \tau} + w_f \frac{\delta x_B^*}{\delta z} = \frac{\mu x_B^*}{(1-\alpha)\varrho_F}, \tag{14.1.21}$$

$$\frac{\delta p}{\delta \tau} + w_p \frac{\delta p}{\delta z} + \varrho a_h^2 \left[\alpha \frac{\delta w_g}{\delta z} + (1-\alpha) \frac{\delta w_f}{\delta z} + \Delta w \frac{\delta \alpha}{\delta z} \right] = \varrho a_h^2 b, \tag{14.1.22}$$

$$\frac{\delta \alpha}{\delta \tau} + w_\alpha \frac{\delta \alpha}{\delta z} + \varrho a_h^2 \frac{\alpha(1-\alpha)}{\varrho_g a_g^2 \varrho_F a_F^2} \left[\varrho_g a_g^2 \frac{\delta w_g}{\delta z} - \varrho_F a_F^2 \frac{\delta w_f}{\delta z} + \Delta w \frac{\delta p}{\delta z} \right] = \varrho a_h^2 c, \tag{14.1.23}$$

$$\frac{\delta w_g}{\delta \tau} + w_g \frac{\delta w_g}{\delta z} + \frac{1}{\varrho_g} \frac{\delta p}{\delta z} = -c_g/\alpha, \; c_g = (\alpha \varrho_g g \cos\varphi + f_{Rg} - \mu \Delta w_g)/\varrho_g, \tag{14.1.24}$$

$$\frac{\delta w_f}{\delta \tau} + w_f \frac{\delta w_f}{\delta z} + \frac{1}{\varrho_F} \frac{\delta p}{\delta z} = -c_F/(1-\alpha), \; c_F = [(1-\alpha)\varrho_f g \cos\varphi + f_{RF} + \mu \Delta w_f]/\varrho_F, \tag{14.1.25}$$

$$\frac{\delta s_g}{\delta \tau} + w_g \frac{\delta s_g}{\delta z} = s_g^*, \tag{14.1.26}$$

$$\frac{\delta s_F}{\delta \tau} + w_f \frac{\delta s_F}{\delta z} = s_F^*. \tag{14.1.27}$$

Dieses quasi-lineare nichthomogene System aus partiellen Differentialgleichungen hat bemerkenswerte Eigenschaften. Die erste Eigenschaft ist seine Einfachheit. Wir sehen, daß die Gln. (14.1.20,14.1.21) und (14.1.26,14.1.27) gleich in Divergenzform sind. Daraus folgt:

- Die Störungen der Massenkonzentration des nichtkondensierbaren Gases in der Gasphase x_L^* und der Gasentropie s_g breiten sich mit der Gasgeschwindigkeit aus.
- Die Störungen der Massenkonzentration der festen Phase in dem Gemisch Flüssigkeit und feste Phase x_B^* und der Gemischentropie s_F breiten sich mit der Geschwindigkeit w_f aus.

Die stationäre Strömung wird durch den stationären Teil des Systems (14.1.20–14.1.27) beschrieben. Die Auflösung nach den Ortsableitungen liefert:

$$\frac{dx_L^*}{dz} = -\frac{\mu x_L^*}{\alpha \varrho_g w_g}, \tag{14.1.28}$$

$$\frac{dx_B^*}{dz} = \frac{\mu x_B^*}{(1-\alpha)\varrho_F w_f}, \tag{14.1.29}$$

$$\frac{dp}{dz} = -\frac{D}{1-M^2}, \tag{14.1.30}$$

$$\frac{dw_g}{dz} = -\frac{1}{w_g}\left(\frac{c_g}{\alpha} + \frac{1}{\varrho_g}\frac{dp}{dz}\right), \tag{14.1.31}$$

$$\frac{dw_f}{dz} = -\frac{1}{w_f}\left(\frac{c_F}{1-\alpha} + \frac{1}{\varrho_F}\frac{dp}{dz}\right) \tag{14.1.32}$$

$$\frac{d\alpha}{dz} = -\frac{1}{w_f}\left[b_F - (1-\alpha)\frac{dw_f}{dz}\right] + \frac{1-\alpha}{\varrho_F a_F^2}\frac{dp}{dz}, \tag{14.1.33}$$

$$\frac{ds_g}{dz} = s_g^*/w_g, \tag{14.1.34}$$

$$\frac{ds_F}{dz} = s_F^*/w_f, \tag{14.1.35}$$

wobei

$$D = \frac{w_f^2 c_g + w_g^2 c_F + w_f b_g + w_g b_F}{\frac{\alpha}{\varrho_g} w_f^2 + \frac{1-\alpha}{\varrho_F} w_g^2},$$

$$M^2 = \frac{\frac{1}{\varrho a_h^2}}{\frac{\alpha}{\varrho_g w_g^2} + \frac{1-\alpha}{\varrho_F w_f^2}}.$$

Aus (14.1.30) ist ersichtlich, daß die Strömung *kritisch* ist, falls die *Dreiphasen-Machzahl* gegen 1 konvergiert

$$M^2 \to 1, \tag{14.1.36}$$

d.h. falls der Druck- bzw. Geschwindigkeitsgradient gegen $-\infty$ bzw. $+\infty$ konvergiert.

Damit ist unser Ziel erreicht. Wir haben bei ein und denselben Annahmen das instationäre, das stationäre Differentialgleichungssystem und die lokale Kritikalitätsbedingung für eine NNDDS gefunden.

14.1.5 Untersuchung des Types des Systems

Aus der charakteristischen Gleichung des Systems (14.1.20–14.1.27) erhalten wir sofort vier der insgesamt acht Eigenwerte

$$\lambda_1 = w_g,\ \lambda_2 = w_f,\ \lambda_7 = w_g,\ \lambda_8 = w_f.$$

Daraus sehen wir, daß die ersten und die letzten zwei Gleichungen in der kanonischen Form entlang der charakteristischen Kurven geschrieben werden können:

$$\frac{dz}{d\tau} = w_g \qquad \frac{dx_L^*}{d\tau} = -\frac{\mu x_L^*}{\alpha \varrho_g}, \tag{14.1.37,14.1.38}$$

$$\frac{dz}{d\tau} = w_f \qquad \frac{dx_B^*}{d\tau} = \frac{\mu x_B^*}{(1-\alpha)\varrho_F}, \tag{14.1.39,14.1.40}$$

$$\frac{dz}{d\tau} = w_g \qquad \frac{ds_g}{d\tau} = s_g^*, \tag{14.1.41,14.1.42}$$

$$\frac{dz}{d\tau} = w_f \qquad \frac{ds_F}{d\tau} = s_F^*. \tag{14.1.43,14.1.44}$$

Die restlichen vier Gleichungen enthalten keine Ableitungen von x_L^*, x_B^*, s_g und s_F und können getrennt untersucht werden. Ihre charakteristische Gleichung

$$\frac{\alpha}{\varrho_g (w_g - \lambda)^2} + \frac{1-\alpha}{\varrho_F (w_F - \lambda)^2} = \frac{1}{\varrho a_h^2} \tag{14.1.45}$$

gestattet zwei reelle und zwei konjugiert-komplexe Wurzeln mit realem Teil zwischen w_g und w_f. Rein formal ist (14.1.4) in [168] vorhanden. In unserem Fall ist aber der thermodynamische Inhalt der Größen ϱ_g, ϱ_F und ϱa^2 wesentlich erweitert. Für $x_L^* = 0$, $x_B^* = 0$ wird (14.1.45) mit Gl. (30) in [168] identisch.

Aus (14.1.45) ist ersichtlich, daß sie äquivalent der Kritikalitätsbedingung $M^2 = 1$ ist, wenn einer der Eigenwerte gleich Null ist

$$\lambda = 0 \tag{14.1.46}$$

(d.h. entlang dieser Charakteristik breitet sich die Druckstörung mit der Geschwindigkeit Null aus).

Das System (14.1.20–14.1.27) ist elliptisch. Unter Berücksichtigung der Strömungsstruktur läßt sich durch Modifikation der Impulsgleichungen ein hyperbolisches System erhalten. So z.B. nehmen Rudinger und Chang [240] (1964) bei der mathematischen Beschreibung des Pneumotransportes von monodisperser Phase an, daß der Druck nur in der Gasphase existiert, die die feste Phase mechanisch transportiert. Deswegen entsteht der Druckgradient nur in der Impulsgleichung der Gasphase. Diese Idee wurde von Litzkovsky [184] (1975) für die Beschreibung der Einkomponenten-ZS, bestehend aus kontinuierlicher Flüssigkeit und diskreter Gasphase, verwendet. Kolev [153] (1981) verwendete diese Idee für die Beschreibung der Einkomponenten-ZS, bestehend nicht nur aus kontinuierlicher Flüssigkeit und diskreter Gasphase, sondern auch aus diskreter Flüssigkeit und kontinuierlicher Gasphase. Untersuchen wir weiter die beiden Fälle für die Dreiphasen-Dreikomponentenströmung.

Falls die Gasphase kontinuierlich ist, gelten die Impulsgleichungen

$$\frac{\delta w_g}{\delta \tau} + w_g \frac{\delta w_g}{\delta z} + \frac{1}{\alpha \varrho_g} \frac{\delta p}{\delta z} = -c_g/\alpha, \tag{14.1.47}$$

$$\frac{\delta w_f}{\delta \tau} + w_f \frac{\delta w_f}{\delta z} = c_F/(1-\alpha). \tag{14.1.48}$$

Aus der charakteristischen Gleichung

$$(w_f - \lambda)^2 \left[(w_g - \lambda)^2 - \frac{\varrho}{\varrho_g} a_h^2 \right] = 0 \tag{14.1.49}$$

erhalten wir

$$\lambda_3 = w_f,\ \lambda_{4,5} = w_g \pm a,\ \lambda_6 = w_f, \tag{14.1.50–14.1.53}$$

wobei

$$a = a_h (\varrho/\varrho_g)^{1/2} \tag{14.1.54}$$

die Schallgeschwindigkeit ist. $\lambda_{4,5}$ charakterisiert die Ausbreitungsgeschwindigkeit der Druck- bzw. der Gasgeschwindigkeitsstörung. Für die Blasenströmung haben wir

$$\frac{\delta w_g}{\delta \tau} + w_g \frac{\delta w_g}{\delta z} = -c_g/\alpha, \tag{14.1.55}$$

$$\frac{\delta w_f}{\delta \tau} + w_f \frac{\delta w_f}{\delta z} + \frac{1}{(1-\alpha)\varrho_F} \frac{\delta p}{\delta z} = -c_F/(1-\alpha). \tag{14.1.56}$$

Aus der charakteristischen Gleichung

$$(w_g - \lambda) \left[(w_f - \lambda)^2 - \frac{\varrho}{\varrho_F} a_h^2 \right] = 0 \tag{14.1.57}$$

erhalten wir

$$\lambda_3 - w_g, \quad \lambda_{4,6} = w_f \pm a, \quad \lambda_5 = w_g, \tag{14.1.58–14.1.61}$$

wobei

$$a = a_h (\varrho/\varrho_F)^{1/2} \tag{14.1.62}$$

die Schallgeschwindigkeit ist. Diesmal charakterisiert $\lambda_{4,5}$ die Ausbreitungsgeschwindigkeit der Druckstörung bzw. der Störung der Flüssigkeitsgeschwindigkeit. Im Vergleich dazu ist die Schallgeschwindigkeit der homogenen Strömung (s. Abschn. 14.3)

$$a = a_h. \tag{14.1.63}$$

Die Form (14.1.63) ist equivalent zur Woodschen Gleichung [291] (1934). Der physikalische Inhalt ist jedoch neu. Durch die Größen ϱ_g, ϱ_F, a_g und a_F ist der Einfluß des nichtkondensierbaren Gases und der festen Phase berücksichtigt.

Die Zahlenergebnisse für die Schallgeschwindigkeit (14.1.54, 14.1.62, 14.1.63), unterschieden sich voneinander für dieselben Parameter. Dies zeigt, wie wichtig es ist, bei der Beschreibung der dynamischen Eigenschaften der Strömung, die Strömungs-

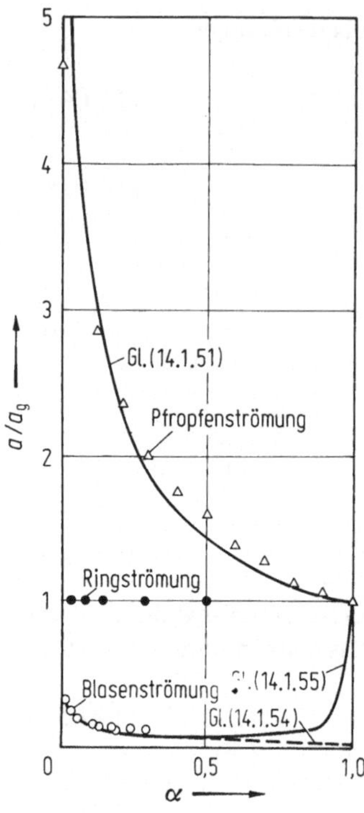

Abb. 14.1. Vergleich zwischen der mit Hilfe der Gln. (14.1.51, 14.1.54, 14.1.55) berechneten und der gemessenen Schallgeschwindigkeit [203] als Funktion des Gasvolumenanteiles für verschiedene Strömungsstrukturen: $p = 1{,}778$ bar, $T = 293{,}15$ K

struktur mit zu berücksichtigen, was in Übereinstimmung mit den Experimenten von Henry u.a. [203] (1968) steht. Henry u.a. haben Experimentaldaten für die Druckwellenausbreitungsgeschwindigkeit für $p = 1{,}78$ bar, $T = 293,\ 15$ K in einem Luft-Wasser-Gemisch erhalten. Der Einfluß der Gasvolumenanteile wurde bei verschiedenen Strömungsstrukturen untersucht (Abb. 14.1). Die Ergebnisse für die homogene Strömung sind in ausgezeichneter Übereinstimmung mit (14.1.63). Das ist ein wichtiger Hinweis über den Anwendungsbereich $0 \leqq \alpha \leqq 1$ des Modells der homogenen Strömung.

Das nichthomogene Modell der Blasenströmung ist in ausgezeichneter Übereinstimmung mit dem Experiment für $0 < \alpha \leqq 0{,}5$ bezüglich der Schallgeschwindigkeit. Der Wert $\alpha \sim 0{,}5$ stellt die obere Grenze des Anwendungsbereiches dieses Modells dar. Das ist in Übereinstimmung mit dem von Ciklauri [42] aus geometrischen Betrachtungen erhaltenen Wert $\alpha = 0{,}492$.

Der Vergleich der Experimentaldaten für Pfropfenströmung mit den Ergebnissen (14.1.51) für kontinuierliche Gasphase und diskrete Flüssigkeit zeigt eine gute Übereinstimmung für $\alpha > 0{,}1$. Matsui und Arimoto [194] (1978) bestätigten die Daten von Henry für die ZS in einem Rohr, bestehend aus geordneten Paaren aus Gas- und Flüssigkeitspfropfen allerdings für eine kleine Anzahl von Paaren pro Längeneinheit (die Ergebnisse für eine große Anzahl von Paaren stimmen mit den Ergebnissen der Theorie der homogenen Strömung überein). Das ist ein Grund, eine Ähnlichkeit des Ausbreitungsmechanismus der Druckstörungen in beide Strukturen anzunehmen. Unabhängig davon aber ist es notwendig, weitere Experimente durchzuführen, um dieses Phänomen zu erklären, sowie auch die Anwendungsbereiche des Modells „kontinuierliche Gasphase – diskrete Flüssigkeit" zu bestimmen.

Als eine Alternative bei der Beschreibung der NNDDS kann das in Abschn. 14.3 dargestellte Modell dienen.

14.2 Modell Nr.2 – homogene Strömung

Für bestimmte Fälle in der Technik ist es zweckmäßig, die Annahme

$$w_g = w_f = w \tag{14.2.1}$$

zu treffen (z.B. Hochdruckprozesse). Sie vereinfacht das System (14.1.20 – 14.1.27). Es ist zweckmäßiger, anstatt (14.1.23) die Massengleichung des Gemisches zu verwenden. Anstatt der Impulsgleichung verwenden wir deren Summe. Wir definieren als Vektor der abhängigen Variablen

$$U^T = (x_L^*, x_B^*, p, \varrho, w, s_g, s_F) \tag{14.2.2}$$

und schreiben (14.1.20) bis (14.1.27) in folgender Form

$$\frac{\delta x_L^*}{\delta \tau} + w\frac{\delta x_L^*}{\delta z} = -\frac{\mu x_L^*}{\alpha \varrho_g}, \tag{14.2.3}$$

$$\frac{\delta x_B^*}{\delta \tau} + w\frac{\delta x_B^*}{\delta z} = \frac{\mu x_B^*}{(1-\alpha)\varrho_F}, \tag{14.2.4}$$

$$\frac{\delta p}{\delta \tau} + w\frac{\delta p}{\delta z} + \varrho a_h^2 \frac{\delta w}{\delta z} = \varrho a_h^2 b, \tag{14.2.5}$$

$$\frac{\delta \varrho}{\delta \tau} + w\frac{\delta \varrho}{\delta z} + \varrho\frac{\delta w}{\delta z} = -\varrho w A^*, \tag{14.2.6}$$

$$\frac{\delta w}{\delta \tau} + w\frac{\delta w}{\delta z} + \frac{1}{\varrho}\frac{\delta p}{\delta z} = -Z/\varrho, \text{ wobei } Z = \varrho g \cos\varphi + R, \tag{14.2.7}$$

$$\frac{\delta s_g}{\delta \tau} + w\frac{\delta s_g}{\delta z} = s_g^*, \tag{14.2.8}$$

$$\frac{\delta s_F}{\delta \tau} + w\frac{\delta s_F}{\delta z} = s_F^*. \tag{14.2.9}$$

Die Eigenwerte dieses Systems sind

$$\lambda_{1,2,3,4,5} = w; \; \lambda_{7,8} = w \pm a_h.$$

Unter Verwendung der linear unabhängigen Eigenvektoren der transponierten charakteristischen Matrix entsprechend zu jedem Eigenwert, läßt sich dieses hyperbolische System in der völlig äquivalenten kanonischen Form aufschreiben

$$\frac{dz}{d\tau} = w \qquad \frac{dx_L^*}{d\tau} = -\frac{\mu x_L^*}{\alpha \varrho_g},$$

$$\frac{dz}{d\tau} = w \qquad \frac{dx_B^*}{d\tau} = \frac{\mu x_B^*}{(1-\alpha)\varrho_F},$$

$$\frac{dz}{d\tau} = w \qquad \frac{dp}{d\tau} - a_h^2 \frac{d\varrho}{d\tau} = \varrho a_h^2 (b + wA^*),$$

$$\frac{dz}{d\tau} = w + a \quad \frac{dw}{d\tau} + \frac{1}{\varrho a_h} \frac{dp}{d\tau} = a_h b - Z/\varrho,$$

$$\frac{dz}{d\tau} = w - a \quad \frac{dw}{d\tau} - \frac{1}{\varrho a_h} \frac{dp}{d\tau} = -a_h b - Z/\varrho,$$

$$\frac{dz}{d\tau} = w \qquad \frac{ds_g}{d\tau} = s_g^*,$$

$$\frac{dz}{d\tau} = w \qquad \frac{ds_F}{d\tau} = s_F^*.$$

Die kanonische Form des Systems kann genutzt werden, um unter Verwendung des Charakteristikenverfahrens in irgendeiner seiner Modifikationen eine numerische Lösung zu erhalten.

Der stationäre Zustand der Strömung wird durch den stationären Teil des Systems [Gln. (14.2.3 – 14.2.9)] beschrieben. Die Auflösung nach den Ortsableitungen liefert uns:

$$\frac{dx_L^*}{dz} = -\frac{\mu x_L^*}{\alpha \varrho_g w},$$

$$\frac{dx_B^*}{dz} = \frac{\mu x_B^*}{(1-\alpha)\varrho_F w},$$

$$\frac{dp}{dz} = -(Z + \varrho w b)/(1 - M^2); \; M^2 = w^2/a_h^2,$$

$$\frac{dw}{dz} = -\frac{1}{\varrho w}\left(Z + \frac{dp}{dz}\right),$$

$$\frac{d\varrho}{dz} = -\frac{\varrho dw}{w dz},$$

$$\frac{ds_g}{dz} = s_g^*/w,$$

$$\frac{ds_F}{dz} = s_F^*/w.$$

Die Kritikalitätsbedingung ist in dem Fall wieder

$$M^2=1 \text{ oder } \lambda_8=0,$$

d.h.

$$w=a_h. \qquad (14.2.10)$$

Zur Kontrolle überprüfen wir, ob (14.2.10) bekannte Grenzfälle liefert:

1. $x_L^*=0, \quad \alpha=1, a_h=a_D;$
2. $x_L^*=1, \quad \alpha=1, a_h=a_L;$
3. $0<x_L^*<1, \alpha=1, a_h=a_g;$
4. $x_B^*=0, \quad \alpha=0, a_h=a_f;$
5. $x_B\neq 0, \quad \alpha=0, a_h=a_F.$

Diese Eigenschaften charakterisieren nicht nur das homogene Modell Nr.2, sondern auch das nichthomogene Modell Nr.1.

Tabelle 14.2 zeigt einen Vergleich der berechneten, mit Hilfe der Gleichung

$$\frac{1}{\varrho a_h^2}=\frac{\alpha}{\varrho_g a_g^2}+\frac{1-\alpha}{\varrho_F a_F^2}$$

sowie mit den von Böck und Schawla [20] gemessenen Schallgeschwindigkeiten für $p=1$ bar, $T=273{,}15+21$ K, $\varrho_D\sim 0$ und $x_B=0$ in einer Wasser-Luft-Strömung.

Wir sehen eine ausgezeichnete Übereinstimmung. Für den Grenzfall nicht vorhandener fester Phase und nicht kompressibler Flüssigkeit erhalten wir das von Kolev [175] (1983) entwickelte Modell.

Tabelle 14.2

α	a-Experiment	a/a_g-Experiment	a/a_g-Theorie	Δ%
0,04	62,50	0,18227	0,17574	3,48
0,10	38,02	0,11095	0,11479	−3,46
0,42	25,10	0,07324	0,06975	4,77
0,45	24,70	0,072074	0,069194	4,00
0,50	23,85	0,069594	0,068840	1,08
0,67	24,70	0,072074	0,07315	−1,49
0,69	26,45	0,077181	0,074368	3,64
0,70	26,00	0,075868	0,075051	1,08
0,80	31,55	0,092064	0,085897	6,70
0,90	41,70	0,12168	0,11419	6,16
0,91	43,75	0,12766	0,11962	6,30
1,00	342,7	1,00000	1,00000	0,00
				=2,5

14.3 Modell Nr. 3 – nichthomogene Strömung mit quasikonstantem Schlupf

Die mathematische Simulation des Impulstransports zwischen den Phasen kann auf verschiedene Weise gemacht werden. Eine davon ist die Verwendung separierter Impulsgleichungen (Abschn.14.1.4). Diese Methode braucht empirische Information für die Bestimmung der Strömungsstruktur und für jede Strömungsstruktur empirische Information über die Interphasen – und Wandkräfte, die auf jede Phase wirken. Ein anderer Weg ist die Verwendung empirischer Schlupfkorrelation. Dabei werden die integralen Strömungscharakteristiken berücksichtigt, um den mittleren Geschwindigkeitsquotienten

$$S = w_g / w_f \tag{14.3.1}$$

als Funktion der örtlichen Parameter zu berechnen. Zur Zeit ist der letztere Weg zuverlässiger. Deshalb ist es notwendig, ein Modell der NNDDS aufzustellen, das eine Impulsgleichung enthält und eine empirische Korrelation des Typs

$$S = S(Geometrie, U) \tag{14.3.2}$$

verwendet wird, wobei $\boldsymbol{U}$ der Vektor der abhängigen Variablen ist. Wir wählen als Vektor der abhängigen Variablen

$$\boldsymbol{U}^{\mathrm{T}} = (G, p, x, x_L^*, x_B^*, T_g, T_f) \tag{14.3.3}$$

und als Hilfsvektor der abhängigen Variablen

$$\bar{\boldsymbol{U}}^{\mathrm{T}} = (G, \varrho, x, x_L^*, x_B^*, s_g, s_F), \tag{14.3.4}$$

wobei

$$G = \alpha \varrho_g w_g + (1-\alpha) \varrho_F w_f, \tag{14.3.5}$$

$$\varrho = \alpha \varrho_g + (1-\alpha) \varrho_F, \tag{14.3.6}$$

$$x = \dot{m}_g / \dot{m}. \tag{14.3.7}$$

Zunächst schreiben wir die Folgen der Definitionsgleichungen (14.3.1,14.3.5,14.3.7)

$$\alpha = x v_g / v_S, \tag{14.3.8}$$

$$1 - \alpha = S(1-x) v_F / v_S, \tag{14.3.9}$$

$$w_g = G v_S, \tag{14.3.10}$$

$$w_f = \frac{1}{S} G v_S, \tag{14.3.11}$$

wobei

$$v_S = x v_g + S(1-x) v_F. \tag{14.3.12}$$

Die Gln. (14.1.20, 14.1.21, 14.1.26, 14.1.27) können unverändert auch in diesem Fall verwendet werden. Anstatt der Impulsgleichungen verwenden wir die Impulsgleichung des Gemisches, anstatt (14.1.22) die Massengleichung des Gemisches und anstatt (14.1.23) die Gl. (14.3.16):

$$\frac{\delta x_L^*}{\delta \tau} + G v_S \frac{\delta x_L^*}{\delta z} = -\frac{\mu x_L^* v_S}{x}, \tag{14.3.13}$$

$$\frac{\delta x_B^*}{\delta \tau} + \frac{1}{S} G v_S \frac{\delta x_B^*}{\delta z} = \frac{\mu x_B^* v_S}{S(1-x)}, \tag{14.3.14}$$

$$\frac{\delta \varrho}{\delta \tau} + \frac{1}{A} \frac{\delta}{\delta z} (GA) = 0, \tag{14.3.15}$$

$$\frac{\delta x}{\delta \tau} + G v_S \varepsilon_1 \frac{\delta x}{\delta z} = \varepsilon_1 v_S \left[\mu - x(1-x) \varepsilon_2 \frac{1}{A} \frac{\delta}{\delta z} (GA) \right], \tag{14.3.16}$$

$$\frac{\delta G}{\delta \tau} + 2 G v_I \frac{\delta G}{\delta z} = -\frac{G^2}{A} \frac{\delta}{\delta z} (v_I A) - \frac{\delta p}{\delta z} - Z, \tag{14.3.17}$$

wobei

$$Z = R + \varrho g \cos\varphi,$$

$$\varepsilon_1 = \frac{S - x(S-1)}{S}; \quad \varepsilon_2 = \frac{S-1}{S - x(S-1)},$$

$$v_I = \left[1 + x(1-x) \frac{(S-1)^2}{S} \right] \Big/ \varrho = f_0 v_S,$$

$$f_0 = [1 + x(S-1)]/S,$$

$$\frac{\delta s_g}{\delta \tau} + G v_S \frac{\delta s_g}{\delta z} = s_g^*, \tag{14.3.18}$$

$$\frac{\delta s_F}{\delta \tau} + \frac{1}{S} G v_S \frac{\delta s_F}{\delta z} = s_F^*. \tag{14.3.19}$$

Wir sehen, daß dieses Differentialgleichungssystem genügend vereinfacht ist, um es für die mathematische Simulation von NNDDS in komplizierten Netzwerken zu verwenden.

Der nächste Schritt ist die Berechnung von dU bei gegebenem Zuwachs dU. Dafür ist der im Anhang 14.6 hergeleitete Zusammenhang geeignet.

$$\mathrm{d}p = f_0 G^{*2} \left\{ \frac{v_S}{\varrho} \left[\mathrm{d}\varrho + \frac{S(v_g - v_F)}{v_S^2} \mathrm{d}x \right] - \frac{x}{\varrho_g^2} \left(\frac{\delta \varrho_g}{\delta s_g} \mathrm{d}s_g + \frac{\delta \varrho_g}{\delta x_L^*} \mathrm{d}x_L^* \right) \right.$$
$$\left. - \frac{S(1-x)}{\varrho_F^2} \left(\frac{\delta \varrho_F}{\delta s_F} \mathrm{d}s_F + \frac{\delta \varrho_F}{\delta x_B^*} \mathrm{d}x_B^* \right) \right\}, \tag{14.3.20}$$

wobei

$$\frac{1}{G^{*2}} = f_0 \left[\frac{x}{G_g^{*2}} + \frac{S(1-x)}{G_F^{*2}} \right], \tag{14.3.21}$$

$$G_g^{*2} = (\varrho_g a_g)^2, \tag{14.3.22}$$

$$G_F^{*2} = (\varrho_F a_F)^2. \tag{14.3.23}$$

Die Temperaturänderungen dT können von den Definitionsgleichungen (14.1.9,14.1.10) bei gegebenen Entropie- und Druckänderungen errechnet werden. Gleichung (14.3.21) definiert die lokale kritische Massenstromdichte. Das kann am stationären Teil des Systems, aufgelöst nach den Ortsableitungen, gesehen werden:

$$\frac{dx_L^*}{dz} = -\frac{\mu x_L^*}{Gx}, \tag{14.3.24}$$

$$\frac{dx_B^*}{dz} = \frac{\mu}{G} \frac{x_B^*}{1-x}, \tag{14.3.25}$$

$$\frac{d}{dz}(GA) = 0; \; GA = \text{const}, \tag{14.3.26}$$

$$\frac{dx}{dz} = \frac{\mu}{G}, \tag{14.3.27}$$

$$\frac{dp}{dz} = -\frac{Z - G^2 (v_I A^* + D_1)}{1 - \dfrac{G^2}{G^{*2}}}, \tag{14.3.28}$$

wobei

$$-D_1 = -f_0 \left[\frac{x}{\varrho_g^2} \left(\frac{\delta \varrho_g}{\delta s_g} \frac{ds_g}{dz} + \frac{\delta \varrho_g}{\delta x_L^*} \frac{dx_L^*}{dz} \right) + \frac{S(1-x)}{\varrho_F^2} \left(\frac{\delta \varrho_F}{\delta s_F} \frac{ds_F}{dz} + \frac{\delta \varrho_F}{\delta x_B^*} \frac{dx_B^*}{dz} \right) \right] + \frac{\delta v_I}{\delta x} \frac{dx}{dz},$$

$$\frac{\delta v_I}{\delta s} = \frac{S-1}{S} v_S + f_0 (v_g - S v_F),$$

$$\frac{ds_g}{dz} = s_g^* / (G v_S), \tag{14.3.29}$$

$$\frac{ds_F}{dz} = s_F^* S / (G v_S). \tag{14.3.30}$$

Fassen wir das Ergebnis zusammen: In Übereinstimmung mit den Anhängen 1) bis 6) und einer zusätzlichen vereinfachenden Annahme für quasikonstanten Schlupf $S = \text{const}$, wobei $S(\tau, z) = S[\textit{Geometrie}, \; \boldsymbol{U}(\tau, z)]$, haben wir ein relativ einfaches Modell der NNDDS erhalten. Das Modell beschreibt sowohl die transiente als auch die stationäre NNDDS. Dabei wurde ein Ausdruck, der die lokale kritische Massenstromdichte bzw. die Kritikalitätsbedingung definiert, gefunden.

Der Nachteil des Modells Nr.3 besteht darin, daß es unmöglich ist, ZS mit entgegengesetzten Geschwindigkeiten zu simulieren. Immerhin gibt es aber sehr viele Anwendungsmöglichkeiten in der Technik, wo dieses Modell mit Erfolg verwendet werden kann.

Anhang 14.1

Wir beginnen mit der Annahme, daß p, x_L^*, x_B^*, T_g und T_f bekannt sind. Das Ziel der weiteren Überlegungen ist, die substantiellen Ableitungen von ϱ_g und ϱ_F sowie auch einige Hilfszusammenhänge zu finden.

Um den partiellen Druck des nichtkondensierbaren Gases zu erhalten, verwenden wir ein Iterationsverfahren. Die erste Approximation kann unter der Annahme, daß der Dampf auch ein ideales Gas ist, gefunden werden:

$$p_D = \frac{1-x_L^*}{1-x_L^*\left(1-\dfrac{R_L}{R_D}\right)} p, \qquad p_L = p - p_D .$$

Eine weitere Verbesserung erhalten wir durch die Gleichung

$$p_L = \frac{x_L^*}{1-x_L^*} R_L T_g \varrho_D(p_D, T_g)$$

unter Verwendung des Newtonschen Iterationsverfahrens.

$$p_D^n = p_D^{n-1} - \frac{p - p_D^{n-1} - \dfrac{x_L^*}{1-x_L^*} R_L T_g \varrho_D(p_D, T_g)}{-1 - \dfrac{x_L^*}{1-x_L^*} R_L T_g \left(\dfrac{\delta \varrho_D}{\delta p_D}\right)_{T_g}} .$$

Für den trivialen Fall $x_L^* = 1$, $p_L = p$ und $p_D = 0$. Damit kann die Dichte des nichtkondensierbaren Gases berechnet werden $\varrho_L = p_L/(R_L T_g)$. Für den Dampf benötigen wir folgende Zustandsgleichungen:

$$\varrho_D = \varrho_D(p_D, T_g) \text{ oder } d\varrho_D = \left(\frac{\delta \varrho_D}{\delta p_D}\right)_{T_g} dp_D + \left(\frac{\delta \varrho_D}{\delta T_g}\right)_{p_D} dT_g,$$

wobei

$$\left(\frac{\delta \varrho_D}{\delta p_D}\right)_{T_g} = \frac{\delta \varrho_D}{\delta p_D}(p_D, T_g), \quad \left(\frac{\delta \varrho_D}{\delta T_g}\right)_{p_D} = \frac{\delta \varrho_D}{\delta T_g}(p_D, T_g).$$

Jetzt können wir leicht die Dichte des Gases berechnen $\varrho_g = \varrho_L + \varrho_D$. ϱ_g ist eine implizite Funktion von p, T_g und x_L^*. Um einen Differentialausdruck zu erhalten, benötigen wir folgende Zusammenhänge:

$$(1-x_L^*)\varrho_g = \varrho_D(p_D, T_g), \qquad p_L = x_L^* \varrho_g R_L T_g, \qquad p_D = p - p_L .$$

Nach einer Differenzierung

$$(1-x_L^*)d\varrho_g = \frac{\delta\varrho_D}{\delta p_D}dp_D + \frac{\delta\varrho_D}{\delta T_g}dT_g + \varrho_g dx_L^*,$$

$$dp_L = x_L^*\varrho_g R_L dT_g + x_L^* R_L T_g d\varrho_g + \varrho_g R_L T_g dx_L^*,$$

$$dp_D = dp - dp_L$$

und Elimination von dp_L, dP_D sowie Auflösung nach $d\varrho_g$ ergibt sich

$$Z_n d\varrho_g = \frac{\delta\varrho_D}{\delta p_D}dp + \left(\frac{\delta\varrho_D}{\delta T_g} - x_L^*\varrho_g R_L \frac{\delta\varrho_D}{\delta p_D}\right)dT_g + \varrho_g\left(1 - R_L T_g \frac{\delta\varrho_D}{\delta p_D}\right)dx_L^*$$

oder

$$d\varrho_g = \left(\frac{\delta\varrho_g}{\delta p}\right)_{T_g,x_L^*} dp + \left(\frac{\delta\varrho_g}{\delta T_g}\right)_{p,x_L^*} dT_g + \left(\frac{\delta\varrho_g}{\delta x_L^*}\right)_{p,T_g} dx_L^*. \qquad (A1-1)$$

Daraus erhalten wir die Ableitungen, angegeben in Tabele 14.1. Wir ersetzen $d\varrho_g$ in der Gleichung $p_L = ...$ und erhalten

$$dp_L = \left(\frac{\delta p_L}{\delta p}\right)_{T_g,x_L^*} dp + \left(\frac{\delta p_L}{\delta T_g}\right)_{p,x_L^*} dT_g + \left(\frac{\delta p_L}{\delta x_L^*}\right)_{p,T_g} dx_L^*. \qquad (A1-2)$$

Daraus resultieren die Definitionen der substantiellen Ableitungen von dp_L, angegeben in Tabelle 14.1.

Für die Entropie des Gasgemisches läßt sich schreiben

$$s_g = x_L^* s_L + (1-x_L^*)s_D$$

oder in Differentialform

$$ds_g = x_L^* ds_L + (1-x_L^*)ds_D + (s_L - s_D)dx_L^*$$

oder

$$\varrho_L T_g ds_L + \varrho_D T_g ds_D = T_g\varrho_g[ds_g - (s_L - s_D)dx_L^*].$$

Wenn wir $\varrho_L T_g ds_L$ und $\varrho_D T_g ds_D$ mit den rechten Seiten der Entropiedefinitionsgleichungen

$$\varrho_L T_g ds_L = \varrho_L dh_L - dp_L,$$

$$\varrho_D T_g ds_D = \varrho_D dh_D - dp_D$$

ersetzen, erhalten wir:

$$\varrho_L dh_L + \varrho_D dh_D - dp = T_g\varrho_g[ds_g - (s_L - s_D)dx_L^*]. \qquad (A1-3)$$

Diese Gleichung gestattet uns die Gasmischungsenergiegleichung direkt in Entropieform zu transformieren. Wenn wir weiter die Enthalpiedifferentiale durch die kalorischen Gleichungen ersetzen

$$\mathrm{d}h_{\mathrm{L}}=c_{pL}dT_{\mathrm{g}},$$

$$\mathrm{d}h_{\mathrm{D}}=\left(\frac{\delta h_{\mathrm{D}}}{\delta p_{\mathrm{D}}}\right)_{T_{\mathrm{g}}}\mathrm{d}p_{\mathrm{D}}+\left(\frac{\delta h_{\mathrm{D}}}{\delta T_{\mathrm{g}}}\right)_{p_{\mathrm{D}}}\mathrm{d}T_{\mathrm{g}},$$

die Gleichungen $\mathrm{d}p_{\mathrm{D}}=\mathrm{d}p-\mathrm{d}P_{\mathrm{L}}$ und $\mathrm{d}p_{\mathrm{L}}=...$ verwenden und substituieren

$$x_{\mathrm{L}}^{*}c_{pL}+(1-x_{\mathrm{L}}^{*})\left(c_{p\mathrm{D}}-\frac{\delta h_{\mathrm{D}}}{\delta p_{\mathrm{D}}}\frac{\delta p_{\mathrm{L}}}{\delta T_{\mathrm{g}}}\right)=c_{p\mathrm{g}},$$

$$(1-x_{\mathrm{L}}^{*})\frac{\delta h_{\mathrm{D}}}{\delta p_{\mathrm{D}}}\left(1-\frac{\delta p_{\mathrm{L}}}{\delta p}\right)=\left(\frac{\delta h_{\mathrm{g}}}{\delta p}\right)_{T_{\mathrm{g}},x^{*}_{\mathrm{L}}}\mathrel{\hat{=}}\frac{\delta h_{\mathrm{g}}}{\delta p},$$

$$s_{\mathrm{L}}-s_{\mathrm{D}}-\frac{1-x_{\mathrm{L}}^{*}}{T_{\mathrm{g}}}\frac{\delta h_{\mathrm{D}}}{\delta p_{\mathrm{D}}}\frac{\delta p_{\mathrm{L}}}{\delta x_{\mathrm{L}}^{*}}=\left(\frac{\delta s_{\mathrm{g}}}{\delta x_{\mathrm{L}}^{*}}\right)_{p,T_{\mathrm{g}}}\mathrel{\hat{=}}\frac{\delta s_{\mathrm{g}}}{\delta x_{\mathrm{L}}^{*}},$$

erhalten wir

$$\mathrm{d}T_{\mathrm{g}}=\frac{T_{\mathrm{g}}}{c_{p\mathrm{g}}}\mathrm{d}s_{\mathrm{g}}-\frac{\varrho_{\mathrm{g}}\frac{\delta h_{\mathrm{g}}}{\delta p}-1}{\varrho_{\mathrm{g}}c_{p\mathrm{g}}}\mathrm{d}p-\frac{T_{\mathrm{g}}}{c_{p\mathrm{g}}}\frac{\delta s_{\mathrm{g}}}{\delta x_{\mathrm{L}}^{*}}\mathrm{d}x_{\mathrm{L}}^{*}. \qquad (\mathrm{A}1-4)$$

Diese Gleichung gestattet uns bei bekannten $(\mathrm{d}s_{\mathrm{g}},\mathrm{d}p,\mathrm{d}x_{\mathrm{L}}^{*})$, erhalten aus der numerischen Integration des nichtkonservativen Differentialgleichungssystems, die Temperaturänderung $\mathrm{d}T_{\mathrm{g}}$ zu berechnen.

Die Zustandsgleichung des Gasgemisches in Differentialform erhalten wir, nachdem mit Hilfe der letzten Gleichung $\mathrm{d}T_{\mathrm{g}}$ aus (A1 – 1) ersetzt wird und die so erhaltene Gleichung in folgender Form geschrieben wird:

$$\mathrm{d}\varrho_{\mathrm{g}}=\frac{\mathrm{d}p}{a_{\mathrm{g}}^{2}}+\left(\frac{\delta\varrho_{\mathrm{g}}}{\delta s_{\mathrm{g}}}\right)_{p,x_{\mathrm{L}}}\mathrm{d}s_{\mathrm{g}}+\left(\frac{\delta\varrho_{\mathrm{g}}}{\delta x_{\mathrm{L}}^{*}}\right)_{p,s_{\mathrm{g}}}\mathrm{d}x_{\mathrm{L}}^{*}. \qquad (\mathrm{A}1-5)$$

Wir können für die spezifische Entropie des Gemisches schreiben

$$s_{\mathrm{F}}=x_{\mathrm{B}}^{*}s_{\mathrm{B}}+(1-x_{\mathrm{B}}^{*})s_{\mathrm{F}}$$

oder in Differentialform

$$\mathrm{d}s_{\mathrm{F}}=x_{\mathrm{B}}^{*}\mathrm{d}s_{\mathrm{B}}+(1-x_{\mathrm{B}}^{*})\mathrm{d}s_{\mathrm{f}}+(s_{\mathrm{B}}-s_{\mathrm{f}})\mathrm{d}x_{\mathrm{B}}^{*}$$

oder

$$\alpha_{\mathrm{B}}\varrho_{\mathrm{B}}T_{\mathrm{f}}\mathrm{d}s_{\mathrm{B}}+\alpha_{\mathrm{f}}\varrho_{\mathrm{f}}T_{\mathrm{f}}\mathrm{d}s_{\mathrm{f}}=(1-\alpha)\varrho_{\mathrm{F}}T_{\mathrm{f}}[\mathrm{d}s_{\mathrm{F}}-(s_{\mathrm{B}}-s_{\mathrm{f}})\mathrm{d}x_{\mathrm{B}}^{*}].$$

Wir ersetzen die Terme $\varrho_{\mathrm{B}}T_{\mathrm{f}}\mathrm{d}s_{\mathrm{B}}$ und $\varrho_{\mathrm{f}}T_{\mathrm{f}}\mathrm{d}s_{\mathrm{f}}$ durch die rechten Seiten der Entropiedefinitionsgleichungen

$$\varrho_{\mathrm{B}}T_{\mathrm{f}}\mathrm{d}s_{\mathrm{B}}=\varrho_{\mathrm{B}}\mathrm{d}h_{\mathrm{B}}-\mathrm{d}p,\ \varrho_{\mathrm{f}}T_{\mathrm{f}}\mathrm{d}s_{\mathrm{f}}=\varrho_{\mathrm{f}}\mathrm{d}h_{\mathrm{f}}-\mathrm{d}p.$$

Damit erhalten wir

$$\alpha_B\varrho_B dh_B + \alpha_f\varrho_f dh_f - (1-\alpha)dp = (1-\alpha)\varrho_F T_f[ds_F - (s_B - s_f)dx_B^*]. \quad (A1-6)$$

Diese Gleichung hilft uns, die Energiegleichungen des Gemisches in Entropieform zu transformieren.

Wenn wir weiter die Enthalpiedifferentiale durch die kalorischen Gleichungen ersetzen

$$dh_B = c_{pB}dT_f, \; dh_f = c_{pf}dT_f + \frac{\delta h_f}{\delta p}dp$$

und substituieren

$$x_B^* c_{pB} + (1-x_B^*)c_{pf} = c_{pF},$$

$$(1-x_B^*)\frac{\delta h_f}{\delta p} = \left(\frac{\delta h_F}{\delta p}\right)_{T_f, x_B^*} \mathrel{\hat{=}} \frac{\delta h_F}{\delta p},$$

$$s_B - s_f = \left(\frac{\delta s_F}{\delta x_B^*}\right)_{p, T_f} \mathrel{\hat{=}} \frac{\delta s_F}{\delta x_B^*},$$

erhalten wir

$$dT_f = \frac{T_f}{c_{pF}}ds_F = \frac{\varrho_F \dfrac{\delta h_F}{\delta p} - 1}{\varrho_F c_{pF}}dp - \frac{T_f}{c_{pF}}\frac{\delta s_F}{\delta x_B^*}dx_B^*. \quad (A1-7)$$

Diese Gleichung gestattet uns bei bekannten (ds_F, dp, dx_B^*), erhalten aus der numerischen Integration des nichtkonservativen Differentialgleichungssystems, die Temperaturänderung dT_f zu berechnen.

Die substantiellen Ableitungen der Dichte ϱ_F erhalten wir wie folgt: Wir differenzieren die Gleichung

$$\frac{1}{\varrho_F} = \frac{x_B^*}{\varrho_B} + \frac{(1-x_B^*)}{\varrho_f}$$

bei $\varrho_B = \text{const}$,

$$d\varrho_F = (1-x_B^*)\frac{\varrho_F^2}{\varrho_f^2}d\varrho_f + \varrho_F^2\left(\frac{1}{\varrho_f} - \frac{1}{\varrho_B}\right)dx_B^*,$$

ersetzen $d\varrho_f$ durch die Zustandsgleichung der Flüssigkeit $\varrho_f = \varrho_f(p, T_f)$ in Differentialform

$$d\varrho_f = \left(\frac{\delta \varrho_f}{\delta p}\right)_{T_f}dp + \left(\frac{\delta \varrho_f}{\delta T_f}\right)_p dT_f$$

und in der neuerhaltenen Gleichung

$$d\varrho_F = (1-x_B^*)\frac{\varrho_F^2}{\varrho_f^2}\frac{\delta \varrho_f}{\delta p}dp + (1-x_B^*)\frac{\varrho_F^2}{\varrho_f^2}\frac{\delta \varrho_f}{dT_f}dT_f + \varrho_F^2\left(\frac{1}{\varrho_F} - \frac{1}{\varrho_B}\right)dx_B^* \quad (A1-8)$$

ersetzen wir das Temperaturdifferential dT_f durch die schon erhaltene Gleichung $dT_f = ...$ Das Ergebnis schreiben wir in der Form

$$d\varrho_F = \frac{dp}{a_F^2} + \left(\frac{\delta\varrho_F}{\delta s_F}\right)_{p,x_B^*} ds_F + \left(\frac{\delta\varrho_F}{\delta x_B^*}\right)_{p,s_F} dx_B^*. \qquad (A1-9)$$

Daraus werden die substantiellen Dichteableitungen, angegeben in Tabelle 14.1, erhalten.

Anhang 14.2

Das Ziel der folgenden Überlegungen ist die einfachste Form der Gleichungen, die die Konzentrationsänderung, sowohl des nichtkondensierbaren Gases in der Gasphase als auch der festen Phase aufgelöst in der Flüssigkeit, beschreiben.

Nach einer Differenzierung der Gl. (14.1.12) und nachfolgender Division durch $\varrho_L A$, Differenzierung der Summe der Gln. (14.1.12 und 14.1.13) und nachfolgender Division durch $\varrho_g A$ erhalten wir

$$\frac{\delta\alpha}{\delta\tau} + w_g\frac{\delta\alpha}{\delta z} + \frac{\alpha}{\varrho_L}\left(\frac{\delta\varrho_L}{\delta\tau} + w_g\frac{\delta\varrho_L}{\delta z}\right) + \alpha\frac{\delta w_g}{\delta z} = -\alpha w_g A^*, \ A^* = \frac{1}{A}\frac{dA}{dz},$$

$$\frac{\delta\alpha}{\delta\tau} + w_g\frac{\delta\alpha}{\delta z} + \frac{\alpha}{\varrho_g}\left(\frac{\delta\varrho_g}{\delta\tau} + w_g\frac{\delta\varrho_g}{\delta z}\right) + \alpha\frac{\delta w_g}{\delta z} = \frac{\mu}{\varrho_g} - \alpha w_g A^*.$$

Nach einer Subtraktion der zweiten Gleichung von der ersten ergibt sich:

$$\alpha\left[\frac{1}{\varrho_L}\frac{\delta\varrho_L}{\delta\tau} - \frac{1}{\varrho_g}\frac{\delta\varrho_g}{\delta\tau} + w_g\left(\frac{1}{\varrho_L}\frac{\delta\varrho_L}{\delta z} - \frac{1}{\varrho_g}\frac{\delta\varrho_g}{\delta z}\right)\right] = -\frac{\mu}{\varrho_g}.$$

Unter Berücksichtigung des Zusammenhanges

$$\frac{d\varrho_L}{\varrho_L} - \frac{d\varrho_g}{\varrho_g} = \frac{1}{\left(\dfrac{\varrho_L}{\varrho_g}\right)} d\left(\frac{\varrho_L}{\varrho_g}\right)$$

und mit Hilfe der Substitution $x_L^* = \varrho_L/\varrho_g$ erhalten wir

$$\frac{\delta x_L^*}{\delta\tau} + w_g\frac{\delta x_L^*}{\delta z} = -\frac{\mu x_L^*}{\alpha\varrho_g}.$$

Analog werden (14.1.14 und 14.1.15) transformiert:

$$\frac{1}{\alpha_B\varrho_B}\frac{\delta}{\delta\tau}(\alpha_B\varrho_B) - \frac{1}{(1-\alpha)\varrho_F}\frac{\delta}{\delta\tau}[(1-\alpha)\varrho_F]$$
$$+ w_f\left\{\frac{1}{\alpha_B\varrho_B}\frac{\delta}{\delta z}(\alpha_B\varrho_B) - \frac{1}{(1-\alpha)\varrho_F}\frac{\delta}{\delta z}[(1-\alpha)\varrho_F]\right\} = \frac{\mu}{(1-\alpha)\varrho_F}.$$

Nach dem Einführen der Substitution $x_B^* = \alpha_B\varrho_B/[(1-\alpha)\varrho_F]$ erhalten wir (14.1.21)

$$\frac{\delta x_B^*}{\delta\tau} + w_f\frac{\delta x_B^*}{\delta z} = \frac{\mu x_B^*}{(1-\alpha)\varrho_F}.$$

Anhang 14.3

In diesem Anhang soll kurz die Herleitung der Entropiegleichung erläutert werden.

Zunächst werden die konservativen Energiegleichungen geeignet differenziert und mit der konservativen Form der Massengleichungen verglichen. Daraus ergibt sich die erste Vereinfachung. Weiter werden die nichtkonservativen Impulsgleichungen mit der jeweiligen Komponente des Geschwindigkeitsvektors multipliziert und von den so erhaltenen Energiegleichungen subtrahiert.

$$\alpha\left[\varrho_L\frac{\delta h_L}{\delta\tau} + \varrho_D\frac{\delta h_D}{\delta\tau} + w_g\left(\varrho_L\frac{\delta h_L}{\delta z} + \varrho_D\frac{\delta h_D}{\delta z}\right) - \left(\frac{\delta p}{\delta\tau} + w_g\frac{\delta p}{\delta Z}\right)\right]$$

$$= \dot{q}_g''' + \mu[h_{ex} - h_D + \Delta w_g(\bar{w}_g - w_g)], \qquad (A3-1)$$

$$\alpha_f\varrho_f\frac{\delta h_f}{\delta\tau} + \alpha_B\varrho_B\frac{\delta h_B}{\delta\tau} + w_f\left(\alpha_f\varrho_f\frac{\delta h_f}{\delta z} + \alpha_B\varrho_B\frac{\delta h_B}{\delta z}\right)$$

$$-(1-\alpha)\left(\frac{\delta p}{\delta\tau} + w_f\frac{\delta p}{\delta z}\right) = \dot{q}_F''' - \mu[h_{ex} - h_f + \Delta w_f(\bar{w}_f - w_f)]. \qquad (A3-2)$$

Unter Verwendung der in Anhang 14.2 erhaltenen Gl. (A2−3) und (A2−6) vereinfachen sich die obigen Gleichungen zu:

$$\alpha\varrho_g T_g\left[\frac{\delta s_g}{\delta\tau} + w_g\frac{\delta s_g}{\delta z} - (s_L - s_D)\left(\frac{\delta x_L^*}{\delta\tau} + w_g\frac{\delta x_L^*}{\delta z}\right)\right]$$
$$= \dot{q}_g''' + \mu[h_{ex} - h_D + \Delta w_g(\bar{w}_g - w_g)],$$

$$(1-\alpha)\varrho_F T_f\left[\frac{\delta s_F}{\delta\tau} + w_f\frac{\delta s_F}{\delta z} - (s_B - s_f)\left(\frac{\delta x_B^*}{\delta\tau} + w_f\frac{\delta x_B^*}{\delta z}\right)\right]$$
$$= \dot{q}_F''' - \mu[h_{ex} - h_f + \Delta w_f(\bar{w}_f - w_f)].$$

Ein weiterer Vergleich mit den Konzentrationsgleichungen vereinfacht die oberen Gleichungen weiter. Damit erhalten wir die endgültige Form der Entropiegleichungen,

$$\frac{\delta s_g}{\delta\tau} + w_g\frac{\delta s_g}{\delta z} = s_g^*, \qquad (A3-3)$$

$$\frac{\delta s_F}{\delta\tau} + w_f\frac{\delta s_F}{\delta z} = s_F^*, \qquad (A3-4)$$

$$s_g^* = \{\dot{q}_g''' + \mu[h_{ex} - h_D + \Delta w_g(\bar{w}_g - w_g) - x_L^*(s_L - s_D)T_g]\}/(\alpha\varrho_g T_g),$$

$$s_F^* = \{q_F'' - \mu[h_{ex} - h_f + \Delta w_f(\bar{w}_f - w_f) - x_B^*(s_B - s_f)T_f]\}/[(1-\alpha)\varrho_F T_f].$$

Anhang 14.4

Die Gln. (14.1.22 und 14.1.23) werden wie folgt erhalten: Wir addieren die Gln. (14.1.12 und 14.1.13) und differenzieren sie danach. Dies erfolgt mit (14.1.14 und 14.1.15).

$$\frac{\delta\alpha}{\delta\tau}+w_g\frac{\delta\alpha}{\delta z}+\frac{\alpha}{\varrho_g}\left(\frac{\delta\varrho_g}{\delta\tau}+w_g\frac{\delta\varrho_g}{\delta z}\right)+\alpha\frac{\delta w_g}{\delta z}=\frac{\mu}{\varrho_g}-\alpha w_g A^*,$$

$$-\left(\frac{\delta\alpha}{\delta\tau}+w_f\frac{\delta\alpha}{\delta z}\right)+\frac{1-\alpha}{\varrho_F}\left(\frac{\delta\varrho_F}{\delta\tau}+w_f\frac{\delta\varrho_F}{\delta z}\right)+(1-\alpha)\frac{\delta w_f}{\delta z}=-\frac{\mu}{\varrho_F}-(1-\alpha)w_f A$$

Wir ersetzen $d\varrho$ durch die Zustandsgleichungen

$$\frac{\delta\alpha}{\delta\tau}+w_g\frac{\delta\alpha}{\delta z}+\frac{\alpha}{\varrho_g a_g^2}\left(\frac{\delta p}{\delta\tau}+w_g\frac{\delta p}{\delta z}\right)+\alpha\frac{\delta w_g}{\delta z}$$

$$=\frac{\mu}{\varrho_g}\left(1+\frac{x_L^*}{\varrho_g}\frac{\delta\varrho_g}{\delta x_L^*}\right)-\frac{\alpha}{\varrho_g}\frac{\delta\varrho_g}{\delta s_g}s_g^*-\alpha w_g A^*\mathrel{\widehat{=}}b_g,$$

$$-\left(\frac{\delta\alpha}{\delta\tau}+w_f\frac{\delta\alpha}{\delta z}\right)+\frac{1-\alpha}{\varrho_F a_F^2}\left(\frac{\delta p}{\delta\tau}+w_f\frac{\delta p}{\delta z}\right)+(1-\alpha)\frac{\delta w_f}{\delta z}$$

$$=-\frac{\mu}{\varrho_F}\left(1+\frac{x_B^*}{\varrho_F}\frac{\delta\varrho_F}{\delta x_B^*}\right)-\frac{1-\alpha}{\varrho_F}\frac{\delta\varrho_F}{\delta s_F}s_F^*-(1-\alpha)w_f A^*\mathrel{\widehat{=}}b_F.$$

Nach Einführung der Substitutionen

$$\frac{1}{\varrho a_h^2}=\frac{\alpha}{\varrho_g a_g^2}+\frac{1-\alpha}{\varrho_F a_F^2},$$

$$\varrho=\alpha\varrho_g+(1-\alpha)\varrho_F,$$

$$w_p=\left[\frac{\alpha}{\varrho_g a_g^2}w_g+\frac{1-\alpha}{\varrho_F a_F^2}w_f\right]\varrho a_h^2,$$

$$w_\alpha=\left[\frac{\alpha}{\varrho_g a_g^2}w_f+\frac{1-\alpha}{\varrho_F a_F^2}w_g\right]\varrho a_h^2$$

und nach Auflösung nach $\delta p/\delta\tau$ bzw. $\delta\alpha/\delta\tau$ erhalten wir

$$\frac{\delta p}{\delta\tau}+w_p\frac{\delta p}{\delta z}+\varrho a_h^2\left[\alpha\frac{\delta w_g}{\delta z}+(1-\alpha)\frac{\delta w_f}{\delta z}+\Delta w\frac{\delta\alpha}{\delta z}\right]=\varrho a_h^2 b, \tag{14.1.22}$$

$$\frac{\delta\alpha}{\delta\tau}+w_\alpha\frac{\delta\alpha}{\delta z}+\varrho a_h^2\frac{\alpha(1-\alpha)}{\varrho_g a_g^2\varrho_F a_F^2}\left[\varrho_g a_g^2\frac{\delta w_f}{\delta z}-\varrho_F a_F^2\frac{\delta w_f}{\delta z}+\Delta w\frac{\delta p}{\delta z}\right]=\varrho a_h^2 c, \tag{14.1.23}$$

wobei

$$b=b_g+b_F,\qquad c=\frac{1-\alpha}{\varrho_F a_F^2}b_g-\frac{\alpha}{\varrho_g a_g^2}b_F.$$

Anhang 14.5

Gleichung (14.3.16) ergibt sich wie folgt: Wir gehen von den Massengleichungen des Gemisches bzw. der Gasphase aus:

$$\frac{\delta\varrho}{\delta\tau}+\frac{1}{A}\frac{\delta}{\delta z}(GA)=0,\quad \frac{\delta}{\delta\tau}(\alpha\varrho_g)+\frac{1}{A}\frac{\delta}{\delta z}(\alpha\varrho_g w_g A)=\mu.$$

Aus (14.3.6,14.3.8,14.3.9) erhalten wir

$$\varrho v_S=S-x(S-1),\ \alpha\varrho_g=x/v_S,\ \alpha\varrho_g w_g=xG.$$

Eingesetzt in die ersten zwei Gleichungen erhalten wir

$$\frac{\delta}{\delta\tau}\{[S-x(S-1)]/v_S\}+\frac{1}{A}\frac{\delta}{\delta z}(GA)=0,$$

$$\frac{\delta}{\delta\tau}\left(\frac{x}{v_S}\right)+\frac{1}{A}\frac{\delta}{\delta z}(xGA)=\mu.$$

Unter der Annahme $S(\tau)=\mathrm{const}$ differenzieren wir die erste Gleichung. Nach der Differenzierung der zweiten Gleichung und Elimination von $\delta v_S/\delta\tau$ erhalten wir

$$\frac{\delta x}{\delta\tau}+Gv_S\varepsilon_1\frac{\delta x}{\delta z}=\varepsilon_1 v_S\left[\mu-x(1-x)\varepsilon_2\frac{1}{A}\frac{\delta}{\delta z}(GA)\right],$$

wobei

$$\varepsilon_1=\frac{S-x(S-1)}{S},\ \varepsilon_2=\frac{S-1}{S-x(S-1)}.$$

Anhang 14.6

Gleichung (14.3.20) entsteht durch Differenzieren der Gleichung $\varrho v_S=S-x(S-1)$ unter Annahme des quasikonstanten Schlupfes

$$x\mathrm{d}v_g+S(1-x)\mathrm{d}v_F=-\frac{v_S}{\varrho}\left[\mathrm{d}\varrho+\frac{S(v_g-v_F)}{v_S^2}\mathrm{d}x\right].$$

Nach Ersetzen von $\mathrm{d}v$ durch $-\mathrm{d}\varrho/\varrho^2$, $\mathrm{d}\varrho$ durch die Zustandsgleichungen und Auflösung nach $\mathrm{d}p$ erhalten wir

$$\mathrm{d}p=\frac{\frac{v_S}{\varrho}\left[\mathrm{d}\varrho+\frac{S(v_g-v_F)}{v_S^2}\mathrm{d}x\right]-\frac{x}{\varrho_g^2}\left(\frac{\partial\varrho_g}{\partial s_g}\mathrm{d}s_g+\frac{\partial\varrho_g}{\partial x_L^*}\mathrm{d}x_L^*\right)-\frac{S(1-x)}{\varrho_F^2}\left(\frac{\partial\varrho_F}{\partial s_F}\mathrm{d}s_F+\frac{\partial\varrho_F}{\partial x_B^*}\mathrm{d}x_B^*\right)}{\frac{x}{G_g^{*2}}+\frac{S(1-x)}{G_F^{*2}}},$$

wobei

$$G_g^{*2} = (\varrho_g a_g)^2, \; G_F^{*2} = (\varrho_F a_F)^2.$$

Analog ergeben sich auch die für das stationäre System notwendigen Ableitungen von v_I. Differenziert man

$$v_I = f_0 v_S, \quad f_0 = [1 + x(S-1)]/S$$

nach z unter der Annahme des quasikonstanten Schlupfes, erhält man

$$\frac{dv_I}{dz} = f_0 \left[x \frac{dv_g}{dz} + S(1-x) \frac{dv_F}{dz} \right] + \frac{\delta v_I}{\delta x} \frac{dx}{dz}.$$

Nach Ersetzen von dv durch $-d\varrho/\varrho^2$, $d\varrho$ durch die Zustandsgleichungen erhalten wir

$$\frac{dv_I}{dz} = -\frac{1}{G^{*2}} \frac{dp}{dz} \underbrace{- f_0 \left[\frac{x}{\varrho_g^2} \left(\frac{\partial \varrho_g}{\partial s_g} \frac{ds_g}{dz} + \frac{\partial \varrho_g}{\partial x_L^*} \frac{dx_L^*}{dz} \right) + \frac{S(1-x)}{\varrho_F^2} \left(\frac{\partial \varrho_F}{\partial s_F} \frac{ds_F}{dz} + \frac{\partial \varrho_F}{\partial x_B^*} \frac{dx_B^*}{dz} \right) \right] + \frac{\partial v_I}{\partial x} \frac{dx}{dz}}_{-D_1},$$

wobei

$$\frac{1}{G^{*2}} = f_0 \left[\frac{x}{G_g^{*2}} + \frac{S(1-x)}{G_F^{*2}} \right],$$

$$\frac{\delta v_I}{\delta x} = \frac{S-1}{S} v_S + f_0 (v_g - S v_F).$$

Ersetzt man dv_I/dz in der stationären Impulsgleichung

$$G^2 \frac{dv_I}{dz} + \frac{dp}{dz} = -Z + G^2 v_I A^*,$$

erhalten wir

$$dp/dz = -[Z - G^2(v_I A^* + D_1)]/(1 - G^2/G^{*2}).$$

15 Transiente nichthomogene Gleichgewichts-Dreiphasen-Dreikomponenten-Strömung (NGDDS)

Die Annahme, daß sich die Strömung im *thermodynamischen Gleichgewicht* befindet, *vereinfacht* das Modell wesentlich. Genau wie bei den Einkomponenten-Strömungen ist es in diesem Fall nicht notwendig, den Interphasen-Massen-Energietransport zu erfassen. Ein Gleichgewichtsmodell kann für viele Anwendungszwecke eine gute Näherung sein. Das Ziel dieses Abschnittes ist es, das mathematische Modell einer transienten Dreiphasen-Dreikomponenten-Strömung unter folgenden Annahmen aufzustellen:

a) Gleichheit der Drucke, der Flüssigkeit und des Gases;
b) das nichtkondensierbare Gas besitzt die Eigenschaften eines idealen Gases;
c) für die zwei Komponenten der Gasphase gilt das Gesetz von Dalton;
d) Gleichheit der Temperaturen der drei Phasen;
e) bei Vorhandensein von Flüssigkeit ist der Dampf bezüglich der Temperatur des Systems immer gesättigt;
f) Gleichheit der Geschwindigkeiten der Flüssigkeit und der festen Phase.

Einige Folgen aus den obengenannten Annahmen sind:

1. Aus d) und e) folgt, daß der Stoffübergang zwischen den beiden Phasen verzögerungsfrei stattfindet.
2. Aus a), c), d) und e) folgt, daß bei Vorhandensein von Luft die Flüssigkeit gegenüber der dem Systemdruck entsprechenden Sättigungstemperatur ständig unterkühlt ist. Die Flüssigkeitsunterkühlung nimmt ab mit der Abnahme des Massenanteiles des nichtkondensierbaren Gases in der Gasphase. Ist kein nichtkondensierbares Gas vorhanden, gibt es keine Unterkühlung und der Dampf bzw. die Flüssigkeit befinden sich im Sättigungszustand.

Die zwei Folgen bringen ein wichtiges Merkmal der Modelle, hergeleitet unter den Annahmen a) bis f), zum Ausdruck: Die Eigenschaften der Modelle werden zwischen denen der Gleichgewichts- bzw. Nichtgleichgewichtsmodelle liegen, wobei die Annäherung an das eine oder andere Modell eine Funktion des Anteiles des nichtkondensierbaren Gases ist.

15.1 Zustandsgleichungen

Da die zwei Gaskomponenten die gleiche Temperatur besitzen, ist es bequem, mit der Temperatur als einer der abhängigen Variablen zu arbeiten. Als zweite abhängige Variable wählen wir den Druck. Unter Verwendung der Temperatur und des Druckes als zwei der abhängigen Variablen und unter Berücksichtigung der Annahmen a) bis e) können wir folgende Zusammenhänge, die den thermodynamischen Zustand des

Gemisches völlig bestimmen, beschreiben

$$p_D = p''_D(T) \qquad dp_D = \frac{dp''_D}{dT} dT,$$

$$p_L = p - p_D \qquad dp_L = dp - \frac{dp''_D}{dT} dT,$$

$$\varrho_D = \varrho''_D(T) \qquad d\varrho_D = \frac{d\varrho''_D}{dT} dT,$$

$$\varrho_L = \frac{p_L}{R_L T} \qquad R_L = 287{,}1 \text{ J/(kgK)},$$

$$d\varrho_L = \frac{1}{R_L T} dp_L - \frac{\varrho_L}{T} dT$$

$$= \frac{1}{R_L T} dp - \left(\frac{\varrho_L}{T} + \frac{1}{R_L T}\frac{dp''_D}{dT}\right) dT = \left(\frac{\delta\varrho_L}{\delta p}\right)_T dp + \left(\frac{\delta\varrho_L}{\delta T}\right)_p dT,$$

wobei

$$\left(\frac{\delta\varrho_L}{\delta p}\right)_T = \frac{1}{R_L T},$$

$$\left(\frac{\delta\varrho_L}{\delta T}\right)_p = -\left(\frac{\varrho_L}{T} + \frac{1}{R_L T}\frac{dp''_D}{dT}\right),$$

$$\varrho_g = \varrho''_D + \varrho_L,$$

$$d\varrho_g = \frac{1}{R_L T} dp + \left(\frac{d\varrho''_D}{dT} - \frac{1}{R_L T}\frac{dp''_D}{dT} - \frac{\varrho_L}{T}\right) dT = \left(\frac{\delta\varrho_g}{\delta p}\right)_T dp + \left(\frac{\delta\varrho_g}{\delta T}\right)_p dT,$$

wobei

$$\left(\frac{\delta\varrho_g}{\delta p}\right)_T = \begin{cases} \dfrac{1}{R_L T} & \varrho_D \geqq 0 \\ 0 & \varrho_L = 0, \end{cases}$$

$$\left(\frac{\delta\varrho_g}{\delta T}\right)_p = \begin{cases} \dfrac{d\varrho''_D}{dT} - \dfrac{1}{R_L T}\dfrac{dp''_D}{dT} - \dfrac{\varrho_L}{T} & \varrho_D \geqq 0 \\ \dfrac{dp''_D}{dT} & \varrho_L = 0 \\ -\dfrac{\varrho_L}{T} & \varrho_D = 0, \end{cases}$$

$$\varrho_f = \varrho_f(p, T) \qquad d\varrho_f = \left(\frac{\delta\varrho_f}{\delta p}\right)_T dp; \left(\frac{\delta\varrho_f}{\delta T}\right)_p dT,$$

$$\varrho_B = \text{const}$$

und

$$h_L = h_L(T) \qquad dh_L = c_{pL} dT,$$

$$h_D = h''_D(T) \qquad dh_D = \frac{dh''_D}{dT} dT,$$

$$h_f = h_f(p,T) \qquad dh_f = \left(\frac{\delta h_f}{\delta p}\right)_T dp + \left(\frac{\delta h_f}{\delta T}\right)_p dT,$$

$$h_B = h_B(T) \qquad dh_B = c_{pB} dT.$$

Aus der Definition (14.1.2) des Massenstromanteiles des nichtkondensierbaren Gases in der Gasphase $x_L^* = \varrho_L/\varrho_g$ und unter Berücksichtigung der oberen Zusammenhänge erhalten wir

$$x_L^* = \frac{\varrho_L}{\varrho_g} = \frac{1}{1 + \dfrac{\varrho''_D}{\varrho_L}} = \frac{1}{1 + \dfrac{\varrho''_D(T)}{p - p''_D(T)} R_L T} = x_L^*(p,T). \tag{15.1.1}$$

Das ist ein schon seit Mollier [59] (1923) bekannter Zusammenhang für feuchte nichtkondensierbare Gase. Daraus erhalten wir

$$dx_L^* = \left(\frac{\delta x_L^*}{\delta p}\right)_T dp + \left(\frac{\delta x_L^*}{\delta T}\right)_p dT, \tag{15.1.2}$$

wobei

$$\left(\frac{\delta x_L^*}{\delta p}\right)_T = \begin{cases} \dfrac{1}{R_L T} \dfrac{\varrho''_D}{\varrho_g^2} & \\ 0 & x_L^* = 0 \\ 0 & x_L^* = 1, \end{cases} \tag{15.1.3}$$

$$\left(\frac{\delta x_L^*}{\delta T}\right)_p = \begin{cases} -\left[\varrho_L \dfrac{d\varrho''_D}{dT} + \varrho''_D \left(\dfrac{\varrho_L}{T} + \dfrac{1}{R_L T} \dfrac{dp''_D}{dT}\right)\right] \Big/ \varrho_g^2 & \\ 0 & x_L^* = 0 \\ 0 & x_L^* = 1. \end{cases} \tag{15.1.4}$$

Damit läßt sich die Gasenthalpie

$$h_g = x_L h_L + (1 - x_L) h''_D = h_g(p,T) \tag{15.1.5}$$

berechnen

$$dh_g = \left(\frac{\delta h_g}{\delta p}\right)_T dp + \left(\frac{\delta h_g}{\delta T}\right)_p dT, \tag{15.1.6}$$

wobei

$$\left(\frac{\delta h_g}{\delta p}\right)_T = \begin{cases} (h_L - h''_D)\left(\frac{\delta x^*_L}{\delta p}\right)_T & \\ 0 & x^*_L = 0 \\ 0 & x^*_L = 1, \end{cases}$$

$$\left(\frac{\delta h_g}{\delta T}\right)_p = \begin{cases} (h_L - h''_D)\left(\frac{\delta x^*_L}{\delta T}\right)_p + x_L c_{pL} + (1 - x_L) c''_{pD} & \\ c''_{pD} & x^*_L = 0 \\ c_{pL} & x^*_L = 1. \end{cases}$$

Wir werden im weiteren noch folgende zwei Definitionen brauchen

$$x_L = \frac{\dot{m}_L}{\dot{m}} = \frac{\dot{m}_g}{\dot{m}}\frac{\dot{m}_L}{\dot{m}_g} = x x^*_L, \tag{15.1.7}$$

$$x_B = \frac{\dot{m}_B}{\dot{m}} = \frac{\dot{m}_F}{\dot{m}}\frac{\dot{m}_B}{\dot{m}_F} = (1 - x) x^*_B. \tag{15.1.8}$$

x_L ist der Massenstromanteil des nichtkondensierbaren Gases. x_B ist der Massenstromanteil der festen Phase.

15.2 Allgemeine Form des Differentialgleichungssystems

Falls die Konzeption des quasikonstanten Schlupfes verwendet wird, benötigen wir fünf Gleichungen. Dabei sollen die rechen Seiten der Gleichungen keine Dampfgeneration μ enthalten. Deshalb verwenden wir weiter die Summe der Gln. (14.1.18 – 14.1.21) bzw. (14.1.22 – 14.1.25) bzw. (14.1.26 – 14.1.29), die Gl. (14.1.18) und die Gl. (14.1.21):

$$\frac{\delta}{\delta \tau}\{[\alpha(\varrho_L + \varrho_D) + \alpha_f \varrho_f + \alpha_B \varrho_B]A\}$$
$$+ \frac{\delta}{\delta z}\{[\alpha(\varrho_L + \varrho_D) w_g + (\alpha_f \varrho_f + \alpha_B \varrho_B) w_f]A\} = 0, \tag{15.2.1}$$

$$\frac{\delta}{\delta \tau}\{[\alpha(\varrho_L + \varrho_D) w_g + (\alpha_f \varrho_f + \alpha_B \varrho_B) w_f]A\}$$
$$+ \frac{\delta}{\delta z}\{[\alpha(\varrho_L + \varrho_D) w_g^2 + (\alpha_f \varrho_f + \alpha_B \varrho_B) w_f^2]A\}$$
$$+ A\frac{\delta p}{\delta z} + [\alpha(\varrho_L + \varrho_D) + \alpha_f \varrho_f + \alpha_B \varrho_B] g A \cos\varphi + RA = 0, \tag{15.2.2}$$

$$A\frac{\delta}{\delta\tau}\left\{\alpha(\varrho_L h_L+\varrho_D h_D)+\alpha_f\varrho_f h_f+\alpha_B\varrho_B h_B+\frac{1}{2}[\alpha\varrho_g w_g^2+(\alpha_f\varrho_f+\alpha_B\varrho_B)w_f^2]\right\}$$

$$+\frac{\delta}{\delta z}\left\{\left[\alpha w_g(\varrho_L h_L+\varrho_D h_D)+w_f(\alpha_f\varrho_f h_f+\alpha_B\varrho_B h_B)+\alpha\varrho_g\frac{w_g^3}{2}\right.\right.$$

$$\left.\left.+(\alpha_f\varrho_f+\alpha_B\varrho_B)\frac{w_f^3}{2}\right]A\right\}+[\alpha(\varrho_L+\varrho_D)w_g+(\alpha_f\varrho_f+\alpha_B\varrho_B)w_f]Ag\cos\varphi$$

$$+[\alpha w_g+(1-\alpha)w_f]AR=\dot{Q}, \tag{15.2.3}$$

$$\frac{\delta}{\delta\tau}(\alpha\varrho_L A)+\frac{\delta}{\delta z}(\alpha\varrho_L w_g A)=0, \tag{15.2.4}$$

$$\frac{\delta}{\delta\tau}(\alpha_B\varrho_B A)+\frac{\delta}{\delta z}(\alpha_B\varrho_B w_f A)=0. \tag{15.2.5}$$

Unter Verwendung folgender Definitionsgleichungen

$$\alpha\varrho_g=x/v_S,$$

$$(1-\alpha)\varrho_F=S(1-x)/v_S,$$

$$w_g=Gv_S,$$

$$w_f=\frac{1}{S}Gv_S,$$

$$v_S=xv_g+S(1-x)v_F,$$

$$\alpha_B\varrho_B=Sx_B/v_S,$$

$$\alpha_f\varrho_f=S(1-x-x_B)/v_S,$$

$$G=\alpha\varrho_g w_g+(\alpha_f\varrho_f+\alpha_B\varrho_B)w_f,$$

läßt sich das System folgenderweise schreiben

$$\frac{\delta\varrho}{\delta\tau}+\frac{\delta G}{\delta z}=-GA^*, \tag{15.2.6}$$

$$\frac{\delta G}{\delta\tau}+\frac{\delta}{\delta z}(G^2v_I+p)=-(\varrho g\cos\varphi+R)-G^2v_I A^*, \tag{15.2.7}$$

$$\frac{\delta}{\delta\tau}\left(h^*+\frac{G^2v_I}{2}-p\right)+\frac{\delta}{\delta z}\left[G\left(h+\frac{G^2v_E^2}{2}\right)\right]+G(g\cos\varphi+vR)$$

$$=\dot{q}'''-G\left(h+\frac{G^2v_E^2}{2}\right)A^*, \tag{15.2.8}$$

$$\frac{\delta}{\delta\tau}\left(\frac{x_L}{v_S}\right)+\frac{\delta}{\delta z}(x_L G)=-x_L GA^*, \tag{15.2.9}$$

$$\frac{\delta}{\delta\tau}\left(\frac{x_B}{v_S}\right)+\frac{\delta}{\delta z}(x_B G)=-x_B GA^*, \tag{15.2.10}$$

wobei

$$v = xv_g + x_B v_B + (1-x-x_B) v_f,$$

$$v_S = xv_g + S[x_B v_B + (1-x-x_B) v_f],$$

$$h = xh_g + x_B h_B + (1-x-x_B) h_f,$$

$$h_S = xh_g + S[x_B h_B + (1-x-x_B) h_f],$$

$$h_g = x_L h_L + (1-x_L) h''_D,$$

$$\varrho_g = \varrho_L + \varrho''_D,$$

$$v_g = 1/\varrho_g,$$

$$h^* = h_S/v_S,$$

$$\varrho = [S - x(S-1)]/v_S,$$

$$v_I = v_S f_0, \quad f_0 = [1 + x(S-1)]/S,$$

$$v_E^2 = v_S^2 [1 + x(S^2-1)]/S^2$$

bedeuten.

Das ist die allgemeine Form des Systems, das die nichthomogene bzw. homogene Dreiphasen-Dreikomponenten-Strömung beschreibt.

Eine allgemeine Eigenschaft des Vektors

$$\boldsymbol{Y}^T = (v, v_s, h, h_S, \ldots) \tag{15.2.11}$$

ist

$$\boldsymbol{Y} = \boldsymbol{Y}\{p, T, x[x_L, x_L^*(p,T)], x_B\} = \boldsymbol{Y}(p, T, x_L, x_B) \tag{15.2.12}$$

oder

$$\mathrm{d}\boldsymbol{Y} = \left(\frac{\delta \boldsymbol{Y}}{\delta p}\right)_{T,x_L,x_B} \mathrm{d}p + \left(\frac{\delta \boldsymbol{Y}}{\delta T}\right)_{p,x_L,x_B} \mathrm{d}T + \left(\frac{\delta \boldsymbol{Y}}{\delta x_L}\right)_{p,T,x_B} \mathrm{d}x_L + \left(\frac{\delta \boldsymbol{Y}}{\delta x_B}\right)_{p,T,x_L} \mathrm{d}x_B, \tag{15.2.13}$$

wobei

$$\left(\frac{\delta \boldsymbol{Y}}{\delta p}\right)_{T,x_L,x_B} \triangleq \frac{\delta \boldsymbol{Y}}{\delta p} = \left(\frac{\delta \boldsymbol{Y}}{\delta p}\right)_{T,x,x_B} + \left(\frac{\delta \boldsymbol{Y}}{\delta x}\right)_{p,T,x_B} \left(\frac{\delta x}{\delta x_L^*}\right)_{x_L} \left(\frac{\delta x_L^*}{\delta p}\right)_T,$$

$$\left(\frac{\delta \boldsymbol{Y}}{\delta T}\right)_{p,x_L,x_B} \triangleq \frac{\delta \boldsymbol{Y}}{\delta T} = \left(\frac{\delta \boldsymbol{Y}}{\delta T}\right)_{p,x,x_B} + \left(\frac{\delta \boldsymbol{Y}}{\delta x}\right)_{p,T,x_B} \left(\frac{\delta x}{\delta x_L^*}\right)_{x_L} \left(\frac{\delta x_L^*}{\delta T}\right)_p,$$

$$\left(\frac{\delta \boldsymbol{Y}}{\delta x_L}\right)_{p,T,x_B} \triangleq \frac{\delta \boldsymbol{Y}}{\delta x_L} = \left(\frac{\delta \boldsymbol{Y}}{\delta x}\right)_{p,T,x_B} \left(\frac{\delta x}{\delta x_L}\right)_{x^*_L},$$

$$\left(\frac{\delta \boldsymbol{Y}}{\delta x_B}\right)_{p,T,x_L} \triangleq \frac{\delta \boldsymbol{Y}}{\delta x_B} = \left(\frac{\delta \boldsymbol{Y}}{\delta x_B}\right)_{p,T,x}.$$

$(\delta x_L^*/\delta p)_T$ bzw. $(\delta x_L^*/\delta T)_p$ sind durch (15.1.3 bzw. 15.1.4) zu berechnen. Unter Berücksichtigung, daß

$$x_L = x x_L^* \tag{15.2.14}$$

ist, erhalten wir

$$\left(\frac{\delta x}{\delta x_L^*}\right)_{x_L} = -x/x_L^* \qquad x_L^* \neq 0, \tag{15.2.15}$$

$$\left(\frac{\delta x}{\delta x_L}\right)_{x^*_L} = 1/x_L^* \qquad x_L^* \neq 0. \tag{15.2.16}$$

Nun sind nur noch die Ableitungen $(\delta Y/\delta p)_{T,x,x_B}$, $(\delta Y/\delta T)_{p,x,x_B}$, $(\delta Y/\delta x)_{p,T,x_B}$ und $(\delta Y/\delta x_B)_{p,T,x}$ zu berechnen. Diese Ableitungen sind in der Tabelle 15.1 zusammengefaßt. Aus (15.2.12) sehen wir, daß es bei der Beschreibung der Gleichgewichts-Dreiphasen-Dreikomponenten-Strömumg sehr geeignet ist, die Größen p,T,x_L,x_B als Komponenten des Vektors der abhängigen Variablen anzuwenden.

Tabelle 15.1

Y	$(\partial Y/\partial p)_{T,x,x_B}$	$(\partial Y/\partial T)_{p,x,x_B}$	$(\partial Y/\partial x)_{p,T,x_B}$	$(\partial Y/\partial x_B)_{p,T,x}$
v	$x\frac{\partial v_g}{\partial p}+(1-x-x_B)\frac{\partial v_f}{\partial p}$	$x\frac{\partial v_g}{\partial T}+(1-x-x_B)\frac{\partial v_f}{\partial T}$	v_g-v_f	v_B-v_f
v_S	$x\frac{\partial v_g}{\partial p}+S(1-x-x_B)\frac{\partial v_f}{\partial p}$	$x\frac{\partial v_g}{\partial T}+S(1-x-x_B)\frac{\partial v_f}{\partial T}$	v_g-Sv_f	$S(v_B-v_f)$
h	$x\frac{\partial h_g}{\partial p}+(1-x-x_B)\frac{\partial h_f}{\partial p}$	$x\frac{\partial h_g}{\partial T}+(1-x-x_B)\frac{\partial h_f}{\partial T}$	h_g-h_f	h_B-h_f
h_S	$x\frac{\partial h_g}{\partial p}+S(1-x-x_B)\frac{\partial h_f}{\partial p}$	$x\frac{\partial h_g}{\partial T}+S(1-x-x_B)\frac{\partial h_f}{\partial T}$	h_g-Sh_f	$S(h_B-h_f)$
h^*	$\dfrac{\frac{\partial h_S}{\partial p}v_S-\frac{\partial v_S}{\partial p}h_S}{v_S^2}$	$\dfrac{\frac{\partial h_S}{\partial T}v_S-\frac{\partial v_S}{\partial T}h_S}{v_S^2}$	$\dfrac{\frac{\partial h_S}{\partial x}v_S-\frac{\partial v_S}{\partial x}h_S}{v_S^2}$	$\dfrac{\frac{\partial h_S}{\partial x_B}v_S-\frac{\partial v_S}{\partial x_B}h_S}{v_S^2}$
ϱ	$-\frac{\varrho}{v_S}\frac{\partial v_S}{\partial p}$	$-\frac{\varrho}{v_S}\frac{\partial v_S}{\partial T}$	$-S[v_g-v_f$ $-(S-1)x_B$ $\cdot(v_f-v_B)]/v_S^2$	$-S[S-x(S-1)]$ $\cdot(v_B-v_f)/v_S^2$
v_I	$f_0\frac{\partial v_S}{\partial p}$	$f_0\frac{\partial v_S}{\partial T}$	$\frac{S-1}{S}v_S+f_0\frac{\partial v_S}{\partial x}$	$f_0S(v_B-v_f)$
v_E^2	$2f_1v_S\frac{\partial v_I}{\partial p}$	$2f_1v_S\frac{\partial v_I}{\partial T}$	$\frac{S^2-1}{S^2}v_S^2$ $+2f_1v_S\frac{\partial v_S}{\partial x}$	$2f_1v_S\frac{\partial v_S}{\partial x_B}$

15.3 Modell der NGDDS

Mit Hilfe der Gl. (15.2.13) erhalten wir die nichtkonservative Form des Systems (15.2.6–15.2.10)

$$\boldsymbol{A}\frac{\delta \boldsymbol{U}}{\delta \tau}+\boldsymbol{B}\frac{\delta \boldsymbol{U}}{\delta z}=\boldsymbol{C}, \tag{15.3.1}$$

wobei bedeuten

$$\boldsymbol{U}^{\mathrm{T}}=(G, p, T, x_{\mathrm{L}}, x_{\mathrm{B}}) \tag{15.3.2}$$

$$\boldsymbol{A}=\begin{vmatrix} 0 & \dfrac{\partial \varrho}{\partial p} & \dfrac{\partial \varrho}{\partial T} & \dfrac{\partial \varrho}{\partial x_{\mathrm{L}}} & \dfrac{\partial \varrho}{\partial x_{\mathrm{B}}} \\ 1 & 0 & 0 & 0 & 0 \\ G v_{\mathrm{I}} & \dfrac{\partial h^*}{\partial p}+\dfrac{G^2}{2}\dfrac{\partial v_{\mathrm{I}}}{\partial p}-1 & \dfrac{\partial h^*}{\partial T}+\dfrac{G^2}{2}\dfrac{\partial v_{\mathrm{I}}}{\partial T} & \dfrac{\partial h^*}{\partial x_{\mathrm{L}}}+\dfrac{G^2}{2}\dfrac{\partial v_{\mathrm{I}}}{\partial x_{\mathrm{L}}} & \dfrac{\partial h^*}{\partial x_{\mathrm{B}}}+\dfrac{G^2}{2}\dfrac{\partial v_{\mathrm{I}}}{\partial x_{\mathrm{B}}} \\ 0 & -\dfrac{1}{v_{\mathrm{S}}^2}\dfrac{\partial v_{\mathrm{S}}}{\partial p} & -\dfrac{1}{v_{\mathrm{S}}^2}\dfrac{\partial v_{\mathrm{S}}}{\partial T} & \dfrac{1}{v_{\mathrm{S}}^2}\left(v_{\mathrm{S}}-x_{\mathrm{L}}\dfrac{\partial v_{\mathrm{S}}}{\partial x_{\mathrm{L}}}\right) & -\dfrac{1}{v_{\mathrm{S}}^2}\dfrac{\partial v_{\mathrm{S}}}{\partial x_{\mathrm{B}}} \\ 0 & -\dfrac{1}{v_{\mathrm{S}}^2}\dfrac{\partial v_{\mathrm{S}}}{\partial p} & -\dfrac{1}{v_{\mathrm{S}}^2}\dfrac{\partial v_{\mathrm{S}}}{\partial T} & -\dfrac{1}{v_{\mathrm{S}}}\dfrac{\partial v_{\mathrm{S}}}{\partial x_{\mathrm{L}}} & \dfrac{1}{v_{\mathrm{S}}^2}\left(v_{\mathrm{S}}-x_{\mathrm{B}}\dfrac{\partial v_{\mathrm{S}}}{\partial x_{\mathrm{B}}}\right) \end{vmatrix},$$

$$\boldsymbol{B}=\begin{vmatrix} 1 & 0 & 0 & 0 & 0 \\ 2G v_{\mathrm{I}} & G^2\dfrac{\partial v_{\mathrm{I}}}{\partial p}+1 & G^2\dfrac{\partial v_{\mathrm{I}}}{\partial T} & G^2\dfrac{\partial v_{\mathrm{I}}}{\partial x_{\mathrm{L}}} & G^2\dfrac{\partial v_{\mathrm{I}}}{\partial x_{\mathrm{B}}} \\ h+\dfrac{G^2 v_{\mathrm{E}}^2}{2} & G\left(\dfrac{\partial h}{\partial p}+\dfrac{G^2}{2}\dfrac{\partial v_{\mathrm{E}}^2}{\partial p}\right) & G\left(\dfrac{\partial h}{\partial T}+\dfrac{G^2}{2}\dfrac{\partial v_{\mathrm{E}}^2}{\partial T}\right) & G\left(\dfrac{\partial h}{\partial x_{\mathrm{L}}}+\dfrac{G^2}{2}\dfrac{\partial v_{\mathrm{E}}^2}{\partial x_{\mathrm{L}}}\right) & G\left(\dfrac{\partial h}{\partial x_{\mathrm{B}}}+\dfrac{G^2}{2}\dfrac{\partial v_{\mathrm{E}}^2}{\partial x_{\mathrm{B}}}\right) \\ x_{\mathrm{L}} & 0 & 0 & G & 0 \\ x_{\mathrm{B}} & 0 & 0 & 0 & G \end{vmatrix}.$$

Aus dem stationären Teil des Systems erhalten wir durch Auflösung nach den Ortsableitungen

$$\frac{\mathrm{d}G}{\mathrm{d}z}=-GA^*, \tag{15.3.3}$$

$$\frac{\mathrm{d}x_{\mathrm{L}}}{\mathrm{d}z}=0 \text{ oder } x_{\mathrm{L}}=\text{const}, \tag{15.3.4}$$

$$\frac{\mathrm{d}x_{\mathrm{B}}}{\mathrm{d}z}=0 \text{ oder } x_{\mathrm{B}}=\text{const}, \tag{15.3.5}$$

$$\frac{\mathrm{d}p}{\mathrm{d}z}=\frac{c_2\left(\dfrac{\delta h}{\delta T}+\dfrac{G^2}{2}\dfrac{\delta v_{\mathrm{E}}^2}{\delta T}\right)-c_3 G^2\dfrac{\delta v_{\mathrm{I}}}{\delta T}}{\dfrac{\delta h}{\delta T}\left(1-\dfrac{G^2}{G^{*2}}\right)}, \tag{15.3.6}$$

$$\frac{dT}{dz}=\frac{\left(G^2\frac{\delta v_I}{\delta p}+1\right)c_3-\left(\frac{\delta h}{\delta p}+\frac{G^2}{2}\frac{\delta v_E^2}{\delta p}\right)c_2}{\frac{\delta h}{\delta T}\left(1-\frac{G^2}{G^{*2}}\right)}, \tag{15.3.7}$$

wobei

$$-\frac{1}{G^{*2}}=\frac{\delta v_I}{\delta p}-\frac{\delta v_I/\delta T}{\delta h/\delta T}\frac{\delta h}{\delta p}+\frac{1}{2}\frac{\delta v_E^2/\delta T}{\delta h/\delta T}$$

$$=f_0\left[\frac{\delta v_S}{\delta p}-\frac{\delta v_S/\delta T}{\delta h/\delta T}\left(\frac{\delta h}{\delta p}-\frac{f_1}{f_0}v_S\right)\right] \tag{15.3.8}$$

die Definitionsgleichung der lokalen kritischen Massenstromdichte ist. Für die homogene Strömung $S=1$ vereinfacht sich die Gleichung:

$$-\frac{1}{G^{*2}}=\frac{\delta v}{\delta p}-\frac{\delta v/\delta T}{\delta h/\delta T}\left(\frac{\delta h}{\delta p}-\mathrm{v}\right).$$

Falls nur Flüssigkeit vorhanden ist, d.h. $x=0$, $x_B=0$, $S=1$,

$$-\frac{1}{G^{*2}}=\frac{\delta v_f}{\delta p}-\frac{\delta v_f/\delta T}{\delta h_f/\delta T}\left(\frac{\delta h_f}{\delta p}-v_f\right)=-\frac{1}{G_g^{*2}}$$

haben wir einen stetigen Übergang zum Einphasengebiet.

Falls nur eine Gasphase vorhanden ist, d.h. $x=1$, $x_B=0$, $S=1$, haben wir

$$-\frac{1}{G^{*2}}=\frac{\delta v_g}{\delta p}-\frac{\delta v_g/\delta T}{\delta h_g/\delta T}\left(\frac{\delta h_g}{\delta p}-v_g\right)\mathrel{\hat{=}}-\frac{1}{G_g^{*2}}.$$

Dabei unterscheiden wir zwei Grenzfälle:

a) Die Strömung besteht nur aus nichtkondensierbarem Gas $x_L=1$:

$$-\frac{1}{G_g^{*2}}=-\frac{1}{\varrho_L^2}\frac{1}{\frac{c_{pL}}{c_{pL}-R_L}R_LT}\mathrel{\hat{=}}-\frac{1}{G_L^{*2}}.$$

b) Die Strömung besteht nur aus gesättigtem Dampf

$$-\frac{1}{G_g^{*2}}=-\frac{1}{\varrho_D''^2}\frac{1}{\varrho_D''c_{pD}''}\frac{d\varrho_D''}{dT}.$$

Es sei bemerkt, daß bei der Gasströmung die Annahme, daß sich der Dampf im Sättigungszustand befindet, nicht erfüllt ist, so daß man als Zustandsgleichungen für die reine Dampfströmung folgende Gleichungen verwenden muß: $v=v_g(p,T,x_L^*=x_L)$, $h=h_g(p,T,x_L^*=x_L)$.

Für eine adiabate Strömung kann das System wesentlich vereinfacht werden. Unter Vernachlässigung des Anteiles der kinetischen Energieänderung, der Reibungs- und Schwerkraftsenergieänderung in der Energiegleichung ($dv_E^2=0$, $c_3=0$) erhalten wir:

$$\frac{dG}{dz} = -GA, \tag{15.3.9}$$

$$x_L = \text{const}, \tag{15.3.10}$$

$$x_B = \text{const}, \tag{15.3.11}$$

$$\frac{dp}{dz} = -Z/(1-G^2/G^{*2}), \tag{15.3.12}$$

$$\frac{dT}{dz} = \frac{dT}{dp}\frac{dp}{dz}, \tag{15.3.13}$$

wobei

$$\frac{dT}{dp} = -\frac{\partial h/\partial p}{\partial h/\partial T} = \frac{\dfrac{x_D}{R_L T} + \dfrac{(1-x-x_B)\varrho_L}{h_D''-h_f}\dfrac{\partial h_f}{\partial p}}{x_L\dfrac{d\varrho_D''}{dT} + x_D\left(\dfrac{\varrho_L}{T} + \dfrac{1}{R_L T}\dfrac{d\varrho_D''}{dT}\right) + \dfrac{\varrho_L c_{pg}}{h_D''-h_f}} \triangleq \frac{T}{p}\frac{n-1}{n},$$

$$-\frac{1}{G^{*2}} = \frac{\delta v_I}{\delta p} - \frac{\delta h/\delta p}{\delta h/\delta T}\frac{\delta v_I}{\delta T} = \frac{\delta v_I}{\delta p} + \frac{dT}{dp}\frac{\delta v_I}{\delta T}$$

$$= f_0\left(\frac{\delta v_S}{\delta p} + \frac{dT}{dp}\frac{\delta v_S}{\delta T}\right) - \frac{x}{x_L^*}\frac{\delta v_I}{\delta x}\left(\frac{\delta x_L^*}{\delta p} + \frac{dT}{dp}\frac{\delta x_L^*}{\delta T}\right). \tag{15.3.14}$$

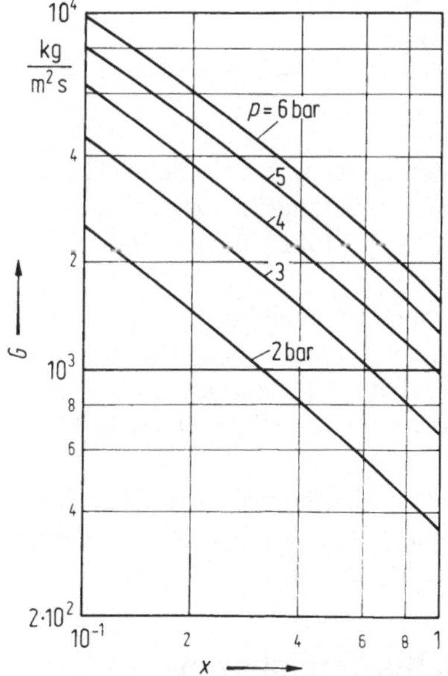

Abb.15.1. Die kritische Massenstromdichte als Funktion des Druckes und des Gasmassenstromanteiles am Eintritt des Rohres: $L/D=5$, $D=0{,}5$m, $T_E=372{,}78$K

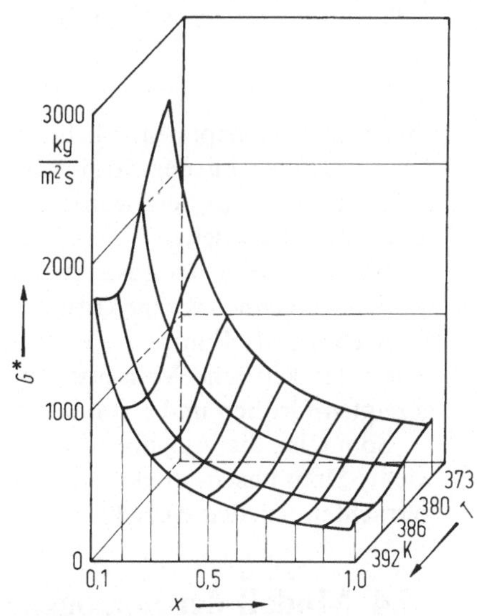

Abb.15.2. Die kritische Massenstromdichte als Funktion der Temperatur und des Gasmassenstromanteiles am Eintritt Rohres: $L/D=5$, $D=0{,}5$m, $p_E=2$bar

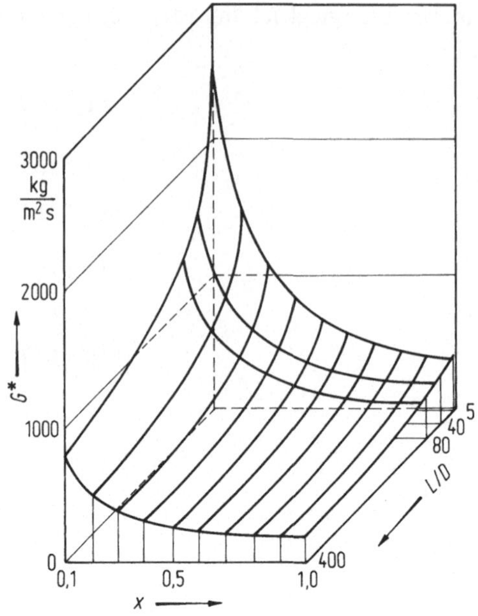

Abb. 15.3. Die kritische Massenstromdichte als Funktion der relativen Rohrlänge und des Gasmassenstromanteiles: $T_E = 372{,}78$ K, $p_E = 2$ bar, $D = 0{,}5$ m

Tabelle 15.2

Abb. 15.1	$G^* = f(p_E, x_E, T_E = \text{const}, L/D = \text{const}, x_B = 0)$
Abb. 15.2	$G^* = f(T_E, x_E, p_E = \text{const}, L/D = \text{const}, x_B = 0)$
Abb. 15.3	$G^* = f(L/D, x_E, p_E = \text{const}, T_E = \text{const}, x_B = 0)$

Der Polytropenexponent n liefert uns eine Information, in wie weit sich die wirkliche Zustandsänderung der Strömung von der isothermen Zustandsänderung ($n = 1$) befindet. Dieses System wurde erstmals von Kolev [155] (1982) für eine fehlende feste Phase hergeleitet.

Als Illustration der Zusammenhänge, die von dem oben dargestellten System erfaßt werden, berechnen wir die kritische Massenstromdichte in einem Rohr mit konstantem Querschnitt als Funktion der Parameter am Rohreintritt. Abbildungen 15.1 – 15.3 zeigen die kritische Massenstromdichte als Funktion von den in der Tabelle 15.2 gezeigten Größen und Parametern.

Somit ist die Aufgabe, das Strömungsmodell einer nichthomogenen Gleichgewichts-Dreiphasen-Dreikomponenten-Strömung aufzustellen, erfüllt. Nachfolgend betrachten wir den einfachsten Fall – die homogene Strömung.

15.4 Modell der homogenen Gleichgewichts-Dreiphasen-Dreikomponenten-Strömung (HGDDS)

Die Gleichheit der beiden Phasengeschwindigkeiten bietet die Möglichkeit, eine äußerst einfache Form des Differentialgleichungssystems zu finden. Dabei gehen wir vom System (15.2.1 – 15.2.5) aus

$$\frac{\delta\varrho}{\delta\tau}+\frac{\delta}{\delta z}(\varrho w)=-\varrho w A^*, \tag{15.4.1}$$

$$\frac{\delta}{\delta\tau}(\varrho w)+\frac{\delta}{\delta z}(\varrho w^2+p)=-(\varrho g\cos\varphi+R)-\varrho w^2 A^*, \tag{15.4.2}$$

$$\frac{\delta}{\delta\tau}\left[\varrho\left(h+\frac{w^2}{2}\right)-p\right]+\frac{\delta}{\delta z}\left[\varrho w\left(h+\frac{w^2}{2}\right)\right]+w(\varrho g\cos\varphi+R)$$

$$=\dot{q}'''-\varrho w\left(h+\frac{w^2}{2}\right)A^*, \tag{15.4.3}$$

$$\frac{\delta}{\delta\tau}(x_{\mathrm{L}}\varrho)+\frac{\delta}{\delta z}(x_{\mathrm{L}}\varrho w)=-x_{\mathrm{L}}\varrho w A^*, \tag{15.4.4}$$

$$\frac{\delta}{\delta\tau}(x_{\mathrm{B}}\varrho)+\frac{\delta}{\delta z}(x_{\mathrm{B}}\varrho w)=-x_{\mathrm{B}}\varrho w A^*. \tag{15.4.5}$$

Unter Verwendung der ersten Gleichung lassen sich die restlichen wie folgt vereinfachen:

$$\frac{\delta\varrho}{\delta\tau}+w\frac{\delta\varrho}{\delta z}+\varrho\frac{\delta w}{\delta z}=-\varrho w A^*, \tag{15.4.6}$$

$$\varrho\left(\frac{\delta w}{\delta\tau}+w\frac{\delta w}{\delta z}\right)+\frac{\delta p}{\delta z}+Z=0, \tag{15.4.7}$$

$$\varrho\left(\frac{\delta h}{\delta\tau}+w\frac{\delta h}{\delta z}\right)+\varrho w\left(\frac{\delta w}{\delta\tau}+w\frac{\delta w}{\delta z}\right)-\frac{\delta p}{\delta\tau}+wZ=\dot{q}''', \tag{15.4.8}$$

$$\frac{\delta x_{\mathrm{L}}}{\delta\tau}+w\frac{\delta x_{\mathrm{L}}}{\delta z}=0, \tag{15.4.9}$$

$$\frac{\delta x_{\mathrm{B}}}{\delta\tau}+w\frac{\delta x_{\mathrm{B}}}{\delta z}=0. \tag{15.4.10}$$

Wir multiplizieren die Impulsgleichung mit w und subtrahieren sie von der Energiegleichung

$$\frac{\delta\varrho}{\delta\tau}+w\frac{\delta\varrho}{\delta z}+\varrho\frac{\delta w}{\delta z}=-\varrho w A^*, \tag{15.4.11}$$

$$\frac{\delta w}{\delta\tau}+w\frac{\delta w}{\delta z}+\frac{1}{\varrho}\frac{\delta p}{\delta z}=-\frac{Z}{\varrho}, \tag{15.4.12}$$

$$\varrho\left(\frac{\delta h}{\delta\tau}+w\frac{\delta h}{\delta z}\right)-\left(\frac{\delta p}{\delta\tau}+w\frac{\delta p}{\delta z}\right)=\dot{q}''', \tag{15.4.13}$$

$$\frac{\delta x_{\mathrm{L}}}{\delta\tau}+w\frac{\delta x_{\mathrm{L}}}{\delta z}=0, \tag{15.4.14}$$

$$\frac{\delta x_{\mathrm{B}}}{\delta\tau}+w\frac{\delta x_{\mathrm{B}}}{\delta z}=0. \tag{15.4.15}$$

Unter Berücksichtigung der Zustandsgleichungen

$$\varrho=\varrho(p,T,x_L,x_B) \tag{15.4.16}$$

bzw.

$$d\varrho=\frac{\delta\varrho}{\delta p}dp+\frac{\delta\varrho}{\delta T}dT+\frac{\delta\varrho}{\delta x_L}dx_L+\frac{\delta\varrho}{\delta x_B}dx_B \tag{15.4.17}$$

und

$$h=h(p,T,x_L,x_B) \tag{15.4.18}$$

bzw.

$$dh=\frac{\delta h}{\delta p}dp+\frac{\delta h}{\delta T}dT+\frac{\delta h}{\delta x_L}dx_L+\frac{\delta h}{\delta x_B}dx_B \tag{15.4.19}$$

erhalten wir:

$$\frac{\delta w}{\delta\tau}+w\frac{\delta w}{\delta z}+\frac{1}{\varrho}\frac{\delta p}{\delta z}=-\frac{Z}{\varrho}, \tag{15.4.20}$$

$$\frac{\delta p}{\delta\tau}+w\frac{\delta p}{\delta z}+\varrho a^2\frac{\delta w}{\delta z}=-\varrho a^2 B, \tag{15.4.21}$$

$$\frac{\delta T}{\delta\tau}+w\frac{\delta T}{\delta z}-E\frac{\delta w}{\delta z}=F, \tag{15.4.22}$$

$$\frac{\delta x_L}{\delta\tau}+w\frac{\delta x_L}{\delta z}=0, \tag{15.4.23}$$

$$\frac{\delta x_B}{\delta\tau}+w\frac{\delta x_B}{\delta z}=0, \tag{15.4.24}$$

wobei

$$\frac{1}{a^2}=\frac{\delta\varrho}{\delta p}-\frac{\delta\varrho}{\delta T}\,\frac{\varrho\frac{\delta h}{\delta p}-1}{\varrho c_p}, \tag{15.4.25}$$

$$B=wA^*+\frac{\delta\varrho}{\delta T}\frac{\dot q'''}{\varrho^2 c_p},$$

$$E=a^2\left(\varrho\frac{\delta h}{\delta p}-1\right)\Big/c_p,$$

$$F=\left[\dot q'''/\varrho+a^2B\left(\varrho\frac{\delta h}{\delta p}-1\right)\right]\Big/c_p.$$

Für die Eigenwerte des Systems erhalten wir

$$\lambda_{1,2}=w\pm a,\ \lambda_{3,4,5}=w$$

und für die Eigenvektoren

$$\boldsymbol{h}_1^T=(1,1/(\varrho a),0,0,0),$$
$$\boldsymbol{h}_2^T=(1,-1/(\varrho a),0,0,0),$$
$$\boldsymbol{h}_3^T=(0,E/(\varrho a^2),1,0,0),$$
$$\boldsymbol{h}_4^T=(0,0,0,1,0),$$
$$\boldsymbol{h}_5^T=(0,0,0,0,1).$$

Damit erhalten wir die kanonische Form

$$\frac{dz}{d\tau}=w+a \qquad \frac{dw}{d\tau}+\frac{1}{\varrho a}\frac{dp}{d\tau}=-\frac{Z}{\varrho}-aB, \tag{15.4.26}$$

$$\frac{dz}{d\tau}=w-a \qquad \frac{dw}{d\tau}-\frac{1}{\varrho a}\frac{dp}{d\tau}=\frac{Z}{\varrho}+aB, \tag{15.4.27}$$

$$\frac{dz}{d\tau}=w \qquad \varrho c_p\frac{dT}{d\tau}+\left(\varrho\frac{\delta h}{\delta p}-1\right)\frac{dp}{d\tau}=\dot{q}''' \quad \left(\varrho T\frac{ds}{d\tau}=\dot{q}''' \text{ oder } \varrho\frac{dh}{d\tau}-\frac{dp}{d\tau}=\dot{q}'''\right) \tag{15.4.28}$$

$$\frac{dz}{d\tau}=w \qquad \frac{dx_L}{d\tau}=0, \tag{15.4.29}$$

$$\frac{dz}{d\tau}=w \qquad \frac{dx_B}{d\tau}=0. \tag{15.4.30}$$

Die stationäre Strömung wird mit folgendem System beschrieben:

$$\frac{dp}{dz}=-\frac{Z-\varrho wB}{1-M^2}, \qquad M^2=w^2/a^2,$$

$$\frac{dw}{dz}=\frac{Z\frac{w}{\varrho a^2}-B}{1-M^2},$$

$$\frac{dT}{dz}=\frac{1}{\varrho c_p}\left[\frac{\dot{q}'''}{w}-\left(\varrho\frac{\delta h}{\delta p}-1\right)\frac{dp}{dz}\right],$$

$$x_L=\text{const},$$

$$x_B=\text{const}.$$

Wir sehen wiederum, daß der Druck- bzw. der Geschwindigkeitsgradient gegen $-\infty$ bzw. $+\infty$ konvergiert, wenn die Strömungsgeschwindigkeit die Schallgeschwindigkeit erreicht, d.h. die Strömung wird kritisch. Für den Grenzfall nicht vorhandener fester Phasen $x_B=0$ wurde ein ähnliches Modell erstmals von Kolev [158] (1983) veröffentlicht. Dabei wurden aber noch zusätzliche vereinfachende Annahmen eingeführt. Das hier entwickelte Modell stellt eine Verallgemeinerung dar. Betrachten wir einige Eigenschaften des Modells am Beispiel der Schallgeschwindigkeit einer Luft-Wasser-Wasserdampfströmung ($x_B=0$). Abbildung 15.4 zeigt die Schallgeschwindigkeit als Funktion des Gasvolumenanteiles. Als Parameter wurde der Luftmassenanteil der Gasphase x_L^* verwendet. Der Zuwachs des Luftmassenanteiles x_L^* von 0 bis 1 verursacht eine Änderung der Schallgeschwindigkeit von Werten, typisch für die homogene Gleichgewichtsströmung, bis auf Werte, typisch für die Zweiphasenströmung unter den Bedingungen des thermodynamischen Nichtgleichgewichtes. Die Ursache dafür ist die Abnahme des spontanen Stoffaustausches mit der Zunahme des Luftmassenanteiles, implizit im Modell eingebaut. Das ist eine typische Eigenschaft des Modells. Da aber der spontane Massenübergang praktisch die obere Grenze des überhaupt möglichen Massenüberganges zwischen den beiden Phasen ist, so ist das auch eine typische Eigenschaft der Wasser-Wasserdampf-Luftströmung.

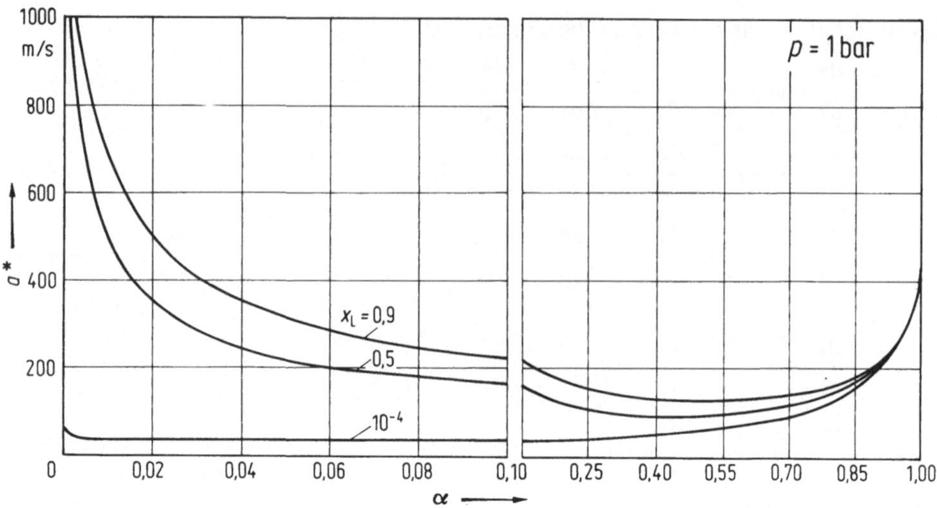

Abb.15.4. Die Schallgeschwindigkeit als Funktion der Dampfvolumenanteile. Parameter: Luftmassenstromanteil in der Gasphase

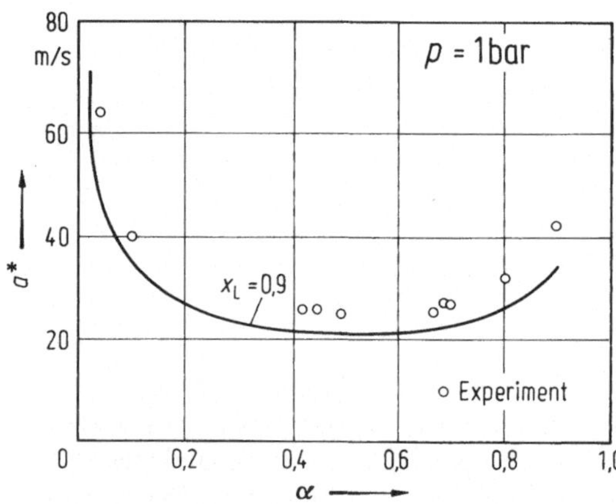

Abb.15.5. Vergleich zwischen der mit Hilfe der Gl. (15.4.25) berechneten und der gemessenen Schallgeschwindigkeit: $x_L^* \sim 1$ [20] $p = 1$ bar; $x_L^* = 0{,}9$ – Gl. (15.4.25)

In [20] (1974) wurde die Schallgeschwindigkeit in der Wasser-Luftströmung $x_L^* \sim 1$ gemessen. Abbildung 15.5 zeigt einen Vergleich der mit Hilfe der Gl. (15.4.25) berechneten mit den von [20] gemessenen Schallgeschwindigkeiten für $x_L^* = 0{,}9$. Unter Berücksichtigung des funktionellen Zusammenhanges $G^* = G^*(x_L^*, \ldots)$, gezeigt in Abb.15.4, sehen wir, daß mit der weiteren Erhöhung des Luftmassenanteiles die Experimentaldaten ausgezeichnet approximiert werden können (eine genaue Angabe von x_L^* wurde in [20] nicht angegeben). Ein ähnlicher Vergleich mit Experimentaldaten von [204] wird in Abb.15.6 gezeigt. Das für Abb.15.5 gesagte ist auch hier zutreffend.

Somit ist unser Ziel erreicht. Wir haben eine äußerst einfache Form des Modells der homogenen Gleichgewichts-Dreiphasen-Dreikomponenten-Strömung erhalten. Abschließend sei bemerkt, daß für den Fall fehlender Flüssigkeit, die Annahme, der Dampf sei gesättigt, nicht erfüllt ist.

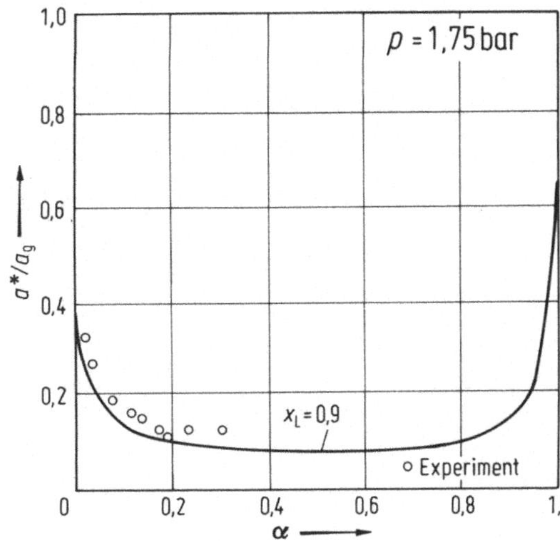

Abb. 15.6. Vergleich zwischen berechneten und der gemessenen relativen Schallgeschwindigkeit als Funktion des Gasvolumenanteiles $x_L^* \sim 1$ [203] $p = 1{,}75$ bar; $x_L^* = 0{,}9$ – Gl. (15.4.25)

Da dabei $x_L^* = x_L$ ist, erhalten wir für die Größen

$$\frac{\delta \varrho}{\delta p} = \left(\frac{\delta \varrho_g}{\delta p}\right)_{T,x_L^*}, \quad \frac{\delta \varrho}{\delta T} = \left(\frac{\delta \varrho_g}{\delta T}\right)_{p,x_L^*},$$

$$\frac{\delta h}{\delta p} = \left(\frac{\delta h_g}{\delta p}\right)_{T,x_L^*}, \quad \frac{\delta h}{\delta T} = \left(\frac{\delta h_g}{\delta T}\right)_{p,x_L^*}.$$

Falls dieses Strömungsmodell auch die Einkomponenten-Zweiphasenströmung (Flüssigkeit/Dampf) unter den Bedingungen des thermodynamischen Gleichgewichtes miterfassen soll, so ist der Vektor der abhängigen Variablen

$$\boldsymbol{U}^T = (w, p, T, x_L, x_B)$$

durch folgenden Vektor zu ersetzen

$$\boldsymbol{U}^T = (w, p, h, x_L, x_B).$$

Das ist notwendig, da im Rahmen der Gleichgewichtstheorie p eine Funktion von T ist (und umgekehrt) und die Größen (p,T) nicht eindeutig den Strömungszustand bestimmen.

Weiter illustrieren wir die Anwendung der Theorie bei der Lösung des folgenden Problems: In einer Box von toroidaler Form mit einem Volumen von 1000 m^3, einem radialen Querschnitt von 100 m^2 und einem mittleren Umfang von 100 m (s. Abb. 15.7) geschieht ein Kühlmittelverlustunfall eines Kernkraftwerkes mit wassergekühltem Kernreaktor WWER-440. Es bricht die kalte Umwälzleitung des Primärkreises in unmittelbarer Nähe des Reaktors (Doppelendbruch). Es soll die Druckwellenausbreitung innerhalb der Box in der ersten Sekunde untersucht werden. Die Anfangsbedingungen sind: $p = 10^5$ Pa, $T = 80$°C und $x_L = 1$. Die Massenströme, die den Primärkreis verlassen und die zugehörigen Enthalpien wurden mit Hilfe des Rechenprogramms BRUCH D-06 [105] berechnet. Wir nehmen an, daß in der unmittelbaren Umgebung des Bruches – in 1/10 des Volumens der Box das Wasser-Wasserdampfge-

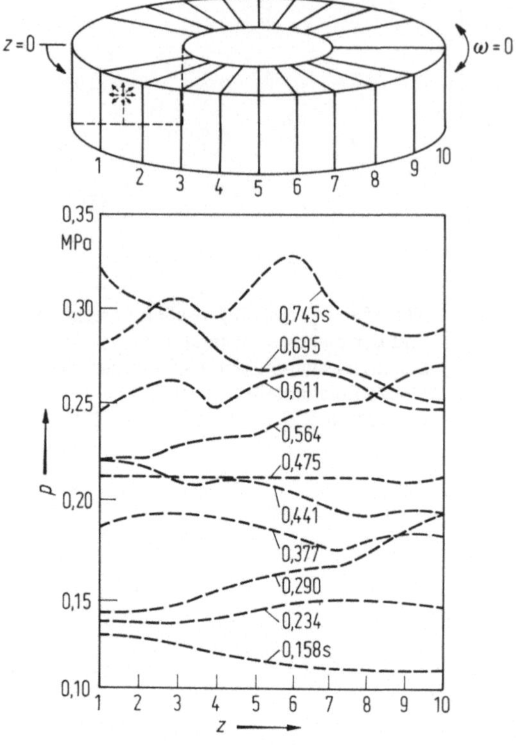

Abb.15.7. Der Druck als Funktion der Ortskoordinate. Parameter die Zeit

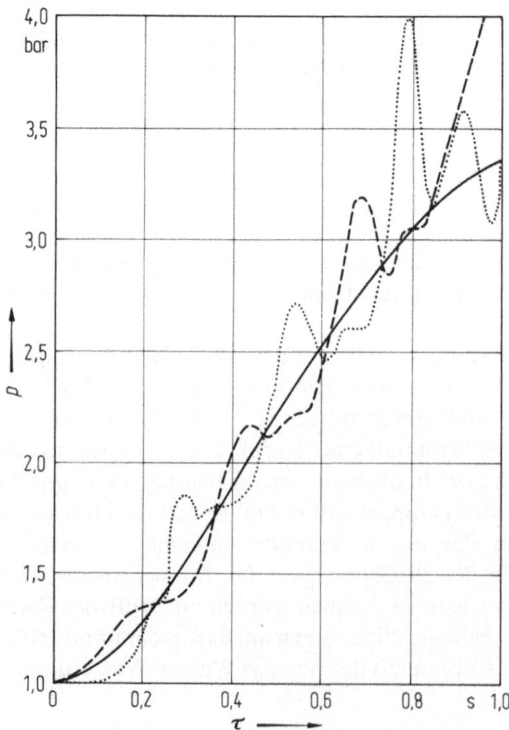

Abb.15.8. Der Druck als Funktion der Zeit: —— Gln. (13.1.20 – 13.1.31) integriert für das ganze Volumen, – – – Gln. (15.4.26 – 15.4.30) $z = 0\,\text{m}$, ····· Gln. (15.4.26 – 15.4.30) $z = 50\,\text{m}$

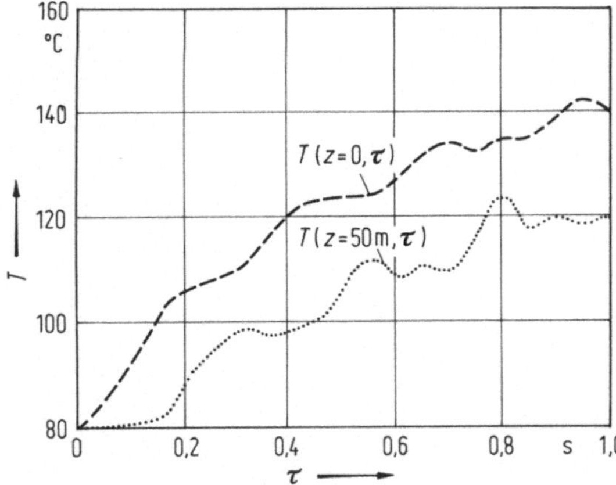

Abb.15.9. Die Temperatur für $z=0\,\mathrm{m}$ bzw. $z=50\,\mathrm{m}$ als Funktion der Zeit

misch das thermodynamische Gleichgewicht erreicht. Dieses 1/10 des Volumens der Box simulieren wir in konzentrierten Parametern mit Hilfe des in Abschn.13.1 hergeleiteten Modells, das unter denselben Annahmen über den thermodynamischen Zustand entwickelt wurde. Auf diese Art und Weise berechnen wir die linken Randbedigungen p_1, T_1, ϱ_1 während der Havarie.

Da sich die Störung völlig symmetrisch ausbreitet, berechnen wir nur die Hälfte der Box. Die Diskretisierung ist in Abb.15.7 gezeigt. Die rechten Randbedingungen erhalten wir aus der Symmetriebedingung: Die Geschwindigkeit im Punkt $z=z_{10}$ ist Null

$$w(z=z_{10})=0.$$

Wir vernachlässigen die Reibung und integrieren (15.4.26 – 15.4.30) mit Hilfe des expliziten Charakteristikenverfahrens (Abschn.10.1.1). Die Ergebnisse der Integration sind in Abb.15.7 – 15.9 graphisch dargestellt. Wir sehen deutlich, daß mit dem Zuwachs des Druckes von links die Strömung nach rechts beschleunigt wird. Sie erreicht den linken Rand und wandelt ihre kinetische in innere Energie um. Dies führt zum Anwachsen des Druckes am linken Rand (Abb.15.7). Das bewirkt seinerseits eine Verzögerung der Strömung und etwas später die Umkehr der Strömungsrichtung. Dieser Prozeß wiederholt sich zyklisch mit einer charakteristischen Frequenz, die von der Geometrie abhängig ist (7Hz in diesem Fall). Die Superposition von reflektierten und neuentstandenen Wellen macht das Druckbild nach einigen Zyklen komplizierter. Abbildung 15.8 zeigt die zeitliche Druckänderung in den Punkten z_1 und z_{10} und das Ergebnis einer Berechnung mit Hilfe eines Modells, das das gesamte Volumen in konzentrierten Parametern simuliert. Abbildung 15.9 zeigt die zeitliche Temperaturänderung in z_1 und z_{10}.

Wir sehen, daß eine ähnliche Analyse für den Konstrukteur der Baukonstruktion sehr wichtige Information liefert, z.B. über die Frequenz und Amplitude der Stoßbelastung.

Literaturverzeichnis

1 Abbott, M.B.: An introduction to the method of characteristics. London: Thames and Hudson Ldt. 1966

2 Abuaf, N.; Jones, O.C.; Zimmer, G.A.; Leonardt, W.J.; Saha, P.: BNL Flashing Experiment: Test facility and measurement techniques, transient two-phase flow. Proc. of 2nd CSNI Specialists Meeting, Paris June 12–14, 1978

3 Afgan, N.H.: Boiling liquid superheat. Oxford: Pergamon Press (1976)

4 Agee, L.J.: An analytical method of integrating the thermal-hydraulic conservation equation NED 42(1977) 195–208

5 Achmad, S.I.: Raspredelenie srednemassovoj temperatury zidkosti i istinnogo obemnogo parosoderzanija vdol obogrevaemogo kanala s nedogrevom na vchode, Teploperedaca 4(1970)

6 Albring, W.: Strömungslehre. Dresden 1970

7 Alesin, V.C.; Kalajda, U.A.; Fisenko, V.V.: Issledovanija adiabatnogo istecenija vody cerez cilindriceskie kanaly. Atomnaja Energia 38, 6(1975)

8 Algamir, Md.; Lienhard, J.H.: Correlation of pressure undershoot during hot-water depressurasation. J. of Heat Transfer 103, (1981) 60

9 Amdsen, A.A.; Harlow, F.H.: KACHINA an Eulerian computer program for multifield fluid flows LA–5680, Los Alamos Scientific Laboratory of the University of California (1974)

10 Ardron, K.; Furness, R.A.: A study of the critical flow models used in reactor blown analysis NED 39(1976) 257–266

11 Ardron, K.H.; Duffey, R.B.; Hall, P.C.: Studies of the physical models used in transient two-phase flow analysis C204/77, Heat and Fluid Flow in Water Reaktor Safety Manchester, 13–15 Sept. 1977

12 Arrison, N.L.; Hancox, W.T.; Sulatisky, M.T.; Banerjee, S.: Blowdown of a recirculating loop with heat addition C202/77, Heat and Fluid Flow in Water Reaktor Safety Manchester, 13–15 Sept. 1977

13 Avdeev, A.A.: Razcet kriticeskogo razchoda pri iztecenii nasitenoj i nedogretoj vody cerez cilindriceskie kanaly Energetica 1977

14 Banerjee, S.; Hancox, W.T.: Transient thermohydraulics analysis for nuclear reaktors Proc. of Sixth Int. Heat Transfer Conf., Toronto, August 1978

15 Barzoni, G.; Martini, R.: Post-dryout heat transfer: An experimental study in a vertical tube and a simple theoretical method for predicting thermal non-equilibrium. Proc. of The Seventh Int. Heat Transfer Conf., München, 5 (1982), 411–416

16 Baumberger, P., u.a.: Die Experimentalkassette EK–1 im Druckwasserreaktor des KKW Reinsberg. Kernenergie Bd.25, H.6

17 Bennett, A.W.; Hewitt, G.F.; Kearsey, H.A.; Keeys, R.K.F.: AERE–R5373 (1967)

18 Berenson, P.J.: Film boiling heat transfer from a horizontal surface. J. of Heat Transfer 83 (1961) 351–358

19 Blumentritt, G., u.a.: Zur Zuverlässigkeit der Meßtechnik der Experimentalkassette EK–1, Kernenergie, Bd.25 (6)

20 Böck, P.; Chawla, J.M.: Ausbreitungsgeschwindigkeit einer Druckstörung in Flüssigkeits-Gas-Gemischen BWK 26 Nr.2, (1974)

21 Boivin, J.Y.: Two phase critical flow in long nozzles, Proc. of ENS/ANS Topical Meeting on Nuclear Power Reactor Safety. Brussels (1978)

22 Bojadziev, A.I.; Stefanova, S.I.: Issledovanie raslicnych awarii s poterey teplonositelja is pervogo kontura reaktora VVER–440 po programe RELAP4/MOD6 Inst. jadernych issledovanii i jadernoj energetiki-Sofia, vnutreny otcet. 1982

23 Bojadziev, A.I.; Sabotinov, L.S.; Totev, T.L.; Kolev, N.I.; Stefanova, S.I.: Programen paket za analiz na VVER po vreme na stacionarni prechodni i avarijni rezimi 5 ta nacionalna konferencija „Toplo i jadernoenergijni Problemi na NRB“ 21. – 23.5.1981, Varna, 145 – 148
24 Bosnjakovic, F.: Technische Thermodynamik Dresden (1972)
25 Brauer, H.: Grundlagen der Einphasen-und Mehrphasenströmungen Sauerländer, Aarau und Frankfurt am Main (1971)
26 Brittain, I.; Fayers, F.J.: Some aspects of model improvements in RELAP – UK. AEEW – M 1253 AEE, Winfrith March 1974
27 Brittain, I.; Bryce, W.M.; Green, C.; Holmes, J.A.: The status of RELAP – UK MkIII at July 1976 – A program for transient thermal hydraulic analysis AEW – R 1083, SGHW/HT WG/P (77)322, May 1977
28 Broadus, C.R.: BEACON/MOD 2 A CDC 7600 Computer program for analyzing the flow of mixed air, steam, and water in a containment system. INEL, CDAP – TR – 002, Dec. (1977)
29 Bromley, A.; Norman, R.: Heat transfer in forced convection film boiling Industrial and Engineering Chemistry 45 (1953) 2639 – 2646
30 Brosche, D.: Ein neues Rechenmodell zur Simulierung der zeitlichen Druckverteilung in Sicherheitsbehältern wassergekühlter Kernreaktoren nach einem Kühlmittelverlustunfall. Diss. TU-München (1973)
31 Brosche, D.: Berechnung kompressibler, reibungsbehafteter Rohrströmung mit Hilfe eines digitalen Rechenprogramms. BWK 25 Nr. 8, (1973)
32 Bukrinski, A.M.; Fuks, R.L.: Vielelementenmodel für die rechnerischen Untersuchungen des Kühlmittelverlustunfalls in Kernkraftwerken Teploenergetika 7 (1977) 77 – 81 (russ.)
33 Bukrinski, A.M.: Awarijnye perechodnye prozessy na AES s VVER Energoisdat, Moskva 1982
34 Bulavin, V.V., u.a.: Der konstruktive Aufbau der Experimentalkassette EK – 1. Kernenergie, Bd.25, H.6
35 Butterworth, D.; Hewitt, G.F.: Two-phase flow and heat transfer. Oxford: University Press (1977)
36 Carver, M.B.: Pseudo-characteristic method of lines solution of the conservation equations. J. Comp. Phys. March 1979
37 Carver, M.B.: Pseudo-characteristic method of lines solution of the conservation equation. J. Comp. Phys. 35 (1980) 57 – 76
38 Chan, G.K.: Motamed, M.: On certain aspects of pressure transient without scram in a BWR. NED (1979) 495 – 505
39 Chao, P.T.: Transient heat and mass transfer to a translating droplet. J. of Heat Transfer (1969)
40 Chawla, T.C.; Ichi, M.: Two-fluid model of two-phase flow in a pin bundle of a nuclear reactor, Int. J. of Heat and Mass Transfer 33 (1980) 991 – 1001
41 Chisholm, D.: Critical condition during the flow of two-phase mixtures through pipes, heat and fluid flow in water reaktor safety. I Mech E Conference Publications 1977 – 78. Manchester: 13 – 15 September (1977) 11 – 17
42 Ciklauri, G.V.; Danilin, V.S.; Selesnev, L.I.: Adiabatnye dvuchfaznye tecenija. Moskva Atomisdat (1973)
43 Collier, J.G.: Convection boiling and condensation. London: McGraw-Hill 1972
44 Courant, R.; Fridrichs, K.O.: Supersonic flow and shock waves. New York: Interscience Publications (1948)
45 Courant, R.; Isaacson, E.; Rees, M.: On the solution of non-linear hyperbolic differential equations by finite differences. Commun. Pure Appl. Math., 5(1952) 243
46 Courant, R.U.; Hilbert, D.: Methods of mathematical physics. Vol. II. New York (1962)
47 Cunningham, J.P.; Yeh, H.C.: Experiments and void correlation for PWR small-break LOCA Conditions. Trans. ANS, 17(1973) 269
48 Dallmeyer, H.: Stoff- und Wärmeübergang bei der Kondensation eines Dampfes aus einem Gemisch mit einem nicht kondensierenden Gas in laminarer und turbulenter Strömungsgrenzschicht. VDI-Forschungsheft 539 (1970)
49 Darsi: Teploperedaca, Nr.4, (1971), 95

50 DYNAMIKA Ein Rechenprogram für BESM – 6: Berechnung nichtstationären Regime von Energieanlagen mit Reaktoren WWER, GKAE B – 004. 1977 (int. Bericht, russ.)
51 Delhaye, J.M.; Giot, M.; Riethmüller, M.L.: Thermodynamics of two-phase systems for industrial design and nuclear engineering. Hemisphere Publ. Corp., McGraw-Hill Book Company (1981)
52 Dejc, M.E.; Filipov, G.A.: Gasodinamika dvuchfaznych sred. Energija Moskva (1968)
53 Dittus, F.W.; Boelter, L.M.K.: Heat transfer in automobile radiators of the tubular type. Univ. of Cal. Publications in Engineering (1930) 443 – 461
54 Dix, G.E.: Vapor void fraction for forced convection with subcooled boiling at low flow rates. Ph. D. Thesis University of California, Berkley, 1971
55 Dougall, R.S.; Rohsenow, W.M.: Filmboiling on the inside of vertical tubes with upward flow of the fluid at low qualities. MIT 9079 – 26, September (1963)
56 Dvuchfasnye potoki i voprosy teploobmena. Moskva 19 (1970)
57 Edelman, Z.; Elias, E.: Void Fraction Distribution in Low Flow Rate Subcooled Boiling. NED 66 (1981) 375 – 382
58 Egen, R.A.; Dingee, D.A.; Chastain, J.W.: BMI – 1163 (1957)
59 Elsner, N.: Grundlagen der technischen Thermodynamik. Braunschweig: Vieweg 1982
60 Fairhurst, C.P.: Two-phase flow component loss data, heat and fluid flow in nuclear and process plant safety. I Mech E Conf. Publications 1983 – 4, 17 – 18 May 1983 London
61 Farmer, R.; Griffith, P.; Rohsenow, W.M.: Liquid droplet deposition in two-phase flow. ASME Heat Tansfer 1 (1970)
62 Fauske, H.: ANL – 6633, USA Ec. Res. Develop. Report TID – 45000, Oct. (1962)
63 Fauske, H.K.: Contribution to the theory of two-phase, one component vertical flow. USAEC Rept., ANL 6779, (1963)
64 Fauske, H.K.: Teploperedaca, (1971) 47
65 Ferch, R.L.: Method of characteristic solution for non-equilibrium transient flow-boiling. Int. J. Multiphase flow 5, (1979) 265 – 279
66 Filipov, G.A.; Selesnev, L.I.; Gordeva, I.W.: Vlijanie kondensazii para na charakteristiki potoka turbinnoj stepeni. Energomachinostroene 6 (1976)
67 Fischer, K.W.: Beitrag zur Berechnung gasdynamischer Kanalströmung mit Reibung. TH-Magdeburg Wiss. Z. 11 (1967)
68 Fischer, M.: Zur Dynamik der Wellenausbreitung in der Zweiphasenströmung unter Berücksichtigung von Verdichtungsstößen. Diss. TH Karlsruhe (1967)
69 Fisenko, V.V.: Kriticeskij razchod dvuchfaznoi smesi pri narusenii geometricnosti pervogo kontura AEZ Atomnaja technika za rubezom 7 (1975)
70 Fisenko, V.V.: Kriticeskie dvuchfasnye potoki Moskva Atomisdat (1978) 134
71 Fox, J.A.: Hydraulic analysis of unsteady flow in pipe networks. London: Macmillan Press Ldt. 1977
72 Fraß, F.; Weisenberger, J.: Druckverlust und Phasenverdampfung eines Dampf/Wassergemisches im horizontaldurchströmten Rohr. BWK 28 Nr. 9 (1976)
73 Fujita, R.K.; Hughes, E.D.; Agee, L.J.: Comparisons of RETRAN two-phase flow model with experimental data. NED 55 (1979) 427 – 451
74 Gerhard, K.: Stoff- und Wärmeübergang bei der Kondensation von Dämpfen aus im ringspaltströmenden Gemischen mit Luft, VDI-Forschungsheft 539 (1970)
75 Girijashaukar, P.V.; Hetrick, D.L.; Keepin, W.N.; Palusinski, O.A.: An efficient technique for the simulation of large systems. Proc. of the Int. Topical Meeting on Advances in Mathematical Methods for the Solution of Nuclear Engineering Problems 27. – 29.4.1981 München
76 Gnielinski, V.: Berechnung mittlerer Wärme- und Stoffübergangskoeffizienten an laminar und turbulent überströmten Einzelkörper mit Hilfe einer einheitlichen Gleichung. Forsch. Ing. Wes. 41 Nr.5 (1975)
77 Godunov, S.K.; Ryabenskii, V.W.: The Theory of Difference Schemes, New York: Wiley 1964
78 Godunov, S.K.: Uravnenija matematiceskoj fiziki. Moskva Nauka (1979)
79 Gonzales-Santalo, J.M.; Lahey, R.L.: An exact solution for flow transient in two-phase system by the method of characteristics. ASME Heat Transfer (1972)

80 Grillenberger, T.: Druckwellenausbreitungsvorgänge in Rohrleitungen – experimentelle und rechnerische Ergebnisse der HDR-Armaturenversuche Atomkernenergie/Kerntechnik 37(1981)
81 Grison, P.; Lauro, J.F.: Two-phase performance characteristics of a PWR primary pump under local conditions. C203/77, Heat and Fluid Flow in Water Reaktor Safety, Manchester, 13–15 Sept. (1977)
82 Groeneveld, D.C.: An investigation of heat transfer in the liquid deficient regime. AECL–3281, Dec. 1969
83 Grundmann, U., u.a.: Thermohydraulische Berechnungen zu ausgewählten Versuchen mit der Experimentalkassette EK–1, Kernenergie, Bd.25, H.6
84 Hancox, W.T.; Banerjee, S.: Numerical standards for flow-boiling analysis. NSE:64 (1977) 106–123
85 Hancox, W.T.; Mathers, W.G.; Kawa, D.: Analysis of transient flow boiling: application of the method of characteristics. AIChE Symposium Series 74 (1978)
86 Hasain, A.; Weisman, J.: Two-phase pressure drop across abrupt area change. COO–5152–15, Cincinnati Univ., USA (1975)
87 Haßler, G.: Untersuchungen zur Verformung und Auflösung von Wassertröpfchen durch aerodynamische Kräfte im stationären Luft- und Wasserdampfstrom bei Unterschallgeschwindigkeit. Diss. Karlsruhe (1971)
88 Hausen, H.: Darstellung des Wärmeüberganges in Rohren durch verallgemeinerte Potenzbeziehungen. VDI Wärmeatlas, 11. Aufl., Düsseldorf (1963)
89 Heckle, M.: Zweiphasenströmung Gas/Flüssigkeit durch Drosselorgane. Fortschr.-Ber. VDI-Z. 35(1970)
90 Hedrick, R.A.; Gudlin, J.J.; Folz, R.C.: CRAFT–2 Fortran program for digital simulation of a multinode reaktor plant during loss of coolant BAW–1009, Dec. (1974)
91 Heinemann, J.B.: An experimental investigation of heat transfer to superheat steam in round and rectangular channels. ANL–6213, Sept. 1960
92 Henry, R.E.: A study of one- and two-component, two-phase critical flows at low qualities. ANL–7430, March 1968
93 Henry, R.E.; Fauske, H.K.: The two-phase critical flow of one-component mixtures in nozzle orfices and short tubes. J. of Heat Transfer 2(1969) 47–56
94 Henry, R.: The two-face critical discharge of unitially saturated or subcooled liquid. NSE 3(1970) 336
95 Henry, R.E.; Fauske, H.K.; McComas, S.T.: Two-phase critical flow at low qualities Part 1: Experimental. NSE 41(1970) 79–91
96 Henry, R.E.; Fauske, H.K.; McColmas, S.T.: Two-phase critical flow at low qualities Part 2: Analysis. NSE 41(1970) 92–98
97 Henry, R.E.: The two-phase critical discharge of initially saturated or subcooled liquid. NSE 41(1970) 336–342
98 Henry, R.E.: An experimental study of low-quality, steam-water critical flow at moderate pressure. ANL–7740, Sept. 1970
99 Hewitt, H.T.: Annular Two–-Phase Flow, Oxford: Pergamon Press 1970
100 Hilfiker, K.: Dynamik der adiabaten Expansion von vertikaler Dreiphasen-Zweikomponenten Strömung. Diss. Zürich (1975)
101 Hocever, C.J.; Wineiger, T.W.: THETA1–B, A computer code for nuclear reactor core thermal analysis. Idaho Nuclear Corporation, Feb. (1971), IN 1445
102 Hochreiter, L.E.; Sozzi, G.L. (eds.): Experimental and analytical modeling of LWR safety experiments. 19th National Heat Tranfer Conference Orlando, Florida July 27–30, 1980
103 Hofer, E.: An A(α)-stable variable order ODE-solver and its application as advancement procedure for simulation in thermo- and fluid-dynamics. Proc. of the int. topical meeting on advances in mathematical methods for the solution of nuclear engineering problems, 27–29.4.1981 München
104 Hofman, R.: Untersuchungen der Stoffaustauschwiderstände im Dampf und in der Flüssigkeit bei Zweiphasenströmungen. VDI-Forschungsheft 531 (1969)
105 Hofman, K.: BRUCH–D06- ein Rechenprogram zur Analyse Transienter Fluid- und Thermodynamischer Vorgänge im Primärkreis von Druckwasserreaktoren oder Versuchsschleifen. MRR–P–25

106 Höft, B.: Dampfgehaltsmessung bei Zweiphasenströmung. Diss. Karlsruhe (1970)
107 Hollands, K.G.T.; Goel, K.C.: Srednye diametry castic v aerosolnych sistemach s prjamotokom i protivotokom. Teploperedaca 9 (1976)
108 Holmes, J.A.: Description of the drift flux model in the LOCA-Code RELAP-UK. Heat and Fluid Flow in Water Reaktor Safety. Manchester, 13–15 Sept.
109 Holt, M.: Numerical method in fluid dynamics, Berlin: Springer 1977
110 Horcicka, J., u.a.: Thermohydraulische Erprobung der Experimentalkassette EK–1. Kernenergie, Bd.25, H.6
111 Hortig, E.: Über die polytrope Verdichtung eines Luft-Naßdampf-Gemisches. Diss. TH-Wien (1972)
112 Hughes, E.D.; Paulsen, M.P.; Agee, L.J: A drift-flux model of two-phase flow for RETRAN. Nuclear Technology 54 (1981) 410
113 Hughes, E.D.: Macroscopic balance equations for two-phase models. NED 54 (1979) 239–259
114 Huhn, J.: Strömung und Wärmeübergang bei der aufwärtsgerichteten Zweiphasenströmung gasförmig/flüssig im Bereich der Ringströmung in Rohren. Diss. TU-Dresden (1970)
115 Huhn/Wolf: Zweiphasenströmung, Leipzig: VEB (1975)
116 Hunt, D.L.: The effect of delayed bubble growth on the depressurasation of vessels containing high temperature water. UKAEA Report AHSB (S) R 189, (1970)
117 Idelcik, I.E.: Spravocnik po gidravliceskich soprotivlenijam. Moskva (1975)
118 Isacenco, V.P.,; Osiova, V.A.; Sukomel, A.C.: Teploperdaca. Moskva (1975)
119 Ishii, M.: Thermo-fluid dynamic theory of two-phase-flow. Paris: Eyrolles 1975
120 Jens, W.H.; Lottes, P.A.: Analysis of heat transfer, burnout, pressure data and density data for high pressure water. USAEC Rep. ANL–4627 (1951)
121 Johannssen, T.: Ein Beitrag zur Hydrodynamik der Zweiphasenströmung Gas/Flüssigkeit in horizontalen Rohren. Diss. Zürich (1973)
122 Kabakov, V.I.; Aladeev, I.T.: Teplo-masoperenos v odno i dvuchfasnych sredach. Moskva (1971)
123 Kamke, E.: Differentialgleichungen Lösungsmethoden und Lösungen, Bd.I Gewöhnliche Differentialgleichungen. Leipzig: Geest & Portig 1959
124 Kanzleiter, T.: Experimentelle Ergebnisse zur Ausbreitung von Druckwellen und Dampffronten in einem DWR-Containment bei einem Kühlmittelverlustunfall. Reaktortagung München (1977)
125 Karwat, H.: BRUCH-S, A code to investigate blowdown of BWR-systems. NED 9 (1968) 363–381
126 Karwat, H.; Wolfert, K.: BRUCH-D, A Digital Program for PWR-systems. NED 9 (1968) 363–381
127 Kasper, B.: Wandschubspannung und konvektiver Wärmeübergang bei Zweiphasen-Flüssigkeits-Dampfströmung hoher Geschwindigkeit. Diss. TH-Karlsruhe (1974)
128 Katkovskij, E.A.; Poletaev, G.N.: Volnovye prozessy v gidrosistemach. Moskva (1975) IAE im. I.V. Kurcatova
129 Kawabe, R.; Minato, A.; Ogasawara, H.; Masuoka, R.: SENHOR-II A computer code for loss-of-coolant accidents of pressure type reaktors. NED 35 (1975) 13–20
130 Kelly, J.E.; Kazimi, M.S.: Interfacial exchange relations for two-fluid vapor-liquid flow. A simplified regime-map approach. NSE:81 (1982) 305–318
131 Kenchel, W.: Größen und Bezeichnungen für die Beschreibung von Zweiphasenströmungen. Diss. Darmstadt (1965)
132 Klemin, A.I.; Poljanin, L.N.; Strigulin, M.M.: Teplogidravliceskii razcet i teplotechniceskaja nadegnost jadernych reaktorov. Moskva Atomisdat 1980
133 Knudsen, J.G.; Katz, D.L.: Fluid mechanics and heat transfer. New York: McGraw-Hill 1958
134 Kobayashi, K.; Namatame, K.: Method of characteristics for solving axi-symmetric two–dimensional flows. January (1975) JAERI-M, 5969
135 Köberlein, K.: Die verzögerte Einstellung des thermodynamischen Gleichgewichts als Grundlage eines Rechenmodells für die Druckwellenausbreitung in der Zweiphasenströmung von Wasser. Diss. TU-München (1972)
136 Kutateladze, S.S.: Osnovi teorij teploobmena. Novosibirsk (1970)

137 Kutateladze, S.S.; Styrikovic, M.A.: Gidrodinamika gazogidkostnych sistem. Moskva (1976)
138 Kolev, N.I.: Presmjatane na kriticnata masova platnost zu dvufazen potok. Jadrena energija 10(1980) 18–27, Sofia
139 Kolev, N.I.: Kvazistacionaren model za opisanie na dvufazen dvukomponenten potok v trigupovo priblizenie. Jadrena energija 11 (1980) 34–41, Sofia
140 Kolev, N.I.: Modelirane na sastojanieto na boksovete v AEC s VVER po vreme na avarija sas zaguba na toplonositel. Jadrena energija 11 (1980) 53–62, Sofia
141 Kolev, N.I.: Stacionaren model na dvufazen-dvukomponenten potok (vazduch-vodna para-voda) prednaznacen za analiz na sistemata za bezopastnost na AEC s VVER. Fizika i energija, (1980) 152–161, Sofia
142 Kolev, N.I.: Programen paket za analiz na povedenieto na pomescenijata na AEC sVVER po vreme na avarija sas zaguba na toplonositel v kratkovremenija period. Jadrena energija 13(1981) 21–31, Sofia
143 Kolev, N.I.: Temperaturno pole v TOEL i goresc kanal na VVER-440 po vreme na njakoi prechodni procesi pri izchodna nadnominalna moscost na reaktora. V ta Nacionalna konferencija „Toploi jadernoenergijni problemi na NRB“ 21.–23.5.1981, Varna 113–118
144 Kolev, N.I.; Sabotinov, L.S.: Analiz na fazata na izticane pri avarija c razkasvane na glaven cirkulacionen traboprovod za AEC c VVER-440 pri nominalna i povisena Moscnost. V ta Nacionalna konferencija „Toplo- i jadrenoenergijni problrmi na NRB“ 21.–23.5.1981, Varna, 73–79
145 Kolev, N.I.: Homogene Zweiphasenströmung unter Bedingungen des vollständigen thermodynamischen Nichtgleichgewichtes. Atomkernenergie/Kerntechnik 37 (1981) 113–118
146 Kolev, N.I.: Kritische nichthomogene Zweiphasen-Gleichgewichtsströmung mit quasikonstantem Schlupf. Atomkernenergie/Kerntechnik 37 (1981) 284–288
147 Kolev, N.I.: Transient equilibrium two-phase flow with quasiconstant slip. NED 65 (1981) 161–173
148 Kolev, N.I.: RALIZA – Ein digitales Rechenprogram zur Analyse der transienten Vorgänge im Kühlkanal und Brennelement von Druck- und Siedewasserreaktoren. Kernenergie 24(1981) 376–382
149 Kolev, N.I.: Nestacionarny dvuchfazny dvuchkomponentny potok v boksach AES v VVER vo vremja avarii c razgermetizaciej konturov. Teplofizika 82, „Teplotechniceskaja besopastnost jadernych reaktorov VVER“ Karlovi Vari 3.–7.5.1982, 148–159
150 Kolev, N.I.: K modelirovaniju nestacionarnych neravnovesnych negomogennych dvuchfaznych system. Teplofizika 82, „Teplotechniceskaja bezopastnost jadernych reaktorov VVER“ Karlovi Vari 3.–7.5.1982, 129–147
151 Kolev, N.I.: Sistema za lokalizirane na avarijnite posledstvija v atomna elektrostancija s vodoochlazdaem jadren reaktor. Patent Nr.31197 G21 C 13/10, 7.1.1982, Sofia
152 Kolev, N.I.: Beschreibung der transienten homogenen Gleichgewichts-Zweiphasenströmung unter der Verwendung des Druckes, der Geschwindigkeit und des Dampfvolumenanteiles. Kernenergie 25 (1982) 109–111
153 Kolev, N.I.: Zur Theorie der transienten inhomogenen Zweiphasenströmung unter den Bedingungen des thermodynamischen Nichtgleichgewichtes. Kernenergie 25(1982) 170–173
154 Kolev, N.I.: Transient equilibrium and nonequilibrium nonhomogeneous two-phase flow model in the codes RALIZA – 1 and RALIZA – 2, Proc. of the Int. AMSE Conf. Modelling & Simulation, Vallee de Chereuse, France July 1–3, 9(1982) 7–18
155 Kolev, N.I.: Critical equilibrium inhomogeneous two-phase two-component water-steam-air flow. Int. J. of Heat and Mass Transfer 25 (1982) 1879–1884
156 Kolev, N.I.: Transient nonhomogeneous equilibrium water-steam air flow. NED 74 (1982) 265–274
157 Kolev, N.I.: Transiente homogene Zweiphasen-Zweikomponentenströmung bestehend aus Wasser-Wasserdampf-Luft unter Bedingungen des thermodynamischen Nichtgleichgewichtes. Atomkernenergie/Kerntechnik 42 (1983) 201
158 Kolev, N.I.: Transient two-phase two-component flow of water steam-air. NSE 85 (1983) 209–220

159 Kolev, N.I.: Ein hyperbolisches Differentialgleichungssystem zur Beschreibung einer transienten nichthomogenen Gleichgewichts-Zweiphasenströmung: Kernenergie 26, 12
160 Kolev, N.I.: A simple form of 5-PDE system describing the transient one-dimensional nonhomogeneous two-phase flow. NED 84 (1985) 67–71
161 Kolev, N.I.: RALIZA 2/02, A computer code for solving the associated problem „transient two-dimensional fuel element/transient one-dimensional nonhomogeneous nonequilibrium two-phase flow in the water cooled nuclear reactor core, modelling, simulation & control, B., 2, (1984) 29–36
162 Kolev, N.I.: Zweiphasen-Zweikomponentenströmungen (Luft-Wasserdampf-Wasser) zwischen den Sicherheitsräumen der KKW mit wassergekühlten Reaktoren bei Kühlmittelverlusthavarie. Diss. TU-Dresden (1977)
163 Kolev, N.I.: Model nestacionarnogo neravnovesnogo negomogennogo potoka, sostojascego iz nekondensiruemogo gasa, vody-vodjanogo para, bornoj kisloty. Atomnaja Energija (1984), Moskva Vol. 56, S.205
164 Labuncov, D.A.; Sosiev, R.I.: Kondenzacija para v potoke nedogretoj gidkosti. Teplo- i massoperenos, Minsk (1972), tom.2
165 Lahey, R.T.; Wallis, G.B.: Non-equilibrium two-phase flow. New York: A.S.M.E. 1975
166 Lahey, R.T.; Moody, F.J.: The thermal-hydraulics of a boiling water nuclear reactor. American Nuclear Society, 1977, 2nd printing, 1979
167 Lax, P.D.: Weak solution of nonlinear hyperbolic equations and their numerical computation. Communication of Pure and Applied Mathematics 7 (1954)
168 Le Coq; Lewi, J.; Raymond, P.: Comments of the formulation of the one-dimensional six-equation two-phase flow model. NSE: 81 (1982) 1–8
169 Lee, K.; Ryley, D.J.: The evaporation of water droplets in superheated steam. J. of Heat Transfer 90 (1968)
170 Lee, W.H.; Lyczkowski, R.W.: The basic character of five two-phase flow model equations sets. Proc. of the Int. Topical Meeting in Mathematical Methods for the Solution of Nuclear Engineering Problems. 27.–29.4.1981 München
171 Lellouche, G.S.: A model for predicting two-phase flow. BNL-18625, Brookhaven National Laboratory (1974)
172 Lellouche, G.S.: AEC Report BNL-18628, 1974
173 Levy, S.: Teploperedaca 1 (1965), 64
174 Levy, S.: Int. J. of Heat Mass Transfer 10 (1967) 351–365
175 Lienhard, J.H.: Nonhomogeneous nucleation and the spinoidal line, J. of Heat Transfer 103 (1981) 72
176 Liesch, K.J.; Steinhoff, F.; Vojtek, I.; Wolfert, K.: BRUCH D02 – Ein Rechenprogramm zur Analyse der fluid-thermodynamischen Vorgänge im Primärkreis von Druckwasserreaktoren bei schweren Kühlmittelverlustfällen. MRR–P–3, Juli 1973, TU München
177 Liesch, K.J.; Raemhild, G.: BRUCH D04 – wie [176], MRR–P–15, Jan. 1975, TU–München
178 Liesch, K.J.; Raemhild, G.; Hofman, K.: Zur Bestimmung des Wärmeüberganges und der kritischen Heizflächenbelastung im Hinblick auf besondere Verhältnisse in den Kühlkanälen eines DWR bei schweren Kühlmittelverlustunfällen. MRR–15, Juni 1975, TU-München
179 Linzer, V.: Das Ausströmen von Siedewaser und Sattdampf aus Behältern. BWK 22 (1970) Nr. 10
180 Lister, M.: The numerical solution of hyperbolic partial differential equation by the method of characteristics – in mathematical methods for digital computers. (Ralsto, A.; Holf, H.S.; eds.), New York: Wiley (1967)
181 Löschner, K.; Reinhard, W.: Der Dampfgehalt von Einkomponenten-Zweiphasenströmung bei ausgebildeter adiabater Strömung in horizontalem Rohr. TU-Dresden Wiss. Z. 22 (1975)
182 Lübesmeyer, D.: WOTAN ein Digitalprogram für Simulation von Durchlaufdampferzeugern (One through-type). Berlin-W., Dez. (1974)
183 Lyczkowski, R.W. et al.: Pipe blowdown analysis using explicit numerical schemes, 15th National Heat Transfer Conference. San Francisco (1975)

184 Lyczkowski, R.W.: Transient propagation behavior of two-phase flow equation. AIChE Paper No.41, Presented of the 15th National Heat Transfer Conference. San Francisco, California, Aug. 10–13, 1975
185 Lyczkowski, R.W.; Mecham, D.C.; Solbrig, C.W.: Network computations using a transient two-phase velocity difference model. NSE 69 (1979) 279–289
186 McDonald; Hancox, W.T.; Mathers, W.C.: Numerical solution of the transient flow-boiling equations. OECD/CSNI Specialists Meeting on Transient Two-Phase Flow. Paris France, June (1978)
187 McFadden, J.H.; Agee, L.: Numerical aspects of the RETRAN code system. Proc. of the Int. Topical Meeting on Advances in Matematical Methods for the Solution of Nuclear Engineering Problems. 27.–29.4.1981 München
188 Magerfleisch, J.: Umkehrbare Gleichungen zur Berechnung von Entspannungsvorgängen im Wasserdampf. BWK 31 (1979)
189 Malnes, D.; Solberg, K.: A fundamental solution to the critical two-phase flow problem, applicable to loss of coolant accident analysis. May (1973) SD–119. Kjeler Inst., Norway
190 Mamaev, V.A.; Odichria, G.S.; Semeonov, N.I.; Tocigin, A.A.: Gasodynamika gasozidkostnych smesej v trubah. Moskva (1969)
191 Mamaev, V.A., u.a.: Dvizenie gasozidkostnych smesej v trubach. Moskva-Nedra (1978)
192 Matausek, M.R.: SINOD – A nonlinear lumped parameter model for steady-state, transient, and stability analysis of two-phase flow in natural circulation boiling loops. NSE (1977) 440–457
193 Mathers, W.G.; Ferch, R.L.; Hancox, W.T.; McDonald, B.H.: Equations for transient flow-boiling in a duct. Inv. paper presented at 2nd CSNI Specialists Meeting on Transient Two-Phase Flow. Paris, June (1978)
194 Matsui, G.; Arimoto, S.: Propagation characteristics of pressure wave through a gas-liquid plug-train system in a pipe. Proc. of Joint Symposium on Design and Operation of Fluid Machinery. June 12–14, 1978, Colorado State Univ., Fort Collins, Colorado, USA
195 Meyer, J.E.: Conservation laws in one-dimensional hydrodynamics. Bettis Technical Review, 61, WAPD–BT–20
196 Minato, A.; Kawabe, R.; Yamanouchi, H.; Kato, H.: SENHOR–IV A computer code for small pipe-break analysis of pressure-tube type reaktors. NED 53 (1979) 377–385
197 Moronov, U.V.: Analyse der instationären Aufgabe der Thermohydraulik der Wasser-Dampf-Strömung. Vortrag auf dem Seminar Wärmephysik 82, Wärmetechnische Sicherheit von Kernreaktoren, Karlovy Vary/CSSR 1982 (russ.)
198 Miropolskij, Z.L.: Heat transfer in film boiling of steamwater mixture in steam generating tubes. Teploenergetika 10, (1963) 49–53
199 Miropolskij, Z.L.; Kutateladze, S.S.: Voprosy teplootdazi i gidravliki dvuchfasnych sred. Teploenergetika Nr.5 (1971)
200 Moody, F.J.: Teploperedaca Nr.1, (1965) 160
201 Moody, F.J.: Maximum flow rate of a single component two-phase mixture. J. of Heat Transfer 2 (1965) 134–141
202 Moody, F.J.: Maximum two-phase vessel blowdown from pipes. J. of Heat Transfer 8 (1966) 285–295
203 Moody, F.J.: A pressure pulse model for two-phase critical flow and sonic velocity. J. of Heat Transfer (1968) 84–100
204 Moody, F.J.: Teploperedaca Nr.3 (1969) 84
205 Moore, K.V.; Retting, W.H.: RELAP 2 – A digital program for reaktor blowdown and power excursion analysis. IDO–17263 (March 1968)
206 Moore, K.V.; Retting, W.H.: RELAP 4 A computer program for transient thermal-hydraulic analysis. ANCR–1127, Dez. (1973)
207 Nabizadeh: Experimentelle Untersuchungen und Parameterstudien des volumetrischen Dampfgehaltes in Freon 113 und Vergleich mit den Versuchsergebnissen in Wasser und anderen Freonarten. Reaktortagung-Düsseldorf (1976)
208 Nagumo, H.; Kohriyama, T.; Mori, S.; Kawanischi, K.; Kinoshita, M.; Sakata, K.; Tsude, A.: Experimental and analytical studies on applicability of drift flux model to various two phase flow conditions. Small Break Loss-of-Coolant Accident Analyses in LWR s, Conference Papers, WS–81–201 Specialists Meeting Monterey California Aug. 25–27, 1981

209 Nahavandi, A.N.: The loss-of-coolant accident analysis in pressurized water reaktors. NSE 36(1969) 159–188

210 Nakamura, S.: Computational method in engineering and science with application to fluid dynamics and nuclear systems. New York: Wiley (1977)

211 Namatame; Kobayashi, K.: Digital computer code depco-multi for calculating the subcooled decompression in PWR-LOCA (1974) JAERI–M, 5623

212 Nigmatulin, B.I.; Milosenko, V.I.; Sugaev, V.S.: Issledovanija raspredelenija zidkosti mezdu adrom i plenkoj v dispersnokolcevom parovodnjam potoke. Energetika 5(1976)

213 Nigmatulin, R.I.: Osnovy mechaniki geterogennych sred. Moskva Nauka (1978)

214 Nitsch, J.: Der Wärme- und Stoffaustausch an Tröpfchen bei hohen Dampfpartialdrucken und Dampfpartialdruckdifferenzen am Beispiel eines Gleichstromeinspritzkühlers. Inst. für chem. Raketentriebe, Lampoldshause (1971)

215 Norelli, F.: The calculation of the void fraction by slip ratio correlations: A general method. NSE 71(1979) 212–215

216 Nylund, D. et.al.: Hydrodynamic and heat transfer measurements on a full-scale simulated 36-Rod Marviken fuel element with uniform heat flux distribution. FRIGG–2, Danish Atomic Energy Commission (1968)

217 Ortuber, J.: Der Druckabfall von Zweiphasenströmung in senkrechten Kreiselrohren. Diss. Darmstadt (1970)

218 Owen, C.J.: Nuclear reaktor safety heat transfer. International centre for heat and mass transfer, Belgrade Ygoslavia, New York: Hemisphere 1980, p. 246

219 Partner, W.H.L.: A method for analysing critical flow of steam water mixtures. AEEW M1364 (1976)

220 Poljanin, L.N.; Ibragimov, M.H.; Subelev, G.I.: Teploobmen v jadernych reaktorach. Moskva Energoisdat (1982)

221 Polomik, E.E.: Transient boiling heat transfer program. Final Summary Report on Program for Feb. 1963–Oct. 1967, GEAP–5563, October 1967

222 Pomerancev, A.A.: Fiziceskie nacala teplomassoobmena i gasovoj dinamiki. Moskva Energija (1977)

223 Porter, W.H.L.: A method for analysing critical flow of steam water mixtures. Paper presented to European Two-Phase Flow Meeting HAIFA-June (1975)

224 Poyson, J.T.; Roberts, J.H.; Waybler, P.J.: An investigation of the liquid distribution in annular-mist flow. ASME Heat Transfer 1(1970)

225 Preuss, K.: Fließverhältnisse von Luft und Wasser in einem teilgefühlten Rohr. TU-München (1970)

226 Kuts, H.G.; Kato, W.Y.: Reactor safety research program. Quarterly Progress Report July-September (1977), BNL-Nureg-50747

227 Ramshaw, J.D.; Trapp, A.J.: Characteristics, stability, and shortwavelength phenomena in two-phase equations. NSE 66(1978)

228 Ramu, K.; Weisman, J.: A method for the correlation of transition boiling heat transfer data. Heat Tranfer 1974, 5th Int. Heat Transfer Conf., Tokyo 1974, Vol.4

229 Ransom, V.H.; Wagner, R.J.; Trapp, J.A.; Carlson, K.E.; Kiser, D.M.; Kuo, H.H.; Nelson, R.A.; James, S.W.: RELAP 5/Nucl 1 code Manual. Vol.1: System models and numerical methods, NUREG/CR–1826, EGG–2070, EG&G Idaho, Inc.

230 Rassochin, N.G.: Parogeneratornye ustanovki atomnych elektrostancii. Moskva Atomisdat (1980)

231 Reed, W.H.; Kirchner, W.L.: Fluid dynamics and heat transfer methods for TRAC-Code C205/77, Heat and Fluid flow in Water Reaktor Safety, Manchester, 13–15 Sept. 1977

232 Reocreux, M.L.: Experimantal study of steam-water choked flow. Proc. of the CSNI Specialists Meeting, Aug. 3–4 (1976) Toronto

233 Richter, H.: Zur Thermodynamik verdampfender Zweiphasen-Rohrströmung. Diss. TH-Stuttgart (1970)

234 Richtmyer, R.D.; Morton, K.W.: Difference method for initial value problems. New York: Wiley 1967

235 Rivard, W.C.; Torrey, M.D.: K-FIX: A computer program for transient, two-dimensional, two-fluid flow. LA-NUREG-6623, NRC–4, (1977), LASL

236 Rivkin, S.A.; Kremnevskaja, E.A.: Uravnenija sostojanija vody i vodjannogo para dlja masinnych rascetov processov oborudovanija elektrostancij, Teploenergetika 1977, 3

237 Rivkin, S.L.; Aleksandrov, A.A.: Teplofiziceskie svoistva vody i vodjannogo para. Moskva Energija (1980)

238 Rowe, D.S.: COBRA 3C A digital computer program for steady state and transient thermal. hydraulic analysis of rod bundle nuclear fuel element BNWL-1695, March (1973)

239 Roy, R.P.; Ho, S.: Influence of transverse interphase velocity profiles and phase fraction distribution on the character of the character of two-phase flow equations. Int. J. Heat Mass Transfer 23, 1162–1167

240 Rudinger, G.; Chang, A.: Analysis of nonsteady two-phase flow. Physics of Fluids 7 (1964) 1747–54

241 Rust, J.H.; Weaver, L.E.: Nuclear Safety. Oxford: Pergamon Press 1976

242 Sabotinov, L.S.: Experimantal investigation of void fraction in subcooled boiling for different power distribution lows along the channel. Moskva (1974), PhD Thesis (russ.)

243 Sabotinov, L.S.; Kolev, N.I.: Termochidravlika na aktivnata zona na reaktor VVER pri avarija sas skasvane na GCT pri nominalna i povisena moscnost. V ta Nacionalna Konferencija "Toplo- i jadrenoenergijni problemi na NRB„, 21.–23.5.1981, Varna 85–91

244 Sabotinov, L.S.; Kolev, N.I.: Issledovanie AES s VVER-440 pri avrij s razryvom GCT na ishodnych nominalnoj i povysennoj moscnostach. Teplofizika 82 "Teplotechniceskaja bezopastnost jedernych reaktorov VVER„, Karlovi Vari, 3.–7.5.1982, 79–90

245 Sabotinov, L.S.; Totev, T.L.; Bojadziev, A.I.; Kolev, N.I.; Stefanova, S.I.: Teplofiziceskie issledovanija s celju opredelenija nadeznosti i bezopasnosti jadernych reaktorov tipa VVER. Jadrena Energija 17(1982) 48–58, Sofia

246 Saha, P.; Zuber, N.: Proc. Int. Heat Transfer Conf. Tokyo, 1974, Paper B4.7

247 Saha, P.: Int. J. Heat and Mass Transfer 23(1980) 481

248 Samson, R.E.; Springer, G.S.: Condensation on and evaporation from droplets by a moment method. J. Fluid Mech. 36(1969) 577–584

249 Sauer, R.: Anfangswertprobleme bei partiellen Differentialgleichungen, Berlin: Springer 1958

250 Schally, P.: Zur Berechnung und Approximation kritischer Massenstromdichten. MRR 119, März (1973)

251 Schally, P.: Kritische Massenstrombeziehungen vor dem Hintergrund veröffentlichter Experimenteller Ergebnisse. MRR–137 April 1974

252 Schicht, H.H.: Experimentelle Untersuchungen an der adiabaten Zweiphasenströmung Wasser/Luft in einem horizontalen Rohr: Strömungsformen, Schwallströmung, Anlaufeffekte. Diss. Th-Zürich (1970)

253 Sifrin, S.M.: Dinamika sudovych paroproisvodjascich ustanovok. Leningrad (1977)

254 Schrock, V.E.; Grossman, L.M.: Forced convection boiling studies. Forced convection vaporation project, USAEC Rep. TID–14632, 1959

255 Schrock, V.E.; Grossman, L.M.: Forced convection boiling in tubes, NSE 12(1962) 474–481

256 Schrock, V.E.; Starkman, E.S.; Brown, R.A.: Flashing flow of initially subcooled water in convergent-divergent nozzles. J. of Heat Transfer, 99(1977)

257 Shin, Y.W.; Chen, W.L.: Numerical fluid-hamer analysis by the method of characteristics in complex piping networks. NED 33(1975) 357–369

258 Shisholm, D.: Critical conditions during the flow of two-phase mixtures through pipes, Heat and Fluid Flow in Water Reaktor Safety 1 Mech E Conference Publication 1977–78 Manchester, 13–15 Sept. (1977), 11–17

259 Seminar on computer programs for the analysis of certain problems in thermal reaktor safety. Ispra, 23–25 Oct. 1974, NEA-Computer Program Library, Newsletter Nr.19, June 1975

260 Seminar TF-78, Teplotechniceskie issledovanija dlja obespecenija nadeznosti i bezopasnosti jadernych reaktorov vodo-vodjannogo tipa. Budapest (1978)

261 Sieder, E.N.; Tite, G.E.: Heat transfer and pressure drop of liquids in tubes. Industrial and Engineering Chemistry, 28 (1936) 1429–1435

262 Skripov, V.P.; Sinizin, E.N. et al.: Teplofiziceskie svoistva zidkostei v methastabilnom sostojanii. Moskva Atomisdat (1980)

263 Sleffery, S.D.: Teorija perenosa impulsa, energii i massy v splosnych sredach. Moskva Energija (1978)
264 Solbrig, C.W.; McFaden et al.: Heat transfer and friction correlation required to describe water behavior in nuclear safety studies. CONF–750804–3, Idaho (USA) 1975
265 Soo, S.L.: Fluid dynamics of multiphase systems. Massachusetts: Waltham 1969
266 Sosiev, R.I.; Korolkov, B.M.: Parosoderganie teplonositelja pri kipenii v trubach i sterznevych sborkach. Atomnaja energija, 51, 5 (1981)
267 Sozzi, G.L.; Sutherland, W.A.: Critical flow of saturated water at high pressure. NEDO–13418, 75NED43, July 1975, General Electric
268 Spalding, D.B.: Konvektiver Stoffübergang, Berlin: VEB-Verlag Technik 1969
269 Städtke, H.: Gasdynamische Aspekte der Nichtgleichgewichts-Zweiphasenströmung durch Düsen. Diss. TU-Berlin (1975)
270 Bree; Caro C.: Frequency-response analysis of steam voids to sinosuidal power modulation in thin walled boiling water coolant channel. Argon National Laboratory 7041 (1965)
271 Streit, S.: Berechnung der Expansionszahl von Wasserdampf für genormte Drosselgeräte auf Rechenautomaten. BWK–26 (1974) 6
272 Strikwerda, J.C.: Initial boundary value problems for the method of lines. J. of Comp. Physics 34 (1980) 94
273 Sun, K.H.; Duffey, R.B.; Peng, C.M.: A thermal-hydraulic analysis of core uncovery. 19th Nat. Heat Transfer Conference, Orlando, Florida July 27–30, 1980, ASME
274 Tanaka, M.: Heat transfer of spray droplet in a nuclear technology. Nuclear Technology 47 (1980)
275 Tentner, A.; Weisman, J.: The use of the method of characteristics for examination of two-phase flow behavior. Nuclear Technology 37 (1978)
276 Thom, I.R.S. et al.: Boiling in subcooled water during up heated tubes or annuli. Proc. Instr. Mech. Engs. 1965–1966, 180 (1966)
277 Thurgood, M.J.; Kelly, J.M.; Basehore, K.L.; George, T.L.: COBRA-TF- A three-fild two-fluid model for reactor safety analysis. Experimental and Analytical Modelling of LWR Safety Experiments, 19th Nat. Heat Transfer Conference, Orlande, Florida July 27–30, 1980, ASME
278 Tolubinski, V.I.: Teploobmen pri kipenii, Kiev (1980)
279 Tong, L.S.: Teploperedaca pri kipenii dvuchfaznoe tecenie. Moskva (1969)
280 TRAC-PD2 An advanced best-estimate computer program for pressurized water reactor loss-of-coolant accident analysis. Safety Code Development Group Energy Division, NUREG/CR–2054, LA–8709–MS
281 Transient two-phase flow, 2nd CSNI Specialists Meeting, 12–14 June 1978, Paris
282 Tremblay, P.E.; Andrews, D.G.: A physical basis for two-phase pressures gradient and critical flow calculations. NSE 44 (1971) 1–11
283 Trimble, G.D., Turner, W.J.: NAID- A computer program for calculation of the steady state and transient behaviour (including LOCA) of compressible two-phase coolant in networks. AEEC/E 378 (1974)
284 Trimble, G.G.; Turner, W.J.: Characteristics of two-phase one component flow with slip. NED 42 (1977) 287–295
285 Turkel, E.: On the practical use of high order methods for hyperbolic systems. J. of Comp. Physics 35 (1980)
286 Turner, W.J.: A stable finite difference scheme for transient flow in a boiling channel. Energia Nucleare 19, 5 (1972) 317–324
287 Ulrich, G.: Strömungsvorgänge mit unterkühltem Sieden in Brennstabbündeln wassergekühlter Reaktoren. Diss. Braunschweig (1976)
288 Vengerskij, E.V.; Morosov, V.A.; Usov, G.L.: Gidrodinamika dvuchfaznych potokov v sistemach pitanija energeticeskich ustanovok Moskva Masinostroene 1982
289 Veziroglu, T.N.; Kakas, S.: Two-phase transport and reactor safety. Proc. of the Two-Phase Flow and Heat Transfer Symposium-Workshop, Oct. 18–20, 1976 Fort Lauderdale, Florida, USA, Washington: Hemisphere Vol.1–4
290 Vojtek, L.; Liesch, K.J.: BRUCH D03 wie [176], MRR–P–3, July 1973, TU-München
291 Wallis, G.B.: One-dimensional two-phase flow. New York: McGraw Hill 1969

292 Werner, W.: Numerical solution of systems of quasilinear hyperbolic differential equations by means of the method of Nebencharacteristics in combination with extrapolation method. TH-München, Mathematisches Institut, Bericht Nr. 6703
293 Wilck, P.: Näherungsgleichungen für die Durchflußzahlen von Drosselgeräten nach DIN 1952. BWK – 22 (1970) 11
294 Wilson, J.F.: Primary separation of steam from water by natural separation. US/EURATOM Report ACNP – 65002, 1965
295 Winers, W.S.; Merte, H.: Non equilibrium effect in pipe blowdown with R – 12; wie [289]
296 Wolfert, K.: The simulation of blowdown processes with consideration of thermodynamic nonequilibrium phenomena. Specialists meeting of transient two-phase flow. OECD/Nuclear Energy Agency, Toronto (Canada), August 3 – 4 (1976)
297 Wolfert, K.; Burwell, M.J.; Enix, D.: Non-equilibrium mass transfer between liquid and vapor phases during depressuration processes; wie [2]
298 Wong, S.; Hochreiter, L.E.: A model for dispersed flow heat transfer during reflood; wie [277]
299 Wurz, D.: Experimentelle Untersuchungen des Strömungsverhaltens dünner Wasserfilme und deren Rückwirkung auf einen gleichgerichteten Luftstrom mäßiger bis hoher Unterschallgeschwindigkeiten. Diss. Karlsruhe (1971)
300 Yang, J.V.: Laminarnaja prenosnaja kondenzacija na sfere. Teploeredaca 2 (1976)
301 Yao, S.C.; Schrock, V.E.: Heat transfer from freely falling drops. J. of Heat Tranfer 1 (1976)
302 Yeh, H.C.; Cunnigham, J.P.: Experiments and void correlation for small break LOCA Condition, Trans. ANS. 17 (1973) 369
303 Zuber, N.; Findlay, J.A.: Average volumetric concentration in two-phase flow systems. J. Heat Tansfer 87 (965) 453
304 Zweiphasenströmung von Gas und Flüssigkeit in Rohren. Vorträge der Fachtagung von 14.12.1972 in Basel, SIA Fachgruppe für Verfahrenstechnik, Heft 2
306 Kolev, N.I.: Transiente Dreiphasen-Dreikomponenten-Strömung, Teil 2: Eindimensionales Schlupfmodell – Vergleich Theorie-Experiment, 1985
307 Kolev, N.I.: Transiente Dreiphasen-Dreikomponenten-Strömung, Teil 1: Formulierung des Differentialgleichungssystems, KfK 3910, März 1985
308 Chexal, B.; Lellouche, G.: A full-range drift-flux correlation for vertical flows. EPRI.NP – 3989 – SR Special Report, June 1985
309 Lellouche, G.S.; Zolotar, B.A.: Mechanistic model for predicting two-phase void fraction for water in vertical tubes, channels and rod bundles: EPRI – NP – 2246 – SR Feb. 1982
310 No, H.C.; Kazimi, M.: Effect of virtual mass on the mathematical characteristics and numerical stability of the two-fluid model. NSE: 89 (1985) 197 – 206
311 Kelly, J.E.; Kazimi, M.S.: Interfacial exchange relations for two-fluid vapor-liquid flow: A simplified regime-map approach. NSE: 81 (1982) 305 – 318
312 Cook, T.L.; Harlow, F.H.: VORT: A computer code for bubbly two-phase flow. LA – 10021 – MS, July 1984
313 Cook, T.L.; Harlow, F.H.: Virtual mass in multiphase flow. Los Alamos National Laboratory document LA – UR – 83 – 1277 (accepted for publication in Int. J. Multiphase Flow)
314 Drew, D.; Cherry, L.; Lahey, R.T.: The analysis of virtual mass effects in two-phase flow. Int. J. Multiphase Flow 5 (1979) 233 – 242
315 Mayinger, F.: Strömung und Wärmeübergang in Gas-Flüssigkeitsgemischen. Wien, New York: Springer 1982
316 Clift, R.; Grace, J.R.; Weber, M.E.: Bubbles, drops and particles. New York: Academic Press 1978
317 Kataoka, I.; Ishii, M.: Mechanistic modeling of pool entrainment phenomenon. Int. J. Heat Mass Transfer, 27, 1984 1999 – 2014
318 Kataoka, I.; Ishii, M.: Mechanistic modeling and correlations for pool entrainment phenomenon NUREG/CR – 3304, ANL – – 83 – 37, April 1983
319 Kataoka, I.; Ishii, M.: Mechanism and correlation of droplet entrainment and deposition in annular two-phase flow. NUREG/CR – 2885, ANL – 82 – 44, July 1982
320 Ishii, M.; Chawla, T.C.: Loxal drag laws in dispersed two-phase flow. NUREG/CR – 1230, ANL – 79 – 105, Dec. 1979

321 Ishii, M.; Zuber, N.: Drag coefficient and relative velocity in bubbly, droplet or particulate flows. AICHE Journal 25 (1979) 843

322 Ishii, M.; Mishima, K.; Kataoka, I.; Kocamustafaogullari, G.: Two-fluid model and importance of the interfacial area in two-phase flow analysis. Proc. Ninth US. National Congress of Applied Mechanics (1982) 73

323 Ishii, M.; Mishima, K.: Two-fluid model and hydrodynamic constitutive relations. NED 82 (1984) 107–126

324 Ishii, M.; De Jarlaus, G.: Hydrodynamics of Post CHF Region. CONF–8404146–1, Dec. 84, 011711. Presented at the Int. Workshop on Fundamental Aspects of Postdrayout Heat Transfer Salt Lake City, Utah, April 2–4, 1984

325 Ishii, M.: One-dimensional-drift flux model and constitutive equations for relative motion between phases in various two-phase flow regimes. ANL–77–47

326 Kataoka, I.; Ishi, M.; Mishima, K.: Generation and file distribution of droplet in annular two-phase flow. Transactions of the ASME, 105, (1983) 230

327 Ishii, M.; Mishima, K.: Study of two-fluid model and interfacial area. NUREG/CR–1873, ANL–80–111, Dec. 1980

328 Taitel, Y.; Bornea, D.; Dukler, A.E.: Modelling flow pattern transitions for steady upward gas-liquid flow in vertical tubes. AICHE Journal 26, (1980) 345

329 Wallis, G.B.: Review – theoretical models of gas-liquid flows. J. of Fluid Engineering, 104, (1982) 281

330 Bharathan, D.; Wallis, G.B.; Richter, H.J.: Lower plenum voiding. J. of Heat Transfer, 104, (1982) 479

331 Wallis, G.B.: Critical two-phase flow. Int. J. Multiphase Flow, 6, (1980) 97–112

332 Wallis, G.B.: An isentropic steamtube model for flashing two-phase vapour-liquid flow. J. of Heat Transfer, 100 (1978) 595

333 Wallis, G.B.; Growler, C.J.; Hagi, Y.: Conditions for a pipe to run full when discharging liquid into a space filled with gas. J. of Fluid Engineering, (1977) 405

334 Wallis, G.B.; Kuo, J.T.: The behaviour of gas-liquid interfaces in vertical tubes. Int. J. Multiphase Flow 2 (1976) 521–536

335 Wallis, G.B.; Richter, H.J.; Kuo, J.T.: The separated flow model for two-phase flow, EPRI–NP–275, Dec. 1976

336 Wallis, G.B.: The terminal speed of single drops or bubbles in an infinite medium. Int. J. Multiphase Flow 1 (1974) 491–511

337 Wallis, G.B.; Makkenchery, S.: The hanging film phenomenon in vertical annular two-phase flow. J. of Fluids Engineering, (1974) 297

338 Wallis, G.B.; Dobson, J.E.: The onset of slugging in horizontal stratified air-water flow. Int. J. Multiphase Flow 1 (1973) 173–193

339 Asahi, Y.; Suzuki, Y.: New non-equilibrium thermal-hydraulic model, (I). J. Nucl. Science and Technology, 9 (1984) 657–670

340 Asahi, Y.; Asaka, H.: New non-equilibrium thermal-hydraulic model, (II). Application to LOFT L2–3, J. Nucl. Science and Technology, 10 (1984) 753–763

341 Knight, T.D.: TRAC–PD2 Independent Assessment NUREG/CR–3866, LA–10166–MS, Dec. 1984

342 TRAC–PF1: An advanced best-estimate computer program for pressurized water reactor analysis, safety code development group energy division, NUREG/CR–3567, LA–9944–MS, Feb. 1984

343 Travis, B.J.: TRACR3D: A model of flow and transport in porous fractural media, LA–9667–MS, UC–32 and UC–70, May 1984

344 Thurgoot, M.J.; Kelly, J.M.; Guidotti, T.E.; Kohrt, R.J.; Crowell, K.R.: COBRA/TRAC–A thermal-hydraulics code for transient analysis of nuclear reactor vessels and primary coolant systems. NUREG/CR–3046, PNL–4385, Vols.1,2,3,4,5

345 Rohatgi, U.S.: Assessment of trac codes with Dartmouth College countercurrent flow tests. Nuclear Technology 69 (1985) 100

346 Williams, K.A.; Liles, D.R.; Choa, D.C.: (Nayeem M. Farukhi, ed.) Development and assessment of a numerial fluid dynamics model for non-equilibrium steam-water flows with entrained droplets. AICHE Symposium Series, Heat Transfer, Niagara Falls 1984, 80 (1984) 416

347 Andersen, J.G.M.; Schoug, J.C.: (Nayeem M. Farukhi, ed.) A predictor-corrector method for the BWK version of the TRAC computer code. AICHE Symposium Sertes, heat Transfer Niagara Falls 80 (1984) 275
348 Liles, D.R.; Mahaffy, J.H.; Giguere, P.T.: (Seymour V. Parter ed.) An approach to fluid mechanics parallel computer architectures, large scale scientific computation. Orlando: Academic Press 1984 p.141
349 Mahaffy, J.H.: A stability-enhancing two-step method for fluid flow calculations. J. of Comp. Physics 46 (1982) 329
350 Mahaffy, J.H.; Liles, D.R.: Application of implicit numerical methods to problems in two-phase flow. NUREG/CR−0763, LA−7770−MS, April 1979
351 Pryor, R.J.: Computational methods in thermal reactor safety, NUREG/CR−0851, LA−7856−MS, June 1979
352 Mahaffy, J.H.: A stability enhancing two-step method for one-dimensional two-phase flow. NUREG/CR−0971, LA−7951−MS August 1979
353 Liles, D.R.; Reed, Wm.H.: A semi-implicit method for two-phase fluid dynamics. J. of Comp. Physics 26 (1978) 390−407
354 Ransom, V.H.; Hicks, D.L.: Hyperbolic two-pressure models for two-phase flow. J. of Computational Physics 53 (1984) 124−151
355 Stewart, H.B.; Wandroff, B.: Two-phase flow: models and methods. J. of Comp. Physics, 56, (1984) 363
356 Stewart, H.B.: A two-fluid instability. AICHE Symposium Series, Heat Transfer, Niagara Falls 1984, 80 (1984) 187
357 Stewart, H.B.: Fractional step methods for thermodydraulic calculation. J. of Comp. Physics 40 (1981) 77−90
358 Stewart, H.B.: Overview of multiple fluid dynamics lecture Notes. INR, Kernforschungszentrum Karlsruhe, April 1980
359 Stewart, H.B.; Calculation of transient boiling flow in channels. J. of Comp. Physics 30 (1979) 61−75
360 Miao, C.C.: Two-phase thermal hydraulic simulations with Commix−2, NED 82 (1984) 205−214
361 Domanus, H.M., u.a.: COMMIX−2: A steady/unsteady single-phase two-phase three-dimensional computer program for thermal hydraulic analysis of reactor components. NUREG/CR−1807, ANL−81−10, Oct. 1980
362 Doormaal van, J.P.; Raithby, G.D.: Enhancements of the simple method for predicting incompressible fluid flows. Numerical Heat Transfer 7 (1984) 147−163
363 Patankar, S.V.: A calculation procedure for two-dimensional elliptic situations. Numerical Heat Transfer 4 (1981) 409−425
364 Spalding, D.B.: Development in the IPSA procedure for numerical computation of multi-phase flow phenomena with interphase slip, unequal temperatures, etc. Pres. at IMACS Meeting at Lehigh University 1981

Sachverzeichnis

Springer

Springer